国家“双高计划”高水平专业群建设成果系列教材·信息安全技术应用专业

Linux 操作系统

范月祺　吴瑞强　陈　炯　主　编

王　珽　何　峰　石永慧　朱壮普　副主编

電子工業出版社
Publishing House of Electronics Industry
北京•BEIJING

内 容 简 介

本书以 Red Hat Enterprise Linux 7.6/CentOS 7.6 为平台，对 Linux 系统的应用进行详细讲解。课程内容以工作任务、真实项目、典型案例为载体，将产业新技术、新规范、新标准、新工艺纳入专业课程，融入思政元素和职业认证、技能大赛等内容。

本书以实际工作应用场景为背景，共设计了 3 个学习情境、12 个教学实训项目。教学实训项目包括 Linux 系统概述，熟练使用 Linux 系统常用命令，管理 Linux 服务器的用户和组群，配置与管理文件系统，配置与管理磁盘，配置网络和使用 SSH 服务，以及配置与管理 FTP、Samba、DHCP、DNS、NFS 服务器和 Apache 服务配置与管理。每个项目都有思维导图、项目描述、项目分析、职业能力目标和要求、素质目标、1+X 技能目标、预备知识、思政元素映射，且项目以任务的形式进行讲解，通过设置任务描述、任务分析、任务目标、预备知识、任务实施等模块，使读者在短时间内掌握更多实用的技术和方法。

本书可作为高职高专院校计算机应用技术、计算机网络技术、大数据技术应用、云计算技术应用、人工智能技术应用、信息安全技术应用专业及其他计算机类相关专业的理论与实践一体化教材，也可作为 Linux 系统管理和网络管理人员的自学参考书。

图书在版编目（CIP）数据

Linux 操作系统 / 范月祺，吴瑞强，陈炯主编. —北京：电子工业出版社，2023.11

ISBN 978-7-121-46867-4

Ⅰ. ①L… Ⅱ. ①范… ②吴… ③陈… Ⅲ. ①Linux 操作系统－高等学校－教材 Ⅳ. ①TP316.85

中国国家版本馆 CIP 数据核字（2023）第 244055 号

责任编辑：贺志洪
印　　刷：三河市鑫金马印装有限公司
装　　订：三河市鑫金马印装有限公司
出版发行：电子工业出版社
　　　　　北京市海淀区万寿路 173 信箱　　邮编：100036
开　　本：787×1092　1/16　印张：19.5　字数：551 千字
版　　次：2023 年 11 月第 1 版
印　　次：2024 年 8 月第 2 次印刷
定　　价：59.00 元

凡所购买电子工业出版社图书有缺损问题，请向购买书店调换。若书店售缺，请与本社发行部联系，联系及邮购电话：（010）88254888，88258888。

质量投诉请发邮件至 zlts@phei.com.cn，盗版侵权举报请发邮件至 dbqq@phei.com.cn。

本书咨询联系方式：010-88254609，hzh@phei.com.cn。

前 言

党的二十大报告中强调，我们要坚持教育优先发展、科技自立自强、人才引领驱动，加快建设教育强国、科技强国、人才强国，坚持为党育人、为国育才，全面提高人才自主培养质量，着力造就拔尖创新人才，聚天下英才而用之。目前国际形势复杂，信息及系统安全备受世界各国政府重视，Linux 系统凭借其自身的可靠性和稳定性，市场份额逐年增高。Linux 系统由于具有很好的跨平台性，应用非常广泛，可以安装在各种硬件设备中，如手机、平板电脑、笔记本电脑、台式计算机、服务器、路由器、视频游戏控制台、大型计算机和超级计算机等。智能手机操作系统 Android 就是基于 Linux 系统内核开发的。同时，Linux 系统目前还被广泛地应用于大数据、云计算和人工智能等新一代信息技术领域。

当前，“Linux 操作系统”课程已被多数高职院校列入计算机专业及其相关专业的教学计划，作为培养创新应用型人才的必修课程，主要培养学生基于 Linux 系统的管理与维护能力、基于 Linux 企业网络服务器的管理与维护能力。本书是由山西职业技术学院教师与企业工程师合作，共同编写而成的，编者深入学习贯彻党的二十大精神，在课程内容设计上体现了创新、实用、多元化，旨在培养学生较强的就业能力、一定的创业能力和支撑终身发展的能力，以及良好的职业道德、工匠精神和创新精神。

本书具有如下特色。

（1）以新形态为特征，“纸质教材”和“数字课程网站”相结合。

本书是智慧树精品在线开放课程“Linux 操作系统”的配套教材，教学资源丰富，所有教学视频和实验视频已全部上传至智慧树平台，供读者下载学习和在线收看。另外，本书提供了教学中经常会用到的 PPT 课件、电子教案、实操工具软件、1+X 教材、试题库及各类拓展资源，可供教师参考使用。

（2）探索和实践“岗课赛证”多元融通模式。

本书对接企业岗位标准，体现岗位能力要求，对接红帽系统管理员（RHCSA）、教育部第二批 1+X 证书“云计算平台运维与开发”职业技能等级标准，符合职业技能等级考试要求；对接全国职业院校技能大赛标准和规范要求，引领课程教学改革。

（3）内容理论联系实践，体现了“教、学、做”的完美统一。

本书内容采用“案例引导、任务驱动、知识链接”的编排方式，将整个教学过程设计为完成真实案例和任务的过程。本书实训项目源于企业实际应用，实训内容重在培养读者分析和解决实际问题的能力。在专业技能的培养过程中，突出实战化要求，适应市场，贴近技术。

（4）融入课程思政，将职业技能教育与思政教育有机融合。

本书在编写过程中对标《高等学校课程思政建设指导纲要》，深入挖掘提炼课程所蕴含的思政要素和德育功能。在书中加入素质目标、思政元素映射等模块内容，在教学过程中将价值塑造、知识传授和能力培养三者融为一体，将职业技能教育与思政教育有机融合，使专业教育与思政教育同向同行。

本书由山西职业技术学院范月祺、吴瑞强、陈炯任主编，负责全书的内容策划、统稿。山西职业技术学院王珽、何峰、石永慧、韩韬、朱壮普任副主编，负责全书内容的审议。山西职业技术学院郝江、张宇鑫、郝瑞娥、屈慧姣、冯冬艳协同昌吉职业技术学院李双红、内蒙古电子信息职业技术学院哈里白、湖南化工职业技术学院肖英都参与了此书的编写工作。

本书在编写过程中得到了电子工业出版社编辑的悉心指导和河南数安教育科技研究院的大力支持，在此表示感谢。

由于编者水平有限，书中难免存在疏漏和不足之处，敬请广大读者批评指正。

目 录

项目 1

Linux 系统概述

思维导图

项目1 Linux系统概述
任务1.1 认识Linux 系统
Linux系统的发展史
UNIX系统
MINIX系统
GNU计划
POSIX标准
Internet
Linux系统的特点
开源、自由
完全兼容POSIX 1.0标准
模块化
多用户、多任务
安全性及可靠性好
良好的界面
支持多种平台
具有优秀的开发工具
Linux系统版本
Linux系统的内核版本
Linux系统常见的发行版本
任务1.2 安装Linux 系统的准备工作
下载 CentOS 7.4 安装镜像文件
了解虚拟机
安装与配置VMware Workstation
任务1.3 在虚拟机中安装 Linux 系统
创建虚拟机
安装CentOS 7.4
任务1.4 Linux 系统图形界面的登录与注销
图形界面下的登录、注销、重启与关机
普通用户登录
root用户登录
注销
重启与关机
在图形界面中设置网卡自动获取IP地址
在图形界面中浏览网站
任务1.5 使用 rpm 命令管理 RPM 软件包
初识 RPM
RPM简介
RPM 软件包的获取方法
rpm命令与操作
软件包查询
软件包安装
软件包升级
软件包验证
软件包删除
任务1.6 使用 yum 命令管理YUM软件包
YUM软件包管理
YUM配置文件
yum.conf文件
repo文件
配置本地YUM源
挂载CentOS光盘
进入/etc/yum.repos.d目录
新建 local.repo 文件
yum命令的使用方法
列举软件包
显示软件包详细信息
安装软件包
删除已安装的软件包
更新软件包
清除缓存
查看日志和历史记录

项目描述

随着云计算、区域链、大数据、深度学习等技术的迅猛发展，作为一个开源平台，Linux 占据了核心优势。Linux 基金会研究表明，超过 86%的企业使用 Linux 系统进行云计算、大数据平台的构建。本项目将通过介绍 Linux 系统的发展史、Linux 系统的特点等内容帮助读者认识 Linux 系统，并以完成任务的方式演示 Linux 系统的安装等基本操作。

项目分析

根据项目描述，本项目主要完成以下任务。

1. 认识 Linux 系统。
2. 安装 Linux 系统的准备工作。
3. 在虚拟机中安装 Linux 系统。
4. Linux 系统图形界面的登录与注销。
5. 使用 rpm 命令管理 RPM 软件包。
6. 使用 yum 命令管理 YUM 软件包。

职业能力目标和要求

1. 理解 Linux 系统的体系结构。
2. 掌握搭建 CentOS 服务器的方法。
3. 掌握登录、退出 Linux 服务器的方法。
4. 掌握启动和退出系统的方法。
5. 掌握使用 rpm 命令管理 RPM 软件包的方法。
6. 掌握使用 yum 命令管理 YUM 软件包的方法。

素质目标

1. 培养学生良好的分工合作、团结合作的意识。
2. 树立学生正确的合作观念。
3. 培养学生精益求精的大国工匠精神，激发学生科技报国的家国情怀和使命担当。

1+X 技能目标

1. 根据生产环境中的 Linux 系统安全配置工作任务要求，完成 CentOS 服务器的安装和基本配置。

2. 根据生产环境中的实际业务需求，使用 rpm 命令或 yum 命令实现所需软件的安装。

预备知识

Linux 系统是一个类似 UNIX 系统的操作系统。1991 年，芬兰赫尔辛基大学的学生 Linus Torvalds，受 MINIX 系统的启发，推出一个新的 UNIX 系统变种，并在新闻组 comp.os.MINIX 发布了大约有一万行代码的初始 Linux 系统内核版本 v0.01。1991 年 10 月 5 日，Linus Torvalds 正式向外界宣布 Linux 系统内核版本诞生，并发布了 v0.02。读者可以访问其官方网站查看最新的内核版本。

从此，10 月 5 日对于 Linux 社区来说成了一个特殊的日子，许多 Linux 系统新版本都选择在这个日期发布，而 Linus Torvalds 也被称为 Linux 之父。借助 Internet，经过世界各地计算机爱好者的共同努力，Linux 系统已成为世界上最流行的操作系统之一，并且使用人数还在迅速增长。

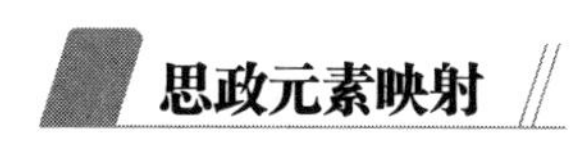

团结就是力量

操作系统是一个庞大而复杂的系统软件，把一个大系统的某个相对独立的部分由相应的模块来完成，不同的模块之间需要互相协作才能完成复杂的任务。这类似于同伴之间互相帮助，各取所长，可以使学习效率更高，进度更快。

随着当今生活节奏的加快，人们越来越注重效率和合作。一个人的力量是有限的，而一群人合作，则可以实现一个人无法实现的目标。因此，对当代大学生而言，合作意识非常重要。

“团结就是力量”“人多力量大”这些人们在日常生活中常常听到的俗语无不显示出团结合作的重要性。人们对合作有如下定义：“在互动中人与人或者群体与群体之间为了达到互动各方都有益处的共同目标而相互配合的一种联合行动。”简单来说，合作其实就是求善、求同、求团结。个体的力量是弱小的，只有个体加入集体并建立合作关系，才能实现自身的目标，同时也能够更好地实现在集体中的自我价值。

任务 1.1　认识 Linux 系统

任务描述

Linux 介绍

本项目的第 1 个任务是认识 Linux 系统。

任务分析

本任务需要了解 Linux 系统的发展史、了解 Linux 系统的特点、了解 Linux 系统的内核版本及其常见的发行版本。

任务目标

1. 了解 Linux 系统的发展史。
2. 了解 Linux 系统的特点。
3. 了解 Linux 系统的内核版本。
4. 了解 Linux 系统常见的发行版本，并了解各发行版本的特点。

预备知识

在介绍常见的 Linux 系统版本之前，首先需要区分 Linux 系统内核与 Linux 发行套件系统的不同。Linux 系统继承了 UNIX 系统的版本制定规则，将版本分为内核版本和发行版本两类。内核版本是指 Linux 系统内核自身的版本号，而发行版本是指由不同的公司或组织将 Linux 系统内核与应用程序、文档组织在一起而构成的一个发行套装。

任务实施

子任务 1　Linux 系统的发展史

Linux 系统的诞生、发展和成长过程始终依赖以下 5 个重要支柱：UNIX 系统、MINIX 系统、GNU 计划、POSIX 标准和 Internet。

Linux 系统的标志和吉祥物是一只名叫 Tux 的企鹅，如图 1-1 所示，这是因为 Linus Torvalds 在澳大利亚时曾被动物园里的一只企鹅咬了一口，所以他就选择了企鹅作为 Linux 系统的标志。

图 1-1　Linux 系统的标志 Tux

1. UNIX 系统

Linux 系统是 UNIX 系统的一个克隆版本。UNIX 系统是美国贝尔实验室的肯·汤普森（Ken Thompson）（见图 1-2）和丹尼斯·里奇（Dennis Ritchie）于 1969 年夏天在 DEC PDP-7 小型计算机上开发的一个分时操作系统。当时，该系统使用的是 BCPL 语言（基本组合编程语言），后经丹尼斯·里奇在 1972 年使用移植性很强的 C 语言进行了改写，使得 UNIX 系统在大专院校得到了推广。

肯·汤普森和丹尼斯·里奇共同设计了 B 语言、C 语言，他们的合照如图 1-3 所示，肯·汤普森也是编程语言 Go 的共同作者。

图 1-2　肯·汤普森

图 1-3　肯·汤普森和丹尼斯·里奇合照

2. MINIX 系统

MINIX 系统是由 Andrew S. Tanenbaum 开发的。Andrew S. Tanenbaum 在荷兰阿姆斯特丹的自由大学从事数学与计算机科学系统工作，是 ACM 和 IEEE 的资深会员（全世界只有为数不多的人是 ACM 和 IEEE 的资深会员）。MINIX 是他在 1987 年编制的，主要用于介绍操作系统原理。

3. GNU 计划

GNU 计划和自由软件基金会（Free Software Foundation，FSF）是由 Richard M. Stallman 于 1984 年一手创办的，旨在开发一个类似 UNIX 系统并且是自由软件的完整操作系统，GNU 是“GNU's Not UNIX”的递归缩写。

20 世纪 90 年代初期，GNU 项目已经开发出许多高质量的免费软件，包括有名的 Emacs 编辑系统、Bash Shell 程序、gcc 系列编译程序、gdb 调试程序等。这些软件为 Linux 系统的开发创造了一个合适的环境，是 Linux 系统诞生的基础之一。

各种使用 Linux 系统作为核心的 GNU 操作系统被广泛应用，虽然这些操作系统通常被称为 Linux 系统，但是严格来说，人们常说的 Linux 系统仅仅是指内核部分，并不能代表 Linux 系统的全部，而只有内核的操作系统是无法使用的，于是人们将 Linux 系统内核与 GNU 项目开发的各种应用程序结合在一起，形成了一个完整的操作系统，即基于 Linux 系统内核的 GNU 系统，所以 Linux 系统的完整名称为 GNU/Linux 系统。

4．POSIX 标准

POSIX（Portable Operating System Interface for Computing Systems）是由 IEEE（电气与电子工程师协会）和 ISO/IEC 开发的一套标准。该标准基于现有的 UNIX 系统的实践和经验，描述了操作系统的调用服务接口，用于保证编制的应用程序可以在源码级别的多种操作系统上移植运行。

5．Internet

Linux 系统从诞生之日起就与 Internet 密不可分，支持各种标准的 Internet 协议。目前，Linux 系统几乎支持所有主流的网络硬件、网络协议和文件系统。

由于 Linux 系统内核是开源、自由的，因此全世界的用户都可以通过 Internet 或其他途径获得，并且可以任意修改其源码，这是其他操作系统不支持的。来自全世界的无数 Linux 爱好者和程序员参与了 Linux 的修改、编写工作，每个人都可以根据自己的兴趣和灵感对其进行完善，使 Linux 系统不断壮大。

子任务 2　Linux 系统的特点

1．开源、自由

由于 Linux 系统的开发从一开始就与 GNU 项目紧密结合，因此其大多数组成部分都直接来自 GNU 项目。任何人、任何组织只要遵守 GPL 条款，就可以自由使用 Linux 源码，为用户提供了最大限度的自由。因为嵌入式系统应用千差万别，设计者通常需要针对具体的应用对源码进行修改和优化，所以能否获得源码对于嵌入式系统的开发是至关重要的。

2．完全兼容 POSIX 1.0 标准

Linux 系统对 POSIX 1.0 标准的良好兼容，使得用户可以在 Linux 系统中通过相应的模拟器运行常见的 DOS、Windows 程序，这为用户从 Windows 系统转移到 Linux 系统奠定了基础。

3．模块化

Linux 系统的内核设计非常精巧，分为进程调度、内存管理、进程间通信、虚拟文件系统和网络接口五大部分。其独特的模块机制允许用户根据自己的需要，实时地将某些模块插入或从内核中移走，使得 Linux 系统内核可以实现高级别定制，适应嵌入式系统的需要。

4．多用户、多任务

Linux 系统支持多用户，各个用户对文件系统都有特定的权限，保证了各用户之间互不影响。多任务则是现代计算机最主要的一个特点，Linux 系统允许多个程序同时独立运行。

5．安全性及可靠性好

Linux 系统具有网络管理、网络服务等方面的功能，方便用户建立高效和稳定的防火墙、路由器、工作站、服务器等。为了提高安全性，Linux 系统还提供了大量的网络管理软件、网络分析软件和网络安全软件等。Linux 系统内核的高效和稳定已在各个领域内得到了大量事实的验证。

6．良好的界面

Linux 系统提供了字符界面，用户可以在字符界面中通过键盘输入相应的指令来进行操作；还提供了 X-Window 图形化管理窗口（图形界面），用户可以使用鼠标对其进行操作。

7．支持多种平台

Linux 系统可以运行在多种硬件平台上，如具有 x86、680x0、SPARC、Alpha 等处理器的平台。此外 Linux 系统还是一种嵌入式操作系统，可以运行在手机、平板电脑、机顶盒或游戏机上。2001 年 1 月发布的 Linux 2.4 已经能够完全支持 Intel 64 位芯片架构。同时，Linux 系统也支持多处理器技术，多个处理器同时工作可使系统性能大大提高。

8．具有优秀的开发工具

如果使用的是嵌入式 Linux 系统，而且软硬件支持串口功能，则即使不使用在线仿真器，也可以正常进行开发和调试工作，从而节省一笔可观的开发费用。嵌入式 Linux 系统为开发者提供了一套完整的工具链，能够轻松实现从操作系统到应用软件各个级别的调试。

子任务 3　Linux 系统版本

Linux 的特点和常见的 Linux 发行版

1．Linux 系统的内核版本

内核是操作系统的心脏，是运行程序和管理磁盘、打印机等硬件设备的核心程序。Linux 系统内核一直由 Linus Torvalds 领导下的开发小组负责维护，并提供硬件抽象层、磁盘、文件系统控制及多任务功能的系统核心程序。开发小组定期公布新的内核版本或修订版本。

内核具有 4 种不同的版本，即 Prepatch、Mainline、Stable 和 Longterm。

Prepatch：Prepatch 或“rc”内核是主要面向其他内核开发人员和 Linux 爱好者的内核预发行版本。

Mainline：由 Linus Torvalds 维护。所有新特性都在这里被引入，所有令人兴奋的新开发都在这里进行。每 2~3 个月发布一次新的 Mainline 内核。

Stable：在释放每个 Mainline 内核后，它被认为是稳定版本。任何对稳定内核的错误修复都在 Mainline 中进行了反向移植，并由指定的稳定内核维护人员合并。

Longterm：通常有几个长期维护的内核版本用于较老的内核。只有重要的错误修复会被应用于这些内核，它们通常不会被频繁发布，尤其是对于较老的内核来说。

用户可以到 Linux 系统内核官方网站下载最新的内核代码。

2．Linux 系统常见的发行版本

Linux 发行套件系统是人们常说的 Linux 系统，也就是 Linux 系统内核与各种常用软件的集合产品。全球大约有数百个 Linux 系统发行版本，每个版本都有自己的特性和目标人群，有的主打稳定性和安全性，有的主打免费使用，还有的主要突出定制化等特点。下面从用户的角度选择最热门的几款进行介绍。

1）红帽企业版 Linux 系统（Red Hat Enterprise Linux，RHEL）

红帽公司是全球知名的开源技术厂商，其 Logo 如图 1-4 所示。红帽企业版 Linux 系统于 2002 年 3 月面世，当时 Dell、HP、Oracle 及 IBM 公司纷纷表示支持该系统平台的硬件开发，因此红帽企业版 Linux 系统的市场份额在近 20 年的时间内迅猛增长。红帽企业版 Linux 系统是当时全世界使用最广泛的 Linux 系统之一，在世界 500 强企业中，所有的航空公司、电信服务提供商、商业银行、医疗保健公司均通过该系统向外提供服务。

红帽企业版 Linux 系统简称 RHEL，该系统具有极强的稳定性，在全球范围内都可以获得完善的技术支持。

2）CentOS 社区企业操作系统（Community Enterprise Operating System）

顾名思义，CentOS 是由开源社区研发和维护的一款企业级 Linux 系统，其 Logo 如图 1-5 所示，在 2014 年 1 月被红帽公司正式收购。CentOS 最广为人知的标签就是“免费”。由于红帽企业版 Linux 系统是开源软件，任何人都有修改和创建衍生品的权利，因此 CentOS 也是将红帽企业版 Linux 系统中的收费功能全部舍弃，并将新系统重新编译后发布给用户免费使用的 Linux 系统。正因为其免费的特性，CentOS 拥有大量用户。CentOS 和 RHEL 的软件包可以通用。也就是说，如果工作中使用的是 RHEL，但是在安装某款软件时只找到了该软件的 CentOS 软件源，也可以正常安装该软件。

图 1-4　红帽公司的 Logo

图 1-5　CentOS 的 Logo

3）Fedora

Fedora 最初是为红帽企业版 Linux 系统制作和测试第三方软件而构建的产品，其 Logo 如图 1-6 所示，孕育了最早的开源社群，固定每 6 个月发布一个新版本，目前在全球已经有几百万个用户。Fedora 是桌面版本的 Linux 系统，可被看作微软公司的 Windows XP 或 Windows 10，其目标用户是应付日常工作需要且不追求稳定性的人群。

4）Debian

Debian 是一款基于 GNU 开源许可证的 Linux 系统，其 Logo 如图 1-7 所示，它的历史久远，最初发布于 1993 年 9 月。Debian 具有很强的稳定性和安全性，提供免费的基础支持，可以很好地适应各种硬件架构，并且提供近十万种不同的开源软件，在国外拥有很高的认可度和使用率。虽然 Debian 也是基于 Linux 系统内核的，但是在实际操作中与红帽公司的产品有一些差别，例如，RHEL 7 和 RHEL 8 分别使用 YUM 和 DNF 工具来安装软件，而 Debian 使用的则是 APT 工具。

5）Ubuntu

Ubuntu 是一款桌面版 Linux 系统，其 Logo 如图 1-8 所示，以 Debian 为蓝本衍生而来，发布周期为 6 个月。Ubuntu 的第 1 个版本发布于 2004 年 10 月。2005 年 7 月，Ubuntu 基金会成立，后续不断增加开发分支，形成了桌面版系统、服务器版系统和手机版系统。尽管 Ubuntu 基于 Debian 衍生而来，但是其对系统进行了深度化定制，因此两者之间的软件应用并不一定完全兼容。

图 1-6　Fedora 的 Logo

图 1-7　Debian 的 Logo

图 1-8　Ubuntu 的 Logo

6）openSUSE

openSUSE 是一款源自德国的 Linux 系统，其 Logo 如图 1-9 所示，在全球范围内有良好的声誉及市场占有率。openSUSE 的桌面版简洁易用，而服务器版则功能丰富且极具稳定性。openSUSE 稳步发展，用户可以完全自主选择要使用的软件。例如，针对 GUI 环境，提供了 GNOME、KDE、Cinnamon、MATE、LXQt、Xfce 等可选项；除此之外，还为用户提供了数千个免费开源的软件包。

7）Kali

Kali 一般是供网络安全人员使用的，其 Logo 如图 1-10 所示，能够以此为平台对网站进行渗透测试。Kali 的前身名为 BackTrack，其设计用途是进行数字鉴识和渗透测试，内置了 600 多款网站及系统的渗透测试软件，包括大名鼎鼎的 Nmap、Wireshark、SQLMAP 等。

8）Gentoo

Gentoo 的主要特色是允许用户完全自由地进行定制，其 Logo 如图 1-11 所示。在 Gentoo 中，任何一部分功能（包括最基本的系统库和编译器）都允许用户重新编译；用户也可以选择需要的补丁或者插件进行定制。但是，由于 Gentoo 支持定制，导致操作复杂，因此仅适合有经验的运维人员使用。

图 1-9 openSUSE 的 Logo

图 1-10 Kali 的 Logo

图 1-11 Gentoo 的 Logo

9）深度操作系统 Deepin

在过去的十多年间，基于开源系统二次定制开发的“国产操作系统”陆续出现，而 Deepin 是能够将技术研发与商业运作结合起来的成功案例。据 Deepin 的官方网站介绍，该系统是由武汉深之度科技有限公司于 2011 年基于 Debian 衍生而来的，提供了 32 种语言版本，目前累计下载量已近 1 亿次，用户遍布 100 余个国家/地区。

就 Deepin 来讲，最吸引人的是其本土化开发。Deepin 默认集成了诸如 WPS Office、搜狗输入法、有道词典等国内常用的软件，对初学者比较友好。

10）统信 UOS

统信 UOS 是以 Deepin 为基础，经过定制的产品，现阶段拥有家庭版、专业版、服务器版 3 个分支，个人版不再更新。与其他 Linux 系统发行版本相比，统信 UOS 的显著优势之一，就是用户能够轻松掌握操作方法，其桌面环境可以在“时尚模式”和“高效模式”之间切换。前者的设计风格与 Deepin 一脉相承，迎合用户的使用习惯；而后者则与 Windows 更加相似，方便普通用户掌握。

任务小结

本任务介绍了 Linux 系统的发展史、Linux 系统的特点、Linux 系统的内核版本和 Linux 系统常见的发行版本。总体来说，虽然不同版本的 Linux 系统的界面显示差别很大，操作方法不尽相同，但只要是基于 Linux 系统内核研发的系统，都可以被称为 Linux 系统。

任务 1.2　安装 Linux 系统的准备工作

任务描述

本项目的第 2 个任务是安装 Linux 系统的准备工作。

任务分析

本任务需要下载 CentOS 7.4 安装镜像文件，了解虚拟机，安装与配置 VMware Workstation。

任务目标

1．掌握下载 CentOS 7.4 安装镜像文件的方法。

2．了解虚拟机的相关知识。

3．掌握安装与配置 VMware Workstation 的方法。

预备知识

虚拟机是允许用户在一台物理机上同时模拟出多个操作系统的软件。一般来讲，当前主流的硬件配置足以胜任虚拟机的安装需要。通过虚拟机软件安装的系统不仅可以模拟硬件资源，而且当操作失误或配置出错导致系统异常时，可以快速地将操作系统还原到出错前的快照状态。

任务实施

在安装 Linux 系统之前需要做好相关的准备工作，如下载系统安装镜像文件，安装与配置 VMware Workstation 等，下面以 CentOS 7.4 为例进行介绍。

子任务 1　下载 CentOS 7.4 安装镜像文件

CentOS 的系统安装镜像文件可到 CentOS 官方网站进行下载，但是由于官方网站的下载速度较慢，因此推荐使用国内镜像网站，找到对应的目录下载 CentOS 7.4 的镜像文件 CentOS-7-x86_64-DVD-1708.iso。

子任务 2　了解虚拟机

虚拟机（Virtual Machine）是指通过软件模拟的具有完整硬件系统功能的、运行在一个完全隔离环境中的完整计算机系统。在实体计算机中能够完成的工作都能够在虚拟机中实现。在计算机中创建虚拟机时，需要将实体机的部分硬盘和内存容量作为虚拟机的硬盘和内存容量。每台虚拟机都有独立的 CMOS、硬盘和操作系统，用户可以像使用实体机一样对虚拟机进行操作。

VMware Workstation 虚拟机（简称 VM 虚拟机）是一款桌面计算机虚拟软件，允许用户在单一主机上同时运行多个不同的操作系统。每个虚拟操作系统的磁盘分区、数据配置都是独立的，支持实时快照、虚拟网络、文件拖曳传输及网络安装等方便实用的功能。此外，多台虚拟机可以构建成一个专用局域网，使用非常方便。

子任务 3　安装与配置 VMware Workstation

VMware Workstation 软件安装包可到 VMware 官方网站免费下载，本书以 VMware Workstation

16 Pro 为例进行介绍。

将 VMware Workstation 16 Pro 软件安装包下载到本地计算机中，双击该软件安装包，即可看到如图 1-12 所示的安装向导初始界面。

图 1-12　安装向导初始界面

vmware workstation 安装

在虚拟机的安装向导界面中单击“下一步”按钮，如图 1-13 所示。

在弹出的“最终用户许可协议”界面中勾选“我接受许可协议中的条款”复选框，单击“下一步”按钮，如图 1-14 所示。

在弹出的“自定义安装”界面中自定义虚拟机软件的安装路径。通常情况下无须修改安装路径，用户也可以根据计算机硬盘的实际使用情况修改安装路径，将其安装到其他位置。这里在“自定义安装”界面中勾选“增强型键盘驱动程序”复选框，单击“下一步”按钮，如图 1-15 所示。

在弹出的“用户体验设置”界面中根据自身情况勾选“启动时检查产品更新”与“加入 VMware 客户体验提升计划”复选框，单击“下一步”按钮，如图 1-16 所示。

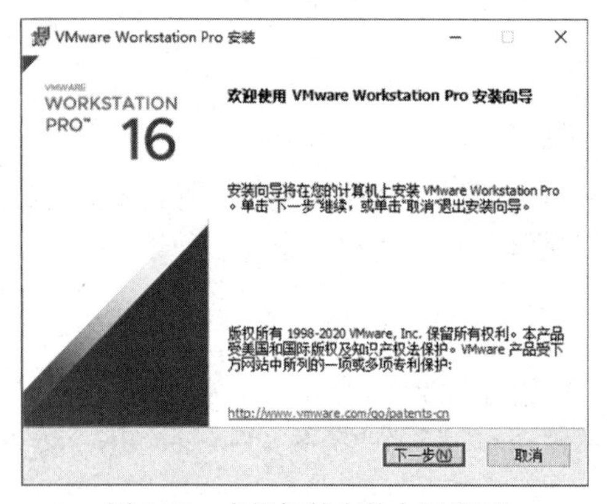

图 1-13　虚拟机的安装向导界面

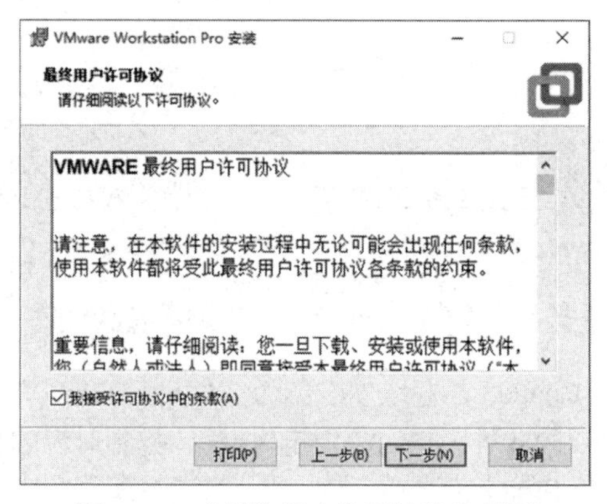

图 1-14　“最终用户许可协议”界面

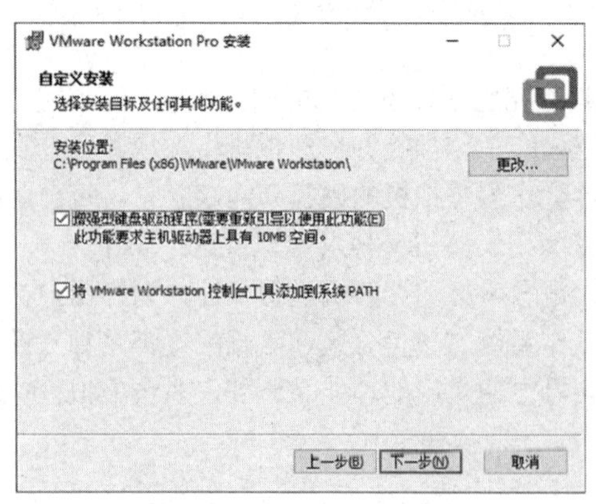

图 1-15　“自定义安装”界面

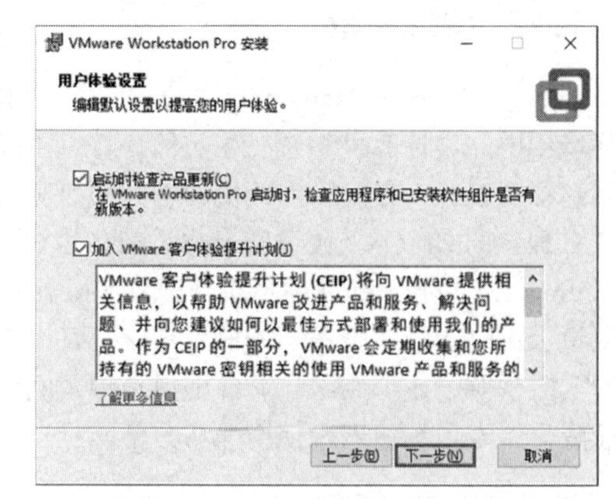

图 1-16　“用户体验设置”界面

为了更便捷地找到虚拟机软件的图标，建议在弹出的“快捷方式”界面中勾选“桌面”与“开始菜单程序文件夹”复选框，单击“下一步”按钮，如图 1-17 所示。

一切准备就绪后，在弹出的“已准备好安装 VMware Workstation Pro”界面中单击“安装”按钮，如图 1-18 所示。

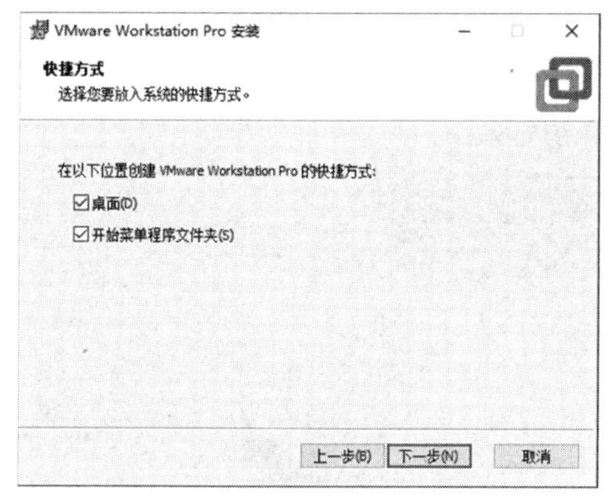

图 1-17　“快捷方式”界面

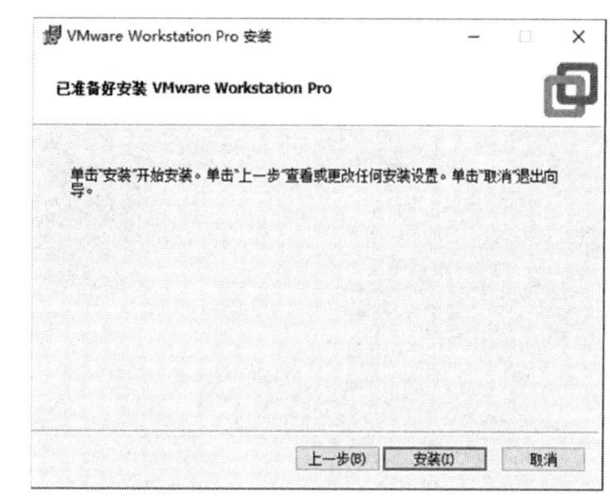

图 1-18　“已准备好安装 VMware Workstation Pro”界面

进入安装过程，等待虚拟机安装结束，如图 1-19 所示。

虚拟机软件安装完成后，单击“完成”按钮，结束整个安装工作，如图 1-20 所示。

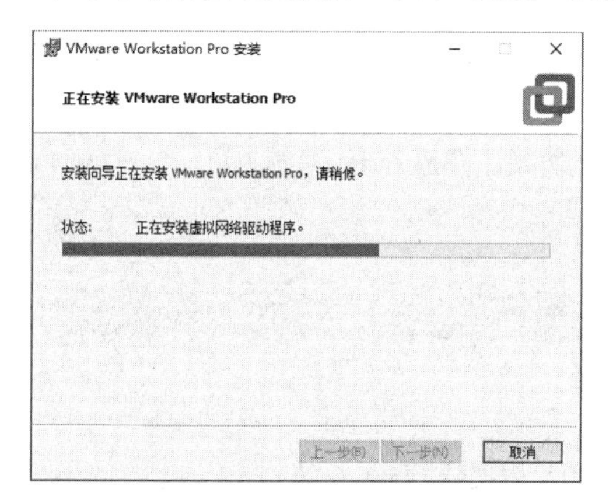

图 1-19　“正在安装 VMware Workstation Pro”界面

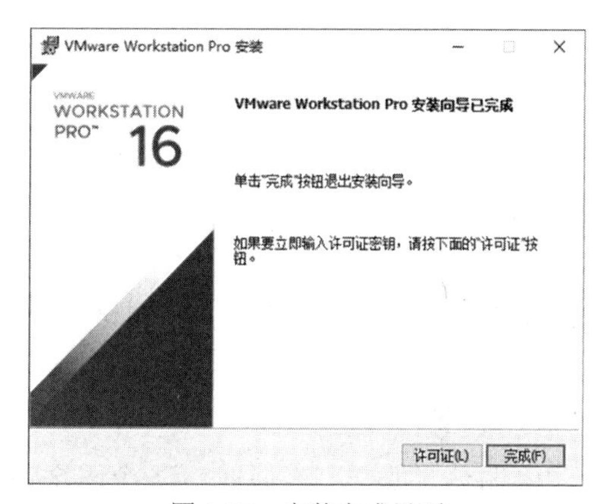

图 1-20　安装完成界面

双击桌面上生成的虚拟机快捷图标，在弹出的如图 1-21 所示的界面中，如果已经购买了许可证密钥，则可以在此输入许可证密钥；如果没有购买许可证密钥，则可以选中“我希望试用 VMware Workstation 16 30 天”单选按钮，单击“继续”按钮。

在弹出“欢迎使用 VMware Workstation 16”界面后，单击“完成”按钮，如图 1-22 所示。

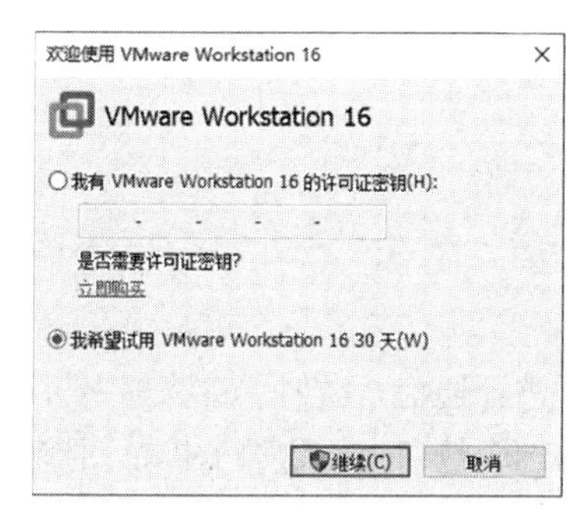

图 1-21　许可证密钥验证界面

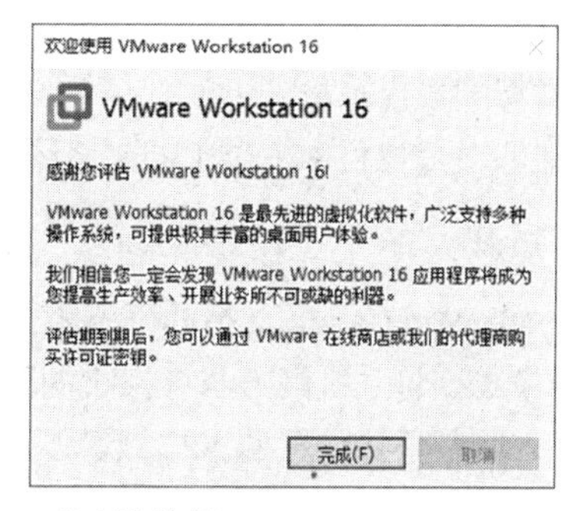

图 1-22　“欢迎使用 VMware Workstation 16”界面

再次在桌面上双击虚拟机快捷图标，可以打开虚拟机软件的管理界面，如图 1-23 所示。至此，VMware Workstation 16 Pro 安装完成。

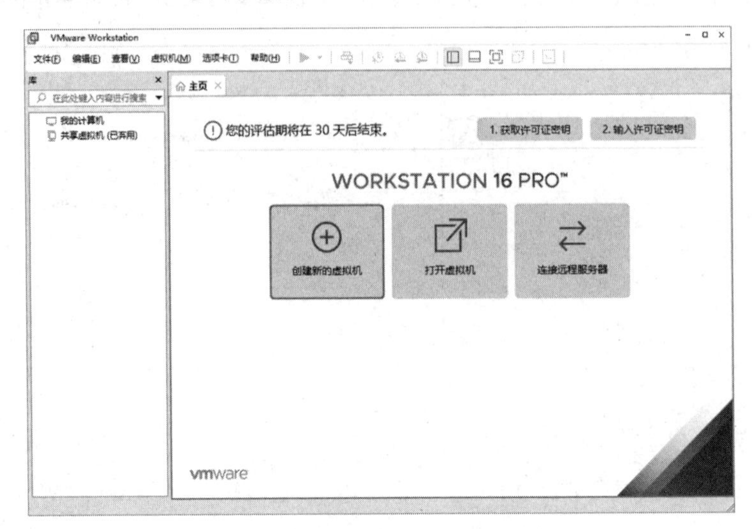

图 1-23 虚拟机软件的管理界面

任务小结

本任务介绍了下载 CentOS 7.4 安装镜像文件的方法，介绍了什么是虚拟机，以及 VMware Workstation 的安装与配置方法。

任务 1.3 在虚拟机中安装 Linux 系统

任务描述

由项目分析可知，本项目的第 3 个任务是在虚拟机中安装 Linux 系统。

任务分析

根据任务描述，本任务需要了解在 VMware Workstation 中创建虚拟机的方法，以及配置虚拟机的方法，掌握在虚拟机中安装 Linux 系统的方法。

任务目标

1. 掌握创建虚拟机的方法。
2. 掌握配置虚拟机的方法。
3. 能够在虚拟机中安装 Linux 系统。

预备知识

VMware Workstation 支持的网络模式如下。

桥接模式：将主机网卡与虚拟机的网卡利用虚拟网桥进行通信。类似于将物理主机虚拟为一个交换机，所有桥接设置的虚拟机都连接到这个交换机的一个接口上，物理主机也同样连接到这个交换机上，因此所有桥接的网卡与主机网卡都处于交换模式，可以互相访问而互不干扰。在桥接模式下，虚拟机 IP 地址需要与主机的物理网卡设置在同一网段。

NAT 模式：主机网卡直接与虚拟 NAT 设备相连，虚拟 NAT 设备与虚拟 DHCP 服务器同时连接到虚拟交换机 VMnet8 上，即可实现虚拟机联网。借助主机上的 VMware Network Adapter VMnet8 网卡，可以实现主机与虚拟机之间的通信。在该模式下，虚拟机可以通过物理主机进行地址转换后访问外网。

仅主机模式：可以将其理解为 NAT 模式去除了虚拟 NAT 设备，物理主机使用 VMware Network Adapter VMnet1 虚拟网卡连接 VMnet1 虚拟交换机，实现与虚拟机通信。此模式将虚拟机与外网隔开，使得虚拟机成为一个独立的系统，只与主机通信。

任务实施

子任务 1　创建虚拟机

步骤 1：打开 VMware Workstation 16 Pro 主界面，并单击“创建新的虚拟机”链接，如图 1-24 所示。

理论：在 vmware workstation 中安装 Centos

图 1-24　创建新的虚拟机

步骤 2：在弹出的“新建虚拟机向导”初始对话框中选中“典型（推荐）”单选按钮，并单击“下一步”按钮，如图 1-25 所示。

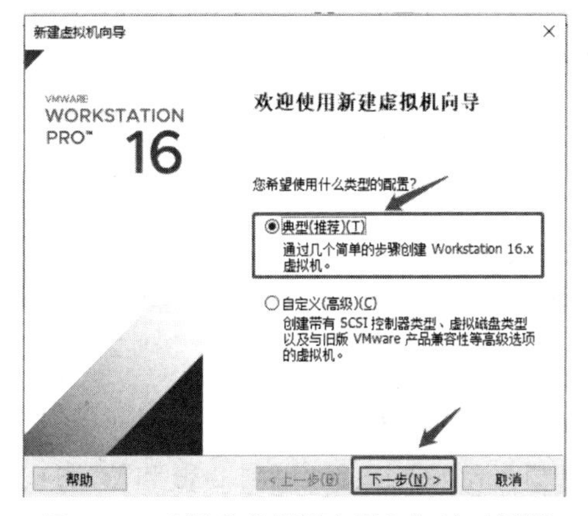

图 1-25　“新建虚拟机向导”初始对话框

步骤 3：在弹出的“安装客户机操作系统”对话框中选中“稍后安装操作系统”单选按钮，并单击“下一步”按钮，如图 1-26 所示。

步骤 4：在弹出的“选择客户机操作系统”对话框中选中“客户机操作系统”中的“Linux”单选按钮，因为之前下载的 CentOS-7-x86_64-DVD-1708.iso 是 64 位 7.4 的版本，所以在“版本”下拉列表中选择“CentOS 7 64 位”选项，并单击“下一步”按钮，如图 1-27 所示。

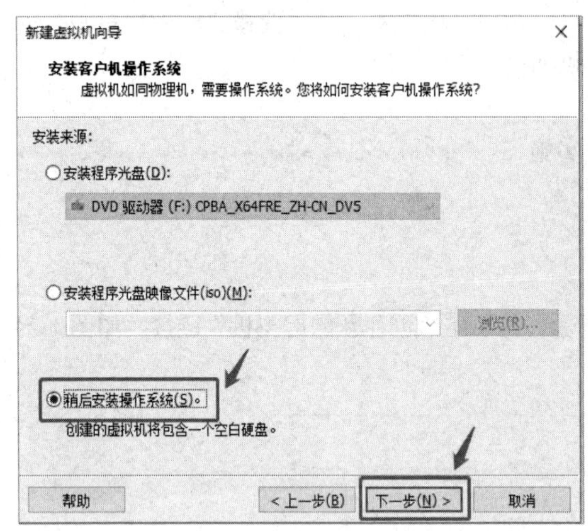

图 1-26 “安装客户机操作系统”对话框

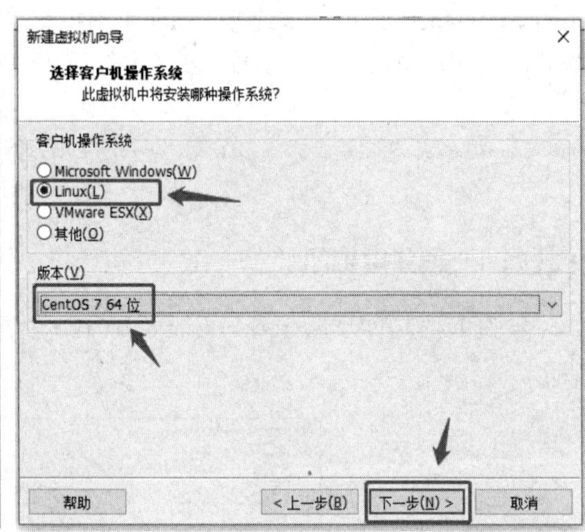

图 1-27 “选择客户机操作系统”对话框

步骤 5：在弹出的“命名虚拟机”对话框中，用户可以根据自己的需求更改虚拟机名称，也可以保持默认设置，还可以单击“浏览”按钮修改虚拟机的存放位置，并单击“下一步”按钮，如图 1-28 所示。

步骤 6：在弹出的“指定磁盘容量”对话框中，“最大磁盘大小”默认为 20.0GB，选中“将虚拟磁盘存储为单个文件”单选按钮，并单击“下一步”按钮，如图 1-29 所示。

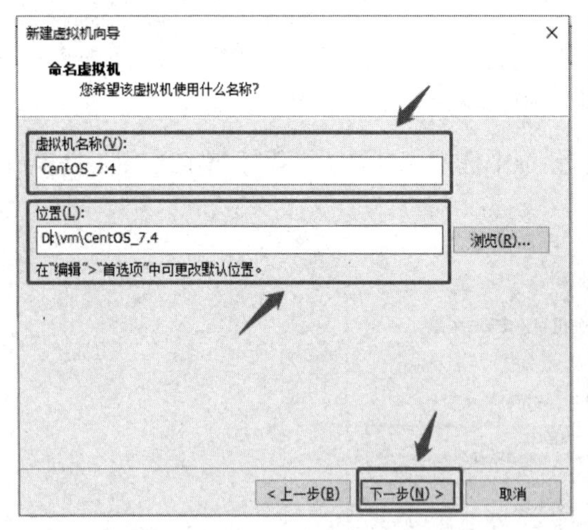

图 1-28 “命名虚拟机”对话框

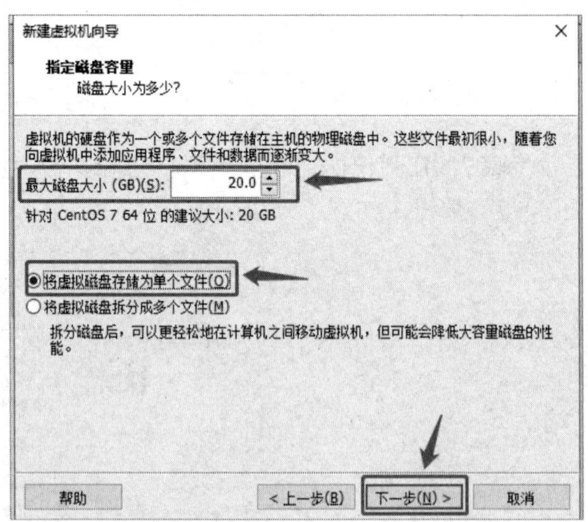

图 1-29 “指定磁盘容量”对话框

步骤 7：在弹出的“已准备好创建虚拟机”对话框中单击“完成”按钮，返回 VMware Workstation 16 Pro 主界面，单击“编辑虚拟机设置”链接，如图 1-30 和图 1-31 所示。

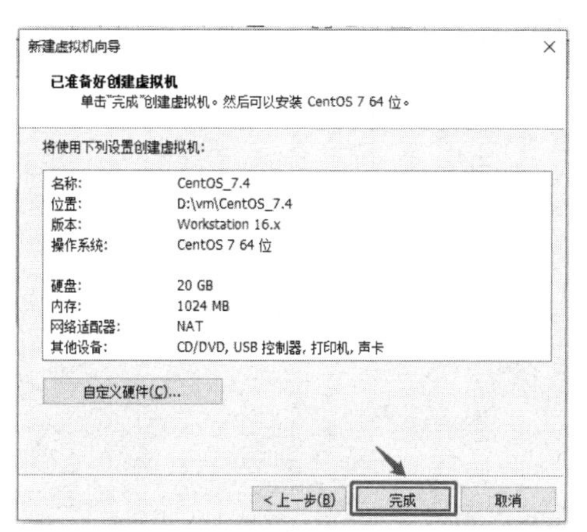

图 1-30 “已准备好创建虚拟机”对话框

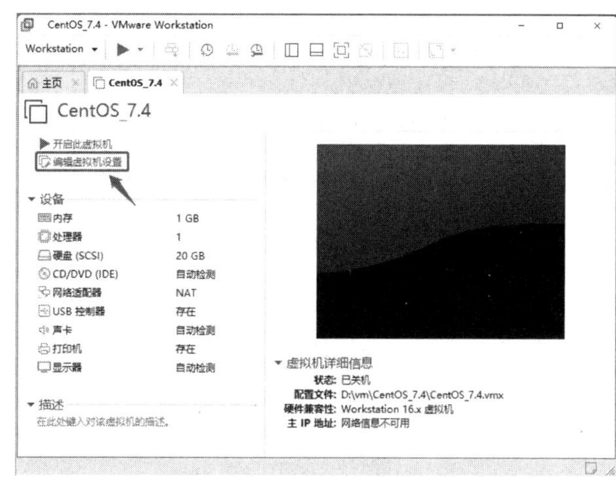

图 1-31 单击“编辑虚拟机设置”链接

步骤 8：在弹出的“虚拟机设置”对话框中，先在“硬件”选项卡中选择“CD/DVD（IDE）”选项，然后选中“使用 ISO 映像文件”单选按钮，并单击“浏览”按钮，选择之前下载的 CentOS-7-x86_64-DVD-1708.iso 镜像文件，单击“确定”按钮，如图 1-32 所示。

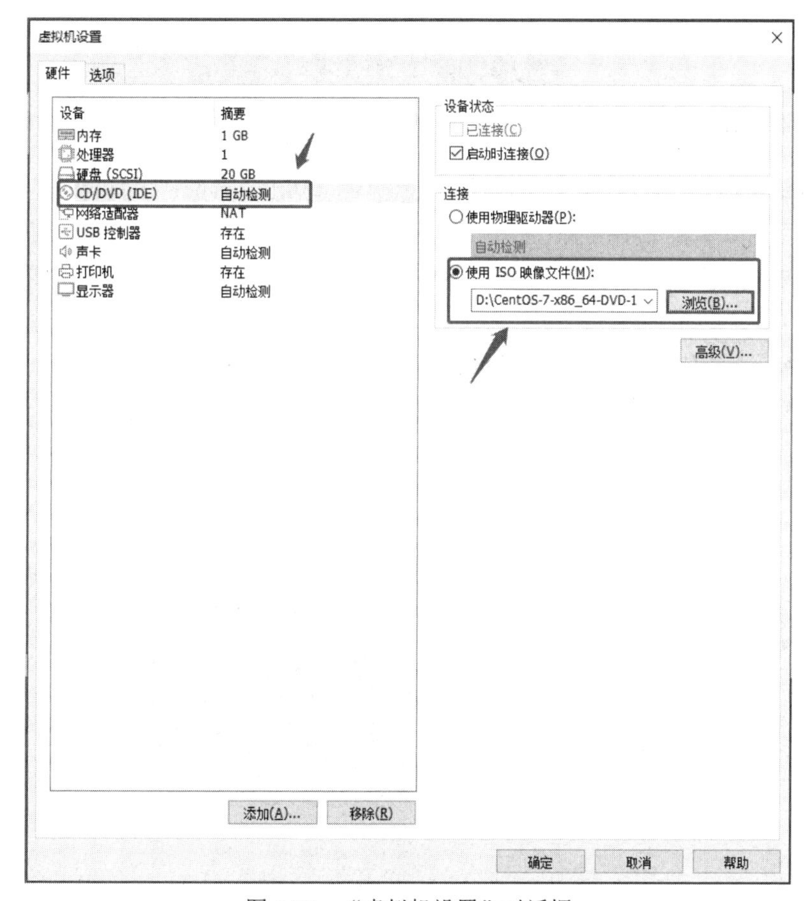

图 1-32 “虚拟机设置”对话框

步骤 9：选择“网络适配器”选项，设置网络连接方式为默认的“NAT 模式（N）：用于共享主机的 IP 地址”，单击“确定”按钮，如图 1-33 所示。至此，虚拟机配置完成。

图 1-33 设置网络连接方式

子任务 2 安装 CentOS 7.4

在安装 CentOS 7.4 时，计算机的 CPU 需要支持 VT（Virtualization Technology，虚拟化技术）。这是一种允许单台计算机分割出多个独立资源区，并将每个资源区按照需要模拟出系统的技术，其本质是通过中间层实现计算机资源的管理和再分配，使系统资源的利用率实现最大化。目前，大多数计算机 CPU 都具备支持 VT 的功能，且默认为开启状态。如果在虚拟机开机后提示“CPU 不支持 VT 技术”报错信息，则需要重新启动物理机后在 BIOS 中手动开启支持 VT 的功能。

步骤 1：单击“开启此虚拟机”链接，如图 1-34 所示。

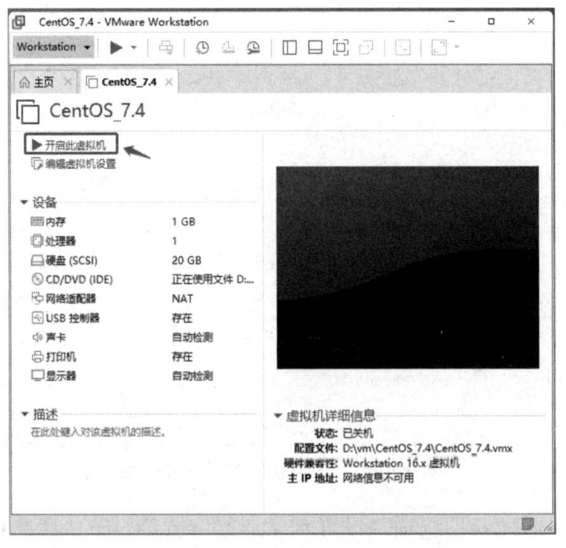

图 1-34 单击“开启此虚拟机”链接

实操：在 vmware workstation 中安装 Centos

步骤 2：开启虚拟机后，将鼠标指针移入虚拟机，并通过“↑”键选择“Install CentOS 7”选项，按“Enter”键，如图 1-35 所示。

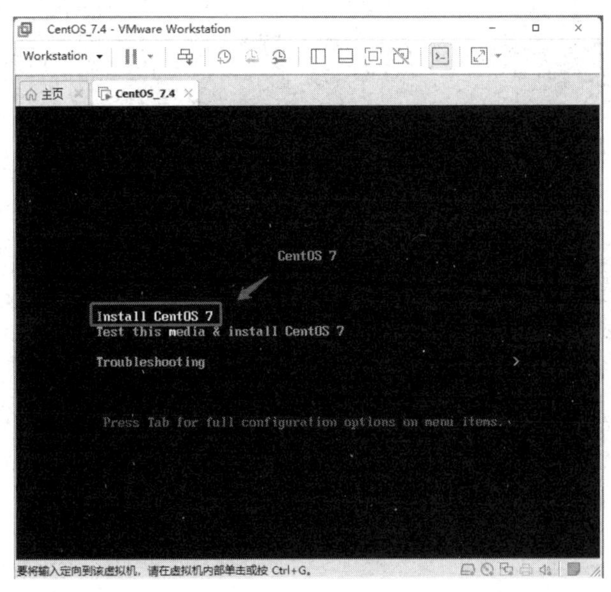

图 1-35　选择“Install CentOS 7”选项

提示：直接将鼠标指针移入虚拟机或者按“Ctrl + G”组合键，即可将鼠标指针移入虚拟机。之后，按“Ctrl + Alt”组合键，即可将鼠标指针移出虚拟机。

注意：在虚拟机中进行操作时，必须将鼠标指针移入虚拟机，否则虚拟机无法感应鼠标的动作并进行相应的操作。

步骤 3：按“Enter”键继续安装，如图 1-36 所示。此时开始加载安装镜像，该过程历时 30～60s，用户需要耐心等待，如图 1-37 所示。

步骤 4：将在安装过程中使用的语言设置为“中文”→“简体中文（中国）”，单击“继续”按钮，如图 1-38 所示。

步骤 5：设置“日期和时间”为“亚洲/上海时区”，如图 1-39 所示。

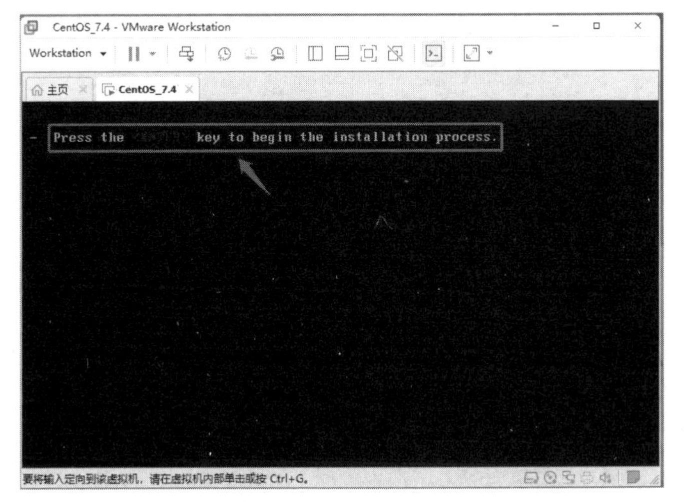

图 1-36　按“Enter”键继续安装

```
CentOS_7.4 - VMware Workstation
[  OK  ] Stopped dracut pre-trigger hook.
         Stopping dracut pre-trigger hook...
         Stopping udev Kernel Device Manager...
[  OK  ] Stopped udev Kernel Device Manager.
[  OK  ] Stopped Create Static Device Nodes in /dev.
         Stopping Create Static Device Nodes in /dev...
[  OK  ] Stopped Create list of required static device nodes for the current kernel.
         Stopping Create list of required static device nodes for the current kernel...
[  OK  ] Stopped dracut pre-udev hook.
         Stopping dracut pre-udev hook...
[  OK  ] Stopped dracut cmdline hook.
         Stopping dracut cmdline hook...
[  OK  ] Closed udev Control Socket.
[  OK  ] Closed udev Kernel Socket.
         Starting Cleanup udevd DB...
[  OK  ] Started Cleanup udevd DB.
[  OK  ] Reached target Switch Root.
[  OK  ] Started Plymouth switch root service.
         Starting Switch Root...

Welcome to CentOS Linux 7 (Core)!

[  OK  ] Stopped Switch Root.
[  OK  ] Stopped Journal Service.
         Starting Journal Service...
         Mounting POSIX Message Queue File System...
         Mounting Debug File System...
[  OK  ] Created slice system-selinux\x2dpolicy\x2dmigrate\x2dlocal\x2dchanges.slice.
[  OK  ] Listening on LVM2 metadata daemon socket.
[  OK  ] Listening on LVM2 poll daemon socket.
[  OK  ] Reached target Timers.
         Starting Monitoring of LVM2 mirrors, snapshots etc. using dmeventd or progress polling...
[  OK  ] Created slice User and Session Slice.
         Mounting Huge Pages File System...
[  OK  ] Listening on udev Kernel Socket.
[  OK  ] Listening on udev Control Socket.
要将输入定向到该虚拟机，请在虚拟机内部单击或按 Ctrl+G。
```

图 1-37 加载安装镜像

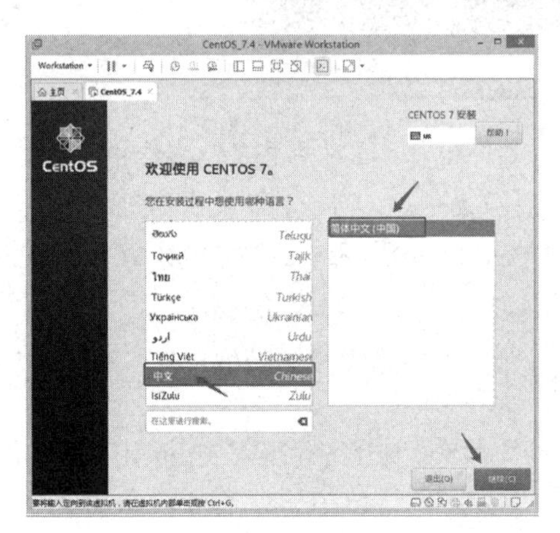

图 1-38 设置语言

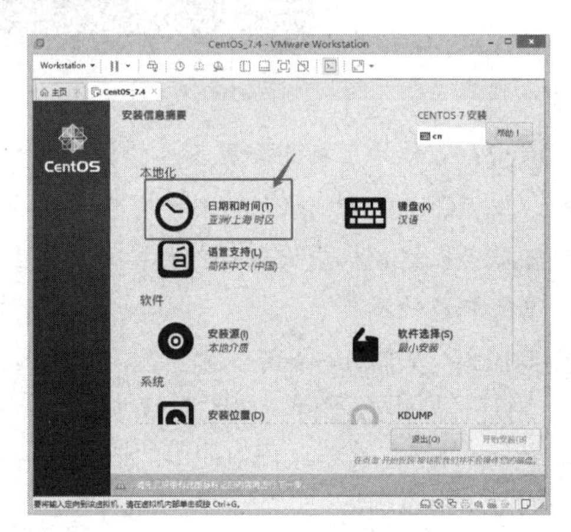

图 1-39 设置时区

步骤 6：选择“软件选择”选项，如图 1-40 所示。

图 1-40 选择“软件选择”选项

步骤 7：先选中“带 GUI 的服务器”单选按钮，如图 1-41 所示，然后单击“完成”按钮，即可安装带有图形界面的版本，有利于降低学习难度。

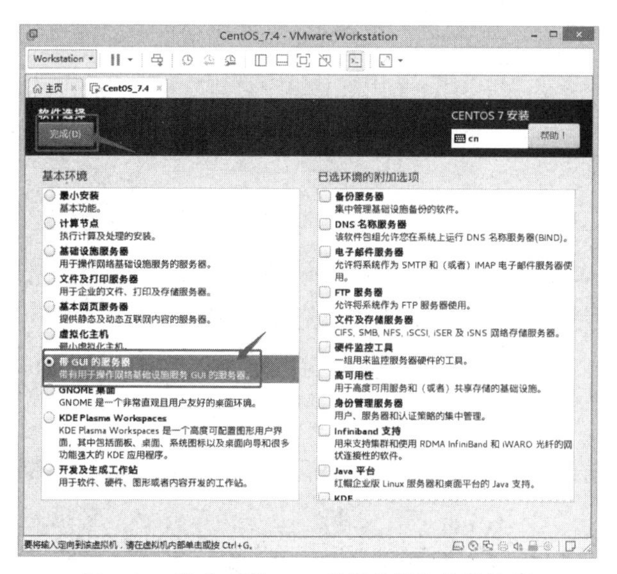

图 1-41 选中“带 GUI 的服务器”单选按钮

步骤 8：先选择“安装位置”选项，然后选中“我要配置分区”单选按钮，最后单击“完成”按钮，如图 1-42 和图 1-43 所示。

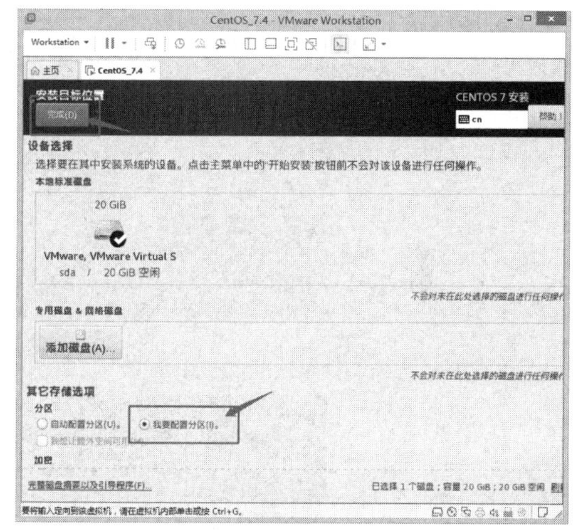

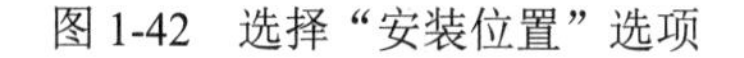

图 1-42 选择“安装位置”选项

图 1-43 配置分区

步骤 9：先在“新挂载点使用以下分区方案”下拉列表中选择“标准分区”选项，然后单击“点这里自动创建他们”链接，并单击“完成”按钮，如图 1-44 和图 1-45 所示。在初始学习阶段，可以采用系统自动分区方案，此时系统会将 20GB 磁盘进行如下划分：

```
/boot    分区大小为 1GB
Swap     分区大小为 2GB
/        分区大小为 17GB
```

步骤 10：单击“接受更改”按钮，如图 1-46 所示。系统会按照上述设置对磁盘进行分区并创建文件系统，CentOS 7.4 默认使用 XFS 文件系统。

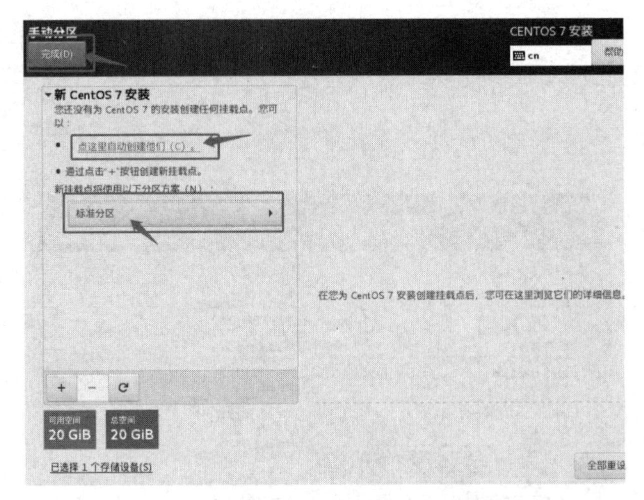

图 1-44　自动创建分区

图 1-45　完成分区

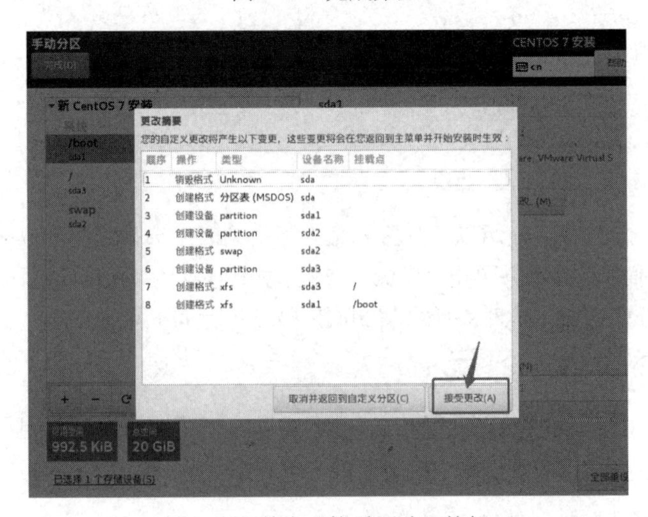

图 1-46　单击“接受更改”按钮

步骤 11：先选择“KDUMP”选项，然后取消勾选“启用 Kdump”复选框，单击“完成”按钮，如图 1-47 和图 1-48 所示。Kdump 是一个内核崩溃转储机制，在系统崩溃时，Kdump 将捕获系统信息，对系统崩溃的原因进行分析，因为 Kdump 需要占用部分系统内存，且对于初学者来说这个功能暂时用不到，所以这里把它关闭。

图 1-47　选择“KDUMP”选项

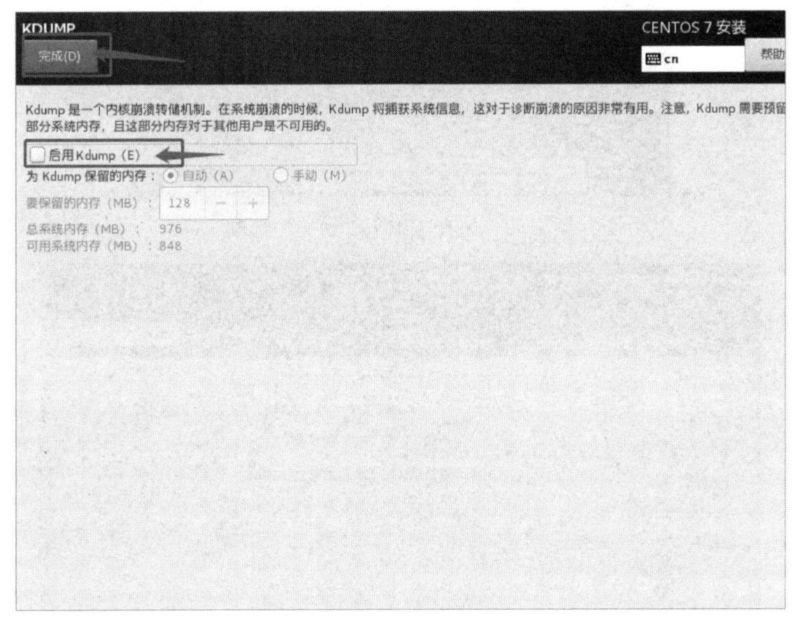

图 1-48　禁用 Kdump

步骤 12：单击“开始安装”按钮，开始安装 CentOS 7.4，如图 1-49 所示。

步骤 13：选择“ROOT 密码”选项，在“Root 密码”和“确认”文本框中输入密码，单击“完成”按钮，如图 1-50 和图 1-51 所示。若设置的 Root 密码为弱密码，则需要单击两次“完成”按钮。需要说明的是，在虚拟机中做实验时，Root 密码无所谓强弱，但在生产环境中必须设置符合密码复杂性要求的强密码，否则系统将面临严重的安全问题。

图 1-49　开始安装 CentOS 7.4

图 1-50　选择“ROOT 密码”选项

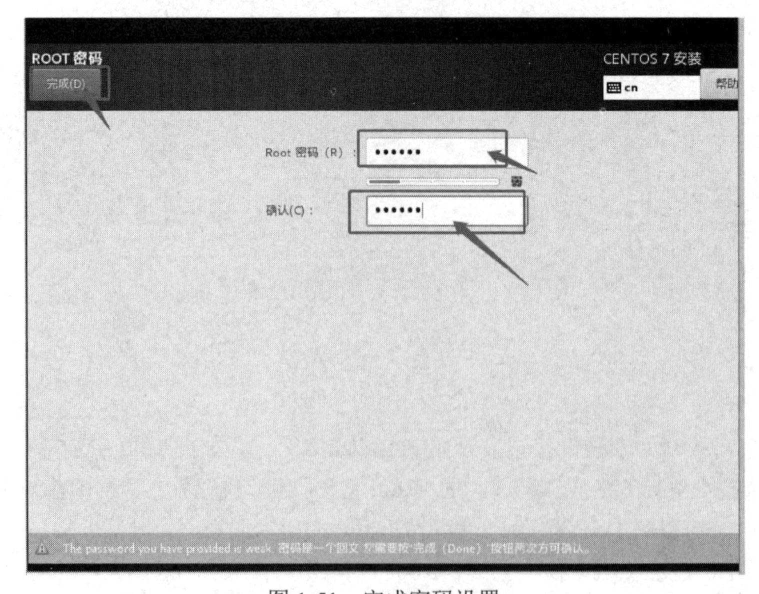

图 1-51　完成密码设置

步骤 14：等待 1255 个软件包完成安装，如图 1-52 所示。

图 1-52　等待完成安装

步骤 15：完成安装后，单击“重启”按钮，如图 1-53 所示。

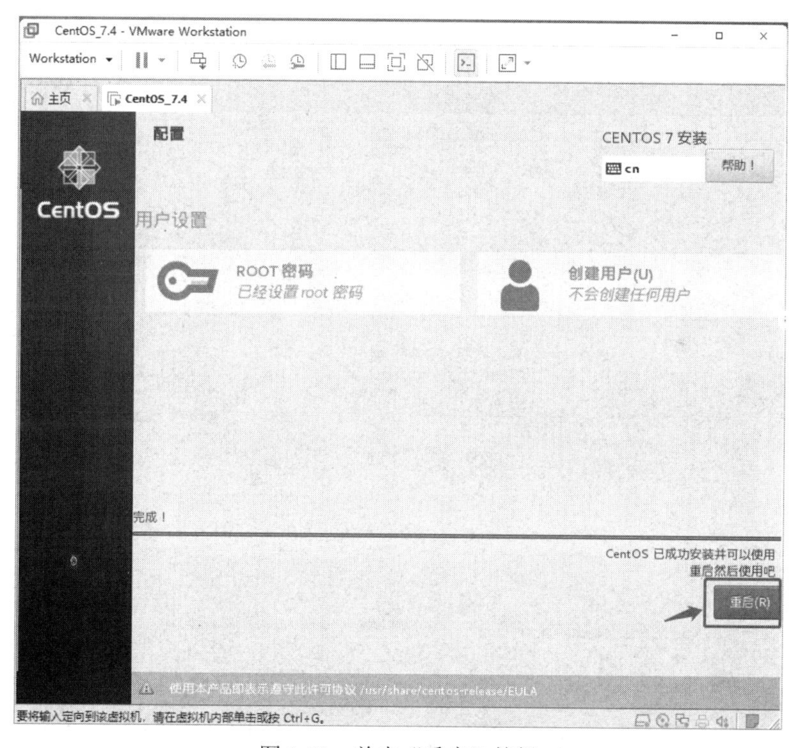

图 1-53　单击“重启”按钮

步骤 16：系统第一次重启后，将弹出“初始设置”界面，选择“LICENSE INFORMATION”选项，在“许可协议”界面中勾选“我同意许可协议”复选框，单击“完成”按钮，如图 1-54 和图 1-55 所示。

步骤 17：返回“初始设置”界面，选择“网络和主机名”选项，在“网络和主机名”界面中将“以太网”设置为“打开”状态，单击“完成”按钮，如图 1-56 和图 1-57 所示。

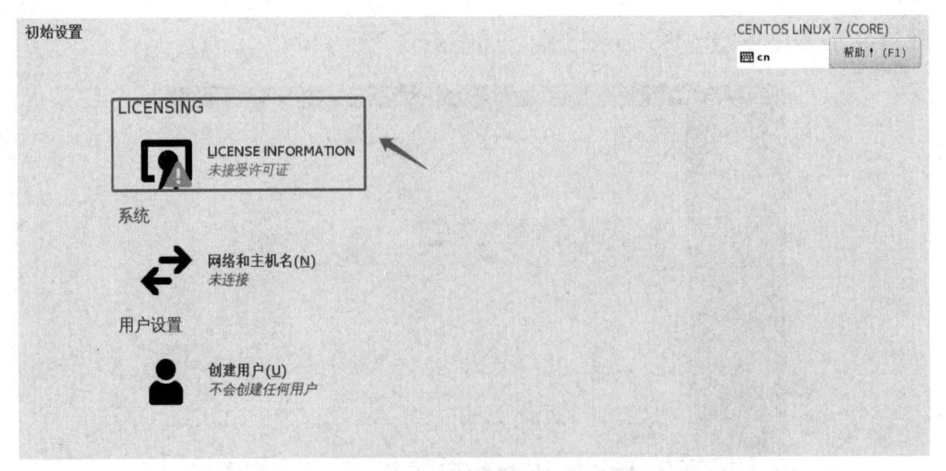

图 1-54 “初始设置”界面

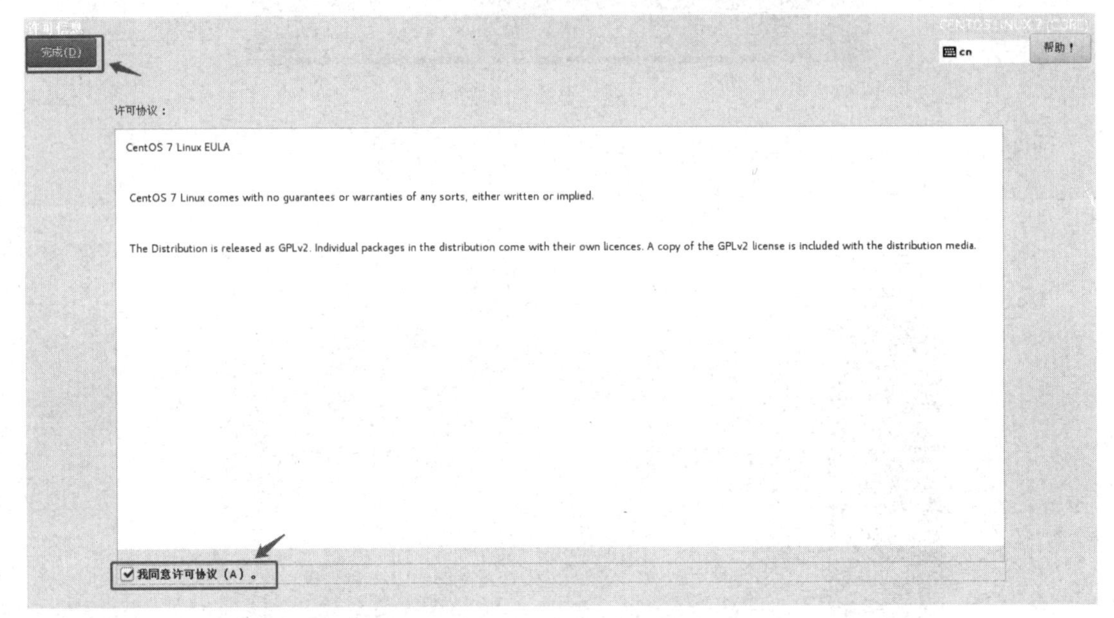

图 1-55 “许可协议”界面

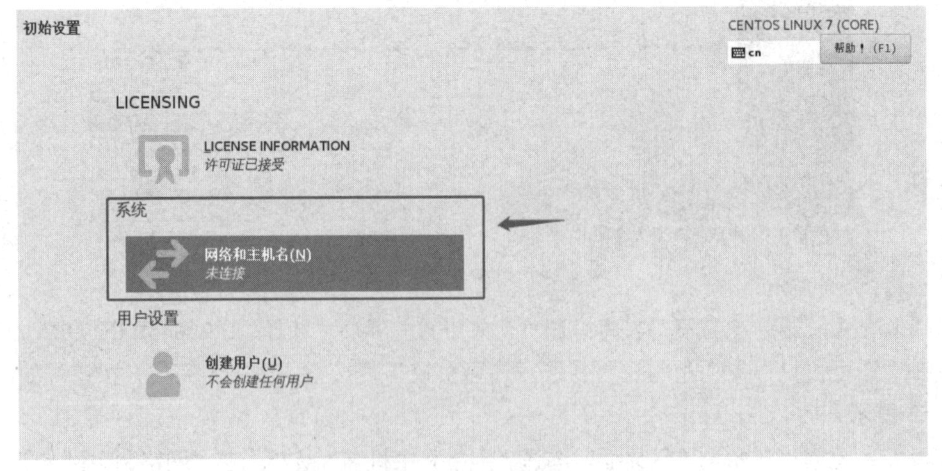

图 1-56 选择“网络和主机名”选项

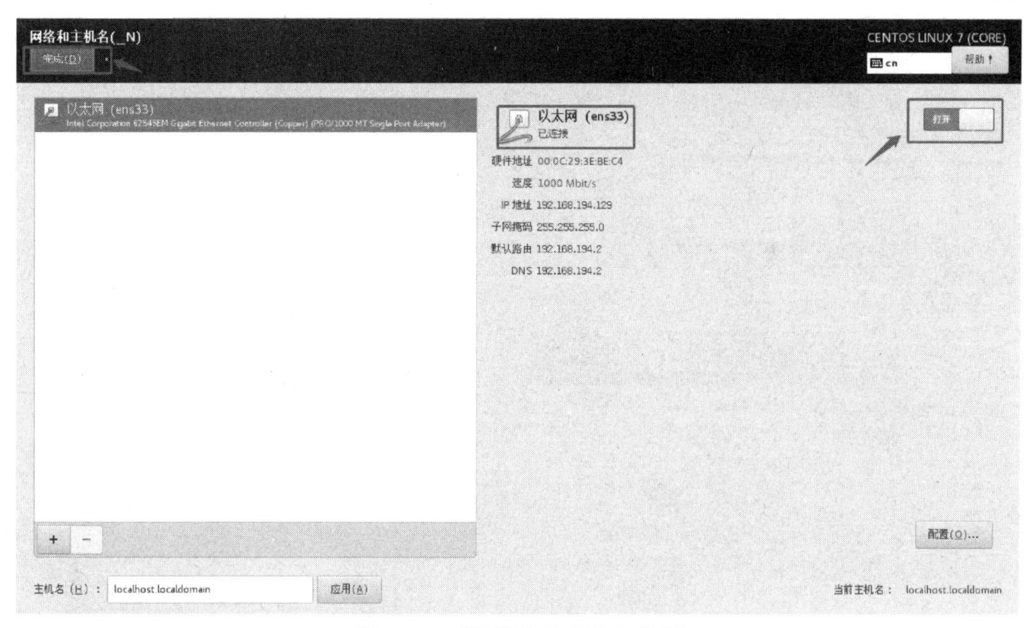

图 1-57　“网络和主机名”界面

步骤 18：返回“初始设置”界面，选择“创建用户”选项，在“创建用户”界面中创建一个本地普通用户，设置用户名和密码，单击“完成”按钮，如图 1-58 和图 1-59 所示。

图 1-58　选择“创建用户”选项

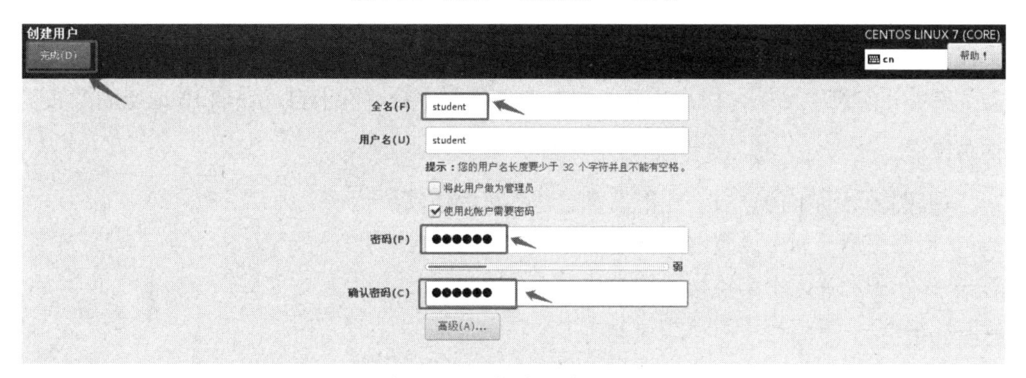

图 1-59　“创建用户”界面

步骤 19：初始设置完成后，单击“完成配置”按钮，如图 1-60 所示，系统将进入登录界面。至此，CentOS 7.4 安装完成。

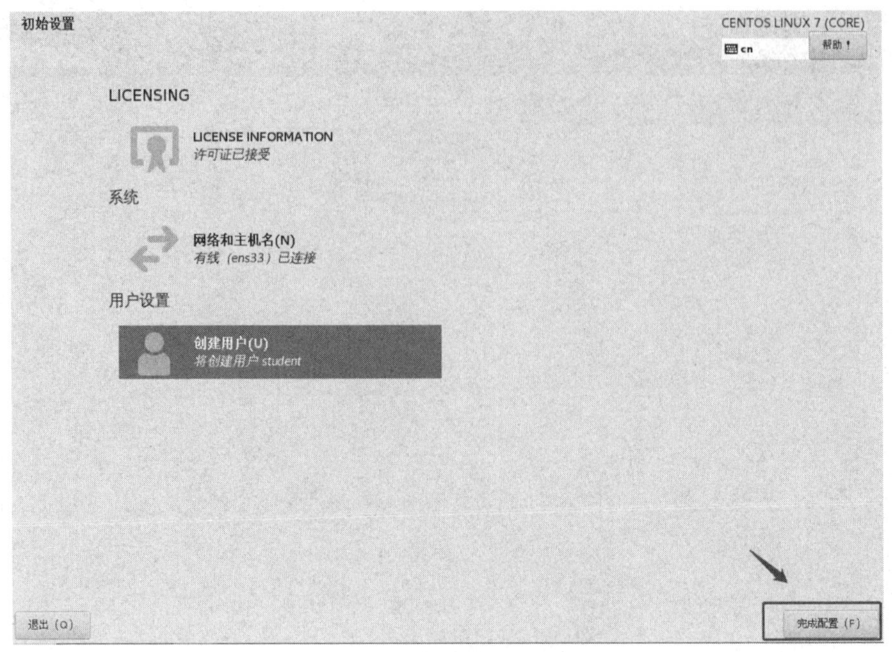

图 1-60　单击“完成配置”按钮

任务小结

本任务基于在 VMware Workstation 中创建虚拟机，介绍了虚拟机的配置方法和在虚拟机中安装 CentOS 的方法，以及在 CentOS 安装完成后首次重启进入系统前的基础设置。

任务 1.4　Linux 系统图形界面的登录与注销

任务描述

Linux 基本操作（上）

本项目的第 4 个任务是 Linux 系统图形界面的登录与注销。

任务分析

本任务要求在 Linux 系统图形界面中实现登录与注销，登录分为普通用户登录和 root 用户登录。为了能够正常浏览网站，用户需要掌握在图形界面中设置网卡自动获取 IP 地址的方法。

任务目标

1．掌握图形界面下的登录、注销、重启与关机的方法。
2．掌握在图形界面中设置网卡自动获取 IP 地址的方法。
3．掌握在图形界面中浏览网站的方法。

预备知识

GUI 是 Graphical User Interface 的简称，中文名称为图形用户界面（即图形界面），又称图形用户接口，是指采用图形方式显示的计算机操作用户界面，例如 Windows 系统的桌面就是图形界面，其特点是直观易用，支持鼠标操作。

CLI是Command-Line Interface的缩写，中文名称为命令行界面，是在图形界面得到普及之前使用最广泛的用户界面。它通常不支持鼠标操作，而是用户通过键盘输入指令，计算机接收到指令后予以执行，也被称为字符用户界面（Command User Interface，CUI），其特点是功能强大但是操作复杂。命令行界面的软件通常需要用户记忆操作命令。由于其本身的特点，命令行界面较图形界面更能节约计算机系统的资源。在熟记命令的前提下，使用命令行界面通常比使用图形界面的操作速度要快。因此，在图形界面的操作系统中，都会保留可选的命令行界面。

任务实施

Linux系统是多用户、多任务的操作系统，任何用户都需要登录。Linux系统允许多个用户同时登录，也允许一个用户同时执行多个任务。

Linux系统的登录过程就是身份验证的过程，即用户必须输入用户名和密码。Linux系统中严格区分大小写，包括其用户名和密码，以及各种命令。

子任务1 图形界面下的登录、注销、重启与关机

1. 普通用户登录

系统启动后，选择要登录的用户名，如图1-61所示，输入密码后单击“登录”按钮，如图1-62所示，即可登录系统。

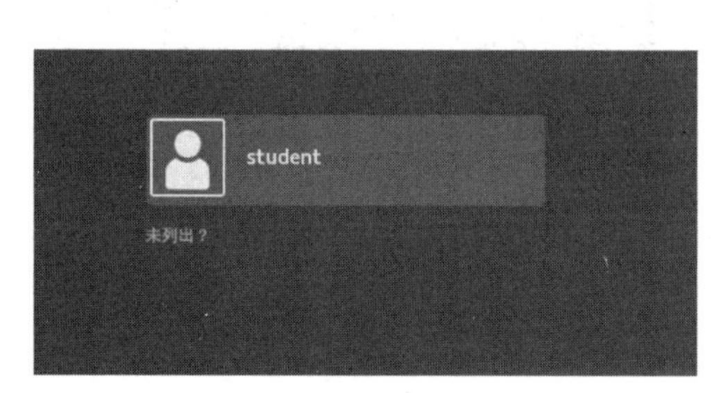

图1-61 选择要登录的用户名

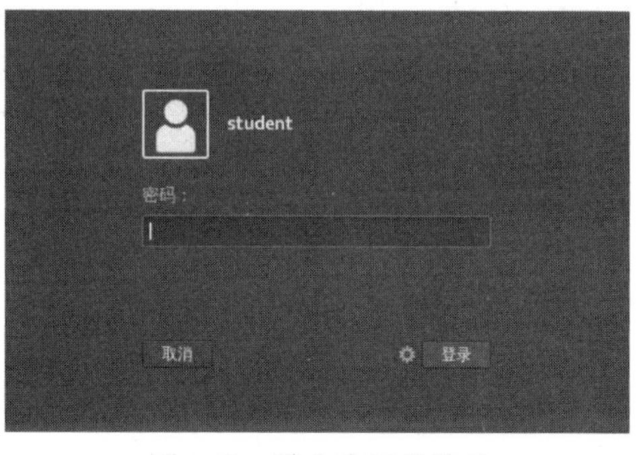

图1-62 输入密码并登录

2. root用户登录

Linux系统中的超级用户名为root，其权限最高，可以在系统中进行任何设置。root用户登录需要单击“未列出”链接，如图1-63所示；输入用户名“root”，如图1-64所示，单击“下一步”按钮；输入密码后单击“登录”按钮，即可登录系统，如图1-65所示。

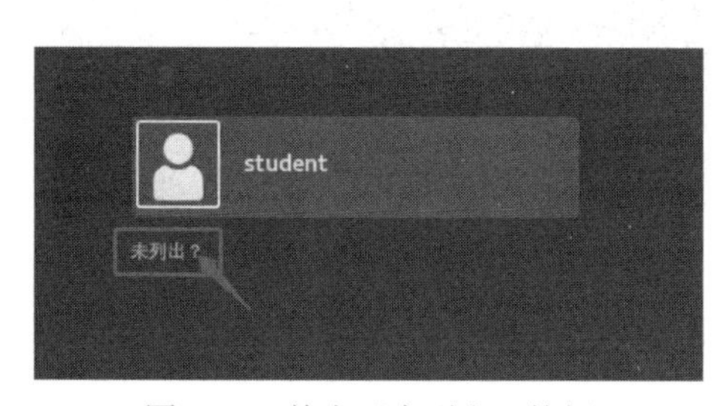

图1-63 单击“未列出”按钮

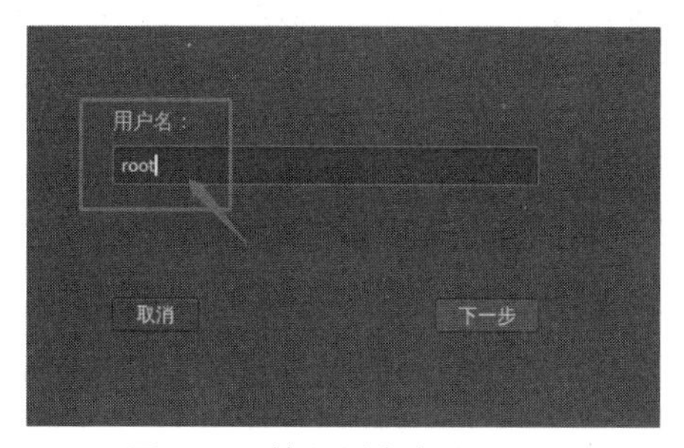

图1-64 输入用户名“root”

图 1-65　输入密码并登录

3．注销

普通用户与 root 用户的注销方法相同。单击桌面右上角的开关按钮，在弹出的菜单中选择用户名下方的“注销”命令，如图 1-66 所示，打开用户注销对话框，系统会进入倒计时，60 秒后自动注销该用户，如果需要立即注销该用户，则单击“注销”按钮即可，如图 1-67 所示。

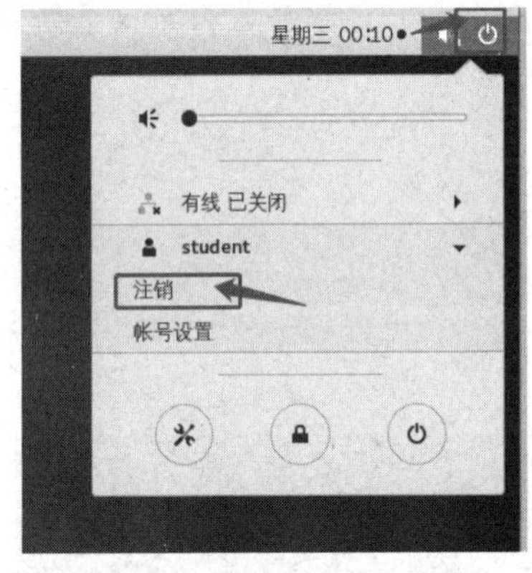

图 1-66　选择“注销”命令

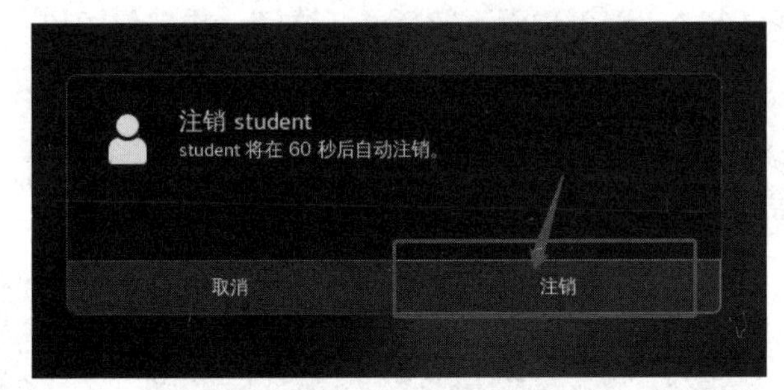

图 1-67　注销用户

4．重启与关机

与注销类似，单击桌面右上角的开关按钮，在弹出的菜单中单击右下角的开关按钮，如图 1-68 所示，弹出系统关机对话框，如图 1-69 所示，系统会进入倒计时，60 秒后自动关机，如果需要立即关机，则单击“关机”按钮即可；如果需要重新启动系统，则单击“重启”按钮即可。

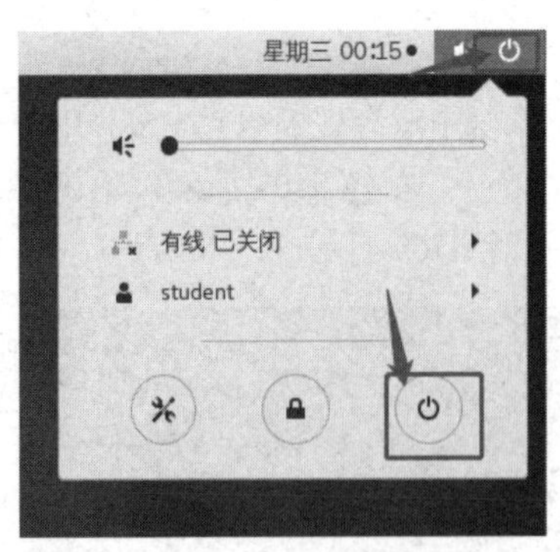

图 1-68　单击开关按钮

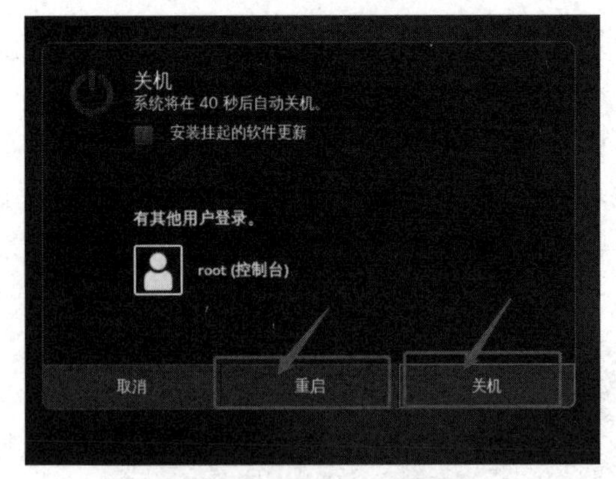

图 1-69　系统关机对话框

子任务 2　在图形界面中设置网卡自动获取 IP 地址

单击桌面左上角的“应用程序”菜单按钮，弹出“应用程序”菜单，如图 1-70 所示，选择“系统工具”→“设置”命令，在打开的系统设置对话框中，双击“网络”图标，如图 1-71 所示。

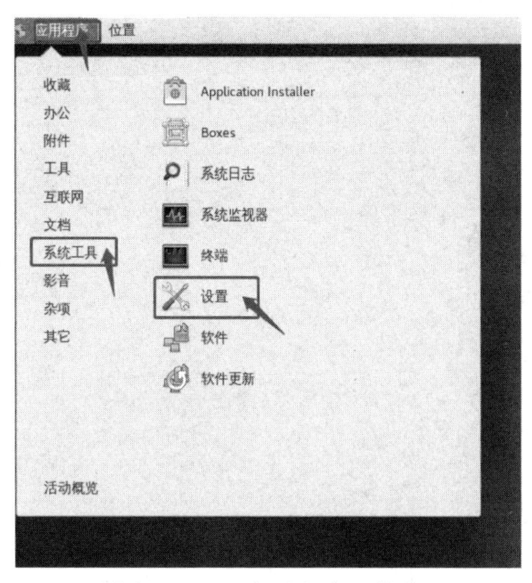

图 1-70　“应用程序”菜单

图 1-71　系统设置对话框

在弹出的“网络”对话框中，在左侧列表框中选择“有线连接”选项，将右侧按钮调节为“打开”状态，即可启用网络，并显示 IPv4、IPv6 地址，以及网络的硬件地址、默认路由和 DNS 信息，如图 1-72 所示。

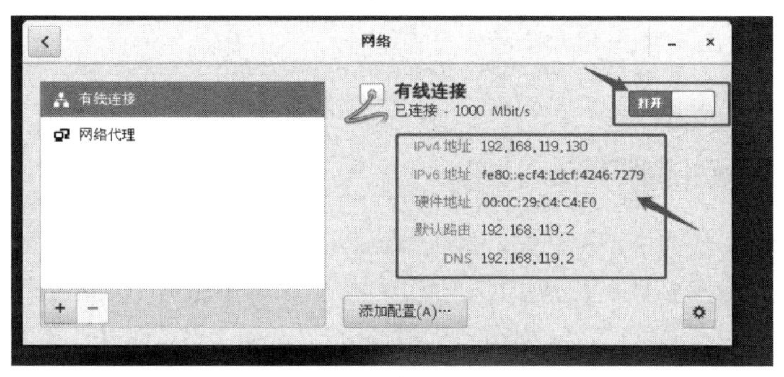

图 1-72　“网络”对话框

如果此时没有获得 IP 地址，则需要检查网卡设置，单击⚙按钮，在弹出的“有线”对话框左侧列表框中选择“IPv4”选项，将“地址”设置为“自动（DHCP）”，如图 1-73 所示；同时要确保宿主机 Windows 中的虚拟网卡 VMnet 8 处于启用状态，并且该网络启用了 DHCP 功能。

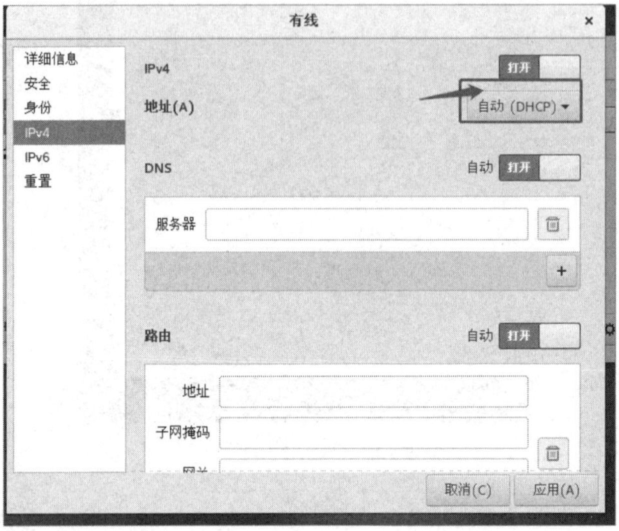

图 1-73　“有线”对话框

在“有线”对话框左侧列表框中选择“身份”选项，在右侧窗口中勾选“自动连接”复选框，确保每次开机后网卡自动启用，并自动连接到相应的网络来获取 IP 地址，如图 1-74 所示。设置完成后单击“应用”按钮。

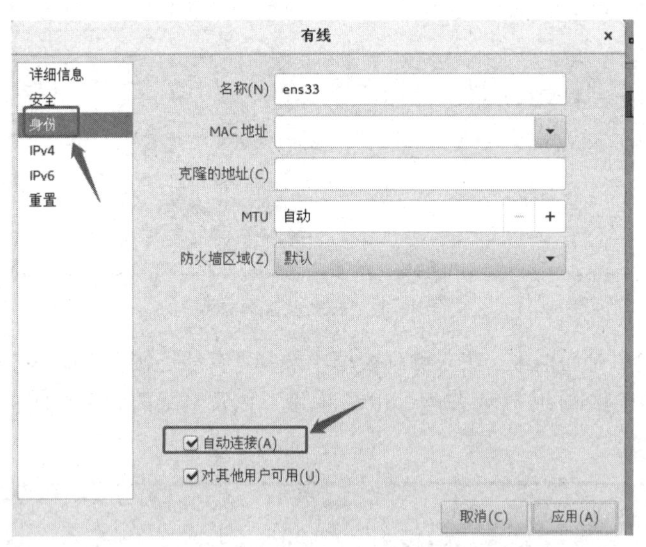

图 1-74　自动连接设置

子任务 3　在图形界面中浏览网站

在 Linux 系统图形界面中浏览网站，与在 Windows 系统中浏览网站的步骤类似。单击桌面左上角的“应用程序”菜单按钮，在弹出的“应用程序”菜单中选择“互联网”→“火狐浏览器”命令，如图 1-75 所示。在地址栏中输入相应的网址并按“Enter”键，即可打开该网站，如图 1-76 所示；打开新的标签页，在地址栏中输入不同的网址并按“Enter”键，即可浏览不同的网站。

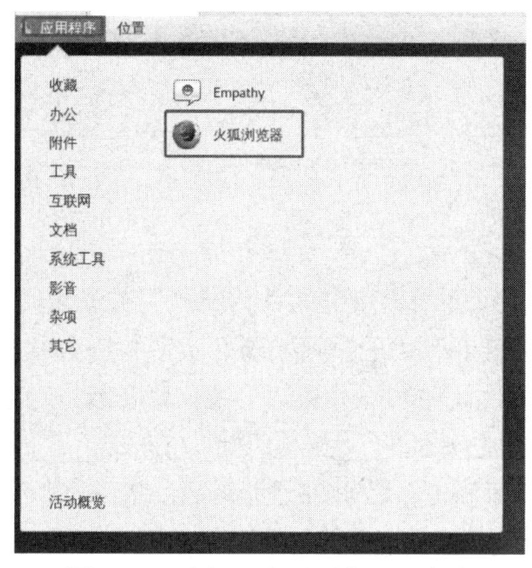

图 1-75　选择“火狐浏览器”命令

图 1-76　打开网站

任务小结

本任务讲解了 Linux 系统图形界面的登录与注销方法，介绍了普通用户和 root 用户的登录方法，以及为了能够正常浏览网站，在图形界面中设置网卡自动获取 IP 地址的方法。

任务 1.5　使用 rpm 命令管理 RPM 软件包

任务描述

本项目的第 5 个任务是使用 rpm 命令管理 RPM 软件包。

任务分析

本任务需要了解 RPM（红帽软件包管理器），掌握获取 RPM 软件包的 3 种方法，熟悉 rpm 命令的选项及用法。

任务目标

1．初识 RPM。

2．熟悉 rpm 命令与操作。

预备知识

在 RPM 发布之前，在 Linux 系统中安装软件只能采用编译源码包的方式。早期在 Linux 系统中安装软件是一件非常困难、耗时耗力的事情，而且大多数服务程序仅提供自身的源码，需要运维人员编译代码，并且自行解决软件之间的依赖关系。要安装好一个服务程序，运维人员不仅需要具备丰富的知识、高超的技能，还要有足够的耐心。在安装、升级、卸载服务程序时，运维人员要考虑到其他程序、库的依赖关系，因此在进行校验、安装、卸载、查询、升级等软件操作时难度都非常大。RPM 管理机制则正是为了解决这些问题而设计的。

RPM 管理机制主要是以数据库的方式管理所有 RPM 类型的软件包。它将软件的源码编译并打包成 RPM 软件包，通过编译时在软件包中设置好的数据库记录安装这个软件包的必备条件，这就是软件包的依赖性，即在安装某软件包时，必须先安装其他软件包才能完成安装过程。如果系统符合软件包的依赖条件，则开始安装该软件包，并将软件包的信息写入 RPM 数据库，以便用于以后的查询、验证、升级和卸载。

任务实施

RPM 是 Red Hat 公司开发的一套软件包管理机制，其安装、升级、查询、验证与卸载都非常方便，也适用于网络传输，下面介绍 RPM 及一些常用操作。

子任务 1　初识 RPM

1．RPM 简介

RPM 是 Red Hat Package Manager 的简称，其原始设计理念是开放式的，是在 Linux 中使用最广泛的软件包管理器之一，最早由 Red Hat 公司开发和维护，现在由开源社区接管。RPM 目前是 Linux Standard Base（LSB）中采用的包管理系统，也是 RedHat 系列（RHEL、CentOS、Fedora 等），以及 openSUSE、Turbo Linux 等 Linux 系统发行版本中默认的软件管理器，可以被当作行业标准之一。

RPM 软件包分为两种，分别是 package 和 srcpackage，即 binary rpm 和 source rpm。前者是已经编译好的二进制包，可以直接安装，后者是包含源码的 RPM 软件包，需要重组之后才可以安装。从严格意义上来说，*.src.rpm 是特殊的源码包，需要使用 rpm 工具进行编译封装后才可以安装。

RPM 软件包的名称格式通常为“软件包名称-软件包版本-软件包修订次数.适用的平台.扩展名”，如 yum-utils-1.1.31-50.el7.noarch.rpm 和 mdadm-4.1-rc1_2.el7.x86_64.rpm。

其中，x86_64 指的是 64 位 CPU 平台，为当前主流平台类型，noarch 表示软件没有平台限制。另外，i386 指适用于所有 x86 平台的 CPU。

2．RPM 软件包的获取方法

获取 RPM 软件包，有如下 3 种方法。

（1）可以访问软件的官方网站获取其安装包，但是官方网站通常会提供源码安装包或者 YUM

源，而不是直接提供 RPM 软件包。

（2）可以访问 rpmfind 网站，查询并下载 RPM 软件包。

（3）可以访问 CentOS、Fedora、EPEL、rpmfusion 等软件仓库的镜像网站，查询并获取其中收录的 RPM 软件包，在国内可以使用阿里云开源镜像站、网易开源镜像站或清华大学开源镜像站。

子任务 2 rpm 命令与操作

rpm 命令的选项有很多，配合不同的选项可以实现不同的功能。一般来说，rpm 命令可以实现五大功能：软件包查询、软件包安装、软件包升级、软件包验证和软件包删除。

rpm 命令格式如下：

```
rpm [选项] [软件包名称]
```

常用选项如下。

- -v：表示显示详细的安装信息。
- -h：在安装过程中，通过“#”来显示安装进度。

1. 软件包查询

查询已经安装的软件包，一般使用-q 选项，-q 代表 query（查询），-q 选项可配合以下选项一起使用。

- -a：查询所有已安装的软件包。
- -i：显示已安装软件包的概要描述信息。
- -l：显示已安装软件包的文件安装位置。
- -c：显示已安装软件包的配置文件列表。
- -d：显示已安装软件包的文档文件列表。
- -s：显示已安装软件包的文件列表并显示每个文件的状态。

例如：

```
[root@server /]# rpm -qa | more
//查询当前系统中安装的全部软件包，由于安装的软件包很多，因此通常配合管道操作符“|”及 more（或 less）命
//令实现翻页浏览
[root@server /]# rpm -q vsftpd
//查询 vsftp 软件包是否已安装
[root@server /]# rpm -qa | grep rpm
//在已安装的软件包中查询包含 rpm 关键字的软件包
[root@server /]# rpm -qi vsftpd
//查看 vsftpd 软件包的描述信息
[root@server /]# rpm -ql vsftpd
//查看 vsftpd 软件包相关文件的安装位置
```

2. 软件包安装

准备安装指定的软件包，通常使用-i 选项，-i 代表 install（安装）。

例如：

```
[root@server /]#rpm -ivh vsftpd-3.0.2-22.el7.x86_64.rpm
//安装 vsftpd-3.0.2-22.el7.x86_64.rpm，并显示详细的安装信息和过程
```

注意：在使用 rpm 命令安装软件包时，经常会出现软件包的依赖问题。

安装依赖链：安装软件包 A，软件包 A 可能依赖于软件包 B，软件包 B 又可能依赖于软件包

C，软件包 C 又可能依赖于软件包 D……以此类推。

互依赖：安装软件包 A，软件包 A 可能依赖于软件包 B，软件包 B 又可能反向依赖于软件包 A。

究其原因，正是由于 RPM 安装包是已经打包好的数据，即安装包中的数据已经全部编译完成，因此需要当初安装时的主机环境才能安装。当初创建该软件的安装环境也必须在当前主机上重现。

3. 软件包升级

如果要将系统中已经安装的某个软件包升级到较高版本，则可以采用升级安装的方法实现。升级使用-U 选项，U 代表 Update（升级）。系统会自动卸载旧版本，安装新版本。若系统中不存在旧版本，则直接安装新版本。

例如：

```
[root@server ~]# rpm -Uvh httpd-2.4.6-89.el7.centos.1.x86_64.rpm
```

4. 软件包验证

系统的 RPM 数据库保存了与已安装的软件包相关的所有文件。然而，除文件的名称外，文件的其他信息，如所有者、文件模式（权限）、文件长度及文件内容的 MD5 验证码等是否被修改过，我们不得而知。在软件包安装完成后，可以使用-V 选项“校验”软件包。-V 代表 Verify（验证），软件包中包含的每个文件将与保存在 RPM 数据库中的属性进行比较，有任何偏差都会被列出。

例如：

```
[root@server ~]# rpm -Va
//验证所有已安装的软件包
```

5. 软件包删除

要删除已经安装的软件包，可以使用-e 选项，-e 代表 erase（删除）。

例如：

```
[root@server ~]# rpm -e vsftpd
//删除 vsftpd 软件包
```

表 1-1 所示为一些常用的 RPM 软件包命令，供用户参考。

表 1-1　常用的 RPM 软件包命令

命令	作用
rpm -ivh filename.rpm	安装软件包的命令选项及格式
rpm -Uvh filename.rpm	升级软件包的命令选项及格式
rpm -e filename	删除软件包的命令选项及格式
rpm -qpi filename	查询软件包描述信息的命令选项及格式
rpm -qpl filename	列出软件包中文件信息的命令选项及格式
rpm -qf filename	查询文件属于哪个 RPM 软件包的命令选项及格式

任务小结

本任务介绍了红帽软件包管理器 RPM 的基础知识，讲解了获取 RPM 软件包的 3 种方法，介绍了 rpm 命令的常用选项，以及使用 rpm 命令进行查询、安装、升级、验证和删除软件包的方法。

任务 1.6 使用 yum 命令管理 YUM 软件包

任务描述

本项目的第 6 个任务是使用 yum 命令管理 YUM 软件包。

任务分析

本任务需要在 CentOS 系统中配置 YUM 仓库，使用 yum 命令管理 YUM 软件包。

任务目标

1. 了解 YUM 软件包管理。
2. 了解 YUM 配置文件。
3. 掌握配置本地 YUM 源的方法。
4. 掌握 yum 命令的使用方法。

预备知识

虽然 RPM 能够帮助用户查询软件包之间的依赖关系，但是还是需要运维人员来解决问题。有些大型软件可能与数十个程序都有依赖关系，在这种情况下安装该软件包是非常痛苦的。YUM 仓库是为了进一步降低软件包安装难度和复杂程度而设计的技术。YUM 仓库可以根据用户的要求分析出所需软件包及其相关的依赖关系，自动从服务器下载软件包并安装到系统中。

任务实施

子任务 1 YUM 软件包管理

YUM 是由杜克大学（Duke University）开发的一个 RPM 软件包管理辅助工具，主要目的是解决 RPM 软件包的安装依赖问题，是一个在 Red Hat（含 Fedora 和 CentOS）及 SUSE 中的 Shell 前端软件包管理器。基于 RPM 软件包管理，YUM 可以从指定的服务器中自动下载并安装 RPM 软件包，自动处理依赖关系，并且可以一次性安装所有依赖的软件包，无须多次分别下载、安装。YUM 提供了查找、安装、删除某一个、一组甚至全部软件包的命令，命令简洁而且方便记忆。

YUM 的工作原理并不复杂，每个 RPM 软件的头（header）都会记录该软件的依赖关系，通过分析 header 即可获得软件安装的依赖信息。YUM 的工作流程可以理解为：服务端存放了所有的 RPM 软件包，通过分析每个 RPM 文件的依赖关系，可以将这些信息记录成文件并将其存放在服务器上；如果客户端需要安装某个软件，则可以先从服务器上下载记录的依赖关系文件，并进行分析，然后将获得的所有相关软件一次性下载并安装。YUM 软件仓库的技术拓扑如图 1-77 所示。

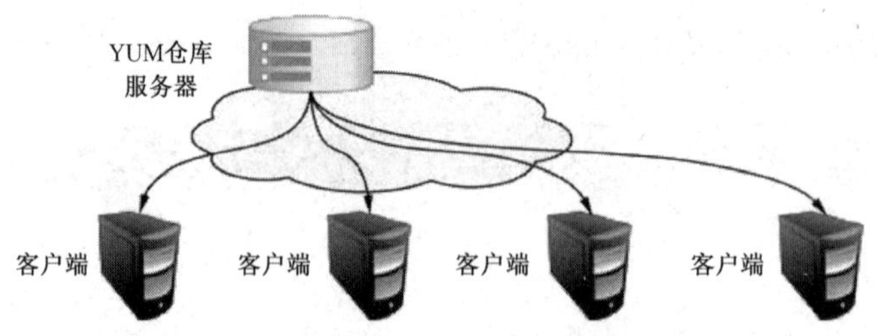

图 1-77　YUM 软件仓库的技术拓扑

子任务 2　YUM 配置文件

YUM 配置文件主要有两种：一种是/etc 目录下的 yum.conf 文件；另一种是/etc/yum.repos.d 目录下的 repo 文件。

1．yum.conf 文件

yum.conf 文件是 YUM 的主配置文件，位于/etc 目录下，部分配置信息解析如下：

```
[main]
cachedir=/var/cache/yum/$basearch/$releasever
//cachedir：YUM 在更新软件时的缓存目录
keepcache=0
//keepcache：是否保留缓存内容，0 表示安装后删除软件包，1 表示安装后保留软件包
debuglevel=2
//debuglevel：排错信息输出等级，范围为 0～10，默认为 2，记录安装和删除信息
logfile=/var/log/yum.log
//logfile：存放系统更新软件的日志，记录更新的具体内容
exactarch=1
//若设置为 1，则 YUM 将只安装与系统架构匹配的软件包，例如，YUM 不会将 i386 的软件包安装在不适合 i386 的系统中，
//默认为 1
obsoletes=1
//此选项在进行发行版本跨版本升级时会用到
gpgcheck=1
//有 1 和 0 两个值，分别代表是否进行 gpg 校验
plugins=1
//是否启用插件，默认为 1，表示允许，0 表示不允许
installonly_limit=5
//允许保留的内核包数量
bugtracker_url=http：//bugs.centos.org/set project.php?project
id=23&ref=http//bugs.centos.org/bug_report page.php?category=yum
//Bug 跟踪 URL 地址
distroverpkg=centos-release
//用于获得 YUM 配置文件中$releasever 的值，即系统的发行版本
```

2．repo 文件

repo 文件是 YUM 源（软件仓库）的配置文件，通常一个 repo 文件会定义一个或多个软件仓库的细节内容，例如从哪里下载需要安装或升级的软件包，repo 文件中的设置内容将被 YUM 读取和应用。

常见的 repo 文件一般包括如下内容：

```
[base]
//该选项用于定义软件源的名称，该名称可以自定义，要确保在该服务器上所有 repo 文件中都是唯一的。注意：方括
```

```
//号里面不能有空格
name=CentoS-$releasever-Base
//该选项用于定义软件仓库的名称，$releasever 变量定义了发行版本
mirrolist=http://mirrorlist.centos.org/?releasever=basearch&repo=os&infra=$infra
//指定镜像服务器的地址列表
baseurl=http://mirror.centos.org/centos/$releasever/os/$basearch/
//如果第 1 个字符是“#”，则表示该行已经被注释，将不会被读取，这一行的意思是指定一个 baseurl(源的镜像
//服务器地址)
//baseurl 通常可以配置 4 种常见 YUM 源，分别是 http、ftp、rsync、file。例如：
//baseurl=http://mirrors.aliyun.com/centos/Sreleasever/os/Sbasearch/
//baseurl=ftp://localhost/pub
//baseurl=rsync://mirror.zol.co.zw/centos/
//baseurl=file:///mnt/cdrom
//注意：在一个 repo 文件中可以定义多个软件源
gpgcheck=1
//该选项表示对通过该软件源下载的 RPM 软件包进行 gpg 校验，如果 gpgcheck 的值为 0，则表示不进行 gpg 校验
enabled=1
//该选项表示在这个 repo 文件中启用这个软件源，默认该选项可以不写。但是如果 enabled 的值为 0，则表示禁用
//这个软件源
gpgkey=file:///etc/pki/rpm-gpg/RPM-GPG-KEY-CentOS-7
//该选项用于定义校验的 gpg 密钥文件
```

子任务3 配置本地YUM源

在repo文件中，可以配置多个YUM源。为了方便管理RPM软件包，避免复杂的依赖关系，可以配置本地YUM源。配置本地YUM源的步骤如下。

1. 挂载CentOS光盘

```
[root@server /]# mount -t iso9660 /dev/cdrom /mnt
//将光盘挂载到 /mnt 目录下，前提是在光驱中放入 CentOS 的安装光盘（或镜像文件）
```

2. 进入/etc/yum.repos.d目录

```
[root@server /]# cd /etc/yum.repos.d
```

3. 新建local.repo文件

yum.repos.d目录下有7个文件，分别为CentOS-Base.repo、CentOS-CR.repo、CentOS-Debuginfo.repo、CentOS-fasttrack.repo、CentOS-Media.repo、CentOS-Sources.repo、CentOS-Vaultrepo。将这些文件移动到其他位置，命令如下：

```
[root@server yum.repos.d]# mv * /opt
```

使用vi命令新建local.repo文件，命令如下：

```
[root@server yum.repos.d]# vi local.repo
```

输出内容如下：

```
[centos7]
name=Centos
baseurl=file:///mnt
gpgcheck=0
enabled=1
```

经过以上步骤，本地 YUM 源即可完成配置。

子任务 4 yum 命令的使用方法

yum 命令功能强大，并且子命令和参数数量较多，用户可使用 yum help 命令来获取帮助信息。下面简单介绍 yum 命令的使用方法。

yum 命令格式如下：

```
yum [选项] [子命令] [软件或者软件包名称]
```

常用选项如下。

- -y：在安装过程中的提示全部默认选择“yes”。
- -v：显示安装过程的详细信息。
- [子命令]：指定使用 yum 命令来完成的操作，如 list、install、remove、update 等。

常用子命令如下。

- -install：向系统中安装一个或多个软件包。
- -remove：从系统中移除一个或多个软件包。
- -update：更新系统中的一个或多个软件包。
- -repolist：显示已配置的源。
- -list：列出一个或一组软件包。
- -search：在软件包详细信息中搜索指定字符串。
- -check：检查 RPM 数据库。
- -check-update：检查是否有可用的软件包更新。
- -clean：删除缓存数据。
- -deplist：列出软件包的依赖关系。
- -downgrade：降级软件包。
- -help：显示帮助信息。
- -history：显示或使用事务历史。
- -info：显示关于软件包或组的详细信息。

1. 列举软件包

使用 list 子命令可以列出资源库中特定的可安装、可更新及已经安装的 RPM 软件包。

例如：

```
[root@server /]# yum list vsftpd
//列出名为 vsftpd 的软件包
[root@server /]# yum list *ftp*
//列出包含字符 ftp 的软件包
[root@server /]# yum list installed
//列出已经安装的所有 RPM 软件包
```

2. 显示软件包详细信息

使用 info 子命令可以列出特定的可安装、可更新及已经安装的 RPM 软件包的详细信息。

例如：

```
[root@server /]# yum info vsftpd
//列出 vsftpd 软件包信息
[root@server /]# yum info python*
```

```
//列出以“python”开头的所有软件包的信息
[root@server /]# yum info installed
//列出已经安装的所有 RPM 软件包的信息
```

3．安装软件包

（1）使用 install 子命令可以安装指定的软件包。

例如：

```
[root@server /]# yum install vsftpd
//安装 vsftpd 软件包
```

软件包的安装过程通常包括分析和解决软件包依赖关系、下载所需软件包、安装依赖包、安装软件包等步骤。

（2）使用 groupinstall 子命令可以安装指定的软件包组。在安装软件包时，如果要进行开发，则可能需要安装 GCC、CMAKE、GLIBC 等软件包；如果要配置 Web Server，则可能需要安装 HTTPD、MySQL、PHP 等软件包。但不管是初学者还是 Linux 资深用户，都不可能清楚地记住所有相关软件包，这时使用 groupinstall 子命令可以直接安装环境组或软件包组。

例如：

```
[root@server /]# yum grouplist hidden
//查询所有可用的环境组和软件包组，添加 hidden 选项可以真正显示所有的软件包
[root@server /]# yum groupinfo "GNOME Desktop"
//查看 GNOME 桌面环境组的详细信息
[root@server /]# yum -y groupinstall "GNOME Desktop"
//安装 GNOME 桌面环境组
[root@server /]# yum -y groupinstall "Web Server"
//安装软件包组 Web Server
```

4．删除已安装的软件包

使用 remove 子命令可以删除软件包，使用 groupremove 子命令可以删除软件包组。

例如：

```
[root@server /]# yum remove python*
//删除以“python”开头的所有软件包
[root@server /]# yum groupremove "GNOME Desktop Environment"
//删除 GNOME 桌面环境组
[root@server /]# yum groupremove "Web Server"
//删除软件包组 Web Server
```

5．更新软件包

使用 check-update 子命令可以检查可更新软件包，使用 update 子命令可以更新软件包。

例如：

```
[root@server /]# yum check-update
//检查可更新的 RPM 软件包
[root@server /]# yum update vsftpd
//更新指定的 RPM 软件包，如更新 vsftpd 软件包
```

6．清除缓存

使用 clean 子命令可以清除缓存中的软件包。

例如：

```
[root@server /]# yum clean all
//清除缓存中的所有软件包
[root@server /]# yum clean expire-cache
//清除过期缓存
```

7. 查看日志和历史记录

使用 history 子命令可以查看安装和删除操作记录的摘要。例如，查看 yum.log 文件中所有软件的操作记录。

```
[root@server /]# tail /var/log/yum.log
//查看 yum.log 文件的后 10 行
[root@server /]# yum history
//查看安装和删除操作记录的摘要信息
已加载插件：fastestmirror, langpacks
ID     | 登录用户                 | 日期和时间          | 操作              | 变更数
-------------------------------------------------------------------------------
     6 | root <root>              | 2022-06-10 16:13 | Install        |    1
     5 | root <root>              | 2022-06-10 16:05 | Install        |    1  <
     4 | root <root>              | 2022-06-09 17:11 | Install        |    2 >
     3 | root <root>              | 2022-04-24 16:46 | Install        |    5
     2 | student <student>        | 2021-09-08 09:59 | Install        |    1
     1 | 系统 <空>                | 2021-09-02 00:39 | Install        | 1301
history list

[root@server /]# yum history undo 5
//撤销上述查询结果中 ID 为 5 的操作
```

任务小结

本任务介绍了 YUM 软件包管理的基础知识和 YUM 配置文件中各配置项的含义，讲解了在 CentOS 系统中配置本地 YUM 仓库的方法，以及使用 yum 命令管理软件包和软件包组的方法。

任务 1.7 实操任务

实操任务目的

1. 熟悉 VMware Workstation 的安装与使用。
2. 掌握在 VMware Workstation 中安装 CentOS 系统的方法。
3. 能够根据需求使用 rpm 或 yum 命令安装所需软件包或软件包组。

实操任务环境

VMware Workstation 虚拟机软件，CentOS 7.4 安装所需 ISO 镜像文件。

实操任务内容

本实操任务要求在物理机中安装 VMware Workstation，创建虚拟机，在虚拟机中安装 CentOS 7.4，在安装的系统中配置本地 YUM 源并安装相应的软件，需完成的具体工作任务如下。

1. 在物理机中安装 VMware Workstation 虚拟机软件。

2．在 VMware Workstation 中创建虚拟机。虚拟机配置要求如下：2 个 VCPU，2GB 内存，40GB 硬盘，1 个网卡并使用 NAT 网络。

3．从 CentOS 官方网站或国内开源镜像站点自行下载 CentOS 7.4 的镜像文件 CentOS-7-x86_64-DVD-1708.iso。

4. 在上面第 2 个工作任务创建的虚拟机中，使用第 3 个工作任务下载的镜像文件安装 CentOS 7.4，要求最小化安装。

5．在安装的 CentOS 7.4 中将/dev/cdrom 挂载到/mnt 目录下，并自行编制 repo 文件，配置本地 YUM 源。

6．使用 yum 命令安装 vim 和 bash-completion 两个软件包。

7．使用 yum 命令安装 GNOME Desktop 软件包组。

任务 1.8　进阶习题

一、选择题

1．Linux 系统最早是由计算机爱好者（　　）开发的。

A．Richard Petersen　　B．Linus Torvalds

C．Rob Pick　　D．Linux Sarwar

2．下列选项中对 Linux 系统内核描述错误的是（　　）。

A．内核是 Linux 系统的“心脏”，用于实现操作系统的基本功能

B．内核功能包括控制硬件设备和提供硬件接口

C．Linux 系统内核是由 Linus Torvalds 发明的

D．普通用户可以直接与内核交互

3．下列选项中的（　　）是自由软件。

A．Windows XP　　B．UNIX　　C．Linux　　D．Windows 2008

4．Linux 系统的根分区系统类型可以设置为（　　）。

A．FAT16　　B．FAT32　　C．Ext4　　D．NTFS

5．Linux 系统是一个（　　）的操作系统。

A．单用户、单任务　　B．单用户、多任务

C．多用户、单任务　　D．多用户、多任务

6．Linux 系统和 UNIX 系统的关系是（　　）。

A．没有关系

B．UNIX 系统是一种类 Linux 操作系统

C．Linux 系统是一种类 UNIX 操作系统

D．Linux 系统和 UNIX 系统是一回事

7．自由软件的含义是（　　）。

A．用户不需要付费　　B．软件可以自由修改和发布

C．只有软件作者才能向用户收费　　D．软件发行商不能向用户收费

二、简答题

1．简述 Linux 系统的体系结构。

2．简述 RPM 与 YUM 的作用。

项目 2

熟练使用 Linux 系统常用命令

思维导图

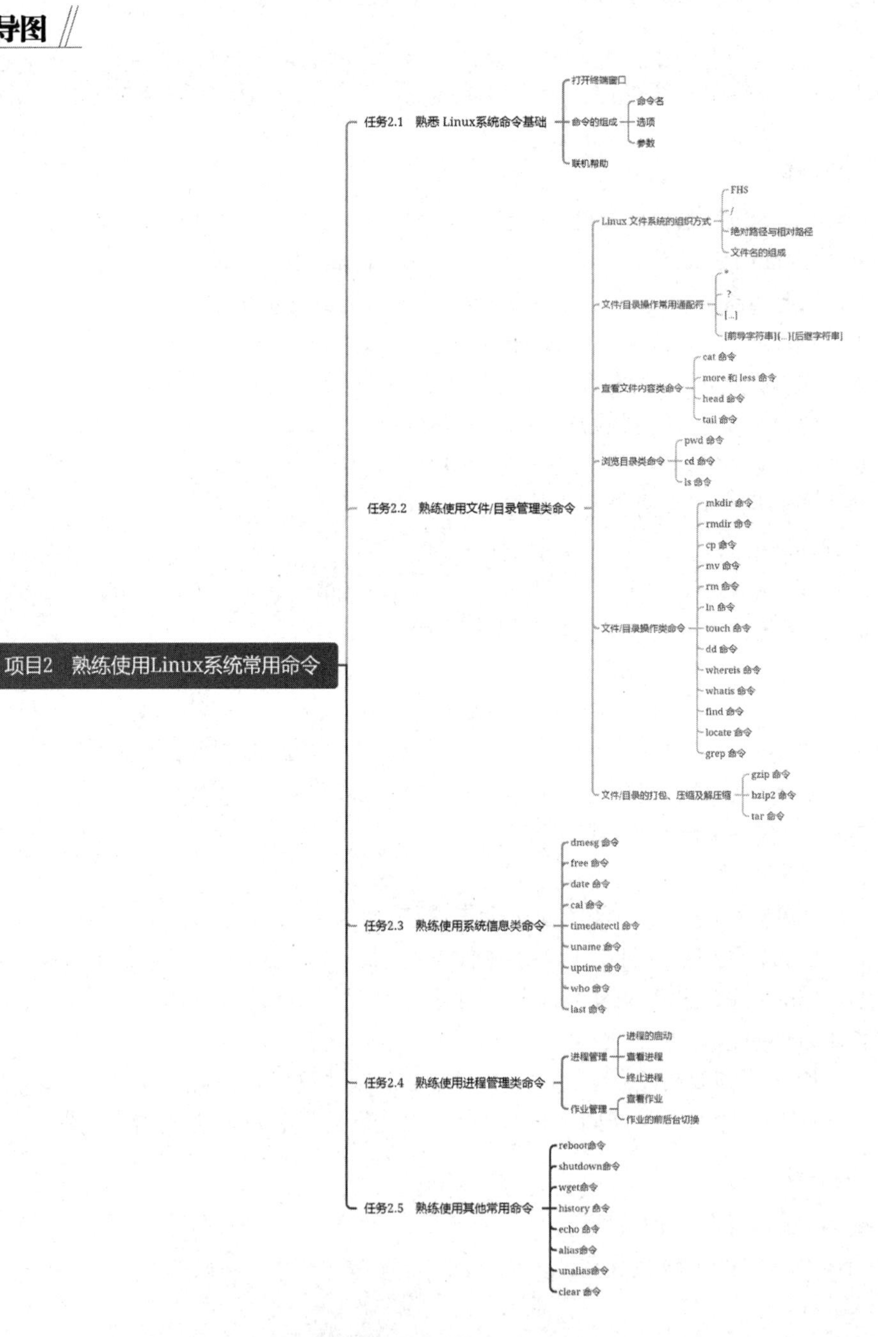

项目描述

本项目首先介绍系统内核和 Shell 的关系与作用，然后介绍 Linux 系统命令的执行方法。经验丰富的运维人员能够通过合理地组合命令与参数来更精准地满足工作需求，迅速得到自己想要的结果，还可以最大限度地降低系统资源消耗。本项目精选读者需要首先学习的数十个 Linux 系统命令，它们与系统工作、系统状态、工作目录、文件、目录、打包压缩与搜索等主题相关。通过把上述命令归纳到各个任务，可以帮助读者掌握命令的格式、常用的命令、命令的输入与执行，以及如何获取联机帮助，并且进行初步的命令行操作。

项目分析

随着 Linux 系统发行版本的更新和发展，目前很多 Linux 系统发行版本提供的图形化工具都非常友好、直观、易操作。事实上，许多图形化工具最终还是调用了脚本来完成相应的工作，图形化工具相较于 Linux 系统命令行界面会更加消耗系统资源，缺乏灵活性和可控性。因此，许多真实业务场景的 Linux 服务器通常不安装图形界面，而是直接使用 Shell 命令行进行操作，更加高效、灵活，这就需要用户熟悉命令行界面和各种命令行操作。

职业能力目标和要求

1. 熟悉 Linux 系统的终端窗口和命令基础。
2. 掌握文件/目录管理类命令。
3. 掌握系统信息类命令。
4. 掌握进程管理类命令及其他常用命令。

1+X 技能目标

1. 根据生产环境中的 Linux 系统安全配置工作任务要求，掌握 Bash 的使用方法；熟练使用文件/目录管理类命令、系统信息类命令、进程管理类命令及其他常用命令对 CentOS 服务器进行运维。

2. 根据生产环境中的实际业务需求，对系统进程和作业进行合理管理，对系统的默认运行级别进行相应的设置和调整，对实际业务所需的目录和文件进行合理的规划与备份。

素质目标

1. 树立“学习的过程就是探索的过程”的观念，保持好奇心和坚强的毅力。
2. 引导学生从小事做起，因为只有掌握每条命令并进行分析与归纳，才能掌握整个操作系统。
3. 理解对未知事物的好奇心和对科学的探索精神的重要性，进一步领会“奋斗者”号的深潜精神。

预备知识

计算机硬件通常是由运算器、控制器、存储器、输入/输出设备等组成的，而管理计算机硬件的就是操作系统的内核（Kernel）。Linux 系统内核负责完成硬件资源的分配、调度等管理任务。

由于系统内核对保证计算机的正常运行十分重要，因此一般不允许直接对其进行操作，而是需要由用户通过基于系统调用接口开发出的程序或服务来管理计算机，以满足日常工作的需要，这个接口就是 Shell。

Shell 的中文含义是“外壳”，它就像包裹内核的一层外壳，对内保护内核，同时作为用户与内核（硬件）沟通的工具。用户把一些命令“告诉”Shell，即运行 Shell 命令或 Shell 脚本，Shell 就会调用相应的程序或服务去完成某些工作。

Linux 系统中的 Shell 有很多种，如 Bourne Shell（/bin/sh）、Korn Shell（/bin/ksh）、C Shell（/ete/csh），在很多版本的 Linux 系统中，都提供对多种 Shell 的支持。虽然大部分 Shell 的用法都差不多，但各个 Shell 在语法和细节上还是有区别的。

目前最流行的 Shell 为 Bash（Bourne-Again Shell），几乎所有版本的 Linux 系统和绝大部分的 UNIX 系统都支持 Bash。Bash 是一个强大的工具，它不仅是一个命令解释器，还是一种功能相当强大的编程语言。Bash 是 RHEL/CentOS 的默认 Shell。

思政元素映射

“奋斗者”号

北京时间 2020 年 11 月 10 日上午 8 时 12 分，中国的科学家与工程师用实际行动致敬人类探海先驱：全海深载人深潜器“奋斗者”号成功坐底地球第四极，海洋最深处——马里亚纳海沟挑战者深渊（Challenger Deep, Mariana Trench），坐底深度为 10909 米。

“奋斗者”号成功潜入海底 10909 米，对中国未来的海洋开发可谓意义重大。随着时间的推移，陆地上可开发的资源越来越少，且全球如今正处于人口数量大爆发的时代，陆地资源终究会有枯竭的一天，而占据全球大部分面积的海洋，则拥有比陆地更为丰富的资源，石油、煤炭等资源应有尽有。为了人类未来的发展，开发海洋资源势在必行。

美国、日本的潜航器虽然都下潜到了一万多米的深度，但由于技术限制，只能进行简单的上下潜水工作，能够做出的贡献只是刷新一下潜水深度，探明一些海底物质。与美国、日本的深海潜水器相比，“奋斗者”号不仅能下潜到一万多米，还能进行较长时间的系统性作业，这才是真正能对海洋资源开发起到作用的进步。

中国科学院深海科学与工程研究所是本次“奋斗者”号海试任务的牵头完成单位，完成了“奋斗者”号南海和马里亚纳海沟两阶段海试，可谓此次万米海试任务的“大管家”。中国科学院深海科学与工程研究所的科研人员突破了深渊探测关键材料技术、深渊模拟实验技术和全海深载人/无人潜水器技术的瓶颈，积累了丰富的万米海试作业经验和马里亚纳海沟海斗深渊区的海洋环境数据，掌握了部分深渊区的精细地形数据。

针对深渊复杂环境下大惯量载体多自由度航行操控、系统安全可靠运行等技术难题，“奋斗者”号控制系统实现了基于数据与模型预测的在线智能故障诊断、基于在线控制分配的容错控制及海底自主避碰等功能，提高了潜水器的智能程度和安全性；采用基于神经网络优化的算法实现了大惯量载体贴海底自动匹配地形巡航、定点航行及悬停定位等高精度控制功能，其中，水平面和垂直面航行控制性能指标达到国际先进水平。

总书记习近平在对“奋斗者”号的贺信中指出，“奋斗者”号研制及海试的成功，标志着我国具有了进入世界海洋最深处开展科学探索和研究的能力，体现了我国在海洋高技术领域的综合实力。从“蛟龙”号、“深海勇士”号到今天的“奋斗者”号，科研人员以严谨科学的态度和自立自强的勇气，践行“严谨求实、团结协作、拼搏奉献、勇攀高峰”的中国载人深潜精神，为科技创新树立了典范。

任务 2.1　熟悉 Linux 系统命令基础

任务描述

本任务将介绍 Linux 系统命令的相关内容。通过本任务的学习，读者可以掌握 Linux 命令格式，常用的基本命令，命令的输入、执行与中断，以及如何获取联机帮助，并进行初步的命令行操作。

任务分析

与 Windows 系统不同，Linux 系统主要是通过命令行来运行的。传统的 Linux 系统通常默认不安装桌面环境，但是没有桌面环境并不意味着 Linux 系统更难管理，恰恰相反，当我们对 Linux 系统有一定的了解之后，就会发现 Linux 命令行的方便之处。

任务目标

熟悉 Linux 命令基础（上）

1. 掌握打开终端窗口的方法。
2. 熟练掌握 Linux 命令格式。
3. 掌握命令的输入、执行与中断。
4. 掌握使用联机帮助的方法。

预备知识

一台完整的计算机是由运算器、控制器、存储器、输入/输出设备等组成的，Linux 系统内核负责完成对硬件资源的分配、调度等管理任务，对系统的正常运行起着十分重要的作用。

硬件设备由系统内核直接管理，但是由于系统内核的复杂性太高，直接访问行为会产生较大的风险，因此用户不能直接访问系统内核。虽然通过调用系统提供的 API（应用程序编程接口）即可实现某个功能，但即使是“将一条信息通过互联网传输给其他用户”这样简单的任务，也需要手动调用几十次 API，不符合实际应用需求。越外层的服务程序越贴近客户端，这些服务程序是集成了大量 API 的完整软件，微信、QQ 就属于这种服务程序。

如果把整台计算机比喻成人类社会，那么服务程序就是一名翻译官，负责将用户提出的需求转换成硬件能够接收的指令代码，再将处理结果反馈成用户能够读懂的内容格式。

1. 强大好用的 Shell

Shell 是终端程序的统称，它能够充当人与内核（硬件）之间的翻译官。用户把一些命令传递给 Shell，它就会调用相应的程序服务去完成某些工作。包括 CentOS 在内的许多主流 Linux 系统默认使用的 Shell 是 Bash，Bash 主要有以下 4 项优势。

（1）通过上下方向键来调取执行过的 Linux 命令。

（2）命令或参数仅需输入前几位即可使用 Tab 键补全。

（3）具有强大的批处理脚本。

（4）具有实用的环境变量功能。

Shell 与 Bash 是包含与被包含的关系。Bash 是一种出色的 Shell。

2. Linux 系统控制台终端

Linux 系统启动后，会自动创建一些虚拟控制台。虚拟控制台是运行在 Linux 系统内存中的终端会话。通常也将命令模式称为终端机接口，即 terminal 或 console。大多数 Linux 系统发行版本会启动 5～6 个（或者更多）虚拟控制台，可以通过计算机的显示器和键盘直接访问。

不同的虚拟控制台之间的切换方式为按“Ctrl + Alt + F1~F6”组合键。

这 6 个终端接口有各自的名称，系统会将 F1 ~ F6 命名为 tty1 ~ tty6 的操作接口环境。例如，当用户按“Ctrl + Alt + F1”组合键时，会进入 tty1 的 terminal 界面。

在 CentOS 5 和 CentOS 6 中，“Ctrl + Alt + F1~F6”组合键用于以命令行模式登录 tty1 ~ tty6 终端机；“Ctrl + Alt + F7”组合键用于显示图形界面。

在 CentOS 7 中，“Ctrl + Alt + F2~F6”组合键用于以命令行模式登录 tty2~ tty6 终端机；“Ctrl + Alt + F1”组合键用于显示图形界面。

从一个虚拟控制台切换到另一个虚拟控制台以后，Linux 系统会先显示登录提示符，就像首次登录一样。在装入另一个命令解释器之前，会询问用户名和密码。因此，用户能够以不同的身份登录不同的虚拟控制台，方便以特定的身份执行特定的操作。当用户从一个虚拟控制台切换到另一个虚拟控制台以后，在原虚拟控制台上运行的程序将继续运行。

CLI 字符界面控制台的登录界面如图 2-1 所示，该界面中显示 Linux 系统的发行版本名称、发行版本和内核版本号及登录提示符。

```
CentOS Linux 7 (Core)
Kernel 3.10.0-693.el7.x86_64 on an x86_64

localhost login:
```

图 2-1　CLI 字符界面控制台的登录界面

在登录提示符的冒号后面输入用户名，如“root”，并按“Enter”键，系统会提示输入密码，输入用户对应的密码并按“Enter”键，注意此时输入的密码在屏幕上不回显，但是系统会正常接收，如果用户名或密码不正确，系统会提示登录失败的信息“Login incorrect”。如果用户名和密码正确，即可成功登录系统，且系统会显示自上次成功登录后的一些信息，并显示命令提示符。如果以 root 用户身份登录，则命令提示符会以“#”结束；如果以普通用户身份登录，则命令提示符会以“$”结束。系统登录效果如图 2-2 所示。

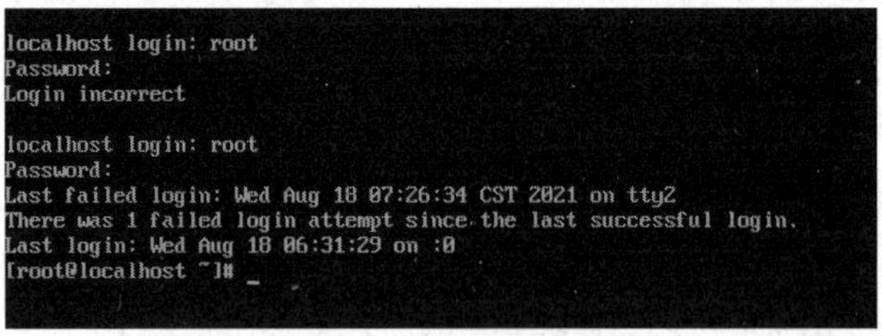

```
localhost login: root
Password:
Login incorrect

localhost login: root
Password:
Last failed login: Wed Aug 18 07:26:34 CST 2021 on tty2
There was 1 failed login attempt since the last successful login.
Last login: Wed Aug 18 06:31:29 on :0
[root@localhost ~]# _
```

图 2-2　系统登录效果

任务实施

早期的 Linux 系统并不具有 X-Window 图形化管理窗口，只能使用类似于 DOS 系统的字符终端窗口来进行人机交互。后来，为了方便用户使用 Linux 系统，开发者设计并开发了 X-Window 图形化管理窗口，但是原来的字符终端窗口仍然发挥着非常重要的作用。

Linux 基本操作（下）

子任务 1 打开终端窗口

CentOS 7 同样具有 X-Window 图形化管理窗口和字符终端窗口。在 X-Window 图形化管理窗口中，可以单击桌面左上角的“应用程序”菜单按钮，在弹出的菜单中选择“系统工具”→“终端”命令，如图 2-3 所示，即可打开终端窗口，如图 2-4 所示。或者在桌面空白处单击鼠标右键，在弹出的快捷菜单中选择“打开终端”命令，也可以打开终端窗口，如图 2-5 所示。

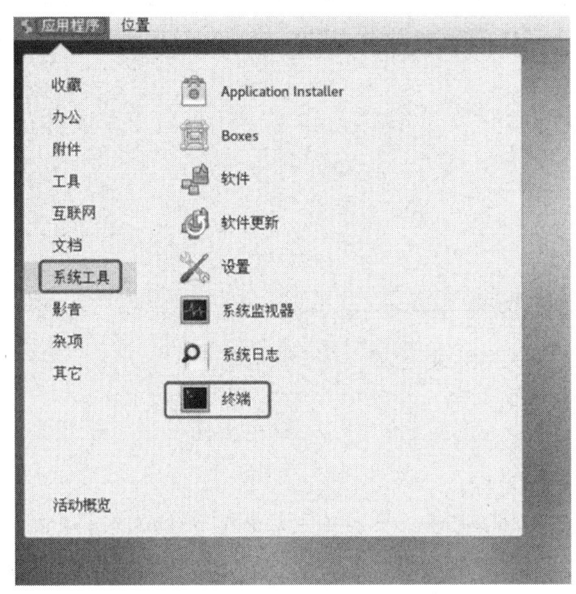

图 2-3 选择“终端”命令

图 2-4 终端窗口

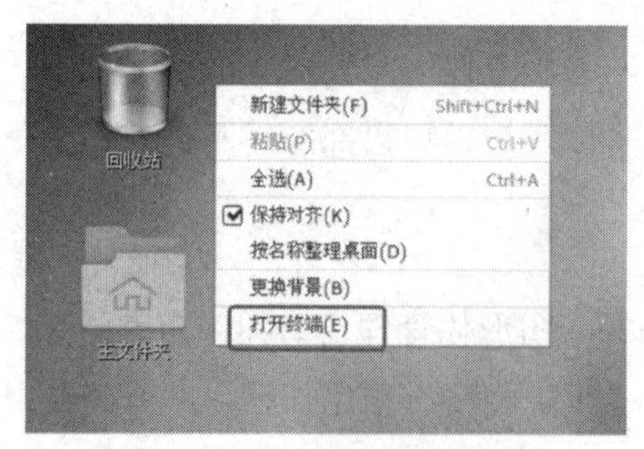

图 2-5 选择“打开终端”命令

打开终端窗口后，会显示一个 Shell 提示符。用户可以在提示符后面输入包含选项和参数的字符命令，并在终端窗口中看到命令的运行结果。命令执行结束后，系统会重新返回一个提示符，等待接收新的命令。

子任务 2 命令的组成

熟悉 Linux 命令基础（下）

1. Linux 命令格式

Linux 命令格式如下：

```
命令名 [选项] [参数1] [参数2]
```

Linux 命令由以下 3 个基本部分组成。

命令名：要运行的命令的名称。

选项：用于调整命令的行为。

参数：通常作为命令的目标。

命令名是要运行的命令的名称。命令名由小写的英文字母构成，通常是表示相应功能的英文单词或单词的缩写。命令名后面可能有一个或多个选项，这些选项用于调整命令的行为。选项分为短选项和长选项，通常以一个或两个连字符“-”开头（如-a 或--all)，用来与参数区分，多个短选项可用一个“-”连接来组合使用（如-a -l 可以写成 --al)。命令名后面还可能有一个或多个参数，这些参数通常用于指明运行命令的目标。

命令名、选项和参数之间通过空格相互隔开，可以是一个或多个空格。例如，usermod -L user01 包含命令名（usermod)、选项（-L）和参数（user01)。该命令的作用是锁定 user01 用户的密码。

2. 命令的输入

在通常情况下，用户在提示符“#”或“$”后面输入命令。在 Linux 命令行中，可以使用 Tab 键来自动补齐命令（或文件名)，即可以只输入命令的前几个字母，并按“Tab”键，系统将自动补齐该命令，若匹配命令不止一个，则显示所有与输入字符相匹配的命令。按“Tab”键时，如果系统只找到一个与输入字符相匹配的目录或文件，则会自动补齐；如果没有匹配的内容或有多个相匹配的内容，系统将发出警报声，此时按“Tab”键将列出所有相匹配的内容，供用户选择。

用户还可以使用键盘上的“↑”“↓”键查看最近输入的命令，并在进行简单修改后执行。熟练使用“Tab”键和“↑”“↓”键会大大提升命令输入的速度和正确率。

如果要在一个命令行上输入和执行多条命令，则可以使用分号来分隔命令。分号对于 Bash 具有特殊的含义，系统会分别执行这些命令，并分别显示这些命令的输出，之后显示下一个 Shell 提示符。

一条命令可以分为多行进行输入。有些命令可能会比较长，为了提高命令的易读性，可以将其分为多行进行输入。使用反斜杠“\”（也称转义字符），在转义符后按 Enter 键，Shell 会通过延续提示符（也称辅助提示符）来确认请求。在默认情况下，新的空行上会显示大于号字符“>”。命令可以延续很多行。

Linux 系统区分大小写，例如系统会认为 student 与 Student 是两个不同的名字。

3．命令的执行与中断

在一般情况下，按“Enter”键即可执行命令，并获得命令的执行结果。在特殊情况下，也可以按“Ctrl+C”、“Ctrl+D”或“Ctrl+Z”组合键控制命令的执行过程。

（1）“Ctrl+C”组合键：强制中断程序的执行。

（2）“Ctrl+Z”组合键：将任务中断，但是此任务并没有结束，它仍然在进程中，只是维持挂起的状态。

（3）“Ctrl+D”组合键：不是发送信号，而是表示一个特殊的二进制值，表示 EOF（结束）。一般用于输入参数之后，表示结束。

子任务 3　联机帮助

初次接触 Shell 命令的用户，会有一种畏难情绪，不知如何下手，更不知道命令的选项和参数有何作用、如何使用。Linux 系统的设计者为用户提供了功能强大的联机帮助功能，方便用户获取命令的具体使用方法。联机帮助功能会成为用户学习 Linux 系统过程中非常好的工具。

几乎所有命令都提供了-h 选项或--help 选项，方便用户查询该命令的用法。Linux 系统还提供了功能强大的 man（manual 操作手册）命令，man 命令用于查看 Linux 系统的帮助手册。帮助手册是 Linux 系统中广泛使用的联机帮助形式，其中不仅包括常用的命令帮助说明，还包括配置文件、设备文件、协议和库函数等多种信息。man 命令的一般格式如下：

```
man [选项] <命令名>
```

例如，用户可以输入命令“man”，打开 Linux 系统的帮助手册。

该帮助手册一般包括 NAME、DESCRIPTION、FILES 和 SEE ALSO 等部分，按“Q”键可以退出 man 命令的交互界面。

该帮助手册分为 man1～man9 共 9 个章节，对应 9 种类型，其章节说明如表 2-1 所示。

表 2-1　帮助手册的章节说明

章节	说明
man1	提供给普通用户使用的可执行命令说明
man2	系统调用、内核函数的说明
man3	子程序、库函数说明
man4	系统设备手册，包括“/dev”目录中的设备文件的参考说明
man5	配置文件格式手册，包括“/etc”目录下各种配置文件的格式说明
man6	游戏的说明手册
man7	协议转换手册
man8	系统管理工具手册，这些工具只有根用户可以使用
man9	Linux 系统例程手册

用户也可以使用命令“man N intro”查看帮助手册某个章节的说明信息，其中“N”的取值为

1～9，与帮助手册的章节相对应。例如，查看帮助手册第 4 章的说明信息如下：

```
# man 4 intro
INTRO(4)          Linux Programmer's Manual                    INTRO(4)
NAME
      intro - introduction to special files
DESCRIPTION
      Section 4 of the manual describes special files (devices).
FILES
      /dev/* - device files  //设备文件
NOTES
   Authors and copyright conditions
      Look at the header of the manual page source for the author(s) and copyright
conditions. Note that these can be different from page to page!
SEE ALSO
      standards(7)
COLOPHON
      This page is part of release 3.53 of the Linux man-pages project.  A description
of the project, and information about
      reporting bugs, can be found at http://www.kernel.org/doc/man-pages/.
Linux              2007-10-23                        INTRO(4)
```

如果在不同的章节中有相同的说明项，则可以在使用 man 命令的同时指定帮助手册的章节。例如，passwd 命令在 man1 和 man5 中均有帮助说明，若查看 passwd 命令在帮助手册第 5 章中的帮助说明，则可以使用如下命令：

```
# man 5 passwd
```

命令执行后，显示结果如图 2-6 所示。

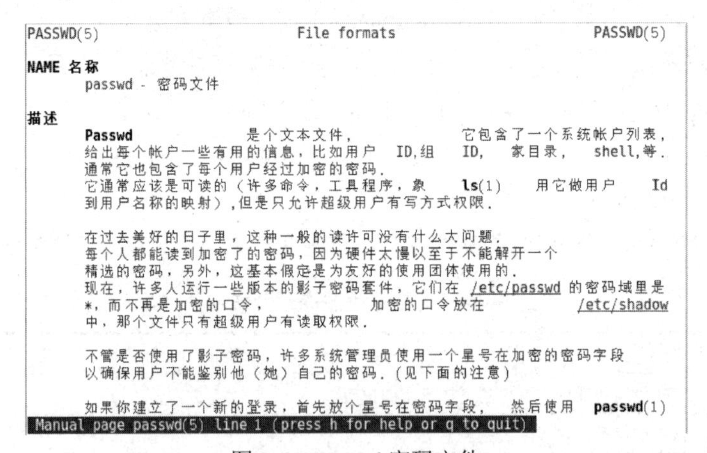

```
PASSWD(5)                    File formats                    PASSWD(5)

NAME 名称
       passwd - 密码文件

描述
       Passwd              是个文本文件，              它包含了一个系统帐户列表，
       给出每个帐户一些有用的信息，比如用户  ID,组   ID,   家目录,   shell,等.
       通常它也包含了每个用户经过加密的密码.
       它通常应该是可读的（许多命令，工具程序，象   ls(1)   用它做用户   Id
       到用户名称的映射），但是只允许超级用户有写方式权限.

       在过去美好的日子里，这种一般的读许可没有什么大问题.
       每个人都能读到加密了的密码，因为硬件太慢以至于不能解开一个
       精选的密码，另外，这基本假定是为友好的使用团体使用的.
       现在，许多人运行一些版本的影子密码套件，它们在 /etc/passwd 的密码域里是
       *，而不再是加密的口令，           加密的口令放在           /etc/shadow
       中，那个文件只有超级用户有读取权限.

       不管是否使用了影子密码，许多系统管理员使用一个星号在加密的密码字段
       以确保用户不能鉴别他（她）自己的密码.（见下面的注意）

       如果你建立了一个新的登录，首先放个星号在密码字段，  然后使用   passwd(1)
 Manual page passwd(5) line 1 (press h for help or q to quit)
```

图 2-6　passwd 密码文件

任务小结

本任务介绍了 Linux 系统中的终端和 Shell，以及打开终端窗口的方法，Linux 命令格式，命令的输入、执行与中断方法，并且讲解了如何使用命令的-h 选项或--help 选项获得联机帮助，以及通过 man 命令查询帮助手册的方法。

任务 2.2 熟练使用文件/目录管理类命令

任务描述

Linux 系统中的文件是数据的集合，Linux 文件系统包含文件中的数据和文件系统的结构，所有 Linux 系统用户和程序访问的文件、目录、软链接及文件信息都存储在其中。

任务分析

各操作系统使用的文件系统并不相同。例如，Windows 系统使用 FAT（FAT16）文件系统和 NTFS 文件系统，Linux 系统则使用 Ext 系列文件系统和 XFS 文件系统。Linux 系统用户需要对 Linux 环境下的文件系统比较了解，并熟悉文件和目录的一些基本操作。

任务目标

1．熟练掌握 Linux 文件系统的组织方式。
2．熟练掌握文件/目录操作常用通配符的使用方法。
3．掌握查看文件内容类命令的使用方法。
4．掌握浏览目录类命令的使用方法。
5．掌握文件/目录操作类命令的使用方法。
6．了解文件/目录的打包、压缩及解压缩的概念。

熟练使用文件目录类管理命令（上）

预备知识

操作系统中负责管理和存储文件信息的模块被称为文件管理系统，简称文件系统。文件系统由 3 部分组成：与文件管理有关的软件、被管理的文件、实施文件管理所需的数据结构。从系统角度来看，文件系统是对文件存储空间进行组织和分配，负责文件的存储并对存入的文件进行保护和检索的系统。从用户角度来看，文件系统为用户提供统一简洁的接口，方便用户使用各种硬件资源。

1．Linux 系统的基本文件系统

1）Ext4 文件系统

Linux 系统中保存数据的磁盘分区通常采用 Ext3 或 Ext4 文件系统，而实现虚拟存储的 Swap 分区则必须采用 Swap 文件系统。

Ext（Extended File System）系列文件系统（包括 Ext、Ext2、Ext3 和 Ext4）是专为 Linux 系统设计的，它继承了 UNIX 文件系统的主要特色，采用三级索引结构和目录树结构，并将设备作为特别文件处理。Ext2 文件系统诞生于 1993 年，其功能强大、方便安全，是所有 Linux 系统中最常用的文件系统。Ext3 文件系统是 Ext2 文件系统的增强版本，强化了系统日志管理功能。与 Ext3 文件系统相比，Ext4 文件系统具有以下特点。

（1）更大的文件系统和更大的文件。与 Ext3 文件系统目前支持文件系统最大 16TB 和单个文件最大 2TB 相比，Ext4 文件系统分别支持大小为 1EB 的文件系统及大小为 16TB 的单个文件。

（2）无限数量的子目录。Ext3 文件系统目前只支持 32000 个子目录，而 Ext4 文件系统支持无限数量的子目录。

（3）快速执行 fsck。以前的文件系统执行 fsck 的速度非常慢，因为要检查所有的 inode，Ext4 文件系统为每个组的 inode 表中都添加了一份未使用的 inode 列表，所以 fsck Ext4 文件系统可以

跳过它们，只检查那些正在使用的 inode。

（4）日志校验。日志是最常用的部分，也极易导致磁盘硬件故障，并且从损坏的日志中恢复数据会导致更多的数据损坏。

2）proc 文件系统

proc 文件系统是一个系统专用的文件系统，只存在于内存中，而不占用磁盘空间，它以文件系统的方式为访问系统内核数据的操作提供接口。用户和应用程序可通过 proc 文件系统得到系统的信息，并改变内核的某些参数。由于系统的信息（如进程）是动态变化的，因此用户或应用程序读取 proc 文件时，proc 文件系统是动态地从系统内核中读出所需信息并提交的。/proc 目录与 proc 文件系统相对应，/proc 目录的子目录主要提供以下信息。

- bus：总线信息。
- driver：内核所使用的设备信息。
- fs：系统所引入的 NFS 文件系统信息。
- ide：IDE 设备信息。
- irq：IRQ 信息。
- net：网络信息。
- scsi：SCSI 设备信息。
- sys：系统信息。
- tty：TTY 设备信息。

上述所有子目录并不一定存在于每个 Linux 系统中，这取决于内核配置和装载的模块。在/proc 目录下还有一些以数字命名的目录，它们是进程目录。系统中当前运行的每个进程都有对应的一个目录在/proc 目录下，且该目录以进程的进程号为目录名，是读取进程信息的接口。

3）sysfs 文件系统

sysfs 文件系统是一个类似于 proc 文件系统的特殊文件系统，用于将系统中的设备组织成层次结构，并向用户程序提供详细的内核数据结构信息。与 sysfs 文件系统相对应的是/sys 目录，其中的子目录如下。

- block 目录：包含所有的块设备。
- bus 目录：包含系统中所有的总线类型。
- class 目录：包含系统中的设备类型（如网卡设备、声卡设备等）。
- devices 目录：包含系统所有的设备，并根据设备挂载的总线类型组织成层次结构。

4）tmpfs 文件系统

tmpfs 是一种虚拟内存文件系统。由于 Linux 系统的虚拟内存由物理内存（RAM）和交换分区组成，tmpfs 文件系统的最大存储空间是物理内存和交换分区大小之和。tmpfs 文件系统既可以使用物理内存，也可以使用交换分区。

tmpfs 文件系统的大小不固定，而是会随着所需要的空间大小动态增减。由于 tmpfs 文件系统建立在虚拟内存中，因此读写速度很快，常被用于提升服务器的性能。

5）Swap 文件系统

Swap 文件系统用于 Linux 系统的交换分区。在 Linux 系统中，使用整个交换分区来提供虚拟内存，其分区大小一般为系统物理内存的 2 倍。交换分区（或称 Swap 分区）是 Linux 系统正常运行所需的分区，在安装 Linux 系统时，必须创建采用 Swap 文件系统的交换分区。交换分区由操作系统自行管理。

2. Linux 系统支持的文件系统

由于采用了虚拟文件系统技术，Linux 系统支持多种常见的文件系统，并允许用户在不同的磁盘分区上安装不同的文件系统。这大大提高了 Linux 系统的灵活性，且易于实现不同操作系统环境之间的信息资源共享。Linux 系统支持的文件系统类型如下。

- FAT：MS-DOS 采用的 FAT 文件系统。
- VFAT：Microsoft 扩展 FAT（VFAT）文件系统，支持长文件名，应用于 Windows 9x/2000/XP。
- sysV：UNIX 系统中最常用的 systemV 文件系统。
- NFS：网络文件系统（Network File System）。
- ISO9660：CD-ROM 标准的文件系统。

3. Linux 系统文件类型

为了便于管理和识别不同的文件，Linux 系统将文件分为四大类别：普通文件、目录文件、链接文件和设备文件。

1）普通文件

普通文件是最常用的文件，分为二进制文件和文本文件。二进制文件直接以二进制形式存储，一般是图形、图像、声音、可执行程序等。文本文件以 ASCII 编码形式存储，Linux 系统中的配置文件大多是文本文件。

2）目录文件

目录文件简称目录，用于存储一组相关文件的位置、大小等信息。

3）链接文件

链接文件可分为硬链接文件和符号链接文件。硬链接文件保留所链接文件的索引节点磁盘的具体物理位置信息，即使被链接文件更名或者移动，硬链接文件也仍然有效。Linux 系统要求硬链接文件与被链接文件必须属于同一分区并采用相同的文件系统。符号链接文件类似于 Windows 系统中的快捷方式，其本身并不保存文件内容，只记录所链接文件的路径。如果被链接文件更名或者移动，则符号链接文件会失效。

4）设备文件

设备文件是存放输入/输出设备信息的文件。Linux 系统中的每个设备都用一个设备文件表示。Linux 系统中的设备按照存取方式的不同，可以分为两种：字符设备，无缓冲且只能顺序存取；块设备，有缓冲且可以随机存取。按照是否对应物理实体，设备也可以分为两种：物理设备，对实际存在的物理硬件的抽象；虚拟设备，不依赖于特定的物理硬件，仅支持内核自身提供的某种功能。

无论是哪种设备，在/dev 目录下都有一个对应的文件（节点），并且每个设备文件都必须有主/次设备号。主设备号相同的设备是同类设备，使用同一个驱动程序（虽然目前的内核允许多个驱动共享一个主设备号，但绝大多数设备依然遵循一个驱动对应一个主设备号的原则）。

任务实施

子任务 1 Linux 文件系统的组织方式

不同的操作系统对文件的组织方式各不相同，其所支持的文件系统数量和种类也不一定相同。Linux 文件系统的组织方式称为文件系统分层标准（Filesystem Hierarchy Standard，FHS），即采用层次式的树状目录结构。该结构的最上层是根目录“/”，根目录下是子目录和其他目录，如图 2-7 所示。

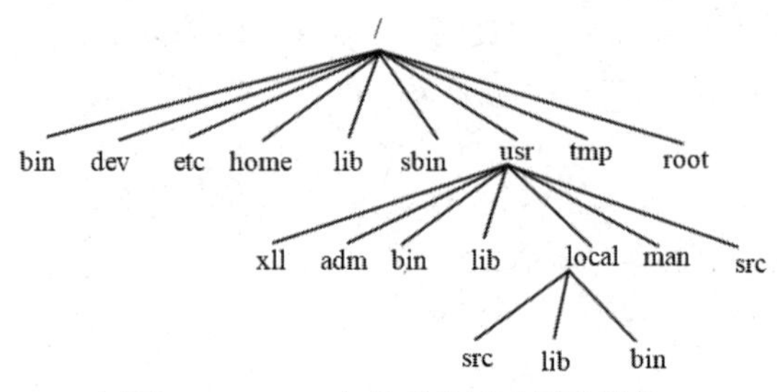

图 2-7 Linux 文件系统目录层次结构

Linux 系统与 Windows 系统相似，采用“路径”来表示文件或目录在文件系统中所处的层次。路径由以“/”为分隔符的多个目录名字符串组成，分为绝对路径和相对路径。绝对路径是指以根目录“/”为起点，表示系统中某个文件或目录的位置的方法。相对路径则是指以当前目录为起点，表示系统中某个文件或目录在文件系统中的位置的方法。若当前目录是“/usr”，使用相对路径表示上图中第 4 层目录中的 bin 目录，应为“local/bin”或“./local/bin”，其中“./”表示当前目录，通常可以省略。

在 Linux 系统中，文件的组织方式与 Windows 系统不同。对于在 Linux 系统中使用的设备，不需要像 Windows 系统那样创建驱动器盘符，Linux 系统会将本地磁盘、网络文件系统、CD-ROM 和 U 盘等设备识别为设备文件，并嵌入 Linux 文件系统来进行管理。一个设备文件不占用文件系统的任何空间，仅仅是访问某个设备驱动程序的入口。Linux 系统中有两类特殊文件：面向字符的特殊文件和面向块的特殊文件。字符设备文件允许 I/O 操作以字符的形式进行，而块设备文件则通过内存缓冲区使数据的读写操作以数据块的方式实现。当对设备文件进行 I/O 操作时，该操作会被转移给相应的设备驱动程序。一个设备文件用主设备号（指出设备类型）和从设备号（指出该类型中的第几个设备）来表示。

Linux 系统中的文件名最长为 256 个字符，可以包括数字、字符，以及“ . ”“ - ”“ _ ”等符号。在 Linux 系统中，文件名对大小写敏感（Case Sensitive），例如，test.txt 与 Test.txt 会被识别成两个不同的文件；而 Windows 系统中的文件名是不区分大小写的。

子任务 2 文件/目录操作常用通配符

在 Linux 系统中，可以使用通配符来匹配多个文件。常用的通配符及其说明如表 2-2 所示。

表 2-2 常用的通配符及其说明

通配符	说明
*	用来代表文件中任意长度的任意字符
?	用来代表文件中的任意一个字符
[...]	匹配任意一个方括号中的字符，方括号中可以是一个用破折号格式表示的字母或数字范围
[前导字符串]{...}[后继字符串]	花括号中的字符串逐一匹配前导字符串和后继字符串

例如，在当前目录下使用 touch 命令创建 cars、cat、can、carrot、truck、bus 和 bike 几个文件，要列出所有以字母“c”开头的文件，可使用如下命令：

```
# touch cars cat can carrot truck bus bike
# ls c*
cars ca can carrot
```

列出所有以字母“b”开头的文件，命令如下：

```
# ls b*
bike bus
```

列出所有第一个字母为“c”，最后一个字母为“t”的文件，命令如下：

```
# ls c*t
carrot cat
```

列出所有包含字母“a”的文件，命令如下：

```
# ls *a*
can carrot cars cat
```

列出当前目录下的所有文件，命令如下：

```
# ls *
bike bus can carrot cars cat truck
```

通配符“?”只能匹配任意一个字符。例如，列出上例中所有第二个字母为“a”的文件，命令如下：

```
# ls ?a*
can carrot cars cat
```

列出所有第一个字母为“b”，第三个字母为“s”的文件，命令如下：

```
# ls b?s*
bus
```

方括号表示一个匹配的字符集，例如[123456]与[1-6]都表示数字 1 到 6。大写字母 A 到 D 之间的任意一个字符都可以用[A-D]表示。多个集合之间可以用逗号分隔，例如[1-10，a-z，A-Z]表示数字 1～10、小写字母 a～z 及大写字母 A～Z。一个集合中若有前缀“!”，则表示除集合中包含的字符外的其他所有字符组成的集合，如[!aeiou]表示所有辅音组成的字符集。

要列出上例中所有以字母“b”或“c”开头的文件，命令如下：

```
# ls [b, c]*
bike bus can carrot cars cat
```

要列出所有以字母“b”或“c”开头，以字母“s”或“e”结尾的文件，命令如下：

```
# ls [b, c]*[s, e]
bike bus cars
```

花括号用来进行扩展，要想创建 a01b、a02b、…、a10b 等 10 个文件，可以使用如下命令：

```
# touch a{01..10}b
```

子任务 3 查看文件内容类命令

1. cat 命令

cat 命令可以把一个文本文件发送到标准输出设备，且可以对任意一个文件使用，屏幕将一次性显示文件的所有内容，中间不停顿，不分屏。cat 命令常用于查看内容较少的纯文本文件。除显示文件内容外，cat 命令还具有由键盘读取数据和将多个文件合并的功能。其命令格式如下：

```
cat [选项] [文件]…
```

例如：

```
# cat  file1
//在屏幕上滚动显示 file1 文件的内容
```

该命令可配合重定向符“>”创建小型文本。例如，将键盘输入的内容输出并重定向到文件 example1 中，按“Ctrl+D”组合键存盘退出，命令如下：

```
# cat > example1
aa bb cc dd
bb cc dd ee
cc dd ee ff
# cat example1
aa bb cc dd
bb cc dd ee
cc dd ee ff
```

cat 命令可以联合输出多个文件的内容，例如：

```
# cat example1
aa bb cc dd
bb cc dd ee
cc dd ee ff
# cat example2
dd ee ff gg
ee ff gg hh
ff gg hh ii
# cat example1 example2
aa bb cc dd
bb cc dd ee
cc dd ee ff
dd ee ff gg
ee ff gg hh
ff gg hh ii
```

如果要将上例中的 example1 和 example2 文件合并后放入新文件 example3 中，则命令如下：

```
# cat example1 example2 > example3   //合并后输出到 example3 文件中
# cat example3
aa bb cc dd
bb cc dd ee
cc dd ee ff
dd ee ff gg
ee ff gg hh
ff gg hh ii
```

如果要在输出的每行前自动添加行号（空白行除外），则可以使用-b 选项，命令如下：

```
# cat -b example3
1 aa bb cc dd
2 bb cc dd ee
3 cc dd ee ff
4 dd ee ff gg
5 ee ff gg hh
6 ff gg hh ii
```

使用-n 选项可以为所有行加上行号，即使空行也不例外。

2. more 和 less 命令

cat 命令输出的内容不能分页显示，如果文件内容较多，当前只能看到最后一屏，则可以使用 more 或 less 命令分屏查看，按“Enter”键，显示下一行内容；按空格键，显示下一屏内容；按“Ctrl+B”组合键，显示上一屏内容；按“Q”键，可以退出 more 或 less 命令。more 和 less 命令的格式如下：

```
more | less [选项] 文件名
```

这两个命令常用的选项如下。

- +n：从第 n 行开始显示指定文件的内容。
- -n：这里的 n 是一个数字，用于指定分页显示时每屏显示的行数。

less 命令还支持在一个文本文件中快速查找。先输入斜杠“/”，再输入要查找的关键字。less 命令会在当前打开的文本文件中快速查找，并把找到的第一个搜索目标高亮度显示。如果希望继续查找，可以再次输入斜杠“/”，并按“Enter”键。

3. head 命令

head 命令用于查看纯文本文件的前 *n* 行内容，默认情况下显示文件的前 10 行内容。该命令的格式如下：

```
head [选项] 文件名
```

head 命令常用的选项如下。

- -n num：显示指定文件的前 num 行内容，如果未指定行数，则使用默认值 10 可以，将 n 省略，直接写成-num。
- -c num：显示指定文件的前 num 个字符。

例如，显示 example 文件的前 5 行内容，命令如下：

```
# head -n 5 example
```

4. tail 命令

tail 命令用于查看文件的末尾 *n* 行内容或持续刷新文件的最新内容，默认显示末尾 10 行的内容。tail 命令格式如下：

```
tail [选项] 文件名
```

tail 命令常用的选项如下。

- -n num：显示指定文件的末尾 num 行内容，如果未指定行数，则使用默认值 10，可以将 n 省略，直接写成-num。
- -c num：显示指定文件的末尾 num 个字符。
- +num：从第 num 行开始显示指定文件的内容。
- -f：当文件增长时，输出后续添加的数据。

例如，显示 test 文件的末尾 5 行内容，可以使用如下命令：

```
# tail -5  test
```

再如，从 test 文件的第 10 行开始显示文件的内容，可以使用如下命令：

```
# tail +10 test
```

tail 命令最强大的功能是持续刷新一个文件的内容，当用户想要实时查看最新的日志文件时，则可以使用该命令，此时的命令格式为“tail -f 文件名”。

例如，要持续监控/var/log/messages 日志文件的内容，可以使用如下命令：

```
# tail -f /var/log/messages
```

子任务 4 浏览目录类命令

熟练使用文件目录类管理命令（中）

1. pwd 命令

pwd 命令用于显示当前工作目录的绝对路径名。使用 pwd 命令可以查看当前工作目录，例如：

```
[root@www ~]# pwd
/root
```

“~”表示用户的主目录，因为用户是 root，所以当前工作目录是/root。

2. cd 命令

在用户登录时，默认工作目录是用户的主目录（root 用户的主目录为/root，普通用户的主目录为/home/<用户名>）。如果要切换工作目录，则可以使用 cd 命令来实现。

cd 命令格式如下：

```
cd [目录路径]
```

说明：在 Linux 系统中，“.”代表当前目录；“..”代表当前目录的父目录；“~”代表用户的个人主目录。不包含任何参数的 cd 命令相当于“cd ~”，即将目录切换为当前用户的主目录。

3. ls 命令

ls 命令用于列出文件或目录信息。该命令格式如下：

```
ls [选项] [文件名]
```

ls 命令常用的选项如下。

- -a：列出指定目录下所有文件和子目录的信息（包括隐含文件）。
- -A：同-a 选项，但不列出“.”和“..”。
- -c：按文件的属性类信息最后修改时间排序。
- -d：显示目录名，而不是显示目录下的内容，一般与-l 选项连用。
- -f：在列出的文件名后加上符号来区别不同类型。
- -R：递归地显示指定目录下的各级子目录中的文件。
- -t：按最后内容修改时间排序（新的排在前，旧的排在后）。
- -l：以长格式显示文件的详细信息，包括文件的类型与权限、链接数、文件所有者、文件所有者所属的组、文件大小、最近修改时间及文件名。

以下列出 ls 命令的常规用法：

```
# ls
//列出当前目录下的文件及目录
# ls -a
//列出当前目录下包括以“.”开头的隐藏文件在内的所有文件
# ls -l
//以长格式列出当前目录下的文件，包括权限、用户名、修改时间等
# ls -al
//以长格式列出当前目录下的文件，包括以“.”开头的隐藏文件
```

```
# ls  -R
//显示当前目录下及其所有子目录中的文件名
# ls  -ld /etc
//查看/etc 目录自身的权限与属性信息，而不是显示该目录下的文件
```

子任务 5　文件/目录操作类命令

熟练使用文件目录类管理命令（下）

1．mkdir 命令

mkdir 命令用于创建空白的目录，该命令格式如下：

```
mkdir  [选项]  目录…
```

mkdir 命令常用的选项如下。

- -p：递归创建出具有嵌套层叠关系的目录，即使上层目录（父目录）已经存在也不做错误处理。
- -m：设置权限模式，类似于 chmod 命令。

在创建目录时，如果目录名前面没有指定目录的路径，则表示在当前目录下创建；如果有，则在指定的路径下创建。新建的子目录不能与已经存在的文件或目录重名，例如：

```
# mkdir  dir1
//在当前目录下创建 dir1 空子目录
# mkdir  /tmp/test
//在指定目录/tmp 下创建 test 空子目录
# mkdir  -p  dir2/subdir2
 //在当前目录的 dir2 目录下创建 subdir2，如果 dir2 目录不存在，则同时创建
```

2．rmdir 命令

rmdir 命令用于删除指定的空目录，被删除的目录必须是一个空目录，否则无法删除。该命令不能用于删除文件，格式如下：

```
rmdir [选项]  目录…
```

rmdir 命令常用的选项如下。

- -p：如果目录由多个路径名组成，则从最后一个路径名开始依次删除，直到所有的路径名都被删除为止。
- --ignore-fail-on-non-empty：忽略非空目录，如果目标目录非空，则直接忽略，不提示“Directory not empty”。

目录名可以是相对路径，也可以是绝对路径。例如：

```
# rmdir  dir1
//删除当前目录下的 dir1 空子目录
# rmdir  -p  a/b/c
//删除当前目录下的 a 子目录，并同时删除其下的 b 子目录，以及 b 子目录下的 c 子目录。按照'rmdir  a/b/c'、'rmdir a/b'、'rmdir a'的顺序删除目录
```

3．cp 命令

cp 命令用于复制文件或目录。该命令格式如下：

```
cp  [选项]  源文件或目录  目标文件或目录
```

cp 命令常用的选项如下。

- -f：如果目标文件或目录已存在，则覆盖它，并且不进行提示。

- -i：与-f 选项正好相反，在覆盖已有文件时，提示用户输入“Y”来进行确认。
- -r/-R：递归复制，将指定目录下的所有文件与子目录一并处理。
- -p：保留源文件或目录的所有者、组群、时间等属性。
- -d：当复制符号链接时，同时把目标文件或目录建立为符号链接，并指向与源文件或目录链接的原始文件或目录。
- -a：在复制时，尽可能保持文件的结构和属性，等同于-dpR 选项。

可以使用 cp 命令复制一个文件到一个指定的目标目录下，或者复制任意多个文件到一个目标目录下，如果最后一个参数为一个已经存在的目录名，则 cp 命令会将每一个源文件复制到该目录下并继续使用源文件名。

cp 命令的常规用法：

```
# cp  a.txt  b.txt  /tmp
//将当前目录下的 a.txt 和 b.txt 文件复制到 /tmp 目录下，保持源文件名不变
# cp  a.txt  c.txt
//将当前目录下的 a.txt 文件复制并命名为 c.txt，放在当前目录下，而源文件保持不变
# cp  -r  /home/teacher  /home/student
//将/home/teacher 目录下的所有内容复制到/home/student 目录下
```

4. mv 命令

mv 命令用于对文件或目录进行移动或重命名。该命令格式如下：

```
mv  [选项]  源文件或目录  目标文件或目录
```

mv 命令常用的选项如下。

- -f：若目标文件或目录与现有的文件或目录存在，则直接覆盖现有的文件或目录。
- -i：覆盖前先行询问用户。

mv 命令与 cp 命令的不同之处在于：mv 命令用于移动文件，文件的个数没有增加；cp 命令用于复制文件，文件的个数有所增加。mv 命令还可以用于实现文件或目录的重命名。例如：

```
# mv m1.c m2.c
//将当前目录下的 m1.c 文件重命名为 m2.c
# mv  /tmp/student/*  .
//将/tmp/student 目录下的所有文件和目录移动到当前目录下，注意“.”代表当前目录
```

5. rm 命令

rm 命令主要用于删除文件或目录。该命令格式如下：

```
rm  [参数]  文件或目录
```

rm 命令常用的选项如下。

- -f：强制删除文件或目录，不进行提示。
- -i：在删除既有文件或目录之前先询问用户。
- -r/-R：递归处理，将同时处理指定目录下的所有文件及子目录。

删除文件可以直接使用 rm 命令，但是如果要删除目录，则必须配合使用-r 选项。在 Linux 系统中删除文件时，系统会默认询问用户是否要执行删除操作，如果不希望看到这种反复的确认信息，则可以在 rm 命令后面添加-f 选项来强制删除。例如：

```
# rm *
//删除当前目录下的所有文件，不包括隐藏文件和子目录
# rm -f linux.log
```

```
//删除当前目录下的 linux.log 文件，不提示确认信息
# rm -ri /tmp/test1
//删除/tmp/test1 目录及其中的文件和子目录，并要求逐一确认
```

6. ln 命令

ln 命令用于创建链接。链接有两种：一种称为硬链接，两个文件名指向的是磁盘上的同一个存储空间，对任何一个文件的修改都将影响到另一个文件；一种称为软链接（符号链接），类似于快捷方式，符号链接可以跨文件系统建立，并且可以指定到目录。该命令格式如下：

```
ln [选项]  源文件或目录  链接名称
```

ln 命令常用的选项如下。

-s：对源文件建立符号链接，而非硬链接。

硬链接的文件类型标识位与被链接的文件相同，硬链接以文件副本的形式存在，但不占用实际空间。使用不带-s 选项的 ln 命令可以建立硬链接，使用带-s 选项的 ln 命令则可以建立符号链接，例如：

```
# ln  file1 file2
//对 file1 文件建立名为 file2 的硬链接
# ln -s ftpuser fuser
//为文件 ftpuser 建立符号链接 fuser
```

7. touch 命令

touch 命令用于创建空白文件或设置已存在文件的时间标签。一般来说，文件由相应的应用程序生成，如 vim 等编辑工具。除此之外，Linux 系统还提供了 touch 命令，该命令格式如下：

```
touch [选项] 文件名
```

touch 命令常用的选项如下。

- -a：仅修改“读取时间”（atime）。
- -m：仅修改“修改时间”（mtime）。
- -d：使用指定字符串表示时间且非当前时间。

touch 命令的常规用法如下：

```
# touch  a.txt  b.txt
//在当前目录下创建 a.txt 和 b.txt 两个空白文件
# touch  -a  file.txt
//将当前目录下 file.txt 文件的访问时间更新为系统当前时间
```

8. dd 命令

dd 命令用于按照指定大小和个数的数据块来复制文件或转换文件。该命令格式如下：

```
dd  [if=file]  [of=file]  [bs=bytes]  [count=blocks]
```

dd 命令是一个比较重要且比较有特色的命令，它允许用户按照指定大小和个数的数据块来复制文件的内容，还可以在复制过程中转换其中的数据。Linux 系统中有一个名为/dev/zero 的设备文件，这个文件不会占用系统存储空间，却可以提供海量数据，因此通常使用它作为 dd 命令的输入文件，来生成一个指定大小的文件。dd 命令常用的选项如下。

- if：输入的文件名。
- of：输出的文件名。
- bs：设置每个“块”的大小，默认是 512 个字符。

- count：设置要复制“块”的个数。

例如，先用 dd 命令从/dev/zero 设备文件中取出一个大小为 600MB 的数据块，然后另存为 560_file。在掌握这个命令后，即可随意创建任意大小的文件：

```
# dd  if=/dev/zero  of=600_file  count=10  bs=60M
//在当前目录下创建一个新文件 600_file，文件大小为 600MB
```

dd 命令的功能绝不仅限于复制文件。例如，把光驱设备中的光盘制作成 ISO 格式的镜像文件，在 Windows 系统中需要借助第三方软件才能实现，但在 Linux 系统中可以直接使用 dd 命令来生成一个可立即使用的光盘镜像文件：

```
# dd  if=/dev/cdrom  of= CentOS_Linux_release_7.iso
```

9. whereis 命令

whereis 命令用于查询文件的存储位置，通常用来查找一个命令的二进制文件、源文件或帮助文件在系统中的位置。whereis 命令格式如下：

```
whereis  [选项]  命令名
```

whereis 命令常用的选项如下。

- -b：只查找二进制文件。
- -m：只查找帮助文件。
- -s：只查找 source 文件。

例如：

```
# whereis  rpm
//查找 rpm 命令的相关文件位置
# whereis  -b  rpm
//只查找与 rpm 命令相关的二进制文件位置
```

10. whatis 命令

与 man 命令相比，whatis 命令可以提供更加简洁的帮助信息。whatis 命令在 whatis 数据库中进行查找，并显示与所输入的关键词相关的信息。该命令格式如下：

```
whatis 命令名
```

例如：

```
# whatis  cd
cd (1)                    //GNU Bourne-Again Shell (GNU 命令解释程序  “Bourne 二世”)
cd (3tcl)                 //改变工作目录
cd (1p)
//查询 cd 命令的帮助信息
```

11. find 命令

find 命令用于查找文件，该命令格式如下：

```
find [起始目录] [搜索条件] [操作]
```

find 命令以使用不同的文件特性作为查找条件，如文件名、大小、修改时间、权限等信息，一旦匹配成功，就默认将信息显示到屏幕上。在 find 命令中，起始目录是指命令将从该目录起，遍历其下的所有子目录，查找满足条件的文件。该目录默认为当前目录。搜索条件是一个逻辑表达式，当表达式为“真”时，搜索条件成立；相反，当表达式为“假”时，搜索条件不成立。find

命令搜索条件的一般表达式及其说明如下。

- -name <文件名>：查找指定文件名的文件或目录（可以使用通配符）。
- -user <用户名>：查找符合指定所有者名称的文件或目录。
- -group <组群名称>：查找符合指定组群名称的文件或目录。
- -type x：查找类型为x的文件，类型包括b（块设备文件）、c（字符设备文件）、d（目录文件）、p（命名管道文件）、f（普通文件）、l（符号链接文件）、s（socket文件）。
- -size n：指定文件大小为n（n为+50KB表示查找超过50KB的文件，而n为-50KB表示查找小于50KB的文件）。
- -perm：查找符合指定权限值的文件或目录。
- -atime n：查找n天以前被访问过的文件（-n表示n天以内，+n表示n天以前）。

find命令的匹配表达式较多，可以查阅man命令的帮助手册，或者使用--help 选项查看。

find 命令可执行的操作及其说明如表2-3所示。

表2-3 find命令可执行的操作及其说明

可执行的操作	说明
-exec 命令名 {} \;	不需要确认执行命令。注意："{}"代表找到的文件名，"}"与"\"之间有空格
-ok	和-exec作用相同，但在执行每个命令之前，都会给出提示，由用户来决定是否执行
-print	在标准输出上打印完整的文件名

下面举例说明find命令的使用方法，例如：

```
# find /etc -name  "*.conf"
//查找/etc 目录下所有扩展名为.conf 的文件
# find . -user 'tom' -print
//从当前目录下查找 tom 用户的所有文件并显示在屏幕上
# find . -name "*.c" -size +20c -print
//显示当前目录下大于 20 字节的.c 文件名
# find . -name  '[a-z][A-Z][0-9][0-9].doc'  -print
//在当前目录下查找文件名由一个小写字母、一个大写字母和两个数字组成的且扩展名为.doc 的文件并显示
# find . -name  '*.txt'  -exec rm {}  \;
//查找当前目录下所有扩展名为.txt 的文件并删除
# find /  -user student -exec  cp  -a  {}  /tmp/findresults/  \;
//在整个文件系统中找出所有归属于 student 用户的文件并复制到/tmp/findresults 目录下
```

12. locate命令

locate 命令用于查找所有名称中包含指定字符串的文件。locate 命令通过已建立的索引库/var/lib/mlocate/mlocate.db进行搜索，而不直接在磁盘中逐一寻找。因此，locate命令比find命令更便捷。因为locate命令是经由数据库来搜索的，而数据库的更新一般是每天一次（多数在夜间进行），所以在数据库更新之前，使用locate命令无法找到用户新建的文件，这时可以通过updatedb命令更新索引库文件。该命令格式如下：

```
locate [选项] [搜索字符串]
```

locate命令常用的选项如下。

- -q：安静模式，不会显示任何错误信息。
- -n：至多显示n个输出。

- -r：使用正则表达式作为搜索的条件。

例如：

```
# locate  shadow
//搜索系统中文件名包含 shadow 的文件
# locate  /bin/ls
//搜索文件全名中包含“/bin/ls”字样的文件
```

13. grep 命令

grep 命令是一种强大的文本搜索工具，该命令用于在文件中按行搜索指定的字符串模式，可以使用正则表达式搜索文本，并把匹配的行打印出来。该命令格式如下：

```
grep [选项] [查找模式] [文件名……]
```

grep 命令常用的选项如下。

- -i：要查找的字符串不区分字母大小写。
- -r：以递归方式查询目录下的所有子目录中的文件。
- -n：标出包含指定字符串的行编号。
- -v：用于反选信息，即列出没有匹配到关键词的所有信息行。

在 grep 命令中，字符“^”表示行的开始，字符“$”表示行的结尾。如果要查找的字符串中包含空格，则需要使用单引号或双引号引起来。

例如：

```
# grep 'Boss' /etc/passwd  /etc/group
//显示/etc/passwd、/etc/group 文件中包含 Boss 的行
# grep  -v  '^#'  /etc/vsftpd/vsftpd.conf
//显示/etc/vsftpd/vsftpd.conf 文件中所有非“#”开头的行，即不显示被注释掉的行
```

子任务 6　文件/目录的打包、压缩及解压缩

任何系统都不是绝对可靠的，防止数据丢失最切实可行的方法是定期进行数据备份。在 Linux 系统中，对系统目录进行备份是一种有效的保护手段。由于现在的应用程序及文件普遍越来越大，为了节省磁盘空间、减少网络传输代价，在备份过程中通常采用压缩技术。压缩与备份一般是同步进行的，常用的命令包括 gzip、bzip2、tar 和 zip 等。

1. gzip 命令

Linux 系统中有一种非常流行的压缩格式“.gz”，该格式的压缩文件由 gzip 命令生成，其解压缩工作则由 gunzip 命令完成。gzip 命令具有较高的压缩率，但只能逐个生成压缩文件，无法将多个文件压缩并打包成一个文件，因此 gzip 命令经常与 tar 命令配合使用，即先使用 tar 命令将多个文件打包，然后使用 gzip 命令进行压缩，通常会生成以“.tar.gz”或“.tgz”为后缀名的文件。gzip 命令格式如下：

```
gzip [选项] 文件名…
```

gzip 命令的常用选项如下。

- -c：输出到标准输出设备上，源文件内容不变。
- -d：解压缩。
- -l：列出压缩包的内容。
- -t：检测压缩包的完整性。

使用 gzip 命令可以直接对文件进行压缩，但不可以对目录进行压缩。压缩后的文件以源文件名为主文件名，以“.gz”为后缀名，同时系统会自动删除源文件。

例如，当前目录下有 file1 和 file2 文件，对 file1 文件进行压缩：

```
# ls
file1 file2
# gzip file1
# ls
file1.gz file2
```

也可以同时对多个文件进行压缩：

```
# ls
file1.gz file2 file3
# gzip file2 file3
# ls
file1.gz file2.gz file3.gz
```

使用 gzip 命令也可以解压缩文件，使用-d 选项即可，例如：

```
# ls
file1.gz file2
# gzip -d file1.gz
# ls
file1 file2
```

2. bzip2 命令

与 gzip 命令类似，bzip2 命令也是一种常用的压缩工具。使用 bzip2 命令压缩后的文件一般具有后缀名“.bz2”，可以使用 bunzip 命令将其解压缩。bzip2 命令不具有将多个文件或目录进行打包的功能，只能单纯地对文件进行压缩。在生成后缀名为“.bz2”的压缩文件后，bzip2 命令默认自动删除源文件。bzip2 命令格式如下：

```
bzip2 [选项] 文件名…
```

bzip2 命令常用的选项如下。

- -d：解压缩。
- -z：强制压缩。
- -k：在压缩或解压缩时保留输入文件（不删除这些文件）。
- -f：强制覆盖输出文件。
- -t：检测压缩文件的完整性。
- -c：输出到标准输出设备上。

例如，对当前目录下的所有文件进行压缩：

```
# ls
file1 file2 file3
# bzip2 *
# ls
file1.bz2 file2.bz2 file3.bz2
```

可以看到，在生成 file1.bz2、file2.bz2 和 file3.bz2 压缩文件后，源文件已经被自动删除。在压缩过程中没有任何提示。

如果希望在生成压缩文件后，源文件不被删除，则可以使用包含-k 选项的 bzip2 命令，如下所示：

```
# ls
file1 file2 file3
# bzip2 -k *
# ls
file1 file2 file3
file1.bz2 file2.bz2 file3.bz2
```

3. tar 命令

tar 命令的主要功能是将许多文件或目录进行归档（打包），生成一个单一的 tar 包文件，以便保存，因此归档之后的文件大小相当于归档之前的文件及目录容量的总和。在实际工作中，网上下载的源码安装包大多是.tar.gz 或.tar.bz2 格式的，安装软件时通常需要配合其他压缩命令（如 bzip2 或 gzip）来实现对 tar 包的压缩或解压缩。tar 命令中内置了相应的选项，可以直接调用相应的压缩或解压缩命令，实现对 tar 包的压缩或解压缩。tar 命令格式如下：

```
tar [选项] 文件名…
```

tar 命令常用的选项如下。

- c 或-c：创建新的归档/压缩文件。
- v 或-v：verbose 模式，即显示命令执行时的信息。
- f 或-f：该命令的必选项，必须放到选项的最后一位，代表要压缩或解压缩的包名称。
- x 或-x：还原/解压缩归档/压缩文件中的文件或目录。
- j 或-j：使用 bzip2 命令压缩或解压缩文件，在打包时使用该选项可以将文件压缩，在解压缩还原时同样需要使用该选项。
- z 或-z：使用 gzip 命令压缩或解压缩文件，用法同-j 选项。
- t 或-t：查询包中内容。
- C 或-C：指定解压缩到的目录，如果不指定，则解压缩到当前目录下。

tar 命令的选项共有 70 多个，以上是几个常用的选项，各选项可以配合使用。例如：

```
# tar -cvf ./home.tar /home
//将整个/home 目录打包在当前目录下并命名为 home.tar
# tar -czvf ./home.tar.gz /home
//在当前目录下将/home 目录压缩生成一个.gz 格式的文件并命名为 home.tar.gz
# tar -cjvf ./home.tar.bz2 /home
//在当前目录下将/home 目录压缩生成一个.bz2 格式的文件并命名为 home.tar.bz2
```

如果在打包时使用了绝对路径，则 tar 命令在打包时会自动将路径中开头的“/”删除，其目的是避免在解压缩文件时意外覆盖同名文件。

使用 tar 命令解压缩时需配合使用-x 选项，例如：

```
# tar -xvf home.tar -C /tmp
//将当前目录下的 home.tar 文件解压缩到/tmp 目录下
# tar -xzvf home.tar.gz -C /tmp
//将当前目录下的 home.tar.gz 文件解压缩到/tmp 目录下
```

如果想查询 tar 包中的内容，则需要使用-t 选项，例如：

```
# tar  -tjvf  home.tar.bz2
//查询 home.tar.bz2 文件的目录列表
```

任务小结

本任务在了解 Linux 文件系统分层标准的基础上介绍了 Linux 文件系统的组织方式，文件/目录操作常用通配符的使用方法，查看文件内容类命令的使用方法，浏览目录类命令的使用方法，文件/目录操作类命令的使用方法，文件/目录的打包、压缩及解压缩的概念，以及压缩和归档命令的使用方法。

任务 2.3 熟练使用系统信息类命令

任务描述

系统信息类命令是初学者必备的基础知识，这些命令非常有用，因为进入 Linux 系统后可能要先查看系统信息，因此系统地学习这些 Linux 系统信息类命令是非常有必要的。

任务分析

性能监视工具对于系统运维人员来说有重要作用。针对服务器性能较低时的排查工作，系统信息主要包括 CPU 信息，以及系统登录用户和内存使用情况，可以通过进程找到系统运行的瓶颈。

任务目标

1. 掌握查看开机信息命令的使用方法。
2. 掌握查看系统内存使用情况命令的使用方法。
3. 掌握查看、设置系统日期或时间命令的使用方法。
4. 掌握查看系统登录用户、系统负载和系统内核版本等命令的使用方法。

掌握进程管理类命令及其他常用命令（上）

预备知识

Shell 程序通常自动打开 3 个标准文档：标准输入文档（stdin）、标准输出文档（stdout）和标准错误输出文档（stderr）。其中，stdin 对应终端键盘或文件，stdout 和 stderr 对应终端屏幕。进程从 stdin 中获取输入内容，将执行结果输出到 stdout 中，如果有错误信息，则同时输出到 stderr 中。在大多数情况下，使用标准输入和标准输出作为命令的输入、输出，但有时可能要改变标准输入和标准输出，这就涉及重定向和管道。

任务实施

系统信息类命令用于对系统的各种信息进行显示和设置。

1．dmesg 命令

dmesg 命令用于显示开机信息。系统内核会将开机信息存储在 ring buffer 中。若开机时来不及查看信息，则可以使用 dmesg 命令来查看。开机信息同时保存在/var/log 目录下名称为 dmesg 的文件中。例如：

```
# dmesg | less
```

在系统启动时，屏幕上会显示系统的 CPU、内存、网卡等硬件信息。但显示时间通常比较短，如果用户没有看清楚，则可以在系统启动后使用 dmesg 命令查看系统启动信息。

2. free 命令

free 命令用于显示系统中已使用和未使用的物理内存与交换内存，以及共享内存和内核使用的缓冲区的信息。在使用 free 命令时，可以结合使用-h 选项，以更人性化的方式输出当前内存的实时使用量信息。例如：

```
# free -h
```

执行上述命令后的输出信息如表 2-4 所示，其中中文注释部分为作者自行添加的内容，实际执行命令的输出结果中没有相应的解释。

表 2-4　执行 free -h 命令后的输出信息

缓存或分区	total（内存总量）	used（已用量）	free（空闲量）	shared（进程共享的内存量）	buffers（磁盘缓存的内存量）	buff/cache（缓存的内存量）	available（可用量）
Mem	1.9GB	1.4GB	99MB	20MB	450MB	348MB	
Swap	2.0GB	80MB	1.9GB				

如果不使用-h（易读模式）选项查看内存使用量情况，则系统默认以 KB 为单位显示结果。服务器如果有超过 100GB 的内存量，则会被换算为一长串数字，不利于阅读。

3. date 命令

date 命令用于显示或设置系统的日期或时间，该命令格式如下：

```
date [选项] [+格式]
```

date 命令常用的选项如下。

- -d<字符串>：显示字符串所指的日期或时间，而不是当前时间。字符串前后必须加双引号。
- -s<字符串>：根据字符串来设置日期或时间。字符串前后必须加双引号。
- -u：显示或设置全球时间（格林尼治时间）。

例如：

```
# date
//显示当前时间
# date -s "20300801"
//设定日期为 2030 年 8 月 1 日，同时将时间设置为凌晨 0 时
```

用户只需在 date 命令后输入以“+”开头的格式选项，即可按照指定格式输出系统的时间或日期，这样在日常工作中就可以把备份数据的命令与按照指定格式输出的时间信息结合到一起。Linux 系统可以将打包后的文件自动按照“年-月-日”的格式打包成“backup-2030-9-1.tar.gz”，用户只需观察文件名即可大致了解每个文件的备份时间。date 命令中的常见格式选项及其作用如表 2-5 所示。

表 2-5　date 命令中的常见格式选项及其作用

选项	作用
%S	秒（00～59）
%M	分钟（00～59）
%H	小时（00～23）

续表

选项	作用
%I	小时（00～12）
%m	月份（1～12）
%p	显示AM或PM
%a	缩写的工作日名称（例如：Sun）
%A	完整的工作日名称（例如：Sunday）
%b	缩写的月份名称（例如：Jan）
%B	完整的月份名称（例如：January）
%q	季度（1～4）
%y	简写年份（例如：20）
%Y	完整年份（例如：2020）
%d	本月的第几天
%j	今年的第几天
%n	换行符（相当于按“Enter”键）
%t	跳格（相当于按“Tab”键）

例如：

```
# date  "+%Y 年%m 月%d 日, %H 时%M 分%S 秒"
//格式化输出时间 xxxx 年 xx 月 xx 日， xx 时 xx 分 xx 秒
# date "+%j"
//显示当前日期是今年的第几天
```

4．cal命令

cal命令用于显示指定月份或年份的日历，该命令格式如下：

```
cal [选项] [ 月份 ] [ 年份 ]
```

cal命令常用的选项如下。

- -m：显示星期一作为一周的第一天（默认为星期日）。
- -y：显示当前年份的日历。

cal命令可以包含两个参数，其中年份、月份用数字表示，只有一个参数时表示年份，年份的范围为1～9999，月份的范围为1～12，如果没有指定参数，则显示当前月份的日历。例如：

```
# cal
//显示当前月份的日历
# cal -y
//显示当前年份的日历
# cal -m 8 2030
//显示 2030 年 8 月的日历，并显示星期一作为一周的第一天
```

5．timedatectl命令

timedatectl命令用于设置系统的日期和时间，该命令格式如下：

```
timedatectl  [选项] 子命令
```

timedatectl命令常用的子命令如下。

- status：显示系统当前时钟状态信息。
- list-timezones：列出已知时区。

- set-time：设置系统时间。
- set-timezone：设置生效时区。

例如：

```
# timedatectl status
//查看系统当前时间与时区等状态信息
# timedatectl set-timezone Asia/Shanghai
//将系统时区设置为上海（Asia/Shanghai）
# timedatectl set-time 2030-05-18
//将系统日期设置为 2030-05-18
```

6. uname 命令

uname 命令用于获取计算机和操作系统的相关信息。该命令格式如下：

```
uname [选项]
```

uname 命令常用的选项如下。

- -a：显示全部的信息。
- -m：显示计算机类型。
- -n：显示计算机在网络上的主机名。
- -r：显示操作系统的发行编号。
- -s：显示操作系统的名称。

在使用 uname 命令时，一般要固定搭配-a 选项来完整地查看当前系统的内核名、主机名、内核发行版本、节点名、压制时间、硬件名称、硬件平台、处理器类型及操作系统的名称等信息，例如：

```
# uname  -a
//查看系统的内核名、主机名、内核发行版本等信息
```

7. uptime 命令

uptime 命令用于查看系统的负载信息，输入该命令后按“Enter”键，即可显示当前系统时间、系统已运行时间、启用终端数量及平均负载值等信息。平均负载值指系统在最近 1 分钟、5 分钟、15 分钟内的压力情况。例如：

```
# uptime
 11:55:16 up 5 days, 23:55,  2 users,  load average: 0.00, 0.01, 0.05
```

8. who 命令

who 命令用于显示目前系统的用户信息，显示的信息包括用户 ID、使用的终端机、连接位置、上线时间、呆滞时间、CPU 使用量、动作等。该命令格式如下：

```
who [选项] [用户]
```

who 命令常用的选项如下。

- -H：显示标题栏。
- -i：显示闲置时间，若该用户在前一分钟之内进行过任何动作，则标示为符号“.”；若该用户已超过 24 小时没有任何动作，则标示为字符串“old”。
- -m：只显示和标准输入有直接交互的主机和用户。
- -q：只显示登录系统的账户名称和总人数。
- -w：显示用户的信息状态栏。

例如：

```
# who
//显示当前登录系统的用户信息
# who  -H
//显示标题栏
# who  -m
//只显示和标准输入有直接交互的主机和用户
```

9. last 命令

last 命令用于显示近期用户或终端的登录情况。使用 last 命令查看该程序的日志，管理员可以获取曾经连接或企图连接系统的用户信息。该命令格式如下：

```
last [选项]
```

last 命令常用的选项如下。

- -R：不显示登录系统或终端的主机名或 IP 地址。
- -a：将登录系统或终端的主机名或 IP 地址显示在最后一行。
- -d：将 IP 地址转换成主机名。
- -I：显示特定 IP 地址的登录情况。
- -x：显示系统关闭、用户登录和退出登录的历史。
- -F：显示登录的完整时间。
- -w：在输出中显示完整的用户名或域名。
- -n：指定要显示多少行。

例如：

```
# last
//last 命令的基本使用
# last -n 5 -R
//简略显示，并指定显示的行数
```

任务小结

本任务对 Linux 系统运维人员在服务器性能较低时的排查工作中经常使用的命令进行了介绍，包括查看开机信息命令、查看系统内存使用情况命令，查看、设置系统日期或时间命令，以及查看系统登录用户、系统负载和系统内核版本等命令的使用方法。

任务 2.4　熟练使用进程管理类命令

任务描述

进程是 Linux 系统完成工作任务的基本单位，Linux 系统对外提供服务都是通过进程完成的，因此要管理 Linux 系统，必须了解进程和进程管理。从本质上来说，Linux 系统就是一个内核，其他程序和应用都是附加在内核上的。

任务分析

在 Linux 系统中，内核使用进程来控制对 CPU 和其他系统资源的访问，并且使用进程来决定在 CPU 上运行的程序，以及该程序的运行时间和运行特性。内核的调度器负责在所有的进程间分配 CPU 运行时间，或者称为时间片（timeslice），它会在每个进程分得的时间片结束后获得控制权。系统会为每个进程分配唯一的整型 ID 作为进程的标识号。

任务目标

掌握进程管理类命令及其他常用命令（中）

1．理解进程、作业和服务的概念。
2．掌握使用 Shell 命令查看进程的方法。
3．掌握使用命令终止进程的方法。
4．掌握查看作业及作业前后台切换的方法。

预备知识

1．进程

进程是一个程序在一个数据集上的一次运行，是系统进行资源分配和调度的基本单位。

Linux 系统创建进程时会为其指定一个唯一的号码，即进程号（PID），以区别不同的进程。CentOS 7 中名为 systemd 的进程，是所有进程的父进程，PID 为 1，是专用于 Linux 系统与服务管理器的。

进程不是程序，但由程序产生。进程与程序的区别在于：程序是一系列指令的集合，是静态的概念；而进程是程序的一次运行过程，是动态的概念。程序可长期保存，而进程只能暂时存在，动态地产生、变化和消亡。进程与程序并不一一对应，一个程序可启动多个进程，一个进程可调用多个程序。

2．进程的状态

运行状态（TASK_RUNNING）：当进程正在被 CPU 运行，或者已经准备就绪、随时可由调度程序运行时，则称该进程处于运行状态。该状态在 Linux 系统中用 R 表示。

可中断休眠状态（TASK_INTERRUPTIBLE）：当进程处于可中断休眠状态时，系统不会调度该进程运行。当系统产生了一个中断，或者释放了进程正在等待的资源，或者进程收到了一个信号，都可以唤醒进程并转换到运行状态。该状态在 Linux 系统中用 S 表示。

不可中断休眠状态（TASK_UNINTERRUPITIBLE）：与可中断休眠状态类似，进程处于休眠状态，但是此进程是不可中断的。不可中断并不是指 CPU 不响应外部硬件的中断，而是指进程不响应异步信号。该状态在 Linux 系统中用 D 表示。

暂停状态（TASK_STOPPED）：又称挂起状态，进程会暂时停止运行。当进程收到一些特殊信号时，就会进入暂停状态。该状态在 Linux 系统中用 T 表示。

僵死状态（TASK_DEAD-EXIT_ZOMBIE）：当进程已停止运行，但其父进程还没有询问其状态时，则称该进程处于僵死状态。该状态在 Linux 系统中用 Z 表示。

除了上面 5 种常见的进程状态，还可能是高优先级（<）、低优先级（N）、被锁进内存（L）、包含子进程（s）及多线程（l）这 5 种补充形式。

3．进程的优先级

Linux 系统中所有的进程根据其所处状态，按时间顺序排列成不同的队列。系统按一定的策略调度就绪队列中的进程。进程的 CPU 和内存资源分配取决于进程的优先级。优先级高的进程有优先运行的权利。进程的优先级有两个，即静态值和动态值。静态值即 niceness，除非用户指定，否则无法改变；动态值即 priority，这个值会根据实际情况不断变化，不可控制。

人们平时所讨论的优先级一般是指静态优先级。这个优先级在 Linux 系统中由谦让度来确定，表示对系统其他进程的谦让程度，高谦让度值表示进程具有低优先级，低谦让度值或负谦让度值表示进程具有高优先级。谦让度值的允许范围是-20～+19，这也是数值越小，优先级越高的原因，默认值是 0。

在一般情况下，新创建的进程会从它的父进程继承谦让度值。进程的属主可以增加其谦让度值，但不可以降低。超级用户可以任意设置谦让度值。

4. 作业

作业是用户提交给系统的一个任务。当用户提交的作业被调度时，系统会为作业创建进程，一个作业可以包括一个或多个进程。作业根据运行方式的不同，可分为以下两大类。

前台作业：运行于前台，用户正对其进行交互操作。例如，输入一个 Shell 命令后按“Enter”键，即可启动一个前台作业。这个作业可能同时启动多个前台进程。

后台作业：运行于后台，不与用户交互，但向终端输出执行结果。例如，在输入的 Shell 命令末尾加上符号“&”，再按“Enter”键，即可启动一个后台作业。

作业既可在前台运行，也可在后台运行，但同一时刻，每个用户只能运行一个前台作业。

5. 服务

Linux 系统中的服务是一类常驻在内存中的进程，这类进程启动后在后台持续运行，通过系统提供的功能来服务用户的各项任务，因此这类进程被称为服务，又称 daemon 进程（守护进程）。

Linux 系统的服务非常多，大致分为两类：系统本身所需的服务（如 crond、atd、rsyslogd 等）和网络服务（如 Apache、named、postfix、vsftpd 等）。常见的系统服务名称通常以字母“d”结尾。

任务实施

子任务 1　进程管理

1. 进程的启动

进程的启动分为前台启动和后台启动。用户在 Shell 命令提示符下输入命令后按“Enter”键，即可进行前台启动。如果输入 Shell 命令后加上符号“&”再按“Enter”键，则可以进行后台启动，此时进程在后台运行，前台可以继续运行其他程序。还有一种进程启动是系统调度启动，比如，在设置 at 和 cron 等系统调度后，在指定的时间会自动执行指定的任务。

2. 查看进程

1）ps 命令

ps 命令用于查看系统中的进程状态，格式如下：

```
ps [选项]
```

ps 命令常用的选项如下。

- a：显示所有终端下的所有进程，包括其他用户的进程信息。
- u：显示进程的详细信息，包括 CPU、内存的使用率等。
- x：显示没有控制终端的进程。

执行 ps aux 命令后，通常会看到如表 2-6 所示的进程状态。表 2-6 中只列举了部分输出值，且正常的输出值中不包括中文注释。

表 2-6　执行 ps aux 命令后的进程状态

USER（进程的所有者）	PID（进程 ID）	%CPU（运算器占用率）	%MEM（内存占用率）	VSZ [虚拟内存使用量（单位为 KB）]	RSS [占用的固定内存量（单位为 KB）]	TTY（所在终端）	STAT（进程状态）	START（被启动的时间）	TIME（实际使用 CPU 的时间）	COMMAND（命令名与参数）
root	1	0.0	0.5	244740	10636	?	Ss	07:54	0:02	/usr/lib/systemd/systemd --switched-root --system --deserialize 18
root	2	0.0	0.0	0	0	?	S	07:54	0:00	[kthreadd]
root	3	0.0	0.0	0	0	?	I<	07:54	0:00	[rcu_gp]
root	4	0.0	0.0	0	0	?	I<	07:54	0:00	[rcu_par_gp]
root	5	0.0	0.0	0	0	?	I<	07:54	0:00	[kworker/0:0H-kbl
root	6	0.0	0.0	0	0	?	I<	07:54	0:00	[mm_percpu_wq]

2）pstree 命令

pstree 命令用于以树状图的形式展示进程之间的关系，英文全称为 process tree。输入该命令后按“Enter”键，即可执行该命令。

在执行 ps 命令后，产生的信息过于冗杂，如果需要以树状图的形式有层次地展示出进程之间的关系，则可以使用 pstree 命令。例如：

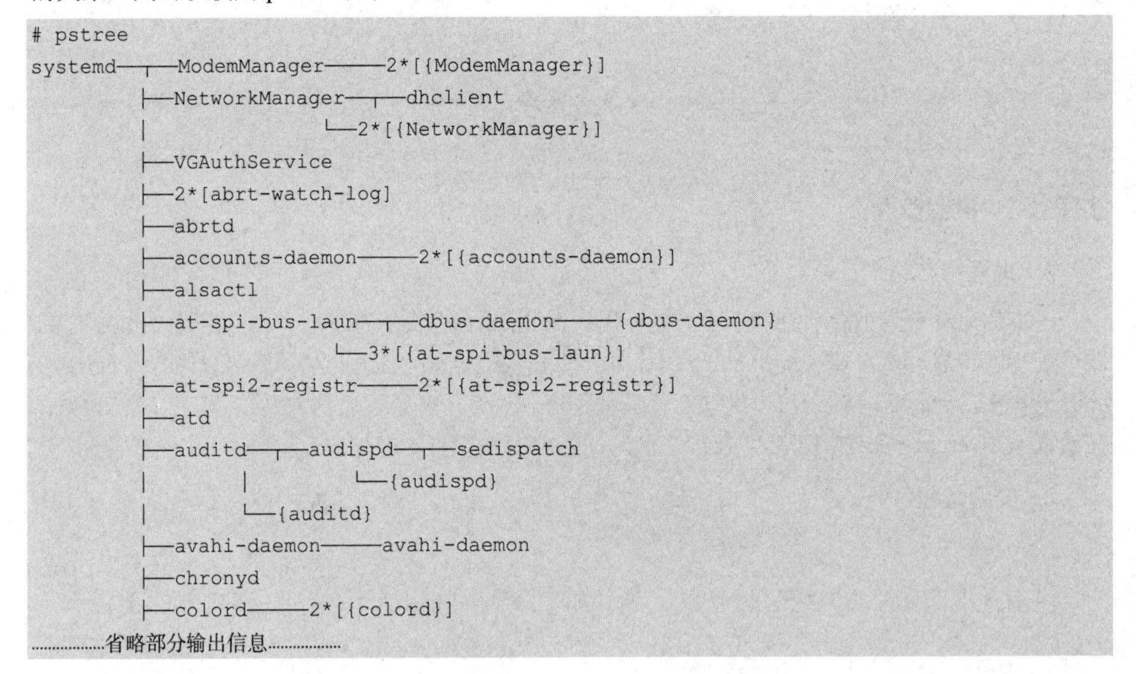

```
# pstree
systemd─┬─ModemManager───2*[{ModemManager}]
        ├─NetworkManager─┬─dhclient
        │                └─2*[{NetworkManager}]
        ├─VGAuthService
        ├─2*[abrt-watch-log]
        ├─abrtd
        ├─accounts-daemon───2*[{accounts-daemon}]
        ├─alsactl
        ├─at-spi-bus-laun─┬─dbus-daemon───{dbus-daemon}
        │                 └─3*[{at-spi-bus-laun}]
        ├─at-spi2-registr───2*[{at-spi2-registr}]
        ├─atd
        ├─auditd─┬─audispd─┬─sedispatch
        │        │         └─{audispd}
        │        └─{auditd}
        ├─avahi-daemon───avahi-daemon
        ├─chronyd
        ├─colord───2*[{colord}]
………………省略部分输出信息………………
```

3）top 命令

top 命令用于动态地监视进程活动及系统负载等信息。输入该命令后按“Enter”键，即可执行该命令。

前面介绍的命令都能静态地查看系统状态，不能实时滚动最新数据，而 top 命令能够动态地查看系统状态，默认每 5 秒刷新一次，按“Q”键即可退出。用户完全可以将它看作 Linux 系统中“强化版的任务管理器”。top 命令是相当好用的性能分析工具，执行结果如图 2-8 所示。

```
top - 03:30:34 up 1 day,  3:12,  3 users,  load average: 0.02, 0.02, 0.05
Tasks: 210 total,   1 running, 209 sleeping,   0 stopped,   0 zombie
%Cpu(s):  0.2 us,  0.2 sy,  0.0 ni, 99.7 id,  0.0 wa,  0.0 hi,  0.0 si,  0.0 st
KiB Mem :  2027896 total,   403792 free,   802216 used,   821888 buff/cache
KiB Swap:  2097148 total,  2097148 free,        0 used.  1011736 avail Mem

  PID USER      PR  NI    VIRT    RES    SHR S  %CPU %MEM     TIME+ COMMAND
  732 root      20   0  295564   5292   4036 S   4.3  0.3  11:33.04 vmtoolsd
 2524 wrq       20   0  608632  25448  18792 S   2.0  1.3  11:02.74 vmtoolsd
 2518 wrq       20   0 1446456  57132  22360 S   0.3  2.8   0:11.53 gnome-software
 2855 root      20   0  160988   5652   4292 S   0.3  0.3   0:01.69 sshd
96832 root      20   0       0      0      0 S   0.3  0.0   0:09.36 kworker/0:3
98956 root      20   0       0      0      0 S   0.3  0.0   0:02.72 kworker/1:2
99494 root      20   0  162256   2344   1580 R   0.3  0.1   0:00.32 top
    1 root      20   0  128280   6984   4196 S   0.0  0.3   1:01.10 systemd
    2 root      20   0       0      0      0 S   0.0  0.0   0:00.11 kthreadd
    4 root       0 -20       0      0      0 S   0.0  0.0   0:00.00 kworker/0:0H
    6 root      20   0       0      0      0 S   0.0  0.0   0:02.59 ksoftirqd/0
    7 root      rt   0       0      0      0 S   0.0  0.0   0:00.68 migration/0
    8 root      20   0       0      0      0 S   0.0  0.0   0:00.00 rcu_bh
    9 root      20   0       0      0      0 S   0.0  0.0   0:09.60 rcu_sched
   10 root       0 -20       0      0      0 S   0.0  0.0   0:00.00 lru-add-drain
   11 root      rt   0       0      0      0 S   0.0  0.0   0:01.69 watchdog/0
   12 root      rt   0       0      0      0 S   0.0  0.0   0:02.09 watchdog/1
   13 root      rt   0       0      0      0 S   0.0  0.0   0:00.56 migration/1
   14 root      20   0       0      0      0 S   0.0  0.0   0:19.88 ksoftirqd/1
   16 root       0 -20       0      0      0 S   0.0  0.0   0:00.00 kworker/1:0H
```

图 2-8　top 命令执行结果

top 命令执行结果的前 5 行为系统整体的统计信息，代表的含义如下。

- 第 1 行：系统时间、运行时间、登录终端数、系统负载（3 个数值分别为 1 分钟、5 分钟、15 分钟内的平均值）。
- 第 2 行：进程总数、运行中的进程数、休眠中的进程数、暂停的进程数、僵死的进程数。
- 第 3 行：用户占用资源百分比、系统内核占用资源百分比、改变过优先级的进程资源百分比、空闲的资源百分比等。其中数据均为 CPU 数据并以百分比格式显示，例如，“99.8 id”意味着有 99.8%的 CPU 处理器资源处于空闲状态。
- 第 4 行：物理内存总量、内存空闲量、内存使用量、作为内核缓存的内存量。
- 第 5 行：虚拟内存总量、虚拟内存空闲量、虚拟内存使用量、已被提前加载的内存量。

4）pidof 命令

pidof 命令用于查询某个指定服务进程的 PID，格式如下：

```
pidof [选项] 程序名称
```

pidof 命令常用的选项如下。

- -s：多进程仅返回一个进程号。
- -c：仅显示具有相同 root 目录的进程。
- -x：显示由脚本开启的进程。
- -o<进程号>：指定不显示的 PID。

每个进程的 PID 是唯一的，可以用于区分不同的进程。例如，执行如下命令来查询本机 sshd 服务程序的 PID：

```
# pidof sshd
1823 958
```

从命令的执行结果看，目前系统中有两个 sshd 服务程序在运行，PID 分别是 1823 和 958。

3. 终止进程

在 Linux 系统的运行过程中，常常需要对某个异常的进程进行终止操作。终止一个前台进程可以使用“Ctrl+C”组合键，终止一个后台进程需要使用 kill 命令。用户可以先使用 ps/pstree/top/pidof 等工具获取进程的 PID，再使用 kill 命令终止该进程。另外，管理员还需要强制终止疑似不安全的进程，这时可以使用 kill 和 killall 命令。

1）kill 命令

kill 命令的作用是终止某个指定 PID 的服务进程，进程在收到信号后会自动结束，并处理好结束前的相关事务。默认信号代码会直接终止进程。超级用户可以终止所有的进程，而普通用户只能终止自己启动的进程。kill 命令格式如下：

```
kill [选项] 进程的PID
```

kill 命令常用的选项如下。

- -l：列出全部信号名。
- -s：指定发送的信号，信号可以以信号名或数字的方式给定，默认发送信号为 SIGTERM（-15）。

使用 kill 命令终止上面用 pidof 命令查询到的 PID 所代表的进程，命令如下：

```
# kill 1823
//终止 PID 为1823的进程
```

该操作的效果等同于发送 SIGTERM（-15）信号，终止 sshd（PID 值为 1823）服务程序。但有时系统会提示进程无法被终止，此时可以发送更加强大的 SIGKILL（-9）信号，命令如下：

```
# kill -s 9 1823
# kill -9 1823
```

以上两条命令的执行效果相同。但发送 SIGKILL（-9）信号时要谨慎，因为该信号会直接结束进程，导致进程在结束前无法清理并释放资源，一般不推荐使用。

kill 命令能够发送的信号比较多，如果想了解所有信号的用途，则可以通过 man 7 signal 命令来查看帮助手册中的相关内容。

2）killall 命令

killall 命令用于终止某个指定名称的服务所对应的全部进程。通常来讲，复杂软件的服务程序会有多个进程协同为用户提供服务，如果使用 kill 命令逐个结束这些进程会比较麻烦，此时可以使用 killall 命令批量结束某个服务程序的全部进程。该命令使用的信号与 kill 命令相同。killall 命令格式如下：

```
killall [选项] 服务名称
```

killall 命令常用的选项如下。

- -I：忽略进程名中的字母大小写。
- -i：交换模式，在终止进程前先询问用户。
- -q：静默模式，不输出警告信息。
- -s：发送指定的信号。
- -u：向指定用户的进程发送信号。

例如：

```
# killall -i httpd
// 杀死所有的httpd 进程，并在杀死前询问用户，如果回复 y 则杀死进程
```

子任务 2 作业管理

1. 查看作业

查看作业可以使用 jobs 命令，jobs 命令格式如下：

```
jobs [选项]
```

jobs 命令常用的选项如下。

- -l：除基本信息外，列出 PID。
- -p：只列出作业的进程组 leader 的 PID。
- -n：只显示从上次用户得知它们的状态之后，状态发生改变的作业的信息。

例如：

```
# jobs -l
//显示所有作业，并同时显示作业号和 PID
```

2. 作业的前后台切换

在终端或控制台工作时，用户可能不希望由于运行一个作业而占用整个屏幕，这时可以控制这些进程在后台运行，同时可以使用 bg 和 fg 命令实现前台作业和后台作业的切换。

1）后台执行命令&和 nohup

以后台模式运行脚本或命令非常简单，只需要在命令后面加一个符号"&"即可。适合在后台运行的命令有 find、费时的排序和一些 Shell 脚本。

例如：

```
# sh a.sh &
//后台运行 Shell 脚本
# ping 192.168.10.10 > ping1.txt &
//后台运行 ping 命令，并将输出重定向到 ping1.txt 文件中
# jobs -l
//列出当前后台运行的作业，同时显示作业号和 PID
```

在使用&命令后，作业会被提交到后台运行，当前控制台并没有被占用。一旦关闭当前控制台（退出账户时），作业就会停止运行。nohup 命令可以在用户退出账户之后继续运行相应的进程。nohup 的含义是不挂起（no hang up）。例如：

```
# nohup sh a.sh
# nohup ping 192.168.10.10 > ping1.txt
//上述两条命令执行完成后，用户可以退出当前账户，之后使用 ps 命令查看作业是否正在运行
```

需要与用户交互的命令应尽量避免在后台执行，因为计算机会在后台等待指令或数据，失去后台运行的意义。另外，如果后台运行的作业会产生大量的输出，则需要将输出结果重定向到某个文件中。

2）bg 命令

使用 bg 命令可以将挂起的作业切换到后台运行。若未指定作业号，则会将挂起的作业队列中的第 1 个作业切换到后台运行。bg 命令格式如下：

```
bg [作业号]
```

例如：

```
# vi a.txt
```

```
<ctrl+z>
[1]+  Stopped     vi a.txt
# bg 1
[1]+  vi  a.txt &

[1]+  Stopped    vi a.txt
# jobs  -l
[1]+ 23601  Stopped (tty output) vi a.txt
//先使用 vi 编辑 a.txt 文件，再使用“Ctrl + Z”组合键将 vi 进程挂起，然后切换至后台，并查看作业
```

3）fg 命令

使用 fg 命令可以将后台作业转移至前台继续运行。若未指定作业号，则会将后台的作业队列中的第 1 个作业切换到前台运行。fg 命令格式如下：

```
fg  [作业号]
```

例如：

```
# fg  1
//将上例的作业 1 切换到前台继续运行
```

任务小结

本任务在介绍 Linux 系统完成工作任务所必需的进程、作业和服务概念的基础上，介绍了查看进程命令的使用方法、使用命令终止进程的方法及查看作业及作业前后台切换的方法，为各种服务和进程的管理奠定了基础。

任务 2.5　熟练使用其他常用命令

任务描述

用户不仅需要掌握文件/目录管理类命令、系统信息类命令和进程管理类命令，还需要掌握系统重启与关机，历史命令的查看与执行，命令别名的设置与取消等一些常用命令的使用方法。

任务分析

为了准确、高效地完成各种 Linux 系统的运维任务，用户需要掌握 Linux 系统中的一些常用命令，如下载文件的命令、清除终端屏幕等。

任务目标

1．了解系统运行级别。
2．掌握系统重启与关机命令的使用方法。
3．掌握 echo 命令的使用方法。
4．掌握查看与执行历史命令的方法。
5．掌握设置与取消命令别名的方法。

掌握进程管理类命令及其他常用命令（下）

预备知识

安全模式是 Windows 系统的基础模式，与普通模式相比，安全模式可以方便用户更好地进行

系统检测及错误修复。Linux 系统的运行级别（Run Level）具有类似的机制，不同的运行级别有不同的作用。

在之前的 Linux 系统发行版本中，如 CentOS 6 具有不同的运行级别，不同的运行级别所启动的服务搭配有所不同。运行级别共有 7（0～6）个，0 级表示关机；1 级为单用户模式；2 级为无网络的多用户模式；3 级为多用户命令行模式；4 级保留未用；5 级为 GUI 模式（图形桌面模式）；6 级为重启模式。

CentOS 7 替换了熟悉的初始化进程服务 System V init，正式采用全新的 systemd 初始化进程服务。Linux 系统在启动时要进行大量的初始化工作，例如挂载文件系统和交换分区、启动各类进程服务等，这些可以被看作多个独立的单元（unit），systemd 用 target（目标）代替了 System V init 运行级别的概念。

System V init 运行级别与 systemd 的 target 的对照关系如表 2-7 所示，System V init 运行级别 2、3、4 都对应 systemd 多用户的文本界面模式。

表 2-7　System V init 运行级别与 systemd 的 target 的对照关系

System V init 运行级别	systemd 的 target	systemd 的 target 的作用
0	poweroff.target	关机
1	rescue.target	单用户模式
2	multi-user.target	多用户的文本界面
3	multi-user.target	多用户的文本界面
4	multi-user.target	多用户的文本界面
5	graphical.target	多用户的图形界面
6	reboot.target	重启

在 Linux 系统中，重启系统的常用命令如下。

（1）reboot。

（2）init 6。

（3）shutdown -r now。

（4）poweroff --reboot。

（5）systemctl reboot。

由于 Linux 系统的关机与重启是重大的系统操作，因此只有 root 用户才能够执行 shutdown、reboot 等命令。但是如果用户目前使用的是 CentOS 系统，则允许用户在本机前的 tty1～tty6 中（无论是文本界面还是图形界面）使用普通用户身份来执行关机或重启操作，但某些发行版本会在关机时提示输入 root 用户的密码。

Linux 系统中执行关机操作的常见命令如下。

（1）poweroff。

（2）init 0。

（3）shutdown -h now。

（4）systemctl poweroff。

（5）halt。

任务实施

除了上面介绍的命令，还有一些命令也经常用到。

1．reboot 命令

reboot 命令用于重启系统，输入该命令后按“Enter”键即可。

由于重启系统会涉及硬件资源的管理权限，因此最好以 root 用户的身份来重启，普通用户在执行该命令时可能会被拒绝。

2．shutdown 命令

shutdown 命令用于关闭系统。与 reboot 命令相同，该命令也会涉及硬件资源的管理权限，因此最好以 root 用户的身份来关闭系统。输入该命令后按“Enter”键，即可关闭系统。用户可以指定一个时间字符串，通常用 hh:mm 指定小时/分钟来设定在某一个特定的时间关机，或者用+m 格式，其中 m 指的是等待的分钟数（now 是+0 的别名）。例如：

```
# shutdown  now
//立即关机
# shutdown 13:20
//在指定的时间 13:20 关机
# shutdown +10
//系统将在 10 分钟后关机
```

在执行 shutdown 命令后，可以输入“shutdown -c”来取消这次的关机操作。如果单纯执行 shutdown 命令，则系统预设会在 1 分钟后执行关机操作。shutdown 命令还允许用户自定义关机信息，在关机之前，系统会将关机信息广播给所有已登录的用户。

3．wget 命令

wget 命令用于在终端命令行中下载网络文件，是一种非交互式的网络文件下载工具。wget 命令支持 HTTP、HTTPS、FTP 等协议。wget 命令格式如下：

```
wget  [选项]  URL
```

wget 命令常用的选项如下。

- -b：后台下载模式。
- -P：下载到指定目录下。
- -p：下载页面内所有资源，包括图片、视频等。
- -r：递归下载。

使用 wget 命令可以无须打开浏览器，直接在命令行界面中下载文件。例如：

```
# wget http://www.xxx.com/docs/abc.pdf
//将指定 URL 的 abc.pdf 文件下载到当前目录下
# wget -r -p http://www.xxx.com
//递归下载 www.xxx.com 网站内的所有页面数据及文件，且下载完成后自动保存到当前路径下一个名为 www.xxx.com
//的目录中
```

4．history 命令

history 命令用于显示用户历史记录和执行过的命令，可以保留的历史记录数量与环境变量

HISTSIZE 有关，默认保存 1000 条历史记录。history 命令读取历史记录文件中的目录到历史命令缓冲区中，并将历史命令缓冲区中的目录写入命令文件。该命令单独使用时，仅显示历史记录，在命令行中可以使用符号“!number”执行指定序号的历史命令。例如：

```
# history
//查看历史记录
# history 5
//查看历史记录中的后 5 条记录
# !10
 //执行历史记录第 10 条命令
# !!
//执行上一条命令
# history -c
//清空当前的历史记录
```

5．echo 命令

echo 命令用于在终端设备上输出字符串或变量的值，是 Linux 系统中最常用的命令之一。其操作比较简单，执行“echo 字符串”或“echo $变量”即可，其中符号“$”的意思是提取变量的实际值。通常习惯将 echo 命令后要显示的字符串用单引号或双引号引起来，使用单引号时，将保留引号中包含的每个字符的字面值，即原样输出，变量和命令将不会扩展。例如：

```
# echo “Hello World”
Hello World
//原样输出字符串“Hello World”
# echo $SHELL
/bin/bash
//输出$SHELL 的值
# echo '$SHELL'
$SHELL
//$SHELL 被单引号引起来后不会进行扩展（即无法提取到变量的值），而是将$SHELL 作为字符串原样输出
```

6．alias 命令

alias 命令用于创建命令别名，使得用户无须记住太多复杂的选项。如果 alias 命令不包含任何选项和参数，则其作用只是查看目前系统中的命令别名。alias 命令格式如下：

```
alias [name[=value]]
```

这里需要注意的是，“=”前后不能有空格，否则会出现语法错误；如果 value 中有空格或制表符，则 value 一定要使用引号（单引号或双引号）引起来。

例如：

```
# alias vi='vim'
//定义一个 vim 命令的别名，当执行 vi 命令时，实际执行的是 vim 命令
# alias
alias cp='cp -i'
alias egrep='egrep --color=auto'
alias fgrep='fgrep --color=auto'
alias grep='grep --color=auto'
alias l.='ls -d .* --color=auto'
```

```
alias ll='ls -l --color=auto'
alias ls='ls --color=auto'
alias mv='mv -i'
alias rm='rm -i'
alias which='alias | /usr/bin/which --tty-only --read-alias --show-dot --show-tilde'
//列出系统当前可用的所有命令别名
```

7. unalias 命令

unalias 命令用于取消定义的命令别名，如果需要取消任意一个命令别名，则使用该命令别名作为 unalias 命令的参数即可。如果使用-a 选项，则表示取消所有已经存在的命令别名。例如：

```
# unalias vi
//取消命令别名“vi”
# unalias -a
//取消系统当前所有的命令别名
```

8. clear 命令

clear 命令用于清除字符终端屏幕内容。另外，按“Ctrl+L”组合键也可以达到同样的效果。

任务小结

本任务介绍了 Linux 系统中运行级别的概念，讲解了系统重启与关机命令的使用方法、echo 命令的使用方法、历史命令的查看与执行和命令别名的设置与取消，这些知识都是 Linux 系统的运维人员在日常工作中需要掌握的。

任务 2.6　进阶习题

一、选择题

1. 如果忘记了 ls 命令的使用方法，则可以使用（　　）命令获得帮助。

   A. ? ls　　B. help ls　　C. man ls　　D. get ls

2. （　　）命令用来显示/home 及其子目录下的文件名。

   A. ls -a /home　　B. ls -R /home

   C. ls -l /home　　D. ls -d /home

3. CentOS 系统中使用（　　）命令查看、显示用户的当前工作目录。

   A. su　　B. shutdown

   C. pwd　　D. reboot

4. 创建目录的命令为（　　）。

   A. rmdir　　B. touch　　C. mkdir　　D. cat

5. root 用户的主目录是（　　）。

   A. /home/root　　B. /root　　C. /etc　　D. /

6. 查看系统中所有进程的命令是（　　）。

   A. ps all　　B. ps aix　　C. ps auf　　D. ps aux

7．使用（　　）命令可以查看 Linux 系统的启动信息。

A．mesg -d　　　　B．dmesg

C．cat /etc/mesg　　　　D．cat /var/mesg

二、简答题

1．more 和 less 命令有何区别？

2．在 Linux 系统中，可以使用哪些命令来查看进程？

项目3

管理 Linux 服务器的用户和组群

思维导图

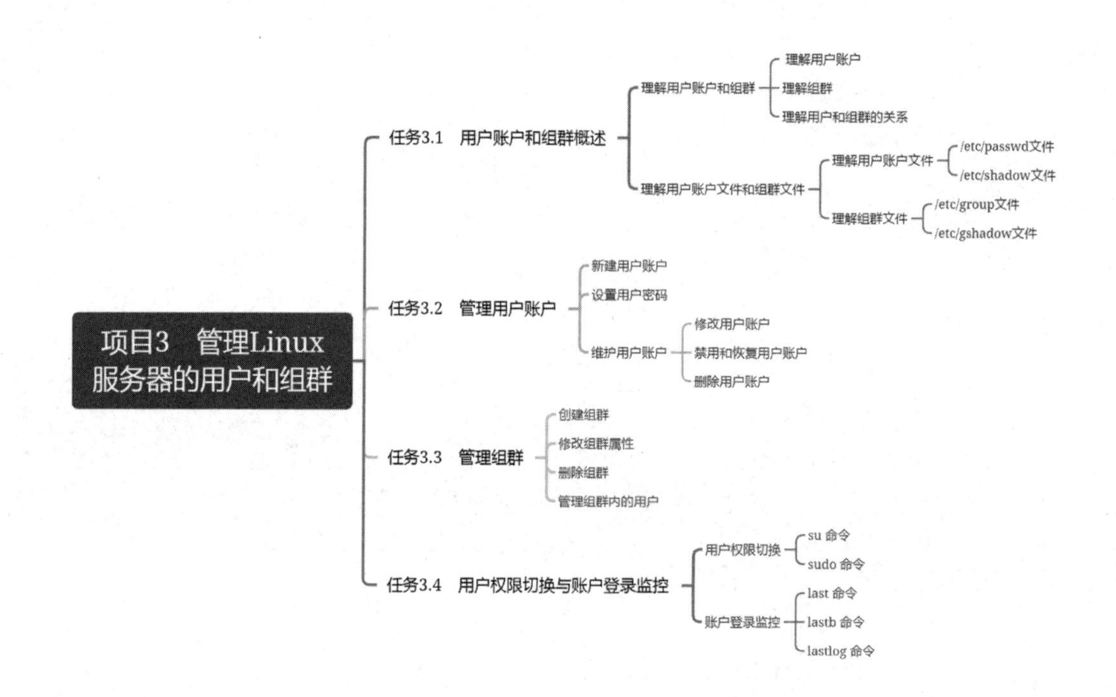

项目描述

某学院的网络管理员小赵对 Linux 服务器进行了基本的设置，但学院教师反馈仍然无法使用，希望小赵尽快解决问题，小赵经过检查后，发现用户未设置合理的用户名和密码。

项目分析

本项目将在实施过程中主要完成以下任务（本项目所有任务在实施过程中使用的操作系统环境均为 CentOS）。

1. 了解用户和组群管理，理解用户账户文件和组群文件。
2. 掌握新建、修改、删除用户账户，禁用和恢复用户账户，设置用户密码的方法。
3. 掌握创建组群、修改组群属性、删除组群、管理组群内用户的方法。

4. 掌握用户权限切换与账户登录监控的常用命令。

职业能力目标和要求

1. 了解用户和组群配置文件。
2. 熟练掌握Linux环境下用户的创建与维护管理的方法。
3. 熟练掌握Linux环境下组群的创建与维护管理的方法。
4. 熟练使用用户权限切换与账户登录监控的常用命令。

1+X技能目标

1. 根据生产环境中的Linux系统安全配置工作任务要求，管理用户和组群。
2. 根据生产环境中的业务需求，在Linux环境下创建与管理用户和组群。

素质目标

1. 通过用户和组群的学习，认识到数据隐私的重要性，同时培养自己掌握保护个人隐私的技能，提升网络安全意识，建立维护网络空间安全的责任感。

2. 通过学习中国计算机科学奠基人周寿宪的事迹，培养热爱祖国、刻苦钻研的高尚精神。

预备知识

Linux系统与其他类UNIX系统相似，是一个多用户、多任务的操作系统。多用户特性允许多个用户在Linux系统中创建独立的用户账户来确保用户个人数据的安全性；而多任务机制允许多个用户同时登录，同时使用系统的软硬件资源。

思政元素映射

中国计算机科学奠基人——周寿宪

周寿宪，1925年出生于湖北武汉，生前为清华大学电子工程系副教授，是中国计算机科学的奠基人之一。周寿宪自幼聪颖好学，1942年以全系第一名的成绩考取中央大学电机系，当时不满十七岁。

抗战胜利后，周寿宪参加教育部组织的出国留学统一考试后被录取，于1947年赴美国密歇根大学研究院电机专业留学深造。1951年夏，他获得哲学博士学位，之后在美国从事研究工作，参加过磁心移位寄存器的科研工作。1955年，他怀着报效祖国的赤诚之心，冲破美国政府的重重阻挠，和一批留美学者一起回国参加祖国社会主义建设。回国后，他被分配到清华大学参与筹建计算机专业的工作，并参照当时苏联大学的教学计划制订出了学校第一个计算机专业教学计划。

1956年，周寿宪由华罗庚举荐参加国务院《十二年科学技术发展远景规划》的制定，并在中南海受到党和国家第一代领导人的集体接见。同年秋天，他加入中国计算机科学家代表团，远赴莫斯科考察计算机领域的研究工作。

1957年，周寿宪回到清华大学工作，参与创立自动控制系（计算机系前身），主要讲授“计算机原理”“脉冲技术”“计算机线路”等多门重要课程，他的教学言简意赅，注重逻辑推理，提纲挈领，侧重难点、疑点及专业应用。他强调预习，注重对学习能力的训练和提升。1957 年，清华大学培养出了新中国的第一批计算机专业的本科生。

任务 3.1 用户账户和组群概述

任务描述

本项目的第 1 个任务是用户账户和组群概述。

任务分析

本任务需要理解用户账户和组群、用户和组群的关系、用户账户文件和组群文件。

任务目标

1. 理解用户账户和组群。
2. 理解用户账户文件和组群文件。

预备知识

Linux 系统是多用户、多任务的操作系统，它允许多个用户同时登录系统并使用系统资源。当多个用户同时使用系统时，为了使所有用户的工作都能顺利进行，保护每个用户的文件和进程，以及系统自身的安全和稳定，必须建立一种秩序，管理每个用户的权限。为了区分不同的用户，需要创建用户账户。

任务实施

子任务 1 理解用户账户和组群

了解用户和组群配置文件

1. 理解用户账户

用户账户是用户的身份标识，用户可以通过账户登录系统，并访问已经被授权的资源。系统根据账户来区分属于每个用户的文件、进程、任务，并为每个用户提供特定的工作环境（如用户的工作目录、Shell 版本，以及图形化的环境配置等），使每个用户都能各自独立不受干扰地工作。

Linux 系统有 3 种不同类型的用户，即超级用户、虚拟（系统）用户、普通用户，如表 3-1 所示。

表 3-1 Linux 系统的用户类型

用户类型	描述
超级用户	用户名为 root，也叫作根用户。超级用户是 Linux 系统中的管理员，对整个系统有最高的访问权限，可以不受限制地操作任何文件和命令，无论这些文件的权限是如何设置的，其任务是对普通用户和整个系统进行管理。这类用户对系统有绝对的控制权，能够对系统进行一切操作，如果操作不当，则很容易对系统造成损坏
虚拟（系统）用户	虚拟（系统）用户是 Linux 系统正常工作所必需的预设用户，主要是为了满足相应的系统进程对文件属主的要求而建立的。这类用户不能用来登录，如 bin、daemon、adm、ip 等用户

续表

用户类型	描述
普通用户	普通用户由超级用户创建。这类用户一般可以登录系统，权限有限，只能操作拥有权限的文件和目录，管理自己的进程。在默认情况下，普通用户只对自己主目录下的文件有完全的访问权限，对其他文件特别是系统文件则可能只有只读权限

每个用户都有一个用户标识，称为 UID。超级用户的 UID 为 0；系统用户的 UID 一般为 1～999；普通用户的 UID 可以在创建时由管理员指定，如果不指定，则其 UID 默认从 1000 开始顺序编号。

2. 理解组群

在 Linux 系统中，为了方便管理用户，产生了组群的概念。组群是具有相同特性的用户的逻辑集合，使用组群有利于系统管理员按照用户的特性组织和管理用户，提高工作效率。系统管理员在进行资源授权时可以把权限赋予某个组群，组群中的成员即可自动获得这种权限。一个用户账户可以同时是多个组群的成员，其中某个组群是该用户的主组群（私有组群），其他组群为该用户的附属组群（标准组群）。组群标识为 GID，用来表示组群的数字标识符。

在 Linux 系统中，创建用户账户的同时也会创建一个与用户同名的组群，该组群是用户的主组群。普通组群的 GID 默认从 1000 开始编号。

3. 理解用户和组群的关系

用户和组群的关系如图 3-1 所示。

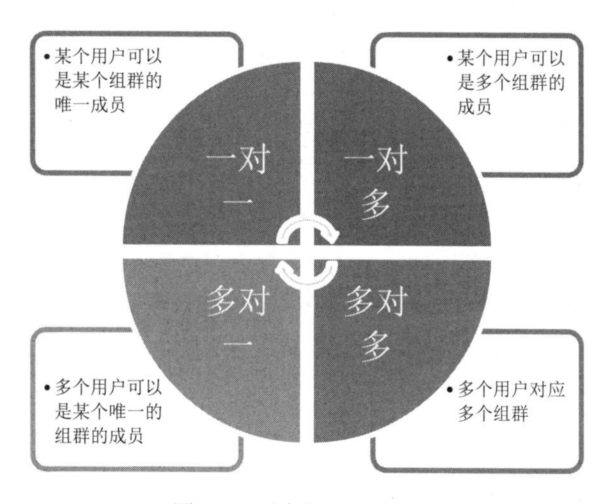

图 3-1　用户和组群的关系

（1）一对一，某个用户可以是某个组群的唯一成员。

（2）多对一，多个用户可以是某个唯一的组群的成员，不归属其他组群。

（3）一对多，某个用户可以是多个组群的成员。

（4）多对多，多个用户对应多个组群，并且几个用户可以归属相同的组群。

子任务 2　理解用户账户文件和组群文件

Linux 系统沿用了 UNIX 系统管理用户的方法，将全部用户信息保存为普通的文本文件，可以通过修改这些文件来管理用户和组群，从而为不同的用户赋予不同的属性和权限。Linux 系统的账户配置文件主要有：用户账户文件/etc/passwd、/etc/shadow，组群文件/etc/group 和/etc/gshadow。

1．理解用户账户文件

1）/etc/passwd 文件

新建用户账户 teacher、student1、student2，并将 student1 和 student2 用户加入到 teacher 组群中。该示例的代码如下：

```
[root@localhost ~]# useradd teacher
[root@localhost ~]# useradd student1
[root@localhost ~]# useradd student2
[root@localhost ~]# usermod -G teacher student1
[root@localhost ~]# usermod -G teacher student2
[root@localhost ~]# ▌
```

在 Linux 系统中，创建的用户账户及其相关信息（密码除外）均被存放在/etc/passwd 文件中。使用 vim 编辑器（或者使用 cat/etc/passwd）打开/etc/passwd 文件，其内容格式如图 3-2 所示。

```
[root@localhost ~]# cat/etc/passwd
root:x:0:0:root:/root:/bin/bash
bin:x:1:1:bin:/bin:/sbin/nologin
daemon:x:2:2:daemon:/sbin:/sbin/nologin
adm:x:3:4:adm:/var/adm:/sbin/nologin
lp:x:4:7:lp:/var/spool/lpd:/sbin/nologin
sync:x:5:0:sync:/sbin:/bin/sync
shutdown:x:6:0:shutdown:/sbin:/sbin/shutdown
halt:x:7:0:halt:/sbin:/sbin/halt
mail:x:8:12:mail:/var/spool/mail:/sbin/nologin
operator:x:11:0:operator:/root:/sbin/nologin
games:x:12:100:games:/usr/games:/sbin/nologin
ftp:x:14:50:FTP User:/var/ftp:/sbin/nologin
nobody:x:99:99:Nobody:/:/sbin/nologin
systemd-network:x:192:192:systemd Network Management:/:/sbin/nologin
dbus:x:81:81:System message bus:/:/sbin/nologin
polkitd:x:999:998:User for polkitd:/:/sbin/nologin
sshd:x:74:74:Privilege-separated SSH:/var/empty/sshd:/sbin/nologin
postfix:x:89:89::/var/spool/postfix:/sbin/nologin
chrony:x:998:996::/var/lib/chrony:/sbin/nologin
zabbix:x:997:995:Zabbix Monitoring System:/var/lib/zabbix:/sbin/nologin
apache:x:48:48:Apache:/opt/rh/httpd24/root/usr/share/httpd:/sbin/nologin
nginx:x:996:993:Nginx web server:/var/opt/rh/rh-nginx116/lib/nginx:/sbin/nologin
mysql:x:27:27:MariaDB Server:/var/lib/mysql:/sbin/nologin
apt-cacher-ng:x:995:991:Apt-cacher proxy:/var/lib/apt-cacher-ng:/sbin/nologin
teacher:x:1000:1000::/home/teacher:/bin/bash
student1:x:1001:1001::/home/student1:/bin/bash
student2:x:1002:1002::/home/student2:/bin/bash
```

图 3-2　/etc/passwd 文件的内容格式

/etc/passwd 文件有标准的格式：每行定义一个账户；每行有多个字段，代表不同的含义；不同的字段之间使用“:”隔开，从左到右依次为用户名、用户密码、UID、GID、用户描述信息、用户主目录和命令解释器，passwd 文件字段说明如表 3-2 所示。

表 3-2　passwd 文件字段说明

字段	含义
用户名	用户账户名称，用户登录时所使用的用户名
用户密码	考虑系统的安全性，现在已经不使用该字段保存密码，而用字母“x”来填充该字段，真正的密码保存在/etc/shadow 文件中
UID	UID 是用户在系统中的唯一标识号，必须是整数，通常与用户名一一对应。当有多个用户名对应同一个 UID 时，系统会把它们视为同一用户
GID	用户所属的私有组群号，该数字对应/etc/group 文件中的 GID
用户描述信息	可选的关于用户全名、用户电话等描述性信息
主目录	用户在登录后默认进入其主目录。root 用户的主目录是/root；在创建普通用户时，除非指定，否则系统会在/home 目录下创建与用户名同名的主目录，如普通用户 admin 的主目录默认为/home/admin
命令解释器	用户以文本方式登录系统后需要启动一个 Shell 进程。Shell 是用户和 Linux 内核之间的接口程序，负责将用户的操作传递给内核，所以 Shell 也被称为命令解释器。用户使用的 Shell 默认为“/bin/bash”

2）/etc/shadow 文件

由于所有用户都拥有/etc/passwd 文件的读取权限，为了增强系统的安全性，经过加密之后的用户密码都被存放在/etc/shadow 文件中。由于只有 root 用户拥有/etc/shadow 文件的读取权限，因此大大提高了系统的安全性。使用 vim 编辑器（或者使用 cat /etc/ shadow）打开/etc/shadow 文件，其内容格式如图 3-3 所示。

```
[root@localhost ~]# cat /etc/shadow
root:$6$FErJxAJSAQmEJIqo$M4qeQYlwpq7z6pNNdsTo7Ik2ZT647Dw4DsjFAan5xtvYid70tldOzB.0DPQ7pQ5vf4MnAOdgZ59GQeNQN.rEW.::0:99999:7:::
bin:*:18353:0:99999:7:::
daemon:*:18353:0:99999:7:::
adm:*:18353:0:99999:7:::
lp:*:18353:0:99999:7:::
sync:*:18353:0:99999:7:::
shutdown:*:18353:0:99999:7:::
halt:*:18353:0:99999:7:::
mail:*:18353:0:99999:7:::
operator:*:18353:0:99999:7:::
games:*:18353:0:99999:7:::
ftp:*:18353:0:99999:7:::
nobody:*:18353:0:99999:7:::
systemd-network:!!:19347::::::
dbus:!!:19347::::::
polkitd:!!:19347::::::
sshd:!!:19347::::::
postfix:!!:19347::::::
chrony:!!:19347::::::
zabbix:!!:19347::::::
apache:!!:19347::::::
nginx:!!:19347::::::
mysql:!!:19347::::::
apt-cacher-ng:!!:19353::::::
teacher:!!:19354:0:99999:7:::
student1:!!:19354:0:99999:7:::
student2:!!:19354:0:99999:7:::
```

图 3-3　/etc/shadow 文件的内容格式

/etc/shadow 文件的主要作用是存放用户密码，用户在登录系统时需要通过该文件验证。每个用户的信息在/etc/shadow 文件中占用一行，并且使用“:”分隔为 9 个字段，各字段的说明如表 3-3 所示。

表 3-3　/etc/shadow 文件字段说明

字段	说明
1	用户名
2	加密后的用户密码，“*”表示非登录用户，“!!”表示未设置密码
3	从 1970 年 1 月 1 日起，到用户最近一次密码被修改的天数
4	从 1970 年 1 月 1 日起，到用户可以更改密码的天数，即最短密码存活期
5	从 1970 年 1 月 1 日起，到用户必须更改密码的天数，即最长密码存活期
6	密码过期前几天提醒用户更改密码
7	密码过期后几天账户被禁用
8	密码被禁用的具体日期（相对日期，从 1970 年 1 月 1 日至禁用时的天数）
9	保留域，用于功能扩展

2．理解组群文件

组群账户信息被存放在/etc/group 文件中，关于组群管理的信息（组群密码、组群管理员等）则被存放在/etc/gshadow 文件中。

1）/etc/group 文件

/etc/group 文件位于/etc 目录下，用于存放用户的组群账户信息，任何用户都可以读取该文件的内容。使用 vim 编辑器（或者使用 cat/etc/group）打开/etc/group 文件，内容格式如图 3-4 所示。

每个组群账户在/etc/group 文件中占用一行，并且用“:”分隔为 4 个字段。各字段的内容如下：

```
组群名称：组群密码（一般为空，用 x 占位）：GID：组群成员列表
```

如图 3-4 所示，root 组群的 GID 为 0，没有其他组群成员。如果/etc/group 文件的组群成员列表中有多个用户属于同一个组群，则各用户之间以“,”分隔。在/etc/group 文件中，用户的主组群并不会把该用户作为成员列出，只有用户的附属组群才会把该用户作为成员列出。例如，图 3-4 中 teacher 用户的主组群是 teacher，但/etc/group 文件中 teacher 组群的成员列表中并没有 teacher 用户，只有 student1 和 student2 用户。

2）/etc/gshadow 文件

/etc/gshadow 文件用于存放组群的密码、组群管理员等信息，只有 root 用户可以读取。使用 vim 编辑器（或者使用 cat /etc/ gshadow）打开/etc/gshadow 文件，其内容格式如图 3-5 所示。

```
[root@localhost ~]# cat /etc/group
root:x:0:
bin:x:1:
daemon:x:2:
sys:x:3:
adm:x:4:
tty:x:5:
disk:x:6:
lp:x:7:
mem:x:8:
kmem:x:9:
wheel:x:10:
cdrom:x:11:
mail:x:12:postfix
man:x:15:
dialout:x:18:
floppy:x:19:
games:x:20:
tape:x:33:
video:x:39:
ftp:x:50:
lock:x:54:
audio:x:63:
nobody:x:99:
users:x:100:
utmp:x:22:
utempter:x:35:
input:x:999:
systemd-journal:x:190:
systemd-network:x:192:
dbus:x:81:
polkitd:x:998:
ssh_keys:x:997:
sshd:x:74:
postdrop:x:90:
postfix:x:89:
chrony:x:996:
zabbix:x:995:
cgred:x:994:
apache:x:48:
nginx:x:993:
mysql:x:27:
docker:x:992:
apt-cacher-ng:x:991:
teacher:x:1000:student1,student2
student1:x:1001:
student2:x:1002:
```

图 3-4 /etc/group 文件的内容格式

```
[root@localhost ~]# cat /etc/gshadow
root:::
bin:::
daemon:::
sys:::
adm:::
tty:::
disk:::
lp:::
mem:::
kmem:::
wheel:::
cdrom:::
mail:::postfix
man:::
dialout:::
floppy:::
games:::
tape:::
video:::
ftp:::
lock:::
audio:::
nobody:::
users:::
utmp:!::
utempter:!::
input:!::
systemd-journal:!::
systemd-network:!::
dbus:!::
polkitd:!::
ssh_keys:!::
sshd:!::
postdrop:!::
postfix:!::
chrony:!::
zabbix:!::
cgred:!::
apache:!::
nginx:!::
mysql:!::
docker:!::
apt-cacher-ng:!::
teacher:!::student1,student2
student1:!::
student2:!::
```

图 3-5 /etc/gshadow 文件的内容格式

每个组群账户在/etc/gshadow 文件中占用一行，并以“:”分隔为 4 个字段。各字段的内容如下：

```
组群名称：加密后的组群密码（如果没有，就用!）：组群的管理员：组群成员列表
```

任务小结

读者通过本任务的学习，可以理解用户账户和组群、用户和组群的关系，以及用户账户文件和组群文件，为下一步学习管理用户账户和组群打下基础。

任务 3.2 管理用户账户

任务描述

通过前面的学习，读者理解了用户账户文件和组群文件，本项目的第 2 个任务是管理用户账户。

任务分析

本任务主要学习新建用户账户、设置用户密码、维护用户账户的方法。

任务目标

1. 掌握新建用户账户的方法。
2. 掌握设置用户密码的方法。
3. 掌握修改用户账户、禁用和恢复用户账户、删除用户账户的方法。

任务实施

管理用户账户和组群

子任务 1　新建用户账户

在 Linux 系统中可以使用 useradd 或 adduser 命令新建用户账户。

useradd 命令格式如下：

```
useradd [选项] <用户名>
```

useradd 命令常用的选项及说明如表 3-4 所示。

表 3-4　useradd 命令常用的选项及说明

选项	说明
-d	指定用户的主目录
-e	禁用用户账户的日期，格式为 YYYY-MM-DD
-f	设置用户账户过期多少天后被禁用。如果为 0，则用户账户过期后将立即被禁用；如果为-1，则用户账户过期后将不被禁用
-g	用户所属主组群的组群名称或者 GID
-G	用户所属的附属组群列表，多个组群之间用逗号分隔
-p	加密的密码
-s	指定用户的登录 Shell，默认为/bin/bash
-u	指定用户的 UID

【例 3-1】新建用户账户 test，UID 为 1030，指定其所属的主组群为 testgroup（testgroup 的标识符为 1010），用户的主目录为/home/test，用户的登录 Shell 为/bin/bash，用户的密码为 12345678，账户永不过期。该示例的代码如下：

```
[root@localhost ~]# groupadd -g 1010 testgroup
[root@localhost ~]# useradd -u 1030 -g 1010 -d /home/test -s /bin/bash -p 12345678 -f -1 test
[root@localhost -]# tail -1 /etc/passwd
test:x:1030:1010::/home/test:/bin/bash
```

子任务 2　设置用户密码

指定和修改用户密码的命令是 passwd。超级用户可以为自己和其他用户设置密码，普通用户只能为自己设置密码。passwd 命令格式如下：

```
passwd [选项] [用户名]
```

passwd 命令常用的选项及说明如表 3-5 所示。

表 3-5 passwd 命令常用的选项及说明

选项	说明
-l	锁定用户账户，只有 root 用户可以执行
-u	解锁被锁定的用户账户，只有 root 用户可以执行
-d	将用户密码设置为空，这与未设置密码的账户不同。未设置密码的账户无法登录系统，而密码为空的账户可以登录系统
-f	强迫用户下次登录时必须修改密码
-n	指定密码的最短存活期
-x	指定密码的最长存活期
-w	密码要到期前提前警告的天数
-i	密码过期后多少天锁定用户账户

【例 3-2】假设当前用户为 root，下面的两个命令分别表示 root 用户修改自己和 test 用户的密码。该示例的代码如下：

```
[root@localhost ~]# passwd
//root 用户修改自己的密码，直接输入 passwd 命令并按“Enter”键即可
[root@localhost ~]# passwd test
//root 用户修改 test 用户的密码
```

图 3-6 所示为 root 用户修改自己和 test 用户的密码。

```
[root@localhost ~]# passwd
Changing password for user root.
New password:
BAD PASSWORD: The password is shorter than 8 characters
Retype new password:
passwd: all authentication tokens updated successfully.
[root@localhost ~]# passwd test
Changing password for user test.
New password:
BAD PASSWORD: The password is a palindrome
Retype new password:
passwd: all authentication tokens updated successfully.
```

图 3-6 root 用户修改自己和 test 用户的密码

需要注意的是，普通用户修改密码时，passwd 命令会先验证原来的密码，只有验证通过后才可以修改。而 root 用户为用户指定密码时，无须验证原来的密码。为了保证系统安全，用户应选择包含字母、数字和特殊符号组合的复杂密码，且密码长度应至少为 8 个字符。

如果密码复杂度不满足要求，系统会提示密码无效。这时有两种处理方法，一种是再次输入刚才输入的简单密码，系统也会接受；另一种是更改为符合要求的密码。例如，P@sswd123456 是包含大小写字母、数字、特殊符号等 8 位或以上的字符组合。

【例 3-3】假设当前用户为 root，执行锁定并解锁 test 用户账户的操作。该示例的代码如下：

```
[root@ localhost ~]# passwd -l test
 //锁定 test 用户账户，被锁定后无法登录系统
 [root@ localhost ~]# passwd -u test
//解锁 test 用户账户
```

锁定并解锁 test 用户账户如图 3-7 所示。

小提示：使用 tail 命令可以发现被锁定的账户密码栏前面会出现字符“!”。

```
[root@localhost ~]# passwd -l test
锁定用户 test 的密码 。
passwd: 操作成功
[root@localhost ~]# tail -1 /etc/shadow
test:!!$6$YYmeMqwJ$41OwwqXS4bahcTbWHtjuag/wqCLmfmvCYu0Wd.sIYt56dX7FYbetlpA4c725b
gAPtijY6Ua0bl5A7Z6LEO.5t0:19337:0:99999:7:::
[root@localhost ~]# passwd -u test
解锁用户 test 的密码。
passwd: 操作成功
[root@localhost ~]#
```

图 3-7 锁定并解锁 test 用户账户

子任务 3 维护用户账户

1. 修改用户账户

Linux 系统中的一切都是文件，因此在系统中创建用户账户实质上是修改配置文件的过程。用户账户信息被保存在/etc/passwd 文件中，系统管理员可以直接使用文本编辑器来修改其中的用户参数，也可以使用 usermod 命令修改已经创建的用户账户信息。

使用 usermod 命令可以修改用户的各项属性，包括登录名、主目录、组群、登录 Shell 等。该命令只能由 root 用户执行。

usermod 命令格式如下：

```
usermod [选项] <用户名>
```

usermod 命令常用的选项及说明如表 3-6 所示。

表 3-6 usermod 命令常用的选项及说明

选项	说明
-d -m	-m 与-d 选项连用，可重新指定用户的主目录并自动把已有数据转移过去
-e	账户的到期时间，格式为 YYYY-MM-DD
-g	变更所属组群
-G	变更扩展组群
-L	锁定用户，禁止其登录系统
-U	解锁用户，允许其登录系统
-s	变更默认终端
-u	修改用户的 UID

【例 3-4】 将 test 用户加入到 root 组群中，并将 test 用户的 UID 设置为 5555，主目录设置为/var/user1，登录 Shell 设置为/bin/tcsh。

（1）查看 test 用户的默认信息：

```
[root@localhost ~]# id test
uid=1030(test) gid=1010(testgroup) 组群=1010(testgroup)
```

（2）将 test 用户加入到 root 组群中，扩展组群列表中会出现 root 组群的字样，而基本组群不会受到影响：

```
[root@localhost ~]# usermod -G root test
[root@localhost ~]# id test
uid=1030(test) gid=1010(testgroup)组群=1010(testgroup),0(root)
[root@localhost ~]#▌
```

（3）使用-u 选项将 test 用户的 UID 修改为 5555。

```
[root@localhost ~]# usermod -u 5555 test
[root@localhost ~]# id test
uid=5555(test) gid=1010(testgroup)组=1010(testgroup),0(root)
```

（4）将 test 用户的主目录修改为/var/test，将登录 Shell 修改为/bin/tcsh。

```
[root@localhost ~]# usermod -d /var/test -s /bin/bash test
[root@localhost ~]# tail -1 /etc/passwd
test:x:5555:1010::/var/test:/bin/bash
```

【例 3-5】使用 usermod 命令禁用 test 用户账户，并解除 test 用户账户的锁定。

```
[root@ localhost ~]# usermod -L test          //禁用 test 用户账户
[root@ localhost ~]# usermod -U test          //解除 test 用户账户的锁定
```

2．禁用和恢复用户账户

有时需要临时禁用一个用户账户。在 Linux 系统中，除了可以使用 passwd（参照例 3-3）和 usermod（参照例 3-5）命令实现禁用和恢复用户账户的功能，还可以通过直接修改/etc/passwd 或/etc/gshadow 文件实现。

例如，要想暂时禁用和恢复 test 用户账户，可以将/etc/shadow 文件中关于 test 用户账户的 passwd 字段的第一个字符前面添加字符“！”，达到禁用用户账户的目的，在需要恢复用户账户时只需要删除字符“！”即可。

如果只是禁止用户账户登录系统，则可以将其登录 Shell 设置为/bin/false 或/dev/null。

3．删除用户账户

在需要永久性禁止某用户账户登录本系统时，可以将该用户账户从系统中删除。如果准备删除的用户账户已经登录，则必须待其退出系统后才能删除。与新建用户账户的操作相反，删除用户账户时系统需要修改/etc/passwd、/etc/shadow 和/etc/group 文件中的对应条目，还需要删除相应用户的主目录及所属文件。删除用户账户可以使用 userdel 命令，该命令格式如下：

```
userdel  [-r]  <用户名>
```

如果使用 userdel 命令时未设置-r 选项，则只删除用户在系统中的账户信息，用户的主目录及相关文件依然被保留在系统中；如果设置了-r 选项，则可以将用户主目录下的文档全部删除，同时，该用户存放在其他位置的文档也会被全部删除。例如：

```
[root@ localhost ~]#userdel -r test
```

执行该命令后，系统将删除 test 用户账户，同时删除 test 用户的主目录、邮件及相关属主文档。在删除用户账户前，应检查系统中是否还有该用户的相关进程正在运行。如果存在该用户的进程，则需等待其执行完毕或直接终止该用户的进程。例如，可以使用 ps 或 top 命令对进程进行查看，并使用 kill 命令终止该用户的进程，命令如下：

```
[root@localhost ~]# ps. -aux |grep "test"
root       _1438  0.0  0.0  112824   976 pts/0   S+   16:46   0:00 grep --color=auto test
[root@localhost ~]# kill 1438
```

使用 crontab 命令可以查看该用户账户是否还有设定的定时任务，如果有，则将定时任务删除。

```
[root@ localhost ~]#crontab -u test -r
```

任务小结

本任务在介绍用户账户文件的基础上，说明了用户账户的管理方法，包括新建用户账户、设置用户密码、修改用户账户、禁用和恢复用户账户、删除用户账户。

任务 3.3 管理组群

任务描述

通过前面的学习，读者掌握了管理用户账户的方法，本项目的第 3 个任务是管理组群。

任务分析

本任务主要学习创建组群、修改组群属性、删除组群、管理组群内用户的方法。

任务目标

1. 掌握创建组群的方法。
2. 掌握修改组群属性的方法。
3. 掌握删除组群的方法。
4. 掌握管理组群内用户的方法。

子任务 1 创建组群

在 Linux 系统中，创建用户账户的同时也会创建一个与用户同名的组群，该组群是用户的主组群。如果要创建其他组群，则可以使用 groupadd 命令，该命令只能由 root 用户执行。创建组群可以使用 groupadd 或 addgroup 命令。

groupadd 命令格式如下：

```
groupadd [选项]  [组群名称]
```

groupadd 命令常用的选项如下。

-g：指定组群的 GID。

【例 3-6】 创建一个新的组群，设置组群的名称为 techgrp，并指定其 GID 为 1008。为 techgrp 组群添加两个用户 tech1、tech2。

```
[root@localhost ~]# groupadd -g 1008 techgrp
//创建 techgrp 组群，并指定其 GID 为 1008
[root@ localhost ~]# useradd -g techgrp tech1
[root@ localhost ~]# useradd -g techgrp tech2
//为 techgrp 组群添加两个用户
```

子任务 2 修改组群属性

usermod 命令可以用来修改用户的属性，而 groupmod 命令可以用来修改组群的相关属性，包括名称、GID 等。该命令只能由 root 用户执行。

groupmod 命令格式如下：

```
groupmod [选项] <组群名称>
```

groupmod 命令常用的选项如下。

- -g：指定组群的 GID。
- -n：指定组群的名称。

【例 3-7】 将 techgrp 组群的 GID 修改为 1009，并修改名称为 technology。

```
[root@localhost ~]# groupmod -n technology -g 1009 techgrp
```

子任务 3 删除组群

要删除指定的组群，可以使用 groupdel 命令实现，该命令只能由 root 用户执行。

groupdel 命令格式如下：

```
groupdel 组群
```

【例 3-8】 删除 techgrp 组群。

```
[root@localhost ~]# groupdel techgrp
```

提示：在删除指定组群之前，要保证该组群不是任何用户的主组群，否则需要先删除以该组群为主组群的用户，才能删除这个组群。

子任务 4 管理组群内的用户

若需要将用户添加到指定组群中，使其成为该组群的成员，或者从指定组群内移除某个用户，则可以使用 gpasswd 命令，该命令只能由 root 用户执行。

gpasswd 命令格式如下：

```
gpasswd [选项] <用户名> <用户组群名称>
```

gpasswd 命令常用的选项及说明如表 3-7 所示。

表 3-7 gpasswd 命令常用的选项及说明

选项	说明
-a	把用户加入组群
-d	把用户从组群中删除
-r	取消组群的密码
-A	给组群指派管理员

【例 3-9】 创建 user 用户，将 user 用户添加到 testgroup 组群中，并指派 user 用户为管理员。可以执行下列命令：

```
[root@localhost ~]# useradd user
[root@localhost ~]# groupadd testgroup
[root@localhost ~]# gpasswd -a user testgroup
[root@localhost ~]# gpasswd -A user testgroup
```

任务小结

本任务在讲解组群文件的基础上，介绍了组群的管理方法，包括创建组群、修改组群属性、删除组群和管理组群内的用户。

任务 3.4 用户权限切换与账户登录监控

任务描述

用户在实验环境中几乎不会遇到安全问题，为了避免因权限因素导致配置服务失败，建议读者使用 root 用户身份来尝试运行本书中的案例，但是在生产环境中必须考虑安全因素，避免以 root

用户身份执行所有操作。因为一旦执行了错误的命令，可能会直接导致系统崩溃。由于 Linux 系统的安全性设置，许多系统命令和服务只允许 root 用户使用，会使普通用户受到更多的权限限制，导致其无法顺利完成特定的工作任务。

任务分析

本任务主要学习用户权限切换的常用命令，以及账户登录监控的常用命令。

任务目标

1．掌握用户权限切换的常用命令：su 命令、sudo 命令。
2．掌握账户登录监控的常用命令：last 命令、lastb 命令、lastlog 命令。

子任务 1 用户权限切换

Linux 系统提供了一些命令用于实现用户权限的切换、赋予等功能，常见的命令有 su、sudo 等。

1．su 命令

su 命令用于切换用户的身份，使得当前用户在不退出登录的情况下，顺畅地切换到其他用户，比如从管理员用户 root 切换到普通用户。

su 命令格式如下：

```
su [-] [用户名]
```

【例 3-10】使用 su 命令，将管理员用户 root 切换到普通用户 admin，再由 admin 用户切换到 root 用户。

```
[root@localhost ~]# su admin
//当从管理员用户 root 切换到普通用户 admin 时，不需要输入密码
[admin@localhost root]$ pwd
/root
//在切换用户时没有添加符号“-”，用户的工作目录仍然是切换之前的/root 目录
[admin@localhost root]$ exit
exit
//退出当前用户
[root@localhost ~]# su - admin
Last login: Tue Nov 5 14:45:24 CST 2022 on pts/0
[admin@localhost ~]$ pwd
/home/admin
//在切换用户时添加了符号“-”，初始化了当前用户的各种环境变量
[admin@localhost ~]$ su
Password:
//普通用户使用 su 命令时，不加任何用户名，相当于 su root
[admin@localhost admin]$ exit
exit
[admin@localhost ~]$ su - root
Password:
Last login: Tue Nov 5 14:53:11 CST 2022 on tty2
[root@localhost ~]#
```

提示：使用 su 命令时，在用户名前添加符号“-”，意味着完全切换到新的用户，即将环境变量信息变更为新用户的相应信息，而不是保留原始的信息。建议读者在切换用户身份时添加符号

“-”。从管理员用户切换到普通用户不需要进行密码验证，从普通用户切换到管理员用户则需要进行密码验证，做必要的安全检查。

2. sudo 命令

在 Linux 系统中，若由多位管理员进行管理，则无法分工。因此最好的方式是，管理员用户 root 创建一些普通用户，并为其分配一部分系统管理工作。

使用 sudo 命令可以赋予普通用户执行一些特定命令的权限，前提是当前登录用户拥有执行该命令的权限。那么当前登录用户如何获得相应权限呢？答案是可以通过 vi 命令或者 vim 命令修改配置文件/etc/sudoers 来赋予该用户相应权限。

例如，在/etc/sudoers 文件中新增如下内容（在文件末尾添加即可）：

```
Admin  ALL=(ALL)  ALL
//该配置项的含义为 admin 用户可以执行任何 sudo 命令。在执行命令的同时，需要输入 admin 用户的密码
```

或者

```
admin  ALL=(ALL)  NOPASSWD:ALL
//与上一条配置项功能相同，只是不需要输入用户密码。这会使当前用户具有与 root 用户相同的权限，不建议这样做
```

或者

```
Admin  ALL=(ALL)  NOPASSWD:/sbin/shutdown,/usr/bin/reboot
//该配置项使得 admin 用户可以执行重启服务的功能而不需要输入密码
```

实际上，使用 sudo 命令并不是真正切换了用户，而是通过当前登录用户的身份和权限去执行 Linux 命令。

注意：/etc/sudoers 文件是只读文件，使用 vi 命令修改完成后应执行“:wq!”命令进行强制写入。

子任务 2　账户登录监控

Linux 系统提供了一些命令进行账户登录监控，常见的命令有 last、lastb 和 lastlog。

1. last 命令

last 命令从日志文件/var/log/wtmp 中读取信息并显示用户最近的登录列表，所有登录都会被记录，包括多次登录的信息，也会被记录下来。这是一个重要的日志查询命令，包括系统曾经进行过重启操作的时间信息。本书任务 2.3 对 last 命令的格式和选项进行了详细介绍，这里仅举例说明。

例如：

```
[root@localhost ~]# last -n 5
root     pts/0        192.168.200.1        Wed Jan  4 17:57   still logged in
root     tty1.                             Wed Jan  4 17 :56  still、logged in
reboot   system boot  3.10.0-1160.e17.     Wed Jan  4 17:56 - 18:01 (08:04)
root     pts/0        192.168.200.1        Wed Dec  28 11:03 - 11:39 (1+00: 35)
root     pts/1        192.168.200.1        Tue Dec  27 17:47- 22:25 (04 : 38)

wtmp begins Thu Dec 22 00:48:46 2022
```

提示：still logged in 表示用户持续在线；11:03-11:39 表示该用户在线的时间区间；(1+00:35) 表示用户持续在线的时长。

2. lastb 命令

lastb 命令从/var/log/btmp 文件中读取信息，并显示登录失败的记录，用于发现系统的异常登录。

例如：

```
[root@localhost ~]# lastb
root          tty1              Wed Jan 4 17:56 - 17:56   (00: 00)
root          tty1              Thu Dec 22 00:49 - 00:49  (00:00)

btmp begins Thu Dec 22 00:49:13 2022
```

提示：如果没有登录失败的记录，则仅显示最后一条，在测试这条命令时，读者可以故意输入错误的密码来制造登录失败的记录。

3. lastlog 命令

lastlog 命令从/var/log/lastlog 文件中读取信息，检查最后一次登录本系统的用户的登录时间信息。

例如：

```
[root@localhost ~]# lastlog,
用户名                 端口              来自              最后登录时间
root                  pts/0             192.168.200.1     三 1月   4 17:57:12 +0800 2
023
bin                                                       **从未登录过**
daemon                                                    **从未登录过**
adm                                                       **从未登录过**
lp                                                        **从未登录过**
sync                                                      **从未登录过**
shutdown                                                  **从未登录过**
halt                                                      **从未登录过**
mail                                                      **从未登录过**
operator                                                  **从未登录过*袁
games                                                     **从未登录过**
ftp                                                       **从未登录过** .
nobody                                                    **从未登录过**
systemd-network                                           **从未登录过**
dbus                                                      **从未登录过**
polkitd                                                   **从未登录过**
sshd                                                      **从未登录过**
postfix                                                   **从未登录过**
chrony                                                    **从未登录过**
zabbix                                                    **从未登录过**
apache                                                    **从未登录过*
nginx                                                     **从未登录过**
mysql                                                     **从未登录过**
apt-cacher-ng                                             **从未登录过**
teacher                                                   **从未登录过*袁
student1                                                  **从未登录过**
student2                                                  **从未登录过*
admin                                                     **从未登录过**
```

任务小结

通过学习本任务，读者可以掌握常用的用户权限切换命令，如 su、sudo，以及常用的账户登录监控命令，如 last、lastb、lastlog。

任务 3.5　进阶习题

一、填空题

1．Linux 系统是____________的操作系统，它允许多个用户同时登录系统，使用系统资源。

2．在 Linux 中有 3 种不同类型的用户：__________、__________、__________。

3．用户和组群的关系有__________、__________、__________、__________四种。

4．root 用户的 UID 为__________，系统用户的 UID 从__________到__________；普通用户的 UID 可以在创建时由管理员指定，如果不指定，则用户的 UID 默认从__________开始顺序编号。

5．在 Linux 系统中，创建的用户账户及其相关信息（密码除外）均存放在__________配置文件中。

6．组群账户的信息存放在__________文件中，而关于组群管理的信息（组群密码、组群管理员等）则存放在__________文件中。

二、选择题

1．Linux 系统中每个用户账户的唯一标识是（　　）。

A．UID　　B．UID　　C．passwd　　D．shadow

2．用户登录系统后首先进入（　　）。

A．/home　　B．/root

C．/usr　　D．用户的主目录

3．在删除用户账户时，将用户的主目录一并删除，下面正确的命令是（　　）。

A．useradd -u　　B．userdel　-r

C．usermod -l　　D．usermod -d

4．要将 student1、student2、student3 用户分别加入到 class 组群中，下面命令正确的是（　　）。

A．groupadd -a student1 student2 student3 class

B．groupmod -a student1 student2 student3 class

C．gpasswd -a student1 student2 student3 class

D．groupdel -a student1 student2 student3 class

5．创建一个组群，设置名称为 tech 且 GID 为 2300 的命令为（　　）。

A．addgroup 2300 tech　　B．groupadd　-g 2300 tech

C．newgrp -g 2300 tech　　D．groups -gid 2300 -name tech

项目 4

配置与管理文件系统

思维导图

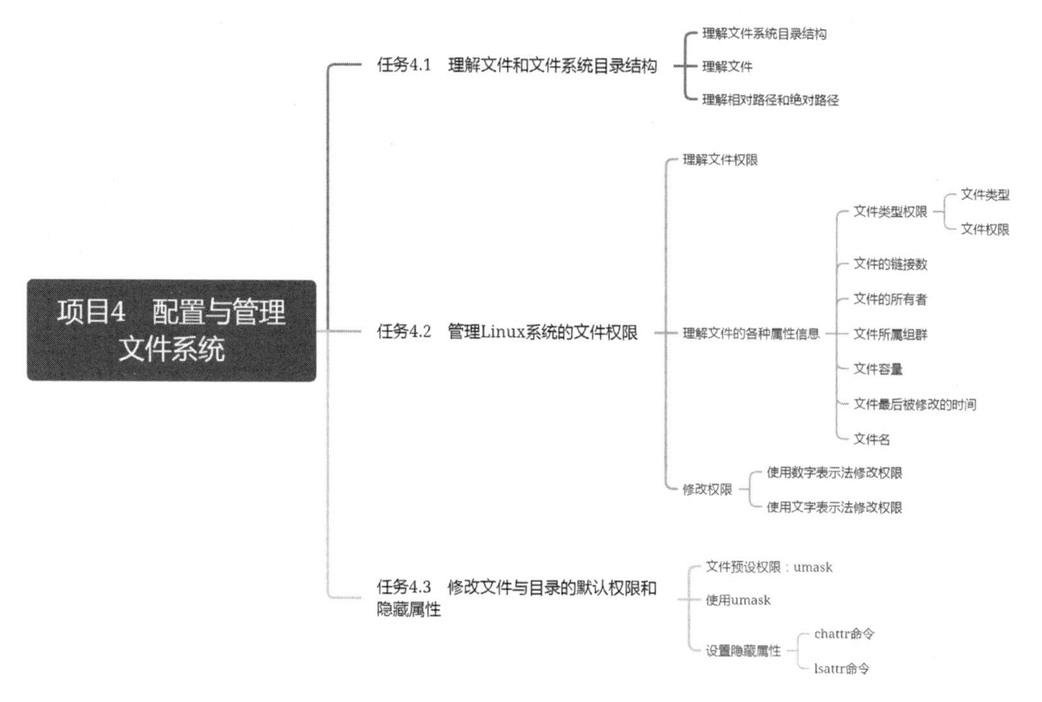

项目描述

某学院社团因日常管理工作需要，要求在 Linux 系统中通过命令对文件执行增删改查等操作，在对目录和文件操作命令的使用过程中，系统经常会弹出“路径错误”或“权限不够”等错误提示。本项目将通过理解文件系统与目录的相关知识，并根据系统安全和管理需要，结合社团事务对各自文件的访问需求，规划并设置系统的文件权限。

项目分析

本项目将在实施过程中主要完成以下任务（本项目所有任务在实施过程中使用的操作系统环境均为 CentOS）。

1. 理解文件和文件系统目录结构。
2. 管理 Linux 系统的文件权限。

3. 修改文件与目录的默认权限和隐藏属性。

职业能力目标和要求

1. 理解文件和文件系统目录结构，以及相对路径和绝对路径。
2. 理解文件权限、文件的各种属性信息，熟练使用数字表示法、文字表示法修改权限。
3. 理解文件预设权限 umask，熟练使用 umask，掌握隐藏属性的设置方法。

素质目标

1. 通过介绍“棱镜计划”，培养学生具有国家安全的意识，引导学生思考：如何摆脱对美国软硬件的依赖，发展自主知识产权的安全产品，激发学生的历史使命感和社会责任感。

2. 培养学生独立思考和实践操作的能力，帮助学生树立崇高的职业道德观念，具备严谨认真、精益求精的大国工匠精神。

1+X 技能目标

1. 根据生产环境中的 Linux 系统安全配置工作任务要求，完成文件系统的配置与管理。

2. 根据生产环境中的业务需求，熟练使用数字表示法、文字表示法修改权限，熟练使用 umask。

预备知识

Linux 系统从不同的操作系统中融合了许多特性，一直在快速演变。Linux 系统的发行版本可以支持种类丰富的基于磁盘的文件系统，如 SGI 的 XFS，常见的 Ext3、Ext4，传统的 ReiserFS，以及 IBM 的 JFS 等。Linux 系统还支持许多其他的文件系统，比如，在 Windows 系统上使用的 FAT 和 NTFS，以及在 CD-ROM 上使用的 ISO-9660 文件系统。Linux 系统支持的文件系统数量超过任何其他的 UNIX 系统变体，使得用户拥有较大的灵活性，更方便与其他系统共享文件。

Linux 系统支持的文件系统如下。

（1）XFS。

XFS 最初是由美国硅图公司（Silicon Graphics Inc.，SGI）于 20 世纪 90 年代初开发的。2000 年 5 月，SGI 以 GNU（通用公共许可证）发布这套系统的源码，之后被移植到 Linux 系统内核中。分层寻址机制允许系统更快、更高效地处理指定文件。同时，XFS 在寻址上大量运用位操作，这使得 XFS 特别擅长处理大文件，同时提供平稳的数据传输。

（2）Ext2、Ext3、Ext4。

Ext（Extended File System，扩展文件系统）是专为 Linux 系统设计的文件系统，由于其在稳定、兼容、速度等方面的表现并不理想，现在已经很少使用。

为了弥补 Ext 的缺陷，Ext2 于 1993 年发布，其在速度和 CPU 利用率等方面具有较为突出的优势。

Ext3 在 Ext2 的基础上增加了文件系统日志管理功能，并且提高了可靠性，但是在发生意外宕机、文件系统损坏等情况时，Ext3 在日志的检验、还原方面的表现并不理想，因此从存储安全的角度来说不推荐使用。

Ext4 是针对 Ext3 的扩展日志式文件系统，它修改了 Ext3 中部分重要的数据结构，提供了更加良好的性能和可靠性。Linux 系统自内核版本 2.6.28 之后开始支持该文件系统。

（3）ReiserFS。

ReiserFS 的名称来源于它的开发者 Hans Reiser。SUSE Linux 默认使用该文件系统。ReiserFS 也是一种日志文件系统，能够维护文件系统的一致性，其日志功能比 Ext3 更完善。该文件系统采用树形结构，索引和遍历的适用范围广，这种结构决定了它在处理少量文件时的优势并不明显，因此该文件系统适合大量文件的使用环境（如邮件系统、大量文件的网站服务器）。

（4）Swap。

Swap 用于 Linux 系统的交换分区。交换分区一般为系统物理内存的 2 倍，类似于 Windows 系统的虚拟内存功能。

（5）VFAT。

VFAT 是 Linux 系统对 DOS、Windows 系统中的 FAT（包括 FAT16 和 FAT32）的统称。CentOS 支持 FAT16 和 FAT32 分区，用户也可以在系统中通过命令创建 FAT 分区。

（6）NFS。

NFS 是网络文件系统，通常用于类 UNIX 系统间的文件共享，用户可以将 NFS 的共享目录挂载到本地目录下，从而可以像操作本地系统的目录一样操作共享目录。

（7）SMB。

SMB 是另外一种网络文件系统，主要用于在 Windows 和 Linux 系统之间共享文件和打印机。SMB 也可以用于 Linux 系统之间的共享。

（8）ISO9660 文件系统。

ISO9660 文件系统是 CD-ROM 使用的标准文件系统，Linux 系统对该文件系统有良好的兼容性，不仅支持读取光盘和 ISO 镜像文件，还支持刻录。

思政元素映射

棱镜计划

2013 年的“斯诺登”事件对全世界产生的影响是巨大的。爱德华·斯诺登曾是美国中情局（Central Intelligence Agency，CIA）职员，其通过英国《卫报》和美国《华盛顿邮报》披露了棱镜计划。棱镜计划（PRISM）是一项由美国国家安全局（National Security Agency，NSA）自 2007 年开始实施的绝密电子监听计划。监听对象包括任何在美国以外地区使用参与计划公司服务的客户，任何与国外人士通信的美国公民，以及其他国家政要，监听范围之广令人震惊。NSA 在该计划中可以获得的数据包括电子邮件、视频和语音交谈、影片、照片、VoIP 交谈内容、档案传输、登录通知，以及社交网络细节。NSA 直接进入美国网际网络公司的中心服务器挖掘数据、收集情报，包括微软、雅虎、谷歌、苹果等在内的 9 家国际网络巨头都参与其中，为他们挖掘各大技术公司的数据提供便利。

NSA 曾与加密技术公司 RSA 达成了 1000 万美元的协议，要求在移动终端广泛使用的加密技术中放置后门。RSA 此次曝出的丑闻影响巨大。作为信息安全行业的基础性企业，RSA 的加密算法如果被安置后门，将影响到非常多的领域。

RSA 客户遍及各个行业，包括电子商贸、银行、政府机构、电信、宇航业、大学等。超过 7000 家企业逾 800 万个用户（包括财富 500 强中的 90%）均使用 RSA SecurlD 认证产品保护企业资料，而超过 500 家公司在逾 1000 种应用软件中安装了 RSA Bsafe 软件。第三方调查机构数据显示，RSA 在全球的市场份额达到 70%。

爱德华·斯诺登揭露的可能是美国对外信息安全战略中的冰山一角，但是足够引起其他国家的重视和思考：如何摆脱对美国软硬件的依赖，发展自主知识产权的安全产品。

信息安全空间将成为传统的国界、领海、领空的三大国防和基于太空的第四国防之外的第五国防空间，称为 Cyberspace，是国际战略在军事领域的演进。这同样给我国网络安全带来了严峻的挑战。我国非常重视信息安全，正在加快建设网络安全保障体系。

任务 4.1　理解文件和文件系统目录结构

任务描述

本项目的第 1 个任务是理解文件和文件系统目录结构。

任务分析

读者需要全面理解文件和文件系统目录结构，并理解相对路径和绝对路径。

任务目标

1. 理解文件系统目录结构。
2. 理解文件。
3. 理解相对路径和绝对路径。

预备知识

随着对 Linux 系统的深入学习，我们会发现不同 Linux 发行版本的配置文件、执行文件、各目录的功能类似，这是由于 Linux 系统有统一标准。

因为利用 Linux 系统开发产品的团队、公司与个人数量巨大，如果所有用户都按照自己的想法来配置文件放置的目录，势必会造成管理混乱。因此，文件系统分层标准（FHS）应运而生。

FHS 的重点在于规范每个特定的目录下应该放置哪些数据，这样做的好处是 Linux 系统能够在既有的目录框架中发展出符合开发者需求的独特风格。

子任务 1　理解文件系统目录结构

目录结构和权限

由于 Linux 系统发行版本众多，如果每一个发行版本的目录各不相同，很容易造成管理混乱，因此几乎所有的 Linux 系统发行版本都遵循 Linux 基金会发布的 FHS。根据 FHS 的规定，Linux 系统具有树状的目录结构，称为“目录树”，如图 4-1 所示。

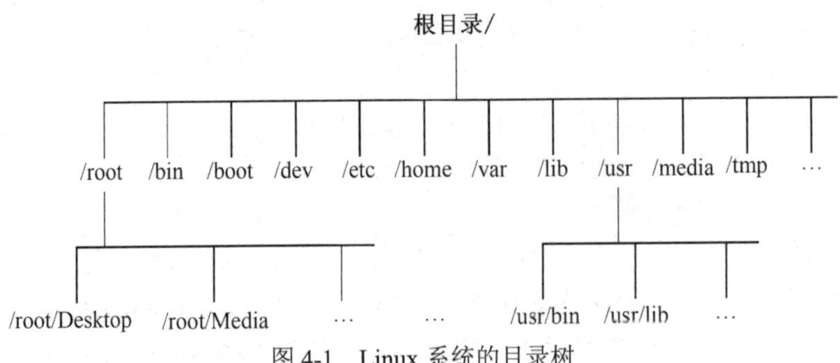

图 4-1　Linux 系统的目录树

目录树的主要特性如下。

- 目录树的起始点为根目录。
- 每个目录不仅可以使用本地的文件系统，也可以使用网络上的文件系统。例如，可以利用 NFS 服务器挂载某个特定目录等。
- 每个文件在此目录树中的文件名（包含完整路径）都是独一无二的。

Linux 系统中的根目录是所有目录的起点，操作系统本身的驻留程序存储在以根目录开始的专有目录中，使用“cd/”命令可以将当前目录切换为根目录，最常见的目录及相应的存放内容如表 4-1 所示。

表 4-1 Linux 系统中最常见的目录及相应的存放内容

目录名	应放置文件的内容
/	Linux 系统的最上层目录，根目录
/boot	Linux 系统的启动目录，存放系统内核文件、引导器 Grub 等
/dev	dev 是 Device（设备）的缩写，在 Linux 系统中，外部设备是以文件方式存在的，如磁盘、Modem 等
/etc	存放系统和大部分应用软件的配置文件
/home	用户的主目录
/bin	Binary 的缩写，存放用户的可运行程序，如 ls、cp 等，也包含其他 Shell，如 Bash 和 cs 等
/lib	开机时用到的函数库，以及/bin 与/sbin 目录下面的命令要调用的函数
/sbin	开机过程中需要的命令
/media	用于挂载设备文件的目录
/opt	放置第三方的软件
/root	系统管理员的主目录
/srv	一些网络服务的数据文件目录
/tmp	任何人均可使用的“共享”临时目录
/proc	虚拟文件系统，如系统内核、进程、外部设备及网络状态等
/usr/local	用户自行安装的软件
/usr/sbin	Linux 系统开机时不会用到的软件/命令/脚本
/usr/share	帮助与说明文件，也可放置共享文件
/var	主要存放经常变化的文件，如日志
/lost+found	当文件系统发生错误时，将一些丢失的文件片段存放在这里

子任务 2 理解文件

在 Linux 系统中，一切资源都可以被看作文件，包括目录、字符设备、块设备、套接字，甚至打印机等都被抽象成了文件。文件是操作系统用来存储信息的基本结构，是一组信息的集合。

1. Linux 系统文件的命名规则

（1）通过文件名来唯一地标识。

（2）允许最长为 255 个字符。

（3）可用 A~Z、0~9、.、_、-等符号来表示。

（4）命名时不能包含表示路径或者在 Shell 中有含义的字符，如/、!、#、*、&、?、\、,、;、<、>、[、]、{、}、(、)、^、@、%、|、“、‘、`。

2. Linux 系统文件命名与其他系统文件命名的区别

（1）Linux 系统文件命名没有“扩展名”的概念，即文件名与该文件的类型没有直接的关联。例如，file.txt 可能是一个运行文件，而 file.exe 也可能是一个文本文件，甚至可以不使用扩展名。

（2）Linux 系统文件命名严格区分大小写。例如，file.txt、FILE.txt、File.txt、fiLE.txt 在 Linux 系统中代表不同的文件，但是这些文件名在 DOS 和 Windows 系统中代表同一个文件。

特别提示：在 Linux 系统中，如果文件名以“.”开头，表示该文件为隐藏文件，需要使用“ls-a”命令才能显示。

子任务 3　理解相对路径和绝对路径

在操作文件或目录时，一般应指定路径，否则会默认对当前的文件或目录进行操作。路径分为相对路径和绝对路径。任意一个文件在文件系统中的位置可以由相对路径或绝对路径来表示。

1. 相对路径

相对路径是指从当前目录开始，到达指定文件或目录的路径，相对路径会随着用户工作目录的变化而不断变化。通常用“./”表示当前所在目录，用“../”表示上一级目录。

2. 绝对路径

绝对路径是指从根目录“/”开始到指定文件或目录的路径。绝对路径是确定不变的。

当用户访问一个文件时，可以通过路径名来实现，并且可以根据要访问的文件与用户工作目录的相对位置来引用。例如，目前在/home 目录下，要进入/var/log 目录有以下两种方法。

（1）cd /var/log：绝对路径。

（2）cd ../var/log：相对路径。

因为目前在/home 目录下，所以要返回上一层目录（../）之后，才能进入/var/log 目录。

这两种路径的方法没有优劣之分，如果切换到的目录位于当前所在目录下，则使用相对路径会比较方便，但是如果位于不同的目录下，则使用相对路径不仅烦琐且容易出现错误，这时使用绝对路径更加方便。

小技巧：不是以符号“/”开头的路径属于相对路径。

任务小结

本任务通过说明文件的概念，介绍 Linux 文件系统目录结构，以及相对路径和绝对路径，使读者初步了解 Linux 文件系统。

任务 4.2　管理 Linux 系统的文件权限

任务描述

通过前面的学习，读者对 Linux 系统的文件系统有了一定的认识，接下来学习如何管理 Linux 系统的文件权限。

任务分析

结合本书之前所介绍的知识，首先要理解文件的权限和各种属性信息，并在此基础上学习如何修改文件权限。

任务目标

1．理解文件权限。

2．理解文件的各种属性信息。

3．掌握使用数字表示法、文字表示法修改权限的方法。

预备知识

权限对于用户账户来说非常重要，因为权限决定用户能不能读取/建立/删除/修改文件或目录。根据文件权限表示方法的不同，修改权限可以通过两种方法来实现：**数字表示法**和**文字表示法**。

任务实施

子任务1　理解文件权限

文件与用户和组群有千丝万缕的联系。文件都是由用户创建的，用户必须以某种“身份”对文件执行操作。在Linux系统中，用户身份分为三大类，即所有者（user）、组群（group）和其他用户（others）。每种用户都可以对文件进行读取、写入和执行操作，分别对应文件的三种权限，即读取、写入、执行权限。

在Linux系统中，文件的所有者一般为文件的创建者。在通常情况下，文件的所有者拥有该文件的所有访问权限。除文件的所有者和所属组群外，系统中的其他用户都统一称为其他用户。

在Linux系统中，使用小写字母u（user）表示文件的所有者，g（group）表示文件的所属组群，o（others）表示其他用户，a（all）表示所有用户。

在Linux系统中，每个文件都有3种基本的权限类型，分别为读取（read，r）、写入（write，w）和执行（execute，x）。权限的具体类型说明如表4-2所示。

表4-2　权限的具体类型说明

类型	对文件而言	对目录而言
读取	用户能够读取文件的内容	具有浏览目录的权限
写入	用户能够修改文件的内容	具有删除、移动目录中文件的权限
执行	用户能够执行该文件	具有进入目录的权限

子任务2　理解文件的各种属性信息

可以使用ls -l或ll命令显示文件的详细信息，其中包括权限，如图4-2所示。

```
• [root@CentOS 7 ~]# ls -l
• total 84
• drwxr-xr-x   2  root  root  4096  Aug  6 11:03  Desktop
• -rw-r--r--   1  root  root  1421  Aug  6 12:15  anaconda-ks.cfg
• -rw-r--r--   1  root  root  6107  Aug  6 12:15  install.log.syslog
• drwxr-xr-x   2  root  root  4096  Sep  9 15:54  banji
```

图4-2　显示文件的详细信息

上面列出了各种文件的详细信息，共分为 7 组，各组信息的含义如图 4-3 所示。

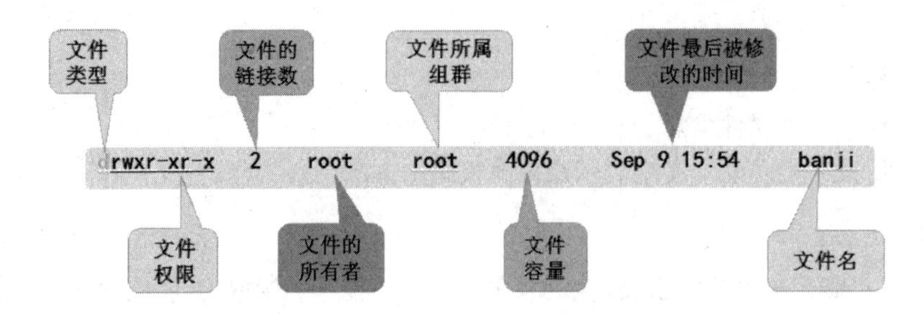

图 4-3 文件属性示意图

1. 第 1 组信息

第 1 组信息为文件类型权限。

1）文件类型

第 1 组信息的第 1 个字符代表文件的类型。Linux 系统中的文件类型一般由创建该文件的命令来决定。Linux 系统定义了 7 种文件类型，如表 4-3 所示。

表 4-3 7 种文件类型

文 件 类 型	符 号	创 建 命 令	删 除 命 令
普通文件	-	编辑器，touch	rm
目录	d	mkdir	rmdir，rm -r
字符设备文件	c	mknod	rm
块设备文件	b	mknod	rm
套接字文件	s	socket(2)	rm
有名管道文件	p	mknod	rm
符号链接	l	ln -s	rm

（1）普通文件。在 Linux 系统中，文件只是一个包含字节的包，与创建它的程序或命令有关，与扩展名无关。文本文件、数据文件、可执行程序和共享库都作为普通文件存储。

（2）目录。目录包含按名称对其他文件的引用。文件的名称实际上是存储在其父目录中的，而不是与文件内容本身存储在一起的。有一些特殊的目录，如“.”和“..”分别代表目录本身和其父目录，它们无法移动。根目录没有父目录，因此在根目录下输入“./”和“../”都等同于“/”。用户可以使用 mkdir 命令创建目录，使用 rmdir 命令删除空目录，使用 rm -r 命令删除非空目录。

（3）字符设备文件和块设备文件。设备文件使程序能够与系统的硬件和外部设备进行通信。用于特定设备的模块叫作设备驱动程序，它提供了一个标准的接口，使其看起来像普通文件。当内核接收到对字符或块设备文件的请求时，会简单地把请求传递给适当的设备驱动程序。设备文件只是用来与设备驱动程序进行通信的结合点，并不是设备驱动程序本身。

字符设备文件将与之相关的驱动程序作为自身输入、输出的缓冲。块设备文件由处理块数据 I/O 的驱动程序使用，并要求内核为它们提供缓冲。块设备由主设备号和次设备号构成，如磁盘 /dev/sda1 等，字符设备包括鼠标、键盘等。

设备文件可以使用 mknod 命令创建，使用 rm 命令删除，基本不需要手动创建。大多数发行版本使用 udev 命令并根据内核对硬件的检测结果自动创建和删除设备文件。

（4）套接字文件。套接口的作用是在进程之间以“干净”的方式进行通信的连接。Linux 系统提供了几种不同的套接口，大多数涉及网络的使用。本地套接口只能从本地主机访问，并通过文件系统对象而非网络端口来使用。这类文件通常用于网络数据连接。启动一个程序来监听客户端的要求，客户端即可通过套接口来进行数据通信。

本地套接口由系统调用 socket 函数创建，当不再有用户使用套接口时，系统会调用 unlink 函数删除套接口，也可以使用 rm 命令删除，但是不建议采用这种方式。/run、/var/run 目录中通常会包含这种文件类型。

（5）有名管道文件。有名管道文件与套接字文件类似，允许运行在同一主机上的两个进程进行通信，也称为 FIFO（First-In-First-Out，先进先出）文件。有名管道文件可以使用 mknod 命令创建，使用 rm 命令删除。

（6）符号链接。符号链接也叫作“软链接”，通过名称指向文件。当内核在查找路径名的过程中遇到符号链接时，就会重定向到作为该链接的内容而存储的路径名上。硬链接和符号链接的最大区别在于：硬链接是直接引用的，而符号链接是通过名称引用的，符号链接与其指向的文件是不同的。符号链接可以使用 ln -s 命令创建，使用 rm 命令删除。

2）文件权限

第 1 组信息的第 2～10 个字符表示文件的访问权限。这 9 个字符从左到右每 3 个为一组，分别表示文件的所有者权限（u 的权限）、所属组群权限（g 的权限）、其他用户的权限（o 的权限），如图 4-4 所示。

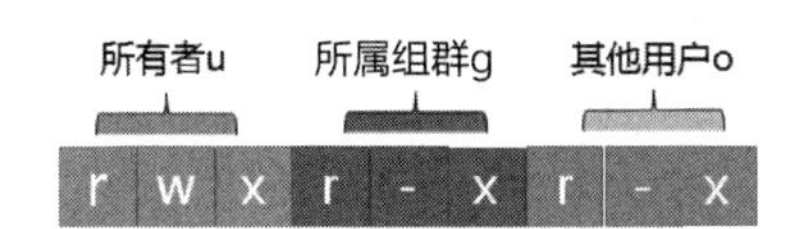

图 4-4 用字符表示文件权限

根据权限不同，这 9 个字符分为 3 种类型，即前文讲解过的 r（读取）、w（写入）、x（执行）权限。另外，-表示不具有该项权限。

因此，图 4-4 中的 rwxr-xr-x 代表文件的所有者具有读取、写入、执行的权限，同组群用户和其他用户具有读取和执行的权限。

小提示：每一组用 3 个字符“r”“w”“x”分别表示读取、写入、执行权限，且“r”“w”“x”的顺序是固定的，无法改变。如果没有相应的权限，则使用符号“-”代替。

2．第 2 组信息

第 2 组信息为文件的链接数，表示有多少个文件名链接到此节点（i-node）。

每个文件都会将其权限与属性记录到文件系统的 i-node 中，但是目录树是使用文件记录的，因此每个文件名会链接到一个 i-node。这个属性记录的是有多少个不同的文件名链接到一个相同的 i-node。

3．第 3 组信息

第 3 组信息为文件的所有者，表示这个文件（或目录）的所有者账户。

4．第 4 组信息

第 4 组信息为文件所属组群。

5. 第 5 组信息

第 5 组信息为文件容量，默认单位为 byte。

6. 第 6 组信息

第 6 组信息为文件最后被修改的时间。

这一栏的内容分别为日期（月/日）及时间。如果这个文件最后被修改的时间距离当前时间比较长，那么时间部分会仅显示年份。若要显示完整的时间格式，则可以利用 ls 的选项，即使用 ls -l --full-time 命令显示出完整的时间格式。

7. 第 7 组信息

第 7 组信息为文件名。

注意：如果文件名之前有一个符号“.”，则代表这个文件为隐藏文件。可以使用 ls -a 命令查看隐藏文件。

子任务 3　修改权限

文件权限的修改方法及命令（1）

在新建文件时，系统会为其自动设置权限，如果这些默认权限无法满足需要，则可以使用 chmod 命令来修改权限，chmod 的全称是 change mode，该命令在要修改的文件或目录列表后面列出了权限说明。使用 chmod 命令修改权限有两种方法，分别是使用数字表示法修改权限和使用文字表示法修改权限。

1. 使用数字表示法修改权限

使用数字表示法修改权限时，chmod 命令格式如下：

```
chmod　选项　文件
```

所谓数字表示法，是指将 r、w 和 x 权限分别以数字 4、2、1 来表示，将没有授予权限的部分表示为 0，再把所授予的权限相加。表 4-4 所示为使用数字表示法修改权限的示例。

表 4-4　使用数字表示法修改权限的示例

原始权限	转换为数字	数字表示法
rwxrwxr-x	（421）（421）（401）	775
rwxr-xr-x	（421）（401）（401）	755
rw-rw-r--	（420）（420）（400）	664
rw-r--r--	（420）（400）（400）	644
rwxrw-rw-	（421）（420）（420）	766

【例 4-1】 为文件/etc/file 设置权限：赋予文件的所有者和组群成员读取与写入的权限，其他用户只有读取权限。

```
[root@ CentOS 7 ~]# touch  /etc/file
[root@ CentOS 7 ~]# chmod 664 /etc/file
[root@ CentOS 7 ~]# ll  /etc/file
-rw-rw-r--. 1 root root 0 6月 20 22:10 /etc/ file
```

思路：题目要求赋予文件的所有者和组群成员读取与写入的权限，而其他用户只有读取权限，所以应该将权限设置为“rw-rw-r--”，而该权限用数字表示法表示为 664。

【例 4-2】使用 ls 命令查看 file2 的文件权限，并将其权限修改为所有者具有读取、写入、执行的权限，所属组群成员和其他用户具有读取、写入的权限。

```
[root@ CentOS 7 ~]#ls  -l  file2
-rw--w----. 1 root  root  0  6 月 25 11:17  file2
[root@ CentOS 7 ~]# chmod  766  file2
[root@ CentOS 7 ~]# ls  -l  file2
-rwxrw-rw-. 1 root  root  0  6 月 25 11:17  file2
```

2. 使用文字表示法修改权限

文字表示法是指分别用字母或符号表示用户对象、操作权限和操作符号。使用文字表示法修改权限时，chmod 命令格式如下：

```
chmod [选项] WhoWhatWhich file|directory
```

其中，Who 是指 u、g、o、a（分别代表用户、同组群用户、其他用户、所有用户）中的一个或多个字符。What 是指+、-、=（分别代表添加、删除、精确设置权限）中的一个字符。Which 是指 r、w、x（分别代表读取、写入、执行）中的一个或多个字符。

【例 4-3】使用文字表示法为/etc/file 文件设置权限：文件的所有者和组群成员有读取和写入权限，其他用户只有读取权限。相关命令运行情况如下：

```
[root@ CentOS 7 ~]# chmod u=rw,g=rw,o=r /etc/file
```

【例 4-4】使用 ls -l 命令查看当前主目录下的所有文件权限，其中 file1 文件的所有者权限增加执行权限，所属组群权限增加写入权限；file2 文件的所属组群权限设置为只支持写入，将其他用户的读取权限移除。相关命令运行情况如下：

```
 [root@ CentOS 7 ~]# ls -l
-rw-------. 1 root root 1519 6 月 18 19:05 anaconda-ks.cfg
-rw-r--r--. 1 root root 0 6 月 25 10:22 file1
-rw-r--r--. 1 root root 0 6 月 25 11:17 file2
-rw-r--r--. 1 root root 1567 6 月 18 19:06 initial-setup-ks.cfg
[root@ CentOS 7 ~]#chmod u+x,g+w file1        //添加所有者的执行权限，添加所属组群的写入权限
[root@ CentOS 7 ~]# chmod g=w,o-r file2      //设置所属组群的权限为写入，移除其他用户的读取权限
[root@ CentOS 7 ~]#ls -l
-rw-------. 1 root root 1519 6 月 18 19:05 anaconda-ks.cfg
-rwxrw-r--. 1 root root 0 6 月 25 10:22 file1
-rw--w----. 1 root root 0 6 月 25 11:17 file2
-rw-r--r--. 1 root root 1567 6 月 18 19:06 initial-setup-ks.cfg
```

任务小结

本任务通过介绍文件权限及文件的各种属性信息，使读者对 Linux 系统中的文件及文件权限有了更清晰的认识，并掌握了使用数字表示法和文字表示法对文件权限进行修改的方法。

任务 4.3 修改文件与目录的默认权限和隐藏属性

任务描述

通过前面内容的学习，读者理解了文件权限及文件的各种属性信息，也学习了如何使用数字

表示法和文字表示法修改权限。在 Linux 系统的 Ext2/Ext3/Ext4 文件系统中，除基本的 r、w、x 权限外，还可以设定隐藏属性。本任务将介绍修改文件与目录的默认权限和隐藏属性。

任务分析

根据任务描述的具体要求，本任务主要介绍文件预设权限及隐藏属性设置。

任务目标

1．理解文件预设权限：umask。
2．掌握 umask 的使用方法。
3．掌握隐藏属性的设置方法。

任务实施

子任务 1　文件预设权限：umask

通过前面内容的学习，读者应当了解了如何修改一个文件或目录的权限。在新建一个文件或目录时，其默认权限与 umask 有关。umask 用于指定“目前用户在新建文件或目录时的权限默认值”。那么如何设定 umask 呢？请看下面的命令及运行结果：

```
[rootQcentos7 ~]# umask
0022
[rootQcentos7 ~]# umask -S
u=rwx.Erx.0=rX
```

查阅默认权限的方式有以下两种：

（1）直接输入 umask，可以看到数字形态的权限设定。

（2）增加-S（Symbolic）选项，会以符号类型的方式显示权限。

在执行完 umask 命令后，可以看到数字形态权限为 0022，其中第一组为特殊权限，第二组为所有者权限，第三组为所属组群权限，第四组为其他用户权限，下面重点来看后面三组。

需要注意的是：对于文件来说，umask 值中每个数字的最大值为 6，这是因为系统不允许用户在创建一个文本文件时就赋予其执行权限，必须在创建后使用 chmod 命令来增加这一权限；目录则允许设置执行权限，因此对于目录来说，umask 值中每个数字的最大值为 7。

umask 的分值指的是该默认值需要删除的权限（r、w、x 分别对应的是 4、2、1），具体如下。

- 在删除写入权限时，umask 的分值输入 2。
- 在删除读取权限时，umask 的分值输入 4。
- 在删除执行权限时，umask 的分值输入 1。
- 在删除读取和写入权限时，umask 的分值输入 6。
- 在删除执行和写入权限时，umask 的分值输入 3。

在 Linux 系统中，默认的 umask 值为 022，user 并没有被删除任何权限，但 group 与 others 被删除了写入权限，因此使用者的权限如下。

- 建立文件时：(-rw-rw-rw-) -（-----w--w-）=-rw-r--r--。
- 建立目录时：(drwxrwxrwx) -（d----w--w-）=drwxr-xr-x。

请读者测试以下命令：

```
[root@ CentOS 7 ~]# umask
```

```
022
[root@ CentOS 7 ~]# touch test1
[root@ CentOS 7 ~]# mkdir test2
[root@ CentOS 7 ~]# ll
-rw-r--r-- 1 root root    0 6月 24 08:25 test1
drwxr-xr-x 2 root root 4096 6月 24 08:25 test2
```

子任务 2　使用 umask

假如你与同学在执行同一个项目，账号属于相同组群，并且/home/class/目录是项目目录。请思考：组群中其他成员是否可以编辑你制作的文件？

以上面的案例来说，test1 用户的权限是 644。如果将 umask 值设定为 022，则只有该用户对新建的数据具有写入权限，同组群成员只有读取权限，因此你的同学无法修改你制作的文件。

当我们需要新建文件，允许同组群成员共同编辑时，umask 的组群就不能删除 w 权限。umask 值应该是 002，才能使新建文件的权限为-rw-rw-r--。那么如何设定 umask 呢？直接在 umask 后面输入 002 即可。命令运行情况如下：

```
[root@ CentOS 7 ~]# umask 002
[root@ CentOS 7 ~]# touch test3
[root@ CentOS 7 ~]# mkdir test4
[root@ CentOS 7 ~]# ll
-rw-rw-r-- 1 root root    0 6月 24 10:36 test3
drwxrwxr-x 2 root root  4096 6月 24 10:36 test4
```

子任务 3　设置隐藏属性

在管理 Linux 系统中的文件和目录时，除了可以利用普通权限和特殊权限，还可以利用文件和目录具有的一些隐藏属性。使用 chattr 命令和 lsattr 命令可以控制文件或目录的隐藏属性，chattr 命令用于修改文件或目录的隐藏属性，lsattr 命令用于查看文件或目录的隐藏属性。

1．chattr 命令

chattr 是 change file attributes 的缩写，chattr 命令格式如下：

```
chattr  [+ - =] [属性] [文件或目录...]
```

各项参数解释如下。

- +<属性>：开启文件或目录的该项属性。
- -<属性>：关闭文件或目录的该项属性。
- =<属性>：指定文件或目录的该项属性。

chattr 命令共有 8 种属性，如表 4-5 所示。

表 4-5　chattr 命令的属性及说明

属性	说明
a	如果对文件设置 a 属性，则只能在文件中增加数据，不能删除和修改数据，不能进行硬链接，也不能修改文件名；如果对目录设置 a 属性，则只允许在目录中创建和修改文件，不允许删除文件
b	不更新文件或目录的最后存取时间
c	将文件或目录压缩后存放，读取时自动解压缩
d	将文件或目录排除在操作之外
i	不得任意改动文件或目录

续表

属性	说明
s	保密性删除文件或目录
S	即时更新文件或目录
u	预防意外删除文件或目录

在所有属性中，常用的是 a 与 i 这两个属性。a 属性强制要求只可添加不可删除，多用于日志系统的安全设置；而 i 属性用于更为严格的安全设置。

【例 4-5】在/tmp 目录下创建 test 文件，增加 i 属性，并尝试删除 test 文件。相关命令运行情况如下：

```
[root@ CentOS 7 ~]# cd   /tmp
[root@ CentOS 7  tmp]# touch  test     <==建立一个空文件
[root@ CentOS 7  tmp]# chattr  +i  test <==赋予 i 属性
[root@ CentOS 7  tmp]# rm  test        <==尝试删除，查看结果
rm:remove write-protected regular empty file `test'?y
rm:cannot remove `test':Operation not permitted <==操作不允许
```

将该文件的 i 属性取消的代码如下：

```
[root@ CentOS 7 tmp]# chattr -i test
```

这个命令很重要，可以广泛应用于系统的数据安全方面。

2. lsattr 命令

lsattr 命令格式如下：

```
lsattr [-adlRvV]文件或目录
```

该命令的选项与参数如下。

- -a：将文件的隐藏属性显示出来。
- -d：如果是目录，仅列出目录本身的属性而非目录内的文件名。
- -R：同时列出子目录的数据。

【例 4-6】为 test 文件增加 a、i、S 属性，并使用 lsattr 命令查阅 test 文件的隐藏属性。相关命令运行情况如下：

```
[root@ CentOS 7 tmp]# chattr  +aiS attrtest
[root@ CentOS 7 tmp]# lsattr attrtest
--S-ia---------- attrtest
```

任务小结

本任务在介绍文件权限及文件的各种属性信息的基础上，讲解了文件预设权限 umask，以及 chattr、lsattr 两种设置隐藏属性的命令。

任务 4.4　进阶习题

一、选择题

1．系统中有 user1 和 user2 用户，同属 users 组群。user1 用户拥有 644 权限，其目录下有一

个 file1 文件，如果 user2 用户要修改 user1 用户目录下的 file1 文件，应拥有（　　）权限。

A．744　　B．664　　C．646　　D．746

2．使用 ls -al 命令列出下面的文件列表，下列文件中属于符号链接文件的是（　　）。

A．-rw------- 2 hel-s users 56 Sep 09 11:05 hello

B．-rw------- 2 hel-s users 56 Sep 09 11:05 goodbye

C．drwx----- 1 hel users 1024 Sep 10 08:10 zhang

D．lrwx----- 1 hel users 2024 Sep 12 08:12 cheng

3．Linux 系统中的文件都按其作用分门别类地存放在相关目录下，外部设备文件一般存放在（　　）目录中。

A．/bin　　B．/etc　　C．/dev　　D．/lib

4．某文件的所有者拥有全部权限；所属组群的权限为读取与写入；其他用户的权限为读取，则该文件的权限为（　　）。

A．467　　B．674　　C．476　　D．764

5．exerl 文件的访问权限为 rw-r--r--，现要增加所有用户的执行权限和同组群用户的写入权限，下列命令正确的是（　　）。

A．chmod a+x g+w exerl　　B．chmod 765 exerl

C．chmod o+x exerl　　D．chmod g+w exerl

二、简答题

1．Linux 系统支持的文件系统类型有哪些？

2．使用 chmod 命令修改文件权限有哪两种方法，两种方法有什么区别？

项目 5

配置与管理磁盘

思维导图

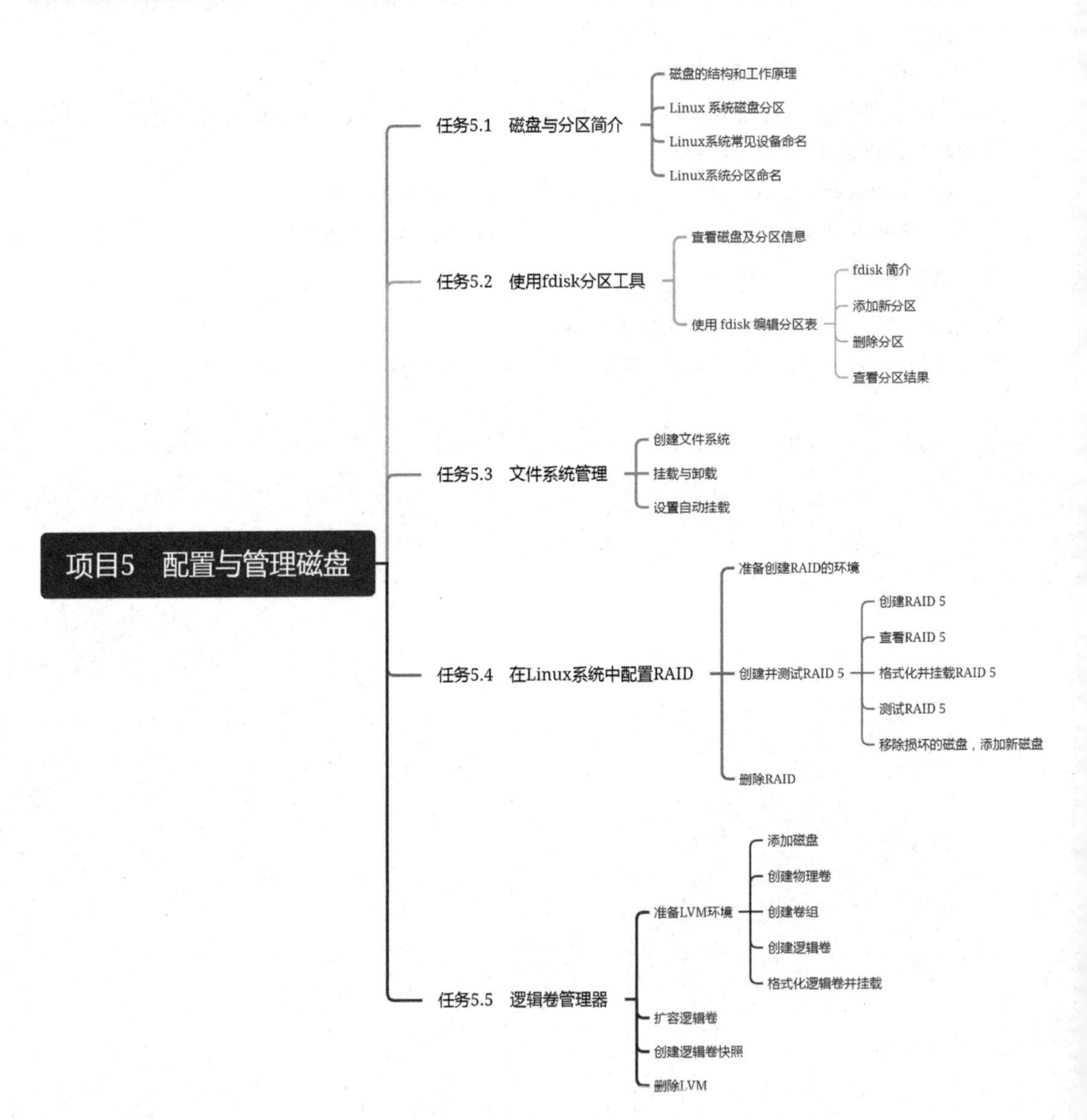

项目5　配置与管理磁盘
任务5.1　磁盘与分区简介
磁盘的结构和工作原理
Linux 系统磁盘分区
Linux系统常见设备命名
Linux系统分区命名
任务5.2　使用fdisk分区工具
查看磁盘及分区信息
使用 fdisk 编辑分区表
fdisk 简介
添加新分区
删除分区
查看分区结果
任务5.3　文件系统管理
创建文件系统
挂载与卸载
设置自动挂载
任务5.4　在Linux系统中配置RAID
准备创建RAID的环境
创建并测试RAID 5
创建RAID 5
查看RAID 5
格式化并挂载RAID 5
测试RAID 5
移除损坏的磁盘，添加新磁盘
删除RAID
任务5.5　逻辑卷管理器
准备LVM环境
添加磁盘
创建物理卷
创建卷组
创建逻辑卷
格式化逻辑卷并挂载
扩容逻辑卷
创建逻辑卷快照
删除LVM

项目描述

服务器的存储管理是网络管理员的日常管理工作，例如，某学院社团因日常管理工作需要，管理员必须掌握磁盘的分区、格式化及挂载等操作。为了避免有些用户无限制地使用磁盘空间，社团需要根据实际情况对各事务组能够使用的最大磁盘空间进行限制。

本项目将通过了解磁盘与分区，掌握磁盘管理工具，结合社团各事务组需要，完成磁盘的配置与管理。

项目分析

本项目将在实施过程中主要完成以下任务（本项目所有任务在实施过程中使用的操作系统环境均为 CentOS）。

1. 了解磁盘与分区。
2. 熟练掌握常用的磁盘管理工具。
3. 熟练掌握创建文件系统的命令。
4. 学习在 Linux 系统中配置 RAID，掌握 RAID 工作原理。
5. 掌握逻辑卷管理器的使用方法。

职业能力目标和要求

1. 能够正确使用磁盘分区命令对磁盘进行分区。
2. 能够正确使用常用的磁盘管理工具。
3. 能够熟练创建不同的文件系统。
4. 能够实现对不同 RAID 的配置。
5. 能够熟练使用逻辑卷管理器。

素质目标

1. 职业教育必须坚持立德树人的教育精神，将教学内容与劳模精神、工匠精神相结合，培养学生的职业道德、职业精神、职业素养。

2. 通过胡双钱事迹的介绍，培养学生脚踏实地、专注做事的态度，培养学生精益求精、追求卓越的精神，培养学生遵守道德、无私敬业的品格。

1+X 技能目标

1. 能够根据生产环境中的 Linux 系统安全配置工作任务要求，完成磁盘的配置与管理。

2. 能够根据生产环境中的业务需求，熟练使用磁盘分区命令对磁盘进行分区，在 Linux 系统中配置 RAID，熟练使用逻辑卷管理器。

预备知识

当前，随着科技的进步，各种存储器的容量越来越大，系统管理员管理磁盘的难度也越来越大。磁盘是数据的重要载体，有效的磁盘管理可以提高系统的运行效率，节省存储空间和成本。

磁盘管理通常包括磁盘分区管理、文件系统管理及挂载或卸载指定分区，其中，磁盘分区管理包括创建、删除和管理 Swap 分区等内容。

思政元素映射

中国工匠精神代表人物——胡双钱

“学技术是其次，学做人是首位，干活要凭良心。”胡双钱喜欢把这句话挂在嘴边，这也是他技工生涯的注脚。

胡双钱是一位坚守航空事业 30 余年、加工数十万个飞机零件且无一次差错的普通钳工。对质量的坚守，已经是他融入血液的习惯。他心里清楚，一次差错可能就意味着无可估量的损失甚至将付出生命的代价。他用自己总结归纳的“对比复查法”和“反向验证法”，在飞机零件制造岗位上创造了零差错的纪录，连续十二年被公司评为“质量信得过岗位”，并授予产品免检荣誉证书。

不仅无差错，还特别能攻坚。在 ARJ21 新支线飞机项目和大型客机项目的研制和试飞阶段，设计定型及各项试验的过程中会产生许多特制件，这些特制件无法进行大批量、规模化生产，而钳工是进行零件加工最直接的人员。胡双钱几十年的积累和沉淀开始发挥作用。他攻坚克难，创新工作方法，圆满完成了 ARJ21—700 飞机起落架钛合金作动筒接头特制件制孔、C919 大型客机项目平尾零件制孔等各种特制件的加工工作。胡双钱先后获得全国五一劳动奖章、全国劳动模范、全国道德模范称号。

一定要把我们自己的装备制造业搞上去，一定要把大飞机搞上去。胡双钱现在最大的愿望是：“最好再干 10 年、20 年，为中国大飞机再多做一点事。”

任务 5.1 磁盘与分区简介

任务描述

本项目的第 1 个任务是磁盘与分区简介。

任务分析

本任务需要读者全面了解磁盘的结构、工作原理及分区类型，并了解 Linux 系统常见设备及分区的命名。

任务目标

1. 了解磁盘的结构、工作原理及分区类型。
2. 了解 Linux 系统常见设备及分区的命名。

预备知识

磁盘是计算机的外部存储器，也是最主要的存储设备。磁盘按照制作材料的不同，可以分为软磁盘和硬磁盘。软磁盘又称软盘，由于其存储容量小，存取速度慢，所以只有早期的电脑才会使用，目前已经被淘汰。硬磁盘又称硬盘，按照不同的接口类型，大致可以分为 IDE 硬盘、SATA 硬盘、SCSI 硬盘；按照不同的存储介质，可以分为机械硬盘（HDD）和固态硬盘（SSD）。

1．机械硬盘（HDD）

一般情况下，硬盘就是指机械硬盘，即传统普通硬盘，主要由磁头组件、磁头驱动机构、盘片组、控制电路和接口等几部分组成。机械硬盘有 1.8 寸、2.5 寸、3.5 寸等几种尺寸；转速可达 5400r/min、7200r/min、10000r/min 等。

2. 固态硬盘（SSD）

固态驱动器（Solid State Disk 或 Solid State Drive，简称 SSD），俗称固态硬盘，固态硬盘是用固态电子存储芯片阵列制成的硬盘。固态硬盘不是采用磁性材料存储数据的，而是使用 Flash 技术存储数据的，而且断电后数据不会丢失。

固态硬盘没有内部机械部件，并不代表其生命周期是无限的，Flash 闪存是非易失存储器，可以对块存储器单元进行擦写和再编程。任何 Flash 器件的写入操作只能在空白或已擦除的单元内进行，因此在大多数情况下，进行写入操作之前必须先执行擦除操作。因为擦除次数的限制，所以固态硬盘也是有生命周期的。

硬盘是不能直接被使用的，必须先进行分区。Windows 中出现的 C 盘、D 盘等不同的盘符是对硬盘进行分区的结果。磁盘分区是把磁盘分成若干个逻辑独立的部分，这样做能够优化磁盘管理，并提高系统的运行效率和安全性。

一块磁盘可以被划分为多个分区，各分区之间相互独立，访问每个分区就如同访问不同的磁盘。MBR（Master Boot Record）和 GPT（GUID Partition Table）是两种不同的分区方案，也是在磁盘上存储分区信息的两种不同方式。这些分区信息包含分区的位置信息，以便操作系统明确区分哪个扇区是属于哪个分区的，以及哪个分区是可以启动的。

MBR 的含义是“主引导记录”，它存在于驱动器开始部分的一个特殊的启动扇区中。这个扇区包含已安装的操作系统的启动加载器和驱动器的逻辑分区信息，最大支持 2TB 的磁盘空间。MBR 最多支持 4 个主分区，如果需要更多分区，则可以创建扩展分区，并在其中创建逻辑分区。

GPT 意为 GUID 分区表，驱动器上的每个分区都有一个全局唯一的标识符（Globally Unique Identifier，GUID），它对磁盘大小几乎没有限制，同时支持无限个分区数量，具有更强的健壮性与更高的兼容性。

任务实施

子任务 1 磁盘的结构和工作原理

目前，机械硬盘存储技术已经非常成熟，掌握磁盘的结构和工作原理有助于理解与掌握磁盘的各种操作。

磁盘由磁盘驱动器和镀上磁性薄膜的一组圆形盘片组成，数据是通过改变盘片表面磁性微粒方向的一个小磁头来进行读取和写入的。盘片完全密封，任何微尘和杂质都无法进入，因此磁盘比其他的存储介质更加可靠。

机械硬盘中的所有盘片都安装在一个旋转轴上，每张盘片之间是平行的。每张盘片的存储面上有一个磁头，磁头与盘片之间的距离值比头发丝的直径值还小。所有磁头都连接在一个磁头控制器上，由磁头控制器负责各个磁头的运动。盘片的数量和每个盘片的存储容量决定了磁盘的总容量。

图 5-1 所示为磁盘的内部结构。在实际使用时，应用软件无须访问磁盘驱动器的物理细节。

图 5-1　磁盘的内部结构

每个盘片的盘面被划分成多个狭窄的同心圆环，用于存储数据，这些圆环被称为磁道（Track）。如图 5-2 所示，每个盘面可以被划分成多个磁道，最外圈的磁道是 0 号磁道，向圆心方向依次增长为 1 号磁道、2 号磁道……磁盘的数据存放是从最外圈开始的。

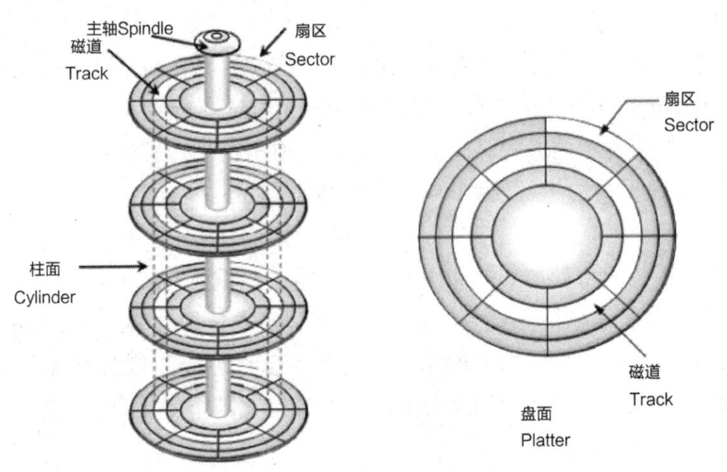

图 5-2　磁盘的逻辑结构

磁盘最基本的组成部分是由坚硬金属材料制成的涂以磁性介质的盘片，不同容量磁盘的盘片数不等，每个盘片有两面，都可记录信息。由于每个盘面都有自己的磁头，因此，盘面数等于总的磁头数。根据机械硬盘的规格不同，磁道数可以从几百个到成千上万个。每个磁道可以存储数千字节的数据，但是计算机不是每次都读写这么多数据的。因此，每个磁道又被划分为若干个弧段，每个弧段就是一个扇区（Sector），如图 5-2 所示。扇区是磁盘存储的物理单位，每个扇区可存储 512 字节的数据已经成为业界的约定。也就是说，即使计算机只需要某个字节的数据，也必须把 512 字节的数据全部读入内存中，再选择需要的那个字节。

柱面（Cylinder）是被抽象出来的一个逻辑概念，简单来说，就是处于同一个垂直区域的磁道，即各盘面上面相同位置磁道的集合，如图 5-2 所示。需要注意的是，磁盘在读写数据时是按柱面进行的，磁头在同一柱面内从 0 号磁头开始依次向下在同一柱面的不同盘面（即磁头上）进行操作，只有同一柱面所有的磁头被读写完成后磁头才转移到下一柱面。因为选取磁头只需通过电子切换即可，而选取柱面则必须通过机械切换。数据的读写是按柱面进行的，而不是按盘面进行的，所以把数据存储到同一个柱面上是很有必要的。

盘片以恒定的高速度旋转，如 7200r/min。每个盘片表面都有一个磁头，磁头会径向移动且悬浮在盘片表面，与其保持非常近的距离，并不接触盘片。如果因为震动或者暴力破坏等使得磁头接触了盘片，将导致不可逆的物理损伤。

机械硬盘的关键指标如下。

（1）磁盘容量（Volume）：容量的单位为兆字节或千兆字节。影响磁盘容量的因素是盘片数量和单盘容量。

（2）转速（Rotational Speed）：磁盘的转速是磁盘盘片每分钟转动的圈数，单位为 r/min，一般磁盘的转速可达 5400～7200r/min。SCSI 硬盘转速可达 10000～15000r/min。

（3）平均访问时间（Average Access Time）=平均寻道时间+平均等待时间。

（4）数据传输率（Data Transfer Rate）：磁盘的数据传输率是指磁盘读写数据的速度，包括内部传输率和外部传输率。

（5）IOPS（Input/Output Per Second）：即每秒输入/输出量。

子任务 2 Linux 系统磁盘分区

Linux 系统将磁盘看作一个大的字节序列，可以将其划分以发挥不同用途。Linux 系统与大多数主流操作系统相同，将磁盘划分成多个分区（Partition），并将每个分区当作一个独立的磁盘，这个创建分区的过程称为磁盘分区。分区有两个好处：一是个别分区出现问题时，不需要将整个磁盘重置；二是能够对不同的分区分别进行格式化，建立多种文件系统，有效提高磁盘利用率。

Linux 系统通过不同的设备节点来区分各个分区，节点名由磁盘名和分区编号组成。例如，驱动器/dev/hda 的第 1 个分区叫作/dev/hda1，驱动器/dev/hdb 的第 5 个分区叫作/dev/hdb5。

不同的操作系统有其固定的记录磁盘分区的方式。最常见的分区方案是 DOS 分区。传统的 Linux 分区方案与 DOS 分区方案类似，图 5-3 所示为一个典型的 Linux 分区方案，其构成说明如下所述。

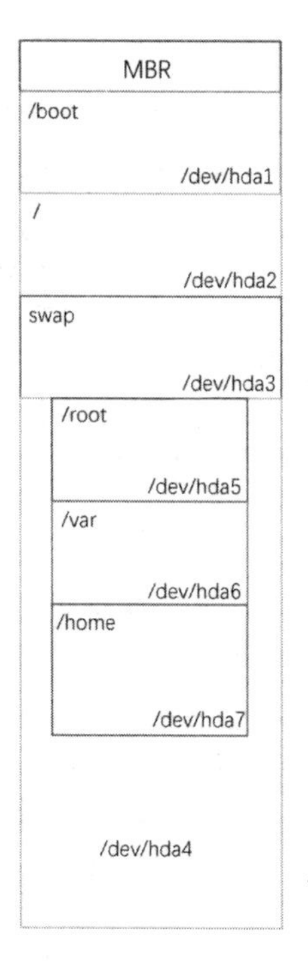

图 5-3 典型的 Linux 分区方案

1. 主引导记录

每个磁盘的头部分（512 字节）为主引导记录（MBR）。MBR 包含以下内容。

- 引导程序（BootLoader）：在可引导磁盘的 MBR 中存放一个可执行文件，叫作引导程序。在引导时，BIOS 将控制权交给引导程序并由引导程序负责装载，之后将控制权转交给合适的操作系统。
- 分区表（Partition Table）：在每个磁盘上，主引导记录的 64 字节被保留为分区表。这个分区表最多记录 4 个分区的信息，这 4 个分区叫作主分区（Primary Partition）。分区表会记录每个分区的开始位置、结束位置和分区类型。

2. 主分区

每个磁盘最多可以被划分成 4 个主分区，其属性记录在 MBR 的分区表中。Linux 系统通常将主分区编号为 1～4。主分区的编号可以手动指定，即如果一个分区的编号为 3，并不意味着前面有两个主分区。

3. 扩展分区

为了方便用户使用更多的分区，DOS 分区允许将扩展分区（Extended Partition）创建在任何一个主分区上。扩展分区可以被划分成更多的逻辑分区（Logical Partition）。主分区一旦用作扩展分区，就无法再用作其他分区。

扩展分区可有可无，如果 4 个主分区够用，则无须创建扩展分区。若有必要，则一般会选择前 3 个分区作为主分区，第 4 个分区作为扩展分区。

4. 逻辑分区

在扩展分区中可以创建多个逻辑分区。IDE 硬盘逻辑分区不能多于 63 个，SCSI 硬盘不能多于 15 个。Linux 系统默认把第 1 个逻辑分区从 5 开始编号，无论前面有几个主分区。

子任务 3　Linux 系统常见设备命名

在 Linux 系统中，一切设备都是文件，硬件也不例外。系统内核中的 udev 设备管理器会自动规范硬件名称，方便用户通过设备文件的名称了解设备的大致属性和分区信息等，这对了解陌生的设备来说非常方便。在 Linux 系统中，几乎所有的硬件设备文件都被存放在/dev 目录下，常见的硬件设备及文件名如表 5-1 所示。

表 5-1　Linux 系统常见的硬件设备及其文件名

硬件设备	文件名
IDE 硬盘	/dev/hd[a-d]
SCSI 硬盘/SATA 硬盘/U 盘	/dev/sd[a-z]
Virtio 设备	/dev/vd[a-z]
打印机	/dev/lp[0-15]
光驱	/dev/cdrom
鼠标	/dev/mouse

子任务 4　Linux 系统分区命名

Windows 系统使用 C、D、E 等来命名分区，而 Linux 系统使用“设备名称＋分区编号”表示磁盘的各个分区。现在的 IDE 硬盘已经非常少见，一般的磁盘设备都是以“/dev/sd”开头的。一台主机可以有多块磁盘，因此系统使用 a～z 来代表 26 块不同的磁盘（默认从 a 开始分配），而且磁盘的分区编号有明确的规则，主分区或扩展分区的编码为 1～4，逻辑分区的编码则从 5 开始。

这样的命名方式非常合理，可以避免增加或者卸载磁盘造成的盘符混乱。

SCSI 硬盘依赖于设备的 ID，不考虑遗漏的 ID。比如，3 个 SCSI 硬盘的 ID 分别是 0、2、5，设备名称分别是/dev/sda、/dev/sdb、/dev/sdc。如果再添加一个 ID 为 3 的设备，则这个设备将以/dev/sdc 来命名，且 ID 为 5 的设备将以/dev/sdd 来命名。

Linux 系统的分区编号不依赖于 IDE 或 SCSI 硬盘的命名，编号 1～4 是为主分区或扩展分区保留的，从 5 开始才用来为逻辑分区命名。例如“/dev/sda5”，/dev/目录下保存的是硬件设备文件；sd 表示的是存储设备；a 表示系统同类接口中第一个被识别到的设备；5 表示该设备是一个逻辑分区。

虚拟机中会存在/dev/vda、/dev/vdb 等设备。这种以 vd 开头的设备叫作 Virtio 设备，简单来说就是一种虚拟化设备。KVM、Xen 等虚拟机监控器（Hypervisor）都属于这种设备。

任务小结

本任务通过介绍磁盘的结构和工作原理、Linux 系统磁盘分区、Linux 系统常见设备命名及 Linux 系统分区命名，帮助读者初步了解 Linux 系统的磁盘与分区，为后续项目的学习打下坚实的基础。

任务 5.2　使用 fdisk 分区工具

任务描述

通过前面的学习，读者对 Linux 系统的磁盘与分区有了一定的认识，接下来学习如何使用常用的磁盘管理工具对磁盘分区进行管理。

任务分析

结合本任务之前所学知识，读者要熟练掌握常用的磁盘分区命令，在日常工作实践中熟练应用。

任务目标

1. 熟练掌握查看磁盘及分区信息的方法。
2. 熟练掌握使用 fdisk 编辑分区表的方法。

磁盘分区

预备知识

在安装 Linux 系统时，其中一个步骤是进行磁盘分区。在分区时，可以采用 Disk Druid、RAID 和 LVM 等方式进行。除此之外，Linux 系统中还有 fdisk、cfdisk、parted 等分区工具。

在 Linux 系统中，常用的分区工具是 fdisk，这个工具简单高效，可以在最基本的环境下使用。只有 root 用户才可以使用 fdisk 命令。

任务实施

子任务 1　查看磁盘及分区信息

在虚拟机中新增一块 SCSI 硬盘，并重启系统。使用 fdisk 命令配合-l 选项可以查看磁盘信息，并列出所有已知磁盘的分区表。如图 5-4 所示，可以使用 fdisk -l 命令查看磁盘信息。其中，/dev/sdb 是新增的磁盘，是没有经过分区和格式化的；/dev/sda 共有两个主分区，/dev/sda1 是引导分区。

```
[root@centos7 ~]# fdisk -l

磁盘 /dev/sda：21.5 GB, 21474836480 字节，41943040 个扇区
Units = 扇区 of 1 * 512 = 512 bytes
扇区大小(逻辑/物理)：512 字节 / 512 字节
I/O 大小(最小/最佳)：512 字节 / 512 字节
磁盘标签类型：dos
磁盘标识符：0x000a0e44

   设备 Boot      Start         End      Blocks   Id  System
/dev/sda1   *        2048     2099199     1048576   83  Linux
/dev/sda2         2099200    41943039    19921920   8e  Linux LVM

磁盘 /dev/sdb：21.5 GB, 21474836480 字节，41943040 个扇区
Units = 扇区 of 1 * 512 = 512 bytes
扇区大小(逻辑/物理)：512 字节 / 512 字节
I/O 大小(最小/最佳)：512 字节 / 512 字节


磁盘 /dev/mapper/centos-root：18.2 GB, 18249416704 字节，35643392 个扇区
Units = 扇区 of 1 * 512 = 512 bytes
扇区大小(逻辑/物理)：512 字节 / 512 字节
I/O 大小(最小/最佳)：512 字节 / 512 字节


磁盘 /dev/mapper/centos-swap：2147 MB, 2147483648 字节，4194304 个扇区
Units = 扇区 of 1 * 512 = 512 bytes
扇区大小(逻辑/物理)：512 字节 / 512 字节
I/O 大小(最小/最佳)：512 字节 / 512 字节

[root@centos7 ~]#
```

图 5-4　使用 fdisk -l 命令查看磁盘信息

fdisk 分区的各列信息及其功能如表 5-2 所示。

表5-2　fdisk 分区的各列信息及其功能

列信息	功能
设备	该分区的设备节点，也作为名称使用
Boot	* 代表此分区为可引导分区
Start 和 End	分别代表分区开始和结束的柱面
Blocks	以大小为 1024 字节（即 1KB）的块为计算单位的分区大小
Id	一个两位的十六进制数，代表分区类型（用途）
System	由 Id 定义的分区类型的文本名称

分区表包括 1 字节的标识符，这个标识符会分配给分区一个 ID（分区类型）。利用这个 ID 可以识别分区类型。常见的 Linux 分区类型如表 5-3 所示。

表5-3　常见的 Linux 分区类型

ID	标签	标签说明
b	Win95 FAT32	FAT32 文件系统
7	HPFS/NTFS	HPFS 或 NTFS 文件系统
5	Extended	扩展分区
83	Linux	Linux Ext2、Ext3、Ext4、XFS 文件系统
82	Linux Swap	Linux 交换空间
fd	Linux RAID Auto	Linux 软件 RAID 分区
8e	Linux LVM	Linux 逻辑卷管理器

fdisk 支持的分区类型很多，表 5-3 中只列出了一些常用类型，如果想了解 fdisk 支持的所有分区类型，则可以通过 fdisk 命令的子命令 l 进行查询，如图 5-5 所示。如果要修改当前分区的类

型，则可以通过 fdisk 命令的子命令 t 来实现。

```
命令(输入 m 获取帮助)：l

 0  空               24  NEC DOS         81  Minix / 旧 Linu bf  Solaris
 1  FAT12            27  隐藏的 NTFS Win 82  Linux 交换 / So c1  DRDOS/sec (FAT-
 2  XENIX root       39  Plan 9          83  Linux           c4  DRDOS/sec (FAT-
 3  XENIX usr        3c  PartitionMagic  84  OS/2 隐藏的 C:  c6  DRDOS/sec (FAT-
 4  FAT16 <32M       40  Venix 80286     85  Linux 扩展      c7  Syrinx
 5  扩展             41  PPC PReP Boot   86  NTFS 卷集       da  非文件系统数据
 6  FAT16            42  SFS             87  NTFS 卷集       db  CP/M / CTOS / .
 7  HPFS/NTFS/exFAT  4d  QNX4.x          88  Linux 纯文本    de  Dell 工具
 8  AIX              4e  QNX4.x 第2部分  8e  Linux LVM       df  BootIt
 9  AIX 可启动       4f  QNX4.x 第3部分  93  Amoeba          e1  DOS 访问
 a  OS/2 启动管理器  50  OnTrack DM      94  Amoeba BBT      e3  DOS R/O
 b  W95 FAT32        51  OnTrack DM6 Aux 9f  BSD/OS          e4  SpeedStor
 c  W95 FAT32 (LBA)  52  CP/M            a0  IBM Thinkpad 休 eb  BeOS fs
 e  W95 FAT16 (LBA)  53  OnTrack DM6 Aux a5  FreeBSD         ee  GPT
 f  W95 扩展 (LBA)   54  OnTrackDM6      a6  OpenBSD         ef  EFI (FAT-12/16/
10  OPUS             55  EZ-Drive        a7  NeXTSTEP        f0  Linux/PA-RISC
11  隐藏的 FAT12     56  Golden Bow      a8  Darwin UFS      f1  SpeedStor
12  Compaq 诊断      5c  Priam Edisk     a9  NetBSD          f4  SpeedStor
14  隐藏的 FAT16 <3  61  SpeedStor       ab  Darwin 启动     f2  DOS 次要
16  隐藏的 FAT16     63  GNU HURD or Sys af  HFS / HFS+      fb  VMware VMFS
17  隐藏的 HPFS/NTF  64  Novell Netware  b7  BSDI fs         fc  VMware VMKCORE
18  AST 智能睡眠     65  Novell Netware  b8  BSDI swap       fd  Linux raid 自动
1b  隐藏的 W95 FAT3  70  DiskSecure 多启 bb  Boot Wizard 隐  fe  LANstep
1c  隐藏的 W95 FAT3  75  PC/IX           be  Solaris 启动    ff  BBT
1e  隐藏的 W95 FAT1  80  旧 Minix
```

图 5-5　fdisk 支持的所有分区类型

子任务 2　使用 fdisk 编辑分区表

1. fdisk 简介

fdisk 的主要功能是建立或修改分区表。fdisk 是一个交互式分区工具，用户可以按照提示，逐步划分或修改分区。fdisk 命令后面跟的是设备名称，如输入“fdisk /dev/sdb”，即可进入 fdisk 对 sdb 进行分区的界面。该界面中会输出两段提示，第一段说明 fdisk 命令在写入（保存）前的所有操作都没有被真正执行，因此可以放心分区，小心写入；第二段说明设备中没有分区表，现在创建 MS-DOS 类型的分区表，最后一行是 fdisk 的命令提示行。在首次使用 fdisk 命令时，可以输入“m”获得命令列表。图 5-6 所示为使用 fdisk 命令对/dev/sdb 进行分区。

```
[root@centos7 ~]# fdisk /dev/sdb
欢迎使用 fdisk (util-linux 2.23.2)。

更改将停留在内存中，直到您决定将更改写入磁盘。
使用写入命令前请三思。

Device does not contain a recognized partition table
使用磁盘标识符 0x156f8643 创建新的 DOS 磁盘标签。

命令(输入 m 获取帮助)：m
命令操作
   a   toggle a bootable flag
   b   edit bsd disklabel
   c   toggle the dos compatibility flag
   d   delete a partition
   g   create a new empty GPT partition table
   G   create an IRIX (SGI) partition table
   l   list known partition types
   m   print this menu
   n   add a new partition
   o   create a new empty DOS partition table
   p   print the partition table
   q   quit without saving changes
   s   create a new empty Sun disklabel
   t   change a partition's system id
   u   change display/entry units
   v   verify the partition table
   w   write table to disk and exit
   x   extra functionality (experts only)

命令(输入 m 获取帮助)：
```

图 5-6　使用 fdisk 命令对/dev/sdb 进行分区

fdisk 命令的常用子命令及其说明如表 5-4 所示。

表 5-4　fdisk 命令的常用子命令及其说明

子命令	功　能	子命令	功　能
a	调整磁盘启动分区	q	不保存更改，退出 fdisk 命令
d	删除磁盘分区	t	更改分区类型
l	列出所有支持的分区类型	u	切换所显示的分区大小的单位
m	列出所有命令	w	把修改写入磁盘分区表中，并退出
n	创建新分区	x	列出高级选项
p	列出磁盘分区表		

2. 添加新分区

当确认磁盘还有未使用的空间时，可以添加新的分区。添加磁盘分区的顺序一般是先创建主分区，再创建扩展分区，最后创建逻辑分区。

在使用 fdisk 命令时，系统会根据目前的分区情况，提示可以创建的分区类型。fdisk 使用 p 代表主分区，e 代表扩展分区，l 代表逻辑分区。

如果添加的是主分区或扩展分区，则输入 1～4 范围内的一个数字（必须输入未被使用的数字，可以不按顺序）；如果添加的是逻辑分区，则自动从 5 开始编号。

1）添加主分区

添加两个大小为 5GB 的主分区，编号分别为 1 和 2，如图 5-7 所示。

```
[root@centos7 ~]# fdisk /dev/sdb
欢迎使用 fdisk (util-linux 2.23.2)。

更改将停留在内存中，直到您决定将更改写入磁盘。
使用写入命令前请三思。

Device does not contain a recognized partition table
使用磁盘标识符 0x60169d1a 创建新的 DOS 磁盘标签。

命令(输入 m 获取帮助)：n  ①
Partition type:
   p   primary (0 primary, 0 extended, 4 free)
   e   extended
Select (default p): p  ②
分区号 (1-4，默认 1)：1   ③
起始 扇区 (2048-41943039，默认为 2048)：   ④
将使用默认值 2048
Last 扇区, +扇区 or +size{K,M,G} (2048-41943039，默认为 41943039)：+5G   ⑤
分区 1 已设置为 Linux 类型，大小设为 5 GiB

命令(输入 m 获取帮助)：n
Partition type:
   p   primary (1 primary, 0 extended, 3 free)
   e   extended
Select (default p): p
分区号 (2-4，默认 2)：2
起始 扇区 (10487808-41943039，默认为 10487808)：
将使用默认值 10487808
Last 扇区, +扇区 or +size{K,M,G} (10487808-41943039，默认为 41943039)：+5G
分区 2 已设置为 Linux 类型，大小设为 5 GiB

命令(输入 m 获取帮助)：
```

图 5-7　添加两个大小为 5GB 的主分区

（1）输入“n”，添加新分区。

（2）输入“p”，创建主分区。

（3）输入分区编号，若使用默认编号，则按“Enter”键即可。

（4）输入起始柱面号，若使用默认编号，则按“Enter”键即可。

（5）输入新分区的结束柱面号，或者输入的新分区空间大小，使用“+大小单位”的格式，如输入“+5G”。若将剩余空间都分配给该分区，则直接按“Enter”键即可。

2）添加扩展分区

创建编号为 4 的扩展分区，将剩余空间全部分配给扩展分区，起始柱面和结束柱面全部保持默认设置，按“Enter”键即可，如图5-8所示。

```
命令(输入 m 获取帮助)：n
Partition type:
   p   primary (2 primary, 0 extended, 2 free)
   e   extended
Select (default p): e
分区号 (3,4，默认 3)：4
起始 扇区 (20973568-41943039，默认为 20973568)：
将使用默认值 20973568
Last 扇区, +扇区 or +size{K,M,G} (20973568-41943039，默认为 41943039)：
将使用默认值 41943039
分区 4 已设置为 Extended 类型，大小设为 10 GiB

命令(输入 m 获取帮助)：
```

图5-8 创建编号为4的扩展分区

3）添加逻辑分区

在扩展分区上创建两个大小为5GB的逻辑分区，逻辑分区无须指定编号，如图5-9所示。

```
命令(输入 m 获取帮助)：n
Partition type:
   p   primary (2 primary, 1 extended, 1 free)
   l   logical (numbered from 5)
Select (default p): l
添加逻辑分区 5
起始 扇区 (20975616-41943039，默认为 20975616)：
将使用默认值 20975616
Last 扇区, +扇区 or +size{K,M,G} (20975616-41943039，默认为 41943039)：+5G
分区 5 已设置为 Linux 类型，大小设为 5 GiB

命令(输入 m 获取帮助)：n
Partition type:
   p   primary (2 primary, 1 extended, 1 free)
   l   logical (numbered from 5)
Select (default p): l
添加逻辑分区 6
起始 扇区 (31463424-41943039，默认为 31463424)：
将使用默认值 31463424
Last 扇区, +扇区 or +size{K,M,G} (31463424-41943039，默认为 41943039)：
将使用默认值 41943039
分区 6 已设置为 Linux 类型，大小设为 5 GiB

命令(输入 m 获取帮助)：
```

图5-9 在扩展分区上创建两个大小为5GB的逻辑分区

4）查看分区表

在全部分区创建完成后，可以使用p命令查看分区表，同时输入“w”，将新的分区表写入磁盘中，否则新的分区表不起任何作用，如图5-10所示。

```
命令(输入 m 获取帮助)：p

磁盘 /dev/sdb：21.5 GB, 21474836480 字节，41943040 个扇区
Units = 扇区 of 1 * 512 = 512 bytes
扇区大小(逻辑/物理)：512 字节 / 512 字节
I/O 大小(最小/最佳)：512 字节 / 512 字节
磁盘标签类型：dos
磁盘标识符：0x9ed15d1e

   设备 Boot      Start         End      Blocks   Id  System
/dev/sdb1          2048    10487807     5242880   83  Linux
/dev/sdb2      10487808    20973567     5242880   83  Linux
/dev/sdb4      20973568    41943039    10484736    5  Extended
/dev/sdb5      20975616    31461375     5242880   83  Linux
/dev/sdb6      31463424    41943039     5239808   83  Linux

命令(输入 m 获取帮助)：w
The partition table has been altered!

Calling ioctl() to re-read partition table.
正在同步磁盘。
[root@centos7 ~]#
```

图5-10 查看分区表并保存

3. 删除分区

使用fdisk命令的子命令d，输入需要删除的分区编号即可删除该分区，但是不能直接删除扩

展分区，只有将逻辑分区全部删除后才可以删除扩展分区。如图 5-11 所示，删除分区 6，且删除分区后需要使用 fdisk 命令的子命令 w 进行保存。

```
命令(输入 m 获取帮助)：d
分区号 (1,2,4-6，默认 6)：6
分区 6 已删除

命令(输入 m 获取帮助)：w
The partition table has been altered!

Calling ioctl() to re-read partition table.
正在同步磁盘。
[root@centos7 ~]#
```

图 5-11　删除分区 6

4．查看分区结果

如图 5-12 所示，使用 fdisk 命令配合-l 选项可以查看最终的分区结果。

```
[root@centos7 ~]# fdisk -l /dev/sdb

磁盘 /dev/sdb：21.5 GB, 21474836480 字节，41943040 个扇区
Units = 扇区 of 1 * 512 = 512 bytes
扇区大小(逻辑/物理)：512 字节 / 512 字节
I/O 大小(最小/最佳)：512 字节 / 512 字节
磁盘标签类型：dos
磁盘标识符：0x9ed15d1e

   设备 Boot      Start         End      Blocks   Id  System
/dev/sdb1            2048    10487807     5242880   83  Linux
/dev/sdb2        10487808    20973567     5242880   83  Linux
/dev/sdb4        20973568    41943039    10484736    5  Extended
/dev/sdb5        20975616    31461375     5242880   83  Linux
[root@centos7 ~]#
```

图 5-12　查看分区结果

任务小结

本任务介绍了查看磁盘及分区信息，以及使用 fdisk 命令添加新分区、删除分区和查看分区结果等相关知识，要求读者多加练习，熟练掌握本任务中出现的命令，并能够灵活运用。

任务 5.3　文件系统管理

任务描述

在分区完成后，磁盘仍然无法使用，需要进行格式化之后才能使用。格式化即在指定的磁盘中创建文件系统。

任务分析

结合本任务前面所学的知识，读者要熟练掌握创建文件系统命令 mkfs 的使用方法，并在工作实践中熟练应用。

任务目标

1．了解 Linux 系统支持的文件系统，并了解其各自的特点。
2．熟练掌握使用 mkfs 命令创建文件系统的方法。
3．掌握挂载与卸载的命令，掌握自动挂载的方法。

任务实施

子任务 1 创建文件系统

使用 mkfs 命令可以创建文件系统。在终端应用中输入“mkfs”后，按两次“Tab”键，可以查看 Linux 系统支持的不同类型的文件系统，如图 5-13 所示。

```
[root@centos7 ~]# mkfs
mkfs          mkfs.cramfs   mkfs.ext3     mkfs.fat      mkfs.msdos    mkfs.xfs
mkfs.btrfs    mkfs.ext2     mkfs.ext4     mkfs.minix    mkfs.vfat
[root@centos7 ~]#
```

图 5-13 Linux 系统支持的不同类型的文件系统

将磁盘分区后，下一步工作是创建文件系统。创建文件系统的命令是 mkfs，命令格式如下：

```
mkfs  [选项]  文件系统
```

mkfs 命令常用的选项如下。

- -t：指定要创建的文件系统类型。
- -c：创建文件系统前首先检查坏块。
- -l file：从 file 文件中读取磁盘坏块列表，file 文件一般是由磁盘坏块检查程序产生的。
- -V：输出创建文件系统的详细信息。

在/dev/sdb1 上创建 XFS，如图 5-14 所示，也可以使用命令“mkfs -t xfs /dev/sdb1”来实现同样的操作。

```
[root@centos7 ~]# mkfs.xfs /dev/sdb1
meta-data=/dev/sdb1              isize=512    agcount=4, agsize=327680 blks
         =                       sectsz=512   attr=2, projid32bit=1
         =                       crc=1        finobt=0, sparse=0
data     =                       bsize=4096   blocks=1310720, imaxpct=25
         =                       sunit=0      swidth=0 blks
naming   =version 2              bsize=4096   ascii-ci=0 ftype=1
log      =internal log           bsize=4096   blocks=2560, version=2
         =                       sectsz=512   sunit=0 blks, lazy-count=1
realtime =none                   extsz=4096   blocks=0, rtextents=0
[root@centos7 ~]#
```

图 5-14 在/dev/sdb1 上创建 XFS

在/dev/sdb2 上创建 Ext4，如图 5-15 所示，也可以使用命令“mkfs.ext4 /dev/sdb2”来实现同样的操作。

```
[root@centos7 ~]# mkfs -t ext4 /dev/sdb2
mke2fs 1.42.9 (28-Dec-2013)
文件系统标签=
OS type: Linux
块大小=4096 (log=2)
分块大小=4096 (log=2)
Stride=0 blocks, Stripe width=0 blocks
327680 inodes, 1310720 blocks
65536 blocks (5.00%) reserved for the super user
第一个数据块=0
Maximum filesystem blocks=1342177280
40 block groups
32768 blocks per group, 32768 fragments per group
8192 inodes per group
Superblock backups stored on blocks:
        32768, 98304, 163840, 229376, 294912, 819200, 884736

Allocating group tables: 完成
正在写入inode表: 完成
Creating journal (32768 blocks): 完成
Writing superblocks and filesystem accounting information: 完成

[root@centos7 ~]#
```

图 5-15 在/dev/sdb2 上创建 Ext4

子任务 2 挂载与卸载

在完成分区和格式化操作后，需要挂载并使用设备，这个操作过程非常简单：首先创建一个目录作为挂载点，然后使用 mount 命令将存储设备与挂载点进行关联。当不再使用挂载的磁盘时，若要恢复挂载点目录的原有功能，则可以使用 umount 命令卸载设备。

1. 挂载设备

挂载设备使用的是 mount 命令。在挂载前必须确认挂载点目录存在，并且挂载点目录目前没有被使用；在完成挂载后，目录内原来的文件会被隐藏。mount 命令格式如下：

```
mount [选项] 设备 挂载点
```

常用选项如下。

- -t：type，指定文件系统的类型，通常无须指定，就会自动选择正确的类型。
- -a：挂载/etc/fstab 文件中所有的文件系统。
- -r：以只读方式挂载。
- -o：options，主要用来描述设备或文件的挂载方式。

常用参数如下。

- loop：把一个文件当作磁盘分区挂载到系统上。
- ro：采用只读方式挂载设备。
- rw：采用读写方式挂载设备。

loop 设备是一种伪设备（pseudo-device），或者说是仿真设备，它允许用户像块设备一样访问文件。挂载就是将一个 loop 设备和一个文件链接，为用户提供一个类似块设备文件的接口。

例如：

```
[root@centos7 ~]# mount -o loop,ro -t iso9660 /dev/sr0 /mnt
//将光盘挂载到/mnt 挂载点上
[root@centos7 ~]# mount -t vfat /dev/sdc1 /mnt/usb
//将 U 盘挂载到/mnt/usb 挂载点上，U 盘为 FAT32 格式
```

创建 3 个挂载点，并将设备挂载到挂载点上，命令如下：

```
[root@centos7 ~]# mkdir /newxfs1
[root@centos7 ~]# mount /dev/sdb1 /newxfs1
[root@centos7 ~]# mkdir /newxfs2
[root@centos7 ~]# mount /dev/sdb2 /newxfs2
[root@centos7 ~]# mkdir /newxfs3
[root@centos7 ~]# mount /dev/sdb5 /newxfs3
```

2. 卸载设备

卸载设备使用的是 umount 命令，在卸载前必须确认不再使用磁盘。umount 命令格式如下：

```
umount [选项] [文件系统]
```

常用选项及参数如下。

- -a：卸载/etc/mtab 中记录的所有文件系统。
- -n：在卸载时，不将信息保存到/etc/mtab 文件中。
- -r：若无法成功卸载，则需要尝试以只读的方式重新挂载文件系统。
- -v：在执行时显示详细的信息。
- [文件系统]：除直接指定文件系统外，还可以使用设备名称或挂载点来表示文件系统。

分别将前面挂载的 3 个磁盘分区卸载，命令如下：

```
[root@centos7 ~]# umount -v /dev/sdb5
umount: /newxfs3 (/dev/sdb5) 已卸载
[root@centos7 ~]# umount /newxfs1
[root@centos7 ~]# umount -v /newxfs2
umount: /newxfs2 (/dev/sdb2) 已卸载
```

3. df 命令

df 命令的作用是显示文件系统的整体磁盘空间使用情况。该命令提供了一个简洁的方式来查看磁盘分区或文件系统的总容量、已使用空间、可用空间及文件系统挂载点等信息。如果没有文件名参数，则显示所有当前已挂载文件系统的磁盘空间使用情况。df 命令格式如下：

```
df [选项] [文件名]
```

常用选项如下。

- -a：显示所有的文件系统，包括虚拟文件系统。
- -h：以易读的 GB、MB、KB 等格式显示。
- -H：和-h 选项相似，但以 1000 为换算单位，而不是以 1024 为换算单位，即 1KB=1000B，而不是 1KB=1024B。
- -B：指定单位大小，比如 1KB、1MB 等。
- -k：以 KB 为单位显示各文件系统容量，相当于 block-size=1KB。
- -m：以 MB 为单位显示各文件系统容量，相当于 block-size=1MB。
- -I：不以磁盘容量，而是以 inode 的数量来显示。

使用 df 命令查看磁盘空间使用情况，如图 5-16 所示。

```
[root@centos7 ~]# df -h /bin
文件系统                  容量  已用  可用 已用% 挂载点
/dev/mapper/centos-root   17G  3.6G   14G   21% /
[root@centos7 ~]# df -H /bin
文件系统                  容量  已用  可用 已用% 挂载点
/dev/mapper/centos-root   19G  3.8G   15G   21% /
[root@centos7 ~]# df -m /bin
文件系统                 1M-块  已用  可用 已用% 挂载点
/dev/mapper/centos-root 17394  3605 13790   21% /
```

图 5-16　查看磁盘空间使用情况

使用 df 命令查看系统当前已挂载设备和容量使用情况，如图 5-17 所示。

```
[root@centos7 ~]# df -h
文件系统                 容量  已用  可用 已用% 挂载点
/dev/mapper/centos-root   17G  3.6G   14G   21% /
devtmpfs                 895M     0  895M    0% /dev
tmpfs                    911M     0  911M    0% /dev/shm
tmpfs                    911M   11M  901M    2% /run
tmpfs                    911M     0  911M    0% /sys/fs/cgroup
/dev/sda1               1014M  170M  845M   17% /boot
tmpfs                    183M  4.0K  183M    1% /run/user/42
tmpfs                    183M   32K  183M    1% /run/user/0
/dev/sr0                 4.4G  4.4G     0  100% /run/media/root/CentOS 7 x86_64
/dev/loop0               4.4G  4.4G     0  100% /mnt
[root@centos7 ~]#
```

图 5-17　查看系统当前已挂载设备和容量使用情况

注意：tmpfs 是 Linux/UNIX 系统中一种基于内存的文件系统。tmpfs 可以使用内存或 Swap 分区来存储文件。

子任务 3 设置自动挂载

当计算机重启时，使用 mount 命令挂载的文件系统需要重新挂载才可以使用，这对于使用频率较高的分区来说不太方便。如果希望文件系统在计算机重启时自动挂载，则可以通过修改/etc/fstab 文件来实现。本例的/etc/fstab 文件内容如图 5-18 所示，限于篇幅，这里省略了注释行。

```
[root@centos7 ~]# grep -v '^#' /etc/fstab

/dev/mapper/centos-root /                       xfs     defaults        0 0
UUID=fe50b952-0d5e-469c-b258-3dbf6e4c2171 /boot                   xfs     defaults        0 0
/dev/mapper/centos-swap swap                    swap    defaults        0 0
[root@centos7 ~]#
```

图 5-18 /etc/fstab 文件内容

在/etc/fstab 文件中，每行从左向右有 6 个由空格分隔的字段，每行描述了一个文件系统，各字段说明如表 5-5 所示。

表 5-5 /etc/fstab 文件的各字段说明

字段	示例	说明
1	/dev/sda2	要挂载的设备（分区编号），可以使用卷标
2	/home	文件系统的挂载点
3	xfs	所挂载文件系统的类型，可使用 auto，由系统自动检测
4	defaults	文件系统的挂载选项使用逗号分隔，如 async（异步写入）、dev（允许创建设备文件）、auto（自动载入）、rw（读写权限）、exec（可执行）、nouser（普通用户不可挂载）、suid（允许包含 suid 文件格式）、defaults（表示同时具备以上参数，所以默认使用 defaults）。另外，还包括 usrquota（用户配额）、grpquota（组配额）等
5	0	提供 dump 功能来备份系统，0 表示不使用 dump，1 表示使用 dump，2 表示使用 dump 但重要性比 1 小
6	0	指定计算机启动时文件系统的 fsck（文件系统检查）次序，0 表示不检查，1 表示最先检查，2 表示检查但操作比 1 迟

例如，系统在每次运行时，会将上述/dev/sdb1 分区自动以 defaults 方式挂载到/newxfs1 挂载点上，可以在/etc/fstab 文件的末行添加如图 5-19 所示的内容，这里使用的是 cat 重定向，将自动挂载信息追加到/etc/fstab 文件中，输入完成后，按“Ctrl+D”组合键结束输入。

```
[root@centos ~]# cat >>/etc/fstab
/dev/sdb1 /newxfs1 xfs defaults 0 0
[Ctrl+D]
```

图 5-19 在/etc/fstab 文件的末行添加的内容

在系统重启后可发现，/dev/sdb1 分区已经自动挂载，mount -a 命令会逐行读取/etc/fstab 文件，并挂载所有该文件内的分区设备，同时 mount -a 命令会在系统启动时自动执行。

注意：Linux 系统中还有一个/etc/mtab 文件，用于记录当前系统的挂载信息，每次系统执行 mount 和 umount 命令后都会更新/etc/mtab 文件的内容，读者可自行验证。

任务小结

本任务介绍了 Linux 系统支持的各种文件系统，以及使用 mkfs 命令创建文件系统的方法和挂载与卸载文件系统的方法，并通过配置/etc/fstab 文件实现自动挂载，需要读者多加练习，熟练掌握本任务中涉及的命令，并能够灵活运用。

任务 5.4　在 Linux 系统中配置 RAID

任务描述

本项目的第 4 个任务是在 Linux 系统中配置 RAID，让读者了解常用 RAID（Redundant Array of Independent Disks，独立冗余磁盘阵列）技术方案的特性，并通过实际部署更直观地查看 RAID 的强大效果，以便进一步满足生产环境对磁盘设备的 I/O 读写速度和数据冗余备份机制的需求。

任务分析

本任务需要用户对常见的 RAID 技术方案有所了解，掌握各种 RAID 技术方案的特性和对磁盘的要求，以及最终磁盘容量的计算方法，并能够在 Linux 系统中使用 mdadm 命令配置 RAID。

任务目标

1. 了解常见的 RAID 技术方案。
2. 掌握在 Linux 系统中使用 mdadm 命令配置 RAID 的方法。

在 Linux 中配置软 RAID

预备知识

独立冗余磁盘阵列，是指“独立磁盘构成的具有冗余能力的阵列”。简单来说，RAID 是由多个独立的高性能磁盘驱动器组成的磁盘子系统，可以提供比单个磁盘更高的存储性能和数据冗余。

RAID 可以为大型服务器提供高端的存储功能和冗余的数据安全。在整个系统中，RAID 被看作由两个或更多磁盘组成的存储空间，通过并发地在多个磁盘上读写数据来提高存储系统的 I/O 性能。大多数 RAID 等级具有完备的数据校验、纠正措施，可以提高系统的容错性，甚至采用镜像的方式大大增强系统的可靠性。

任何事物都具有两面性。RAID 确实具有非常好的数据冗余备份功能，但是它也提高了成本。RAID 的设计初衷是减少因采购磁盘设备而带来的费用，但是与数据本身的价值相比，现代企业更看重的是 RAID 所具备的冗余备份机制及磁盘吞吐量的提升。由于 RAID 不仅降低了磁盘设备损坏后丢失数据的概率，还提升了磁盘设备的读写速度，因此它在绝大多数运营商或大中型企业中得到了广泛部署和应用。

出于成本和技术方面的考虑，用户需要针对不同的需求在数据可靠性及读写性能上做出权衡，制定出满足各自需求的不同方案。目前已有的 RAID 技术方案至少有十几种，接下来会详细讲解 RAID 0、RAID 1、RAID 5 与 RAID 10 这 4 种常见的 RAID 技术方案。这 4 种常见的 RAID 技术方案对比如表 5-6 所示，其中 n 代表磁盘总数。

表 5-6　4 种常见的 RAID 技术方案对比

RAID 级别	最少磁盘数	可用容量	读写性能	安全性	特点
0	2	n	n	低	追求最大容量和速度，如果任何一块磁盘损坏，数据将全部出现异常
1	2	$n/2$	n	高	追求最大安全性，只要阵列中有一块磁盘可用，数据将不受影响

续表

RAID 级别	最少磁盘数	可用容量	读写性能	安全性	特点
5	3	n-1	n-1	中	在控制成本的前提下，追求磁盘的最大容量、速度及安全性，允许在一块磁盘发生异常的情况下，数据不会受到影响
10	4	n/2	n/2	高	综合 RAID 1 和 RAID 0 的优点，追求磁盘的速度和安全性，允许有二分之一数量的磁盘异常（不可同组），数据不会受到影响

1．RAID 0

RAID 0 是最早出现的 RAID 技术方案，即数据分条（Data Stripping）。RAID 0 把多块物理磁盘设备（至少两块）通过硬件或软件的方式串联在一起，组成一个大的卷组，并将数据依次写入各个物理磁盘中。因此，在理想状态下，磁盘设备的读写性能会提升数倍，但是如果任意一块磁盘发生故障，将导致整个系统的数据都受到破坏。通俗来讲，RAID 0 能够有效地提升磁盘数据的吞吐速度，但是不具备数据备份和错误修复能力。如图 5-20 所示，数据被分别写入不同的磁盘设备中，即磁盘 A 和磁盘 B 会分别保存数据资料，最终实现提升读取、写入速度的目的。

2．RAID 1

尽管 RAID 0 提升了磁盘设备的读写速度，但它是将数据依次写入各个物理磁盘中的。也就是说，数据是分开存放的，其中任何一块磁盘发生故障都会损坏整个系统的数据。因此，如果生产环境对磁盘设备的读写速度没有要求，而是希望增加数据的安全性，则可以使用 RAID 1。RAID 1 称为磁盘镜像，原理是把一个磁盘的数据镜像到另一个磁盘上，它可以将数据完全、一致地分别写入工作磁盘和镜像磁盘中。

在图 5-21 所示的 RAID 1 示意图中可以看到，它把两块以上的磁盘设备绑定，在写入数据时，同时将数据写入多块磁盘设备中（可以将其视为数据的镜像或备份）。当其中某一块磁盘发生故障后，通常会立即自动以热交换的方式来恢复数据的正常使用。

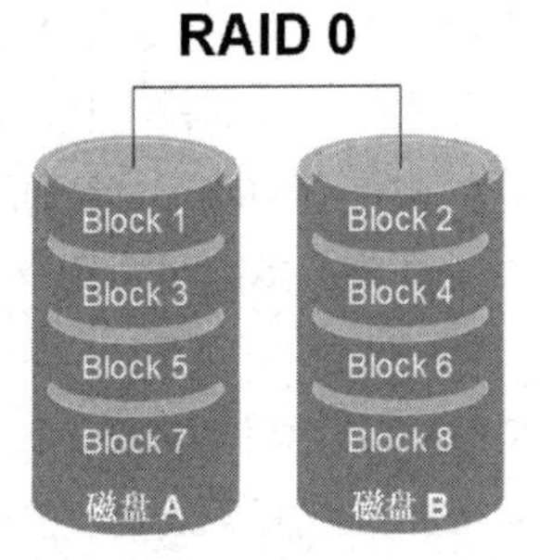

图 5-20　RAID 0 示意图

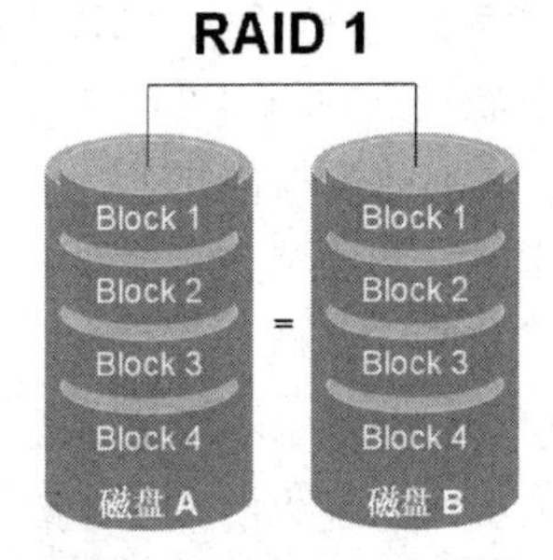

图 5-21　RAID 1 示意图

考虑到在进行写入操作时因磁盘切换带来的开销，RAID 1 的速度会比 RAID 0 稍低。但是在读取数据时，操作系统可以分别从两块磁盘中读取信息，因此理论读取速度的峰值可以是磁盘数量的倍数。另外，只要保证有一块磁盘稳定运行，数据就不会出现损坏的情况，可靠性较高。

3．RAID 5

如图 5-22 所示，RAID5 将磁盘设备的数据奇偶校验信息保存到其他磁盘设备中。RAID 5 磁盘阵列中数据的奇偶校验信息并没有被单独保存在某一块磁盘设备中，而是被保存在除自身以外的其他每一块磁盘设备上。这样做的好处是，其中任何一块磁盘设备损坏后不至于出现致命缺陷。图5-22中Parity部分保存的是数据的奇偶校验信息。换句话说，RAID 5并不会备份磁盘中的真实数据信息，而是当磁盘设备出现问题后通过奇偶校验信息来尝试重建损坏的数据。RAID 5的技术特性"妥协"地兼顾了磁盘设备的读写速度、数据安全性与存储成本问题。

RAID 5最少由3块磁盘组成，使用的是磁盘切割（Disk Striping）技术。相较于RAID 1，其优势在于保存的是奇偶校验信息而不是完全相同的文件内容，所以当重复写入某个文件时，RAID 5级别的磁盘阵列只需要对应一条奇偶校验信息，效率更高，存储成本会随之降低。

4. RAID 10

RAID 5考虑磁盘设备的成本问题对读写速度和数据的安全性能做出了一定程度上的妥协，但是大部分企业更在乎的是数据本身的价值而非磁盘价格，因此在生产环境中主要使用RAID 10。

顾名思义，RAID 10是RAID 1和RAID 0的一个"组合体"。如图5-23所示，RAID 10至少需要4块磁盘来组建，先分别两两制作成RAID 1磁盘阵列，以保证数据的安全性；再对两个RAID 1磁盘阵列实施RAID 0，进一步提高磁盘设备的读写速度。从理论上来讲，只要不是同一阵列中的所有磁盘发生故障，则最多可以损坏50%的磁盘设备而且能够保证不丢失数据。由于RAID 10继承了RAID 0的高读写速度和RAID 1的数据安全性，且在不考虑成本的情况下，RAID 10的性能也超过了RAID 5，因此成为当前被广泛使用的一种存储技术。

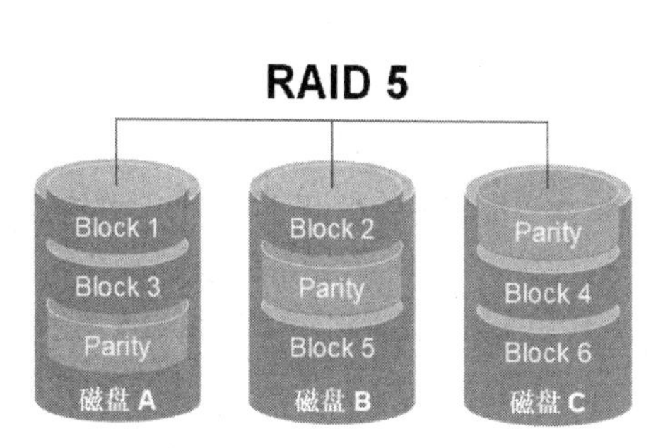

图5-22 RAID 5示意图

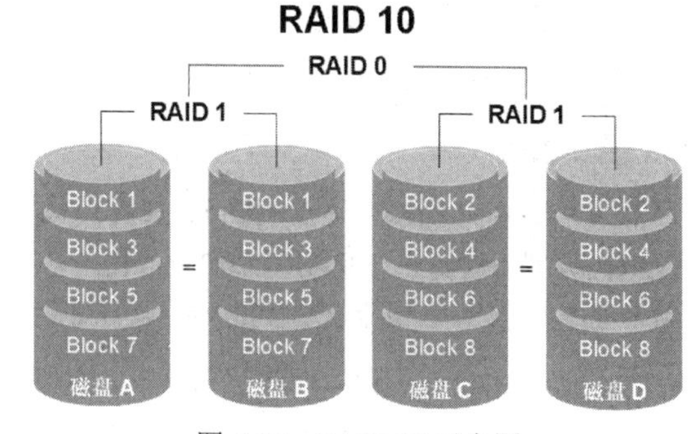

图5-23 RAID 10示意图

RAID 10先对信息进行分割，再将它们两两一组制作为镜像。即先将RAID 1作为最低级别的组合，再使用RAID 0将RAID 1磁盘阵列组合到一起，将它们看作"一整块"磁盘。

任务实施

子任务1 准备创建RAID的环境

实战案例——在Linux中配置软RAID

1. 确认mdadm命令是否安装

Linux系统默认已经安装了mdadm命令，可以使用如下命令查询其安装情况，如图5-24所示。

Linux系统中目前以MD（Multiple Devices）虚拟设备的方式实现软件RAID，利用多个底层的块设备虚拟出一个新的虚拟设备，利用条带化（Stripping）技术将数据块均匀分布到多个磁盘上以提高虚拟设备的读写性能，利用不同的数据冗余算法来保护用户数据不会因为某个设备的故障而完全丢失，并且能够在设备被替换后将丢失的数据恢复到新设备上。目前，MD支持RAID0、RAID1、RAID5、RAID10等不同的冗余级别和集成方式。

```
[root@centos7 ~]# rpm -qa | grep mdadm
mdadm-4.0-13.el7.x86_64
[root@centos7 ~]#
```

图 5-24　查询 mdadm 命令的安装情况

2. mdadm 命令简介

mdadm 是 multiple device admin 的简称，是 Linux 系统中一款标准的软件 RAID 管理工具。mdadm 命令格式如下：

```
mdadm [格式] [选项]
```

常用选项如下。

- -C：创建一个新的磁盘阵列。
- -l：设定 RAID 等级，如 0、1、5 等。
- -n：指定磁盘阵列中可用的 device 数目。
- -x：指定初始磁盘阵列的热备 device 数目。
- -a：自动创建对应的设备，可以提供 no、yes、md、mdp、part、p 等选择。
- -D：打印一个或多个虚拟块设备的详细信息。
- -f：使一块磁盘发生故障。
- -a：增加一块磁盘。
- -r：移除一块故障磁盘。
- -S：停止磁盘阵列。

3. 添加磁盘

添加 4 块磁盘，用来创建 RAID 5。在虚拟机主界面中单击“编辑虚拟机设置”链接，在打开的“虚拟机设置”对话框中单击“添加”按钮，在打开的“添加硬件向导”对话框中设置“硬件类型”为“硬盘”。因为要创建 RAID5，所以添加 4 块磁盘，且 4 块磁盘的大小相同，如图 5-25 所示。

图 5-25　添加 4 块磁盘

在 Linux 系统中可以通过 lsblk 命令查询当前系统安装的磁盘列表，如图 5-26 所示。

```
[root@centos7 ~]# lsblk
NAME   MAJ:MIN RM  SIZE RO TYPE MOUNTPOINT
sda      8:0    0   20G  0 disk
├─sda1   8:1    0    1G  0 part /boot
├─sda2   8:2    0    2G  0 part [SWAP]
└─sda3   8:3    0   17G  0 part /
sdb      8:16   0   10G  0 disk
sdc      8:32   0   10G  0 disk
sdd      8:48   0   10G  0 disk
sde      8:64   0   10G  0 disk
sr0     11:0    1  4.2G  0 rom  /run/media/root/CentOS 7 x86_64
[root@centos7 ~]#
```

图 5-26　查询当前系统安装的磁盘列表

子任务 2　创建并测试 RAID 5

1. 创建 RAID 5

现在使用 mdadm 命令创建一个 RAID 5 磁盘阵列。在下面的命令中，-l 5 代表 RAID 的级别，-n 3 代表创建这个 RAID 5 磁盘阵列所需的磁盘数，而参数-x 1 则代表有一块热备盘，如图 5-27 所示。

```
[root@centos7 ~]# mdadm -C /dev/md0 -l 5 -n 3 -x 1 /dev/sd[b-e]
mdadm: Defaulting to version 1.2 metadata
mdadm: array /dev/md0 started.
[root@centos7 ~]#
```

图 5-27　创建 RAID 5 磁盘阵列

2. 查看 RAID 5

在创建完成后，用户可以查看 RAID 5 的详细情况和状态，如图 5-28 所示。

```
[root@centos7 ~]# mdadm -D /dev/md0
/dev/md0:
           Version : 1.2
     Creation Time : Sat Sep 17 05:24:40 2022
        Raid Level : raid5
        Array Size : 20953088 (19.98 GiB 21.46 GB)
     Used Dev Size : 10476544 (9.99 GiB 10.73 GB)
      Raid Devices : 3
     Total Devices : 4
       Persistence : Superblock is persistent

       Update Time : Sat Sep 17 05:25:33 2022
             State : clean
    Active Devices : 3
   Working Devices : 4
    Failed Devices : 0
     Spare Devices : 1

            Layout : left-symmetric
        Chunk Size : 512K

Consistency Policy : resync

              Name : centos7:0  (local to host centos7)
              UUID : 7c5335f6:d1396a73:e4ac455f:3c5e3067
            Events : 18

    Number   Major   Minor   RaidDevice State
       0       8       16        0      active sync   /dev/sdb
       1       8       32        1      active sync   /dev/sdc
       4       8       48        2      active sync   /dev/sdd

       3       8       64        -      spare   /dev/sde
```

图 5-28　查看 RAID 5 的详细情况和状态

3. 格式化并挂载 RAID 5

将创建的 RAID 5 磁盘阵列格式化为 XFS 文件格式，然后挂载到目录上，并使用 mount 命令挂载 RAID 5。由 3 块大小为 10GB 的磁盘组成的 RAID 5 磁盘阵列，其对应的可用空间是 20GB。

热备盘的空间不参与计算，平时处于“待机”状态，只有在出现意外时才会开始工作。格式化并挂载 RAID 5 如图 5-29 所示。

```
[root@centos7 ~]# mkfs.xfs /dev/md0
meta-data=/dev/md0               isize=512    agcount=16, agsize=327296 blks
         =                       sectsz=512   attr=2, projid32bit=1
         =                       crc=1        finobt=0, sparse=0
data     =                       bsize=4096   blocks=5236736, imaxpct=25
         =                       sunit=128    swidth=256 blks
naming   =version 2              bsize=4096   ascii-ci=0 ftype=1
log      =internal log           bsize=4096   blocks=2560, version=2
         =                       sectsz=512   sunit=8 blks, lazy-count=1
realtime =none                   extsz=4096   blocks=0, rtextents=0
[root@centos7 ~]# mkdir /mnt/raid5
[root@centos7 ~]# mount /dev/md0 /mnt/raid5
[root@centos7 ~]# df -h | grep md0
/dev/md0          20G   33M   20G    1% /mnt/raid5
[root@centos7 ~]#
```

图 5-29　格式化并挂载 RAID 5

4．测试 RAID 5

切换到挂载点目录，新建测试文件并复制，并在输入完成后使用“Ctrl+D”组合键退出，如图 5-30 所示。

使用 mdadm /dev/md1 -f /dev/sdb 命令模拟一个活动磁盘损坏的情况，但是查看时发现文件并未丢失，如图 5-31 所示。

```
[root@centos7 ~]# cd /mnt/raid5/
[root@centos7 raid5]# cat > test.txt
test1
test2
test3
test4
[root@centos7 raid5]# cp test.txt test.txt.bk
[root@centos7 raid5]# ll
总用量 8
-rw-r--r--. 1 root root 24 9月  17 05:41 test.txt
-rw-r--r--. 1 root root 24 9月  17 05:41 test.txt.bk
[root@centos7 raid5]#
```

图 5-30　新建测试文件并复制

```
[root@centos7 raid5]# mdadm /dev/md0 -f /dev/sdb
mdadm: set /dev/sdb faulty in /dev/md0
[root@centos7 raid5]# ll
总用量 8
-rw-r--r--. 1 root root 24 9月  17 05:41 test.txt
-rw-r--r--. 1 root root 24 9月  17 05:41 test.txt.bk
[root@centos7 raid5]#
```

图 5-31　模拟活动磁盘损坏的情况

此时查看 RAID 5 的详细信息，可以发现/dev/sdb 的状态为 faulty，原来的热备盘/dev/sde 会自动替换损坏的磁盘并同步数据，如图 5-32 所示。

```
[root@centos7 raid5]# mdadm -D /dev/md0
/dev/md0:
           Version : 1.2
     Creation Time : Sat Sep 17 05:24:40 2022
        Raid Level : raid5
        Array Size : 20953088 (19.98 GiB 21.46 GB)
     Used Dev Size : 10476544 (9.99 GiB 10.73 GB)
      Raid Devices : 3
     Total Devices : 4
       Persistence : Superblock is persistent

       Update Time : Sat Sep 17 05:48:48 2022
             State : clean
    Active Devices : 3
   Working Devices : 3
    Failed Devices : 1
     Spare Devices : 0

            Layout : left-symmetric
        Chunk Size : 512K

Consistency Policy : resync

              Name : centos7:0  (local to host centos7)
              UUID : 7c5335f6:d1396a73:e4ac455f:3c5e3067
            Events : 37

    Number   Major   Minor   RaidDevice State
       3       8       64        0      active sync   /dev/sde
       1       8       32        1      active sync   /dev/sdc
       4       8       48        2      active sync   /dev/sdd

       0       8       16        -      faulty   /dev/sdb
```

图 5-32　热备盘自动替换损坏的磁盘并同步数据

5．移除损坏的磁盘，添加新磁盘

在发现现有磁盘的状态为 faulty 之后，需要马上将该磁盘移除，并添加新磁盘作为热备盘，如图 5-33 所示。使用-r 选项将损坏的磁盘从磁盘阵列中移除，再使用-a 选项将新磁盘添加到磁盘阵列中，且新磁盘将作为热备盘。

```
[root@centos7 raid5]# mdadm /dev/md0 -r /dev/sdb
mdadm: hot removed /dev/sdb from /dev/md0
[root@centos7 raid5]# mdadm /dev/md0 -a /dev/sdb
mdadm: added /dev/sdb
[root@centos7 raid5]# mdadm -D /dev/md0
/dev/md0:
           Version : 1.2
     Creation Time : Sat Sep 17 05:24:40 2022
        Raid Level : raid5
        Array Size : 20953088 (19.98 GiB 21.46 GB)
     Used Dev Size : 10476544 (9.99 GiB 10.73 GB)
      Raid Devices : 3
     Total Devices : 4
       Persistence : Superblock is persistent

       Update Time : Sat Sep 17 05:54:33 2022
             State : clean
    Active Devices : 3
   Working Devices : 4
    Failed Devices : 0
     Spare Devices : 1

            Layout : left-symmetric
        Chunk Size : 512K

Consistency Policy : resync

              Name : centos7:0  (local to host centos7)
              UUID : 7c5335f6:d1396a73:e4ac455f:3c5e3067
            Events : 39

    Number   Major   Minor   RaidDevice State
       3       8       64        0      active sync   /dev/sde
       1       8       32        1      active sync   /dev/sdc
       4       8       48        2      active sync   /dev/sdd

       5       8       16        -      spare   /dev/sdb
```

图 5-33 移除损坏的磁盘并添加新磁盘

子任务 3 删除 RAID

如果不想继续使用已经创建的 RAID，应该如何删除呢？一般来说，删除 RAID 需要遵循以下步骤：备份重要数据→从挂载点卸载 RAID→停止该 RAID→删除成员磁盘中的超级块信息。下面以前面创建的 RAID 5 为例演示如何删除一个 RAID，如图 5-34 所示。

```
[root@centos7 raid5]# cd
[root@centos7 ~]# umount /dev/md0
[root@centos7 ~]# mdadm /dev/md0 -f /dev/sd[b-e]
mdadm: set /dev/sdb faulty in /dev/md0
mdadm: set /dev/sdc faulty in /dev/md0
mdadm: set /dev/sdd faulty in /dev/md0
mdadm: set /dev/sde faulty in /dev/md0
[root@centos7 ~]# mdadm /dev/md0 -r /dev/sd[b-e]
mdadm: hot removed /dev/sdb from /dev/md0
mdadm: hot removed /dev/sdc from /dev/md0
mdadm: hot removed /dev/sdd from /dev/md0
mdadm: hot removed /dev/sde from /dev/md0
[root@centos7 ~]# mdadm -S /dev/md0
mdadm: stopped /dev/md0
[root@centos7 ~]# mdadm --zero-superblock /dev/sd[b-e]
```

图 5-34 删除一个 RAID

任务小结

通过本任务的学习，读者可以对常见的 RAID 技术方案有所了解。本任务详细讲述了通过 mdadm 命令配置 RAID 的方法，需要读者多加练习，熟练掌握本任务中涉及的命令，并能够灵活运用。

任务 5.5 逻辑卷管理器

任务描述

本项目的第 5 个任务是逻辑卷管理器，让读者了解并掌握逻辑卷管理器的使用和配置方法，能够创建物理卷、卷组、逻辑卷，并对其进行扩容和快照。

任务分析

本任务需要读者全面了解逻辑卷管理器的概念和原理，并掌握逻辑卷管理器的使用和配置方法，能够根据实际需要创建逻辑卷、扩容逻辑卷、创建逻辑卷快照及删除 LVM。

任务目标

LVM 逻辑卷介绍

1. 了解逻辑卷管理器的概念和原理及其常用的命令。
2. 掌握创建逻辑卷、扩容逻辑卷、创建逻辑卷快照及删除 LVM 的方法。

预备知识

前面介绍的磁盘设备管理技术虽然能够有效地提高磁盘设备的读写速度及数据的安全性，但是在磁盘完成分区或者被部署为 RAID 之后，修改磁盘分区的大小会比较困难。如果用户需要随着实际需求的变化调整磁盘分区的大小，则会受到磁盘“灵活性”的限制。

逻辑盘卷管理器（Logical Volume Manager，LVM）是 Linux 环境下对磁盘分区进行管理的一种机制。LVM 是建立在磁盘和分区之上的一个逻辑层，用来提高磁盘分区管理的灵活性。

LVM 的工作原理很简单，先将底层的物理磁盘抽象地封装起来，然后以逻辑卷的方式呈现给上层应用。LVM 的技术架构如图 5-35 所示。在传统的磁盘管理机制中，上层应用直接访问文件系统，对底层的物理磁盘进行读取；而 LVM 通过对底层的磁盘进行封装，使用户操作底层的物理磁盘时不再针对分区进行操作，而是通过逻辑卷对其进行底层的磁盘管理操作。比如增加一个物理磁盘，这时上层服务无法感知这项操作，因为系统是以逻辑卷的方式呈现给上层服务的。

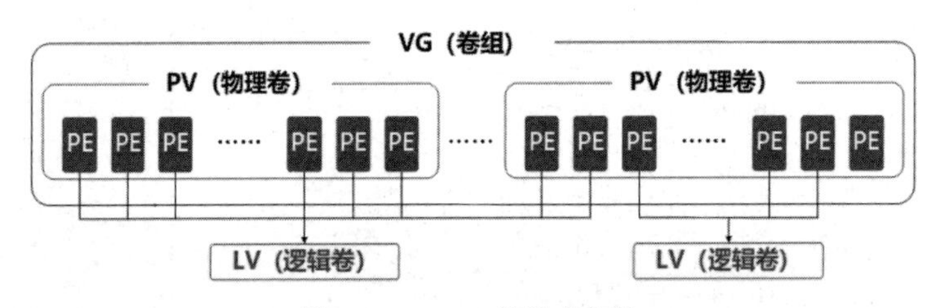

图 5-35 LVM 的技术架构

LVM 的主要特点是可以对磁盘进行动态管理。因为逻辑卷的大小是可以动态调整的，而且不会丢失现有的数据。如果需要新增磁盘，也不会改变上层现有的逻辑卷。作为一个动态磁盘管理机制，LVM 大大提高了磁盘管理的灵活性。

LVM 相关术语介绍如下。

1．物理卷（Physical Volume，PV）

物理卷在 LVM 中处于底层，它可以是实际物理磁盘上的分区，也可以是整个物理磁盘。

2．卷组（Volume Group，VG）

卷组建立在物理卷之上，一个卷组中至少包括一个物理卷。在卷组创建之后，可以将物理卷动态添加到卷组中。一个逻辑卷管理系统工程中可以只有一个卷组，也可以拥有多个卷组。

3．逻辑卷（Logical Volume，LV）

逻辑卷建立在卷组之上，卷组中的未分配空间可以用于建立新的逻辑卷。在逻辑卷创建之后，可以动态地扩展和缩小其空间。系统中的多个逻辑卷可以属于同一个卷组，也可以属于不同的卷组。

4．物理扩展（Physical Extent，PE）

每一个物理卷都可以被划分为称为PE的基本单元，具有唯一编号的PE是可以被LVM寻址的最小单元。PE的大小是可配置的，默认为4MB。

5．逻辑扩展（Logical Extent，LE）

逻辑卷可以被划分为称为LE的可被寻址的基本单元。在同一个卷组中，LE的大小与PE相同，并且一一对应。

物理卷、卷组、逻辑卷的关系如图5-36所示。

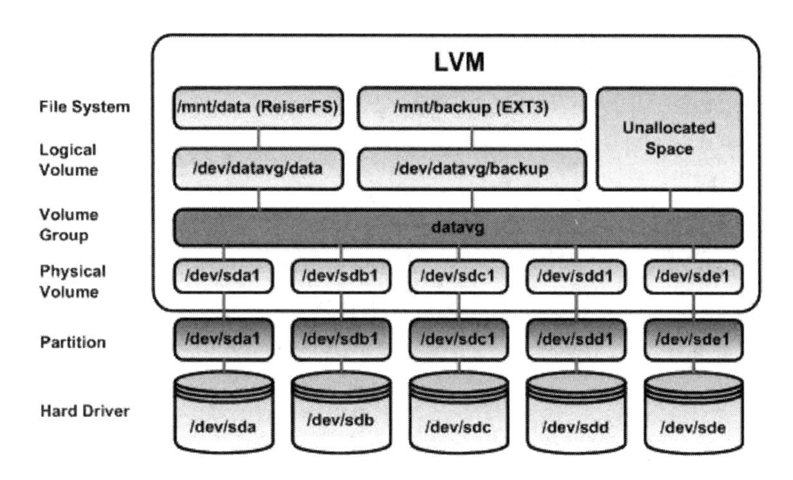

图5-36　物理卷、卷组、逻辑卷的关系

在日常使用过程中，如果卷组的剩余容量不足，则可以随时增加新的物理卷，不断地扩容。物理卷处于LVM的底层，可以将其理解为物理磁盘、磁盘分区或者RAID磁盘阵列。一个卷组可以包含多个物理卷，而且在卷组创建之后，也可以继续向其中添加新的物理卷。逻辑卷是占用卷组中的空闲资源创建的，并且在创建之后，可以动态地扩展或缩小空间。

子任务1　准备LVM环境

实战案例——LVM逻辑卷的使用

通常来说，在生产环境中最初分配磁盘空间时无法精确地评估每个磁盘分区在日后的使用情况，因此会导致原来分配的磁盘分区不够用。比如，伴随着业务量的增加，用于存放交易记录的数据库目录的体积也随之增加；分析并记录用户的行为导致日志目录的体积不断增加，这些都会导致原有的磁盘分区出现不合理的情况，有时还存在需要对较大的磁盘分区进行精简缩容的情况。

这时可以通过部署LVM来解决上述问题，需要逐步配置物理卷、卷组和逻辑卷，常用的LVM部署命令如表5-7所示。下面详细介绍配置过程。

表 5-7　常用的 LVM 部署命令

功能/命令	物理卷管理	卷组管理	逻辑卷管理
扫描	pvscan	vgscan	lvscan
建立	pvcreate	vgcreate	lvcreate
显示	pvdisplay	vgdisplay	lvdisplay
删除	pvremove	vgremove	lvremove
扩展		vgextend	lvextend
缩小		vgreduce	lvreduce

（1）添加两块磁盘，用来创建 LVM。在虚拟机主界面中单击“编辑虚拟机设置”链接，在打开的“虚拟机设置”对话框中单击“添加”按钮，在打开的“添加硬件向导”对话框中设置“硬件类型”为“硬盘”，添加两块大小为 10GB 的磁盘，如图 5-37 所示。

在虚拟机中添加两块新磁盘的目的是更好地演示 LVM 理念中用户无须关心底层物理磁盘的特性。先对这两块新磁盘进行创建物理卷的操作（可以将该操作简单理解为使磁盘支持 LVM 技术，或者理解为把磁盘加入 LVM 可用的硬件资源池中），然后对这两块磁盘进行卷组合并，并自定义卷组的名称。

图 5-37　添加两块大小为 10GB 的磁盘

（2）创建物理卷，使新添加的两块磁盘支持 LVM，如图 5-38 所示。

（3）创建名为 myvg 的卷组，把上一步创建的两个物理卷加入 myvg 卷组中，并查看卷组的状态，如图 5-39 所示。

（4）在 myvg 卷组中切割出一个 200MB 的空间以创建名为 lv1 的逻辑卷，如图 5-40 所示。

```
[root@centos7 ~]# pvcreate /dev/sdb /dev/sdc
  Physical volume "/dev/sdb" successfully created.
  Physical volume "/dev/sdc" successfully created.
[root@centos7 ~]# pvdisplay
  "/dev/sdb" is a new physical volume of "10.00 GiB"
  --- NEW Physical volume ---
  PV Name               /dev/sdb
  VG Name
  PV Size               10.00 GiB
  Allocatable           NO
  PE Size               0
  Total PE              0
  Free PE               0
  Allocated PE          0
  PV UUID               tgNoIE-87X7-FKxU-avrv-wRLE-sDU0-LjYCC3

  "/dev/sdc" is a new physical volume of "10.00 GiB"
  --- NEW Physical volume ---
  PV Name               /dev/sdc
  VG Name
  PV Size               10.00 GiB
  Allocatable           NO
  PE Size               0
  Total PE              0
  Free PE               0
  Allocated PE          0
  PV UUID               vh3HYp-hZcj-bXfK-BtRT-1Vca-die8-KYXKPI
```

图 5-38　创建物理卷

```
[root@centos7 ~]# vgcreate myvg /dev/sdb /dev/sdc
  Volume group "myvg" successfully created
[root@centos7 ~]# vgdisplay
  --- Volume group ---
  VG Name               myvg
  System ID
  Format                lvm2
  Metadata Areas        2
  Metadata Sequence No  1
  VG Access             read/write
  VG Status             resizable
  MAX LV                0
  Cur LV                0
  Open LV               0
  Max PV                0
  Cur PV                2
  Act PV                2
  VG Size               19.99 GiB
  PE Size               4.00 MiB
  Total PE              5118
  Alloc PE / Size       0 / 0
  Free  PE / Size       5118 / 19.99 GiB
  VG UUID               ROEqOV-xdQc-z91Y-nhMc-e8th-y7lP-Ba0COR
```

图 5-39　创建名为 myvg 的卷组

```
[root@centos7 ~]# lvcreate -n lv1 -L 200M myvg
  Logical volume "lv1" created.
[root@centos7 ~]# lvdisplay
  --- Logical volume ---
  LV Path                /dev/myvg/lv1
  LV Name                lv1
  VG Name                myvg
  LV UUID                Q4ev2V-Lcry-WIt0-WIsb-aLOT-KXT2-2UipBJ
  LV Write Access        read/write
  LV Creation host, time centos7, 2022-09-20 00:24:49 +0800
  LV Status              available
  # open                 0
  LV Size                200.00 MiB
  Current LE             50
  Segments               1
  Allocation             inherit
  Read ahead sectors     auto
  - currently set to     8192
  Block device           253:0
```

图 5-40　创建名为 lv1 的逻辑卷

在对逻辑卷进行切割时有两种计量单位。一种是以容量为单位，所使用的选项为-L。例如，使用“-L 200M”可以生成一个大小为 200MB 的逻辑卷。另一种是以基本单元的个数为单位，所使用的选项为-l。每个基本单元的大小默认为 4MB。例如，使用“-l 50”可以生成一个大小为 50×4MB=200MB 的逻辑卷。

（5）将创建好的逻辑卷格式化并挂载，如图 5-41 所示。

Linux 系统会把 LVM 中的逻辑卷存放在/dev 设备目录中，同时会以卷组的名称来创建一个目录，其中保存了逻辑卷的设备映射文件（即/dev/卷组名称/逻辑卷名称）。

```
[root@centos7 ~]# mkfs.xfs /dev/myvg/lv1
meta-data=/dev/myvg/lv1          isize=512    agcount=4, agsize=12800 blks
         =                       sectsz=512   attr=2, projid32bit=1
         =                       crc=1        finobt=0, sparse=0
data     =                       bsize=4096   blocks=51200, imaxpct=25
         =                       sunit=0      swidth=0 blks
naming   =version 2              bsize=4096   ascii-ci=0 ftype=1
log      =internal log           bsize=4096   blocks=855, version=2
         =                       sectsz=512   sunit=0 blks, lazy-count=1
realtime =none                   extsz=4096   blocks=0, rtextents=0
[root@centos7 ~]# mkdir /mnt/lv1
[root@centos7 ~]# mount /dev/myvg/lv1 /mnt/lv1/
[root@centos7 ~]# df -h
文件系统                容量  已用  可用 已用% 挂载点
/dev/sda3              17G  3.4G   14G   20% /
devtmpfs              976M     0  976M    0% /dev
tmpfs                 992M     0  992M    0% /dev/shm
tmpfs                 992M   11M  981M    2% /run
tmpfs                 992M     0  992M    0% /sys/fs/cgroup
/dev/sda1            1014M  155M  860M   16% /boot
tmpfs                 199M  4.0K  199M    1% /run/user/42
tmpfs                 199M   64K  199M    1% /run/user/0
/dev/sr0              4.2G  4.2G     0  100% /run/media/root/CentOS 7 x86_64
/dev/mapper/myvg-lv1  197M   11M  187M    6% /mnt/lv1
```

图 5-41 格式化逻辑卷并挂载

子任务 2 扩容逻辑卷

在前面的实验中，卷组是由两块磁盘组成的。用户在使用存储设备时无法了解设备底层的架构和布局，以及底层是由多少块磁盘组成的，只要卷组中有足够的资源，就可以一直为逻辑卷扩容。扩容前需要注意卸载设备和挂载点的关联。

（1）把上一个实验中的逻辑卷 lv1 扩展至 400MB，如图 5-42 所示。

```
[root@centos7 ~]# umount /dev/myvg/lv1
[root@centos7 ~]# lvextend -L 400M /dev/myvg/lv1
  Size of logical volume myvg/lv1 changed from 200.00 MiB (50 extents) to 400.00 MiB (100 extents).
  Logical volume myvg/lv1 successfully resized.
```

图 5-42 扩展逻辑卷

（2）重置设备在系统中的容量，如图 5-43 所示。对逻辑卷进行扩容操作后，系统内核不会自动同步新的修改信息，需要用户手动同步。

```
[root@centos7 ~]# mount /dev/myvg/lv1 /mnt/lv1/
[root@centos7 ~]# df -h
文件系统                容量  已用  可用 已用% 挂载点
/dev/sda3              17G  3.4G   14G   20% /
devtmpfs              976M     0  976M    0% /dev
tmpfs                 992M     0  992M    0% /dev/shm
tmpfs                 992M   11M  981M    2% /run
tmpfs                 992M     0  992M    0% /sys/fs/cgroup
/dev/sda1            1014M  155M  860M   16% /boot
tmpfs                 199M  4.0K  199M    1% /run/user/42
tmpfs                 199M   64K  199M    1% /run/user/0
/dev/sr0              4.2G  4.2G     0  100% /run/media/root/CentOS 7 x86_64
/dev/mapper/myvg-lv1  197M   11M  187M    6% /mnt/lv1
[root@centos7 ~]# xfs_growfs /dev/myvg/lv1
meta-data=/dev/mapper/myvg-lv1   isize=512    agcount=4, agsize=12800 blks
         =                       sectsz=512   attr=2, projid32bit=1
         =                       crc=1        finobt=0 spinodes=0
data     =                       bsize=4096   blocks=51200, imaxpct=25
         =                       sunit=0      swidth=0 blks
naming   =version 2              bsize=4096   ascii-ci=0 ftype=1
log      =internal               bsize=4096   blocks=855, version=2
         =                       sectsz=512   sunit=0 blks, lazy-count=1
realtime =none                   extsz=4096   blocks=0, rtextents=0
data blocks changed from 51200 to 102400
[root@centos7 ~]# df -h
文件系统                容量  已用  可用 已用% 挂载点
/dev/sda3              17G  3.4G   14G   20% /
devtmpfs              976M     0  976M    0% /dev
tmpfs                 992M     0  992M    0% /dev/shm
tmpfs                 992M   11M  981M    2% /run
tmpfs                 992M     0  992M    0% /sys/fs/cgroup
/dev/sda1            1014M  155M  860M   16% /boot
tmpfs                 199M  4.0K  199M    1% /run/user/42
tmpfs                 199M   64K  199M    1% /run/user/0
/dev/sr0              4.2G  4.2G     0  100% /run/media/root/CentOS 7 x86_64
/dev/mapper/myvg-lv1  397M   11M  307M    3% /mnt/lv1
```

图 5-43 重置设备在系统中的容量

需要注意的是，不同文件系统的扩展方法也不同。如果是 Ext4 格式的文件系统，则需要通过

e2fsck 命令检查文件系统的完整性，确认目录结构、内容和文件内容没有丢失。在一般情况下，如果没有报错，则表示无异常情况。之后，通过 resize2fs 命令重置设备在系统中的容量，再挂载使用。

子任务 3　创建逻辑卷快照

LVM 具备“快照卷”功能，该功能类似于虚拟机软件的还原时间点功能。例如，对某个逻辑卷做一次快照，如果之后发现数据被错误修改，则可以利用之前做好的快照卷进行还原操作。LVM 快照卷的容量必须等于逻辑卷的容量，且快照卷仅一次有效，一旦执行还原操作后，就会被立即自动删除。

为了验证快照卷的还原功能，先使用重定向功能在逻辑卷所挂载的目录中写入一个文件，如图 5-44 所示。

```
[root@centos7 ~]# echo "Welcom to Linux World." > /mnt/lv1/readme.txt
[root@centos7 ~]# ll /mnt/lv1/
总用量 4
-rw-r--r--. 1 root root 23 9月  20 01:22 readme.txt
```

图 5-44　使用重定向功能写入文件

（1）使用 lvcreate 命令为现有的逻辑卷创建快照，如图 5-45 所示。

```
[root@centos7 lv1]# lvcreate -L 400M -s -n SNAP /dev/myvg/lv1
  Logical volume "SNAP" created.
[root@centos7 lv1]# lvs
  LV   VG   Attr       LSize   Pool Origin Data%  Meta%  Move Log Cpy%Sync Convert
  SNAP myvg swi-a-s--- 400.00m      lv1    0.00
  lv1  myvg owi-aos--- 400.00m
```

图 5-45　为逻辑卷创建快照

使用-s 选项可以生成一个快照卷，使用-L 选项可以指定切割空间的大小，需要与做快照的设备容量保持一致。另外，还需要在命令后面标明是针对哪个逻辑卷执行快照操作的，之后数据也会被还原到相应的设备上。

（2）删除之前创建的文件，如图 5-46 所示。

```
[root@centos7 ~]# rm -rf /mnt/lv1/readme.txt
[root@centos7 ~]# ll /mnt/lv1/
总用量 0
```

图 5-46　删除之前创建的文件

（3）为了校验快照卷的效果，需要对逻辑卷进行快照还原操作，在此之前，需要先卸载逻辑卷与目录的挂载，如图 5-47 所示。

```
[root@centos7 ~]# umount /dev/myvg/lv1
[root@centos7 ~]# lvconvert --merge /dev/myvg/SNAP
  Merging of volume myvg/SNAP started.
  myvg/lv1: Merged: 100.00%
```

图 5-47　对逻辑卷进行快照还原操作

lvconvert 命令用于管理逻辑卷的快照，格式如下：

```
lvconvert [选项] 快照卷名称
```

使用 lvconvert 命令可以自动恢复逻辑卷的快照，用户只需输入--merge 选项进行操作，系统就会自动分辨设备的类型。

（4）重新挂载逻辑卷，查看逻辑卷快照恢复后的文件，如图 5-48 所示，逻辑卷快照也会被自动删除。

```
[root@centos7 ~]# mount /dev/myvg/lv1 /mnt/lv1/
[root@centos7 ~]# ll /mnt/lv1/
总用量 4
-rw-r--r--. 1 root root 23 9月  20 01:33 readme.txt
[root@centos7 ~]# cat /mnt/lv1/readme.txt
Welcom to Linux World.
```

图 5-48 查看逻辑卷快照恢复后的文件

子任务 4 删除 LVM

在生产环境中，如果想重新部署 LVM 或者不再需要使用 LVM，则需要执行 LVM 的删除操作。为此，需要先备份重要的数据信息，然后依次删除逻辑卷、卷组、物理卷设备，这个顺序不可颠倒。

（1）卸载逻辑卷与目录的挂载，如图 5-49 所示。

```
[root@centos7 ~]# umount /dev/myvg/lv1
```

图 5-49 卸载挂载

（2）删除逻辑卷，如图 5-50 所示。

```
[root@centos7 ~]# lvremove -f /dev/myvg/lv1
  Logical volume "lv1" successfully removed
```

图 5-50 删除逻辑卷

（3）删除卷组，此处只写卷组名称即可，不需要写设备的绝对路径，如图 5-51 所示。

```
[root@centos7 ~]# vgremove -f myvg
  Volume group "myvg" successfully removed
```

图 5-51 删除卷组

（4）删除物理卷，如图 5-52 所示。

```
[root@centos7 ~]# pvremove /dev/sdb /dev/sdc
  Labels on physical volume "/dev/sdb" successfully wiped.
  Labels on physical volume "/dev/sdc" successfully wiped.
```

图 5-52 删除物理卷

在上述操作执行完成后，可以使用 lvdisplay、vgdisplay、pvdisplay 命令查看 LVM 的信息。

任务小结

本任务帮助读者全面了解了逻辑卷管理器的概念和原理，掌握了逻辑卷管理器的使用和配置方法，让读者能够根据实际需要创建逻辑卷、扩容逻辑卷、创建逻辑卷快照及删除 LVM，需要读者多加练习，熟练掌握本任务中涉及的命令，并能够灵活运用。

任务 5.6 进阶习题

一、选择题

1. 假设系统内核支持 vfat 分区，下列选项中用于将/dev/hda1 这个 Windows 分区加载到/win 目录中的是（　　）。

A．mount -t windows /win /dev/hda1

B．mount -fs=msdos /dev/hda1 /win

C．mount -s win /dev/hda1 /win

D．mount -t vfat /dev/hda1 /win

2．下列选项中关于/etc/fstab 的描述正确的是（　　）。

A．启动系统后，由系统自动产生

B．用于管理文件系统信息

C．用于设置命名规则，是否可以使用 Tab 键来命名一个文件

D．保存硬件信息

3．在一个新分区上创建文件系统应该使用（　　）命令。

A．fdisk　　B．makefs　　C．mkfs　　D．format

4．Linux 文件系统的目录结构是一棵倒挂的树，文件按照其作用被分门别类地存放在相关的目录中。现有一个外部设备文件，我们应该将其存放在（　　）目录中。

A．/bin　　B．/etc　　C．/dev　　D．lib

5．关于文件系统的挂载和卸载，下面描述中正确的是（　　）。

A．如果光盘未经卸载，光驱是打不开的

B．安装文件系统的安装点只能在/mnt 目录下

C．无论光驱中是否有光盘，系统都可以挂载 CD-ROM 设备

D．在命令“mount /dev/cdrom /mnt”中，/mnt 目录是用户创建的

6．使用 fdisk 对磁盘进行分区时，LVM 分区的类型为（　　）。

A．l　　B．lvm　　C．9e　　D．8e

二、简答题

1．RAID 技术主要是为了解决什么问题？

2．RAID 0 和 RAID 5 哪个更安全？

3．位于 LVM 底层的是物理卷还是卷组？

4．LVM 对逻辑卷的扩容和缩容操作有何异同？

5．LVM 的删除顺序是什么样的？

项目 6

配置网络和使用 SSH 服务

思维导图

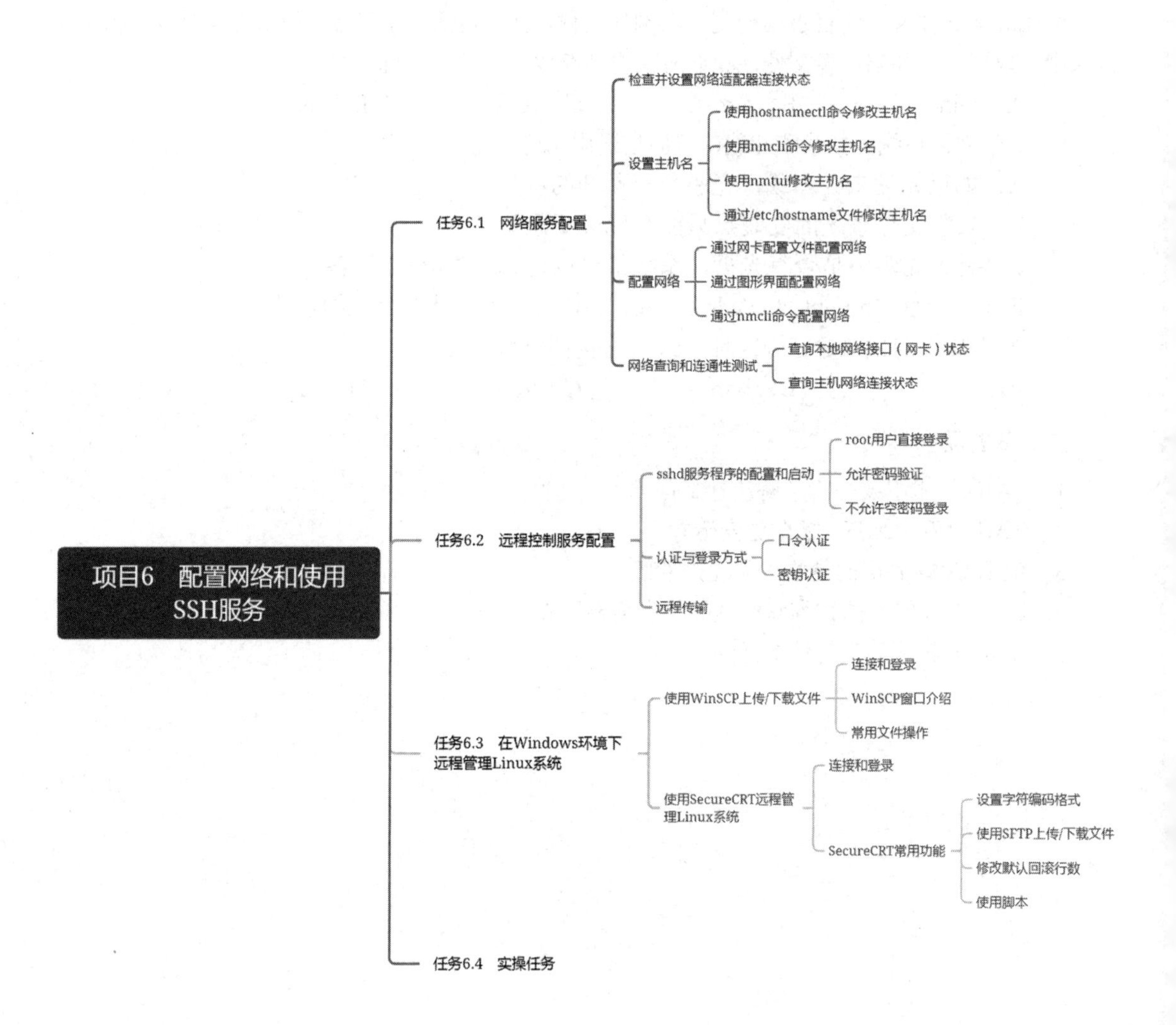

项目描述

某学校的信息中心购置了若干台服务器，准备安装 Linux 系统，为学校网站和内部办公提供网络和系统支持。现需要提供 DHCP 服务、DNS 服务、Samba 服务、FTP 服务及 Apache 服务等。因为服务器是新部署的，未进行任何配置，所以需要网络管理员部署服务器，实现上述要求的各种功能。

项目分析

在本项目中，读者需要掌握 Linux 系统的配置方法、网络查询方法和连通性测试方法，同时学习远程访问服务的相关知识和技能。为了方便远程管理 Linux 系统，学习在 Windows 环境下管理 Linux 系统的工具 WinSCP 和 SecureCRT。本项目将在实施过程中主要完成以下任务（本项目所有任务在实施过程中使用的操作系统环境均为 CentOS）。

1. 网络服务配置。
2. 远程控制服务配置。
3. 在 Windows 环境下远程管理 Linux 系统。
4. 实操任务。

职业能力目标和要求

1. 掌握网络配置的相关配置文件和配置参数。
2. 掌握 SSH 服务的功能和原理，并了解相关的配置文件。
3. 熟练使用在 Windows 环境下远程管理 Linux 系统的工具。

素质目标

1. 掌握 Linux 系统中网络的配置方法，培养学生的工程实践、主动学习能力，在课内完成理论到实践的飞跃。

2. 培养学生具备良好的人格素养、端正的理想信念、社会主义荣辱观和价值观，涵养学生的家国情怀和爱国精神；培养学生的自主学习意识、创新创业实践意识，锻炼学生的创新思维和创新能力，弘扬工匠精神。

3. 锻炼学生的创新创业意识，以满足培养中国特色社会主义新时代信息工程人才的要求。

1+X 技能目标

1. 根据生产环境中的 Linux 系统配置工作任务要求，完成网络服务的配置。
2. 根据生产环境中的业务需求，实现在不同场景中快速切换网络运行参数的方法。

思政元素映射

雪人计划

互联网的顶级域名解析服务由根服务器完成，它对网络安全、稳定运行至关重要。2013 年，中国下一代互联网国家工程中心联合日本、美国相关运营机构和专业人士发起“雪人计划”，提出以 IPv6 为基础、面向新兴应用、自主可控的一整套根服务器解决方案和技术体系。2016 年，“雪人计划”在中国、美国、日本、印度、俄罗斯、德国、法国等全球 16 个国家完成 25 台 IPv6 根服务器架设，其中中国部署 4 台，打破了我国没有根服务器的困境。

在 IPv6 时代，我国推出“雪人计划”是一件利国利民的大事。

任务 6.1 网络服务配置

任务描述

本项目的第 1 个任务是网络服务配置，要求读者熟悉并掌握 Linux 服务器网络服务配置的相关知识与技能，通过对网络基本内容进行配置，可以将计算机连接到网络上，以实现与其他主机的通信。

任务分析

本任务将介绍在 Linux 系统中如何设置主机名，如何检查网络的连接状态，如何通过配置文件、图形界面及 nmcli 命令配置网络，如何进行网络查询和连通性测试。网络服务配置通常涉及主机名、IP 地址、子网掩码、网关地址及域名服务器地址等。

任务目标

1．了解如何检查网络的连接状态。

2．掌握设置主机名的方法。

3．熟练掌握多种配置网络的方法。

4．掌握网络查询和连通性测试的方法。

预备知识

Linux 主机在与网络中其他主机进行通信之前，要先进行正确的网络配置。一般来说，发送到 Internet 的数据之所以能够找到目的主机，是因为任何一个连接到 Internet 的主机都有一个唯一的网络地址。网络通过 IP 地址和域名识别主机，在局域网中还可以通过主机名来识别主机，因此主机名、IP 地址、子网掩码、默认网关、DNS 服务器等参数的配置同样重要。

任务实施

子任务 1 检查并设置网络适配器连接状态

在 CentOS 中，如果系统是最小化安装的，则开机并登录后将直接进入控制台。如图 6-1 所示，选择“虚拟机”→“可移动设备”→“网络适配器”→“连接”命令，使网络处于连接状态。

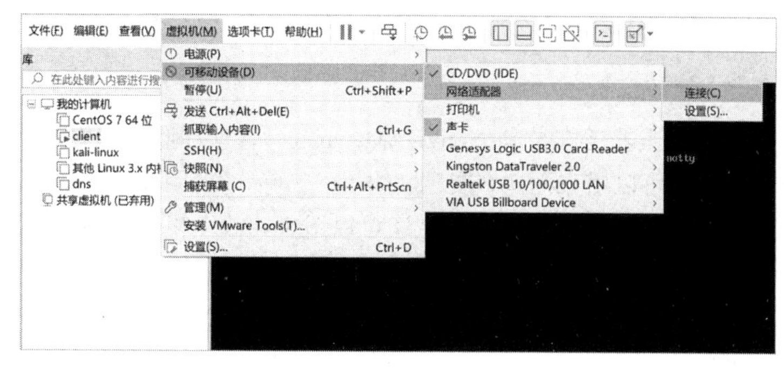

图 6-1　选择“连接”命令

子任务 2　设置主机名

在局域网中，每台主机都有一个主机名，便于区分主机，也便于用户记忆。主机名的命名方式有很多种，例如，根据主机的功能来为其命名。在 Linux 系统中，可以使用多种不同的方式设置主机名。

1．使用 hostnamectl 命令修改主机名

hostnamectl 命令用来修改主机名，格式如下：

```
hostnamectl set-hostname [主机名]
```

例如，使用 hostnamectl 命令修改主机名为 server，命令如下。

（1）查看主机名。

```
[root@client ~]# hostnamectl status
   Static hostname: server2101
Transient hostname: c1 ient
         Icon name: computer-vm
           Chassis: Vm
        Machine ID: ee44438b62cf44d48ebfa5825305d4cd
           Boot ID: d846d6a0584a4757b1e17bef43f82db7
    vi rtualization: vmware
  Operating System: Centos Linux 7 (Core)_
       CPE OS Name: cpe:/o: centos: centos:7
            Kernel: Linux 3.10.0-327.e17.x86_ _64
      Architecture: x86-64
```

（2）设置新的主机名。

```
[ root@client ~]# hos tnamectl set- hostname server
```

（3）查看新的主机名。

```
[root@client ~]# hostnamectl status
 static hostname: server
       Icon name: computer-vm
         Chassis: vm
      Machine ID: ee44438b62cf44d48ebfa5825305d4cd
         Boot ID: d846d6a0584a4757b1e17bef43f82db7
 Vi rtualization: vmware
operating System: Centos Linux 7 (Core)
     CPE OS Name: cpe:/o:centos:centos:7
          Kernel: Linux 3.10.0-327.e17.x86_64
```

```
Archi tecture: x86-64
```

2．使用 nmcli 命令修改主机名

nmcli 是一个命令行工具，旨在控制 NetworkManager（管理和监控网络设置的守护程序）并报告网络状态。nmcli 命令可以用来创建、展示、编辑、删除、激活和注销网络连接，还可以用来控制和展示网络设备的状态。此外，nmcli 命令还可以用来修改主机名，格式如下：

```
nmcli general hostname [主机名]
```

例如，使用 nmcli 命令修改主机名为 server，命令如下。

（1）查看主机名。

```
[root@client ~]#nmcli general hostname
运行结果为：client
```

（2）设置新的主机名。

```
[root@client ~]#nmcli general hostname server
```

（3）查看新的主机名。

```
[root@client ~]#nmcli general hostname
运行结果为：server
```

3．使用 nmtui 修改主机名

nmtui 是一个基于 curses 库的 TUI 应用，用来与 NetworkManager 交互。启动 nmtui 后，如果用户没有指定 nmtui 的第一个命令行参数，则它将提醒用户选择执行某项活动。在终端中运行如下命令，开启文本用户界面。

```
[root@server ~]#nmtui
```

在图 6-2 所示的文本用户界面中，选择“Set system hostname”选项，并按“Enter”键，将主机名修改为 server，如图 6-3 所示。

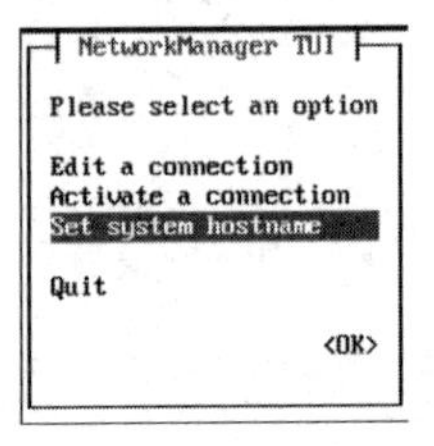

图 6-2　文本用户界面

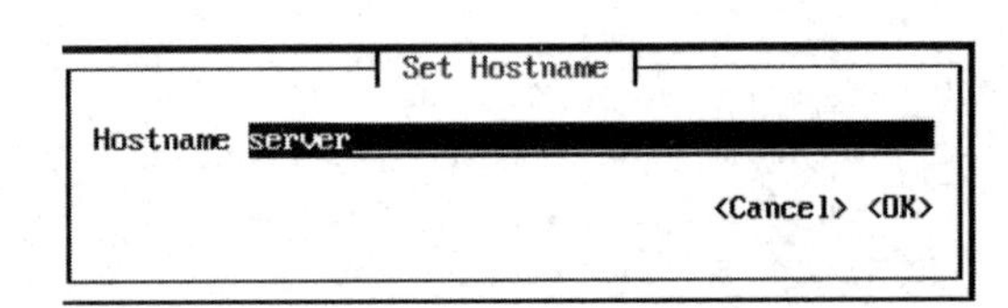

图 6-3　将主机名修改为 server

该方法可以在不重启设备的情况下生效，但为了安全，需要重启 systemd-hostnamed 服务，使更改生效。

```
[root@server ~]#systemctl restart system-hostnamed
```

4．通过/etc/hostname 文件修改主机名

用户还可以通过/etc/hostname 文件来修改主机名，但是这个方法需要重启服务器才能生效。要修改主机名，只需修改这个文件即可，因为这个文件只包含主机名这一项内容，命令如下：

```
[root@client ~]#vi /etc/hostname
client      //修改此处为 server 后保存
[root@client ~]#bash
[root@server ~]#
```

子任务 3 配置网络

在本任务中，将 IP 地址设置为 192.168.43.30，子网掩码设置为 255.255.255.0，网关地址设置为 192.168.43.2，DNS 地址设置为 8.8.8.8。

1. 通过网卡配置文件配置网络

在 Linux 系统中，所有的系统设置都被保存在特定的文件中，因此配置网络实质上就是修改相应的网卡配置文件。不同的网卡对应不同的配置文件，而配置文件的命名又与网卡的来源有关。

从 CentOS 7 开始，eno 表示由主板 BIOS 内置的网卡，ens 表示由主板内置的 PCI-E 接口网卡，eth 表示网卡的默认编号。网卡配置文件以“ifcfg-”为前缀，位于/etc/sysconfig/network-scripts 目录中。用户可以使用 ip addr 命令查看当前系统的默认网卡配置文件，这里网卡配置文件的名称为 ifcfg-eno16777736。

步骤 1：在 ifcfg-eno16777736 文件中配置网络，代码如下：

```
[root@server ~]#cd /etc/sysconfig/network-scripts
[root@server network-scripts]#vi ifcfg-eno16777736
TYPE=Ethernet                         //设备类型，Ethernet 表示以太网
PROXY_METHOD=none
BROWSER_ONLY=no
BOOTPROTO=static                      //地址分配模式，static 或 none 表示静态，dhcp 表示动态
DEFROUTE=yes
PEERDNS=yes
PEERROUTES=yes
IPV4_FAILURE_FATAL=no
IPV6INIT=yes
IPV6_AUTOCONF=yes
IPV6_DEFROUTE=yes
IPV6_PEERDNS=yes
IPV6_PEERROUTES=yes
IPV6_FAILURE_FATAL=no
NAME=eno16777736                      //网卡名称
UUID=07063086-5494-449c-824f-802a28ebced4
DEVICE=eno16777736                    //设备名称
ONBOOT=yes                            //是否启动，yes 表示启动，no 表示不启动
IPADDR=192.168.43.30                  //IP 地址
NETMASK=255.255.255.0                 //子网掩码
GATEWAY=192.168.43.2                  //网关地址
DNS1=8.8.8.8                          //DNS 地址
```

注意：在本实例中，有些参数已经存在，有些参数需要手动添加，如 IP 地址、子网掩码、网关地址和 DNS 地址等参数是手动添加的。在编辑网卡配置文件后，需要使用 systemctl restart network 命令手动重启网络服务，使用 ip addr show eno16777736 命令查看 IP 地址等信息是否生效。

步骤 2：重启网卡并查看 IP 地址，代码如下：

```
[root@server network-scripts]#systemctl restart network
[root@server network-scripts]#ip addr show eno16777736
```

2. 通过图形界面配置网络

在 Linux 系统中，nmtui 也可以用来配置网络，步骤如下。

步骤 1：在命令提示符下输入命令“nmtui”后按“Enter”键，打开如图 6-4 所示的界面。

```
[root@ server ~]# nmtui
```

步骤 2：选择“Edit a connection”选项后按“Enter”键，打开如图 6-5 所示的界面。

步骤 3：选择“eno16777736”选项后按“Enter”键，打开如图 6-6 所示的界面。

步骤 4：先将鼠标指针定位在“IPv4 CONFIGURATION”后面并按“Enter”键，选择“Manual”选项，然后输入 IP 地址、网关地址、DNS 地址等网络配置信息。如果该部分内容没有显示出来，则可以通过右侧的“Show”和“Hide”按钮进行切换，以显示对应信息。

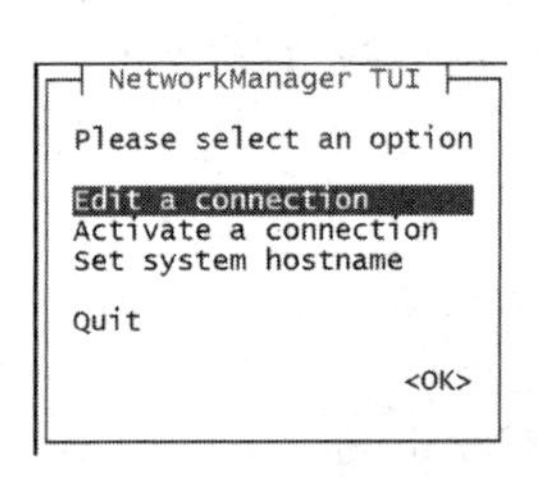

图 6-4　网络管理器界面

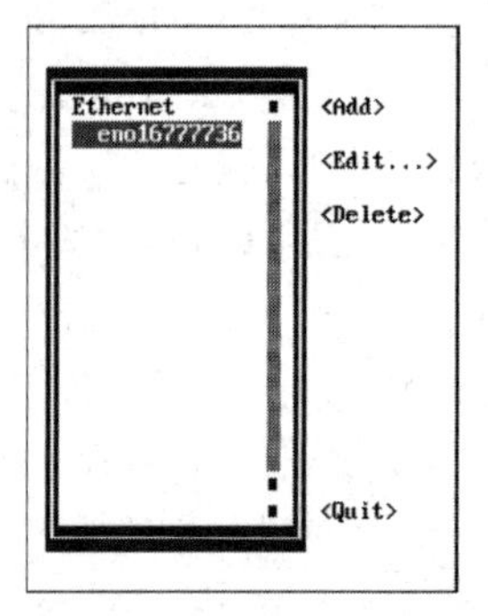

图 6-5　选择网络适配器界面

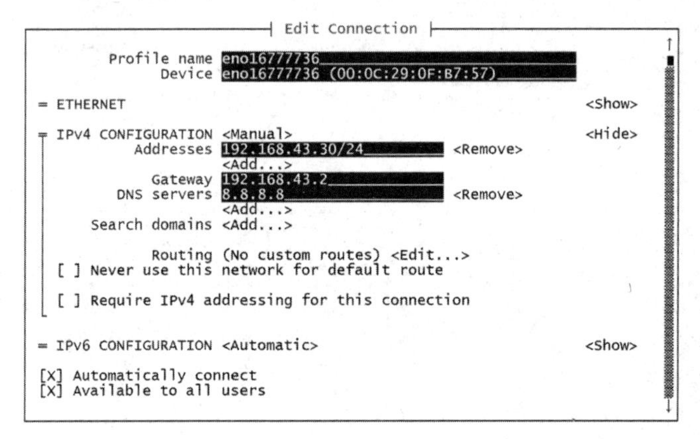

图 6-6　编辑连接界面

步骤 5：设置好网络信息后，单击“OK”按钮，再单击“Quit”按钮，返回 nmtui 图形界面初始状态，选择“Activate a connection”选项，激活刚才的“eno16777736”选项，激活后该选项前面会出现符号“*”，如图 6-7 所示。

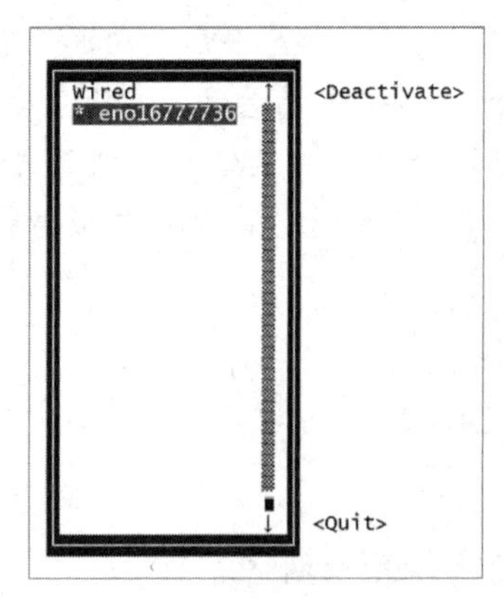

图 6-7　激活的“eno16777736”选项

步骤 6：单击“Quit”按钮，完成网络配置。

3. 通过 nmcli 命令配置网络

连接是对网络接口的配置。一个网络接口可以有多个连接配置，但同时只能有一个连接配置生效。nmcli 命令的常用命令说明如表 6-1 所示。

表 6-1　nmcli 命令的常用命令说明

命令	说明
nmcli connection show	显示所有连接
nmcli connection show --active	显示所有活动的连接状态
nmcli connection show "ens33"	显示网络连接配置
nmcli device status	显示设备状态
nmcli device show ens33	显示网络接口属性
nmcli connection add help	查看帮助
nmcli connection reload	重新加载配置
nmcli connection down test2	禁用 test2 的配置
nmcli connection up test2	启用 test2 的配置
nmcli device disconnect ens33	禁用 ens33 网卡
nmcli device connect ens33	启用 ens33 网卡

例如，使用 nmcli 命令修改网络连接，代码如下：

```
[root@server ~]#nmcli connection modify eno16777736 ipv4.addresses 192.168.43.30/24
//配置 IP 地址和子网掩码
[root@ server ~]#nmcli con modify eno16777736 \       //使用“\”将命令换行并继续输入
>ipv4.dns 192.168.43.30 \                          //配置 DNS 地址
>ipv4.gateway 192.168.43.2                         //配置网关地址
[root@ server ~]#nmcli con up eno16777736          //如果未启用 eno16777736 连接，则将其设置为启用
[root@ server ~]#ip add show eno16777736           //查看 IP 地址
```

nmcli 命令中关于网络配置的参数说明如表 6-2 所示。

表 6-2　nmcli 命令中关于网络配置的参数说明

参数	说明
con-name	指定连接名称，没有特殊要求
ipv4.methmod	指定获取 IP 地址的方式
Ifname	指定网卡设备名，即此配置所生效的网卡
Autoconnect	指定是否自动启动
ipv4.addresses	指定 IPv4 地址
gw4	指定网关

子任务 4　网络查询和连通性测试

1. 查询本地网络接口（网卡）状态

在 CentOS 7 中，用户可以使用 ifconfig、ip addr 等命令来查询网络接口的状态，如果系统是最小化安装的，则默认没有安装 ifconfig 工具，用户必须手动安装 net-tools 软件包，安装命令如下：

```
[root@server ~]# yum -y install net-tools
```

（1）使用 ifconfig 命令查询所有网络接口的状态。

```
[root@server ~]# ifconfig
eno16777736: flags=4163<UP,BROADCAST,RUNNING,MULTICAST>  mtu 1500
        inet 192.168.43.30  netmask 255.255.255.0  broadcast 192.168.43.255
        inet6 fe80::20c:29ff:fe0f:b757  prefixlen 64  scopeid 0x20<link>
        ether 00:0c:29:0f:b7:57  txqueuelen 1000  (Ethernet)
        RX packets 11807  bytes 17366831 (16.5 MiB)
        RX errors 0  dropped 0  overruns 0  frame 0
        TX packets 1713  bytes 131590 (128.5 KiB)
        TX errors 0  dropped 0 overruns 0  carrier 0  collisions 0
lo: flags=73<UP,LOOPBACK,RUNNING>  mtu 65536
        inet 127.0.0.1  netmask 255.0.0.0
        inet6 ::1  prefixlen 128  scopeid 0x10<host>
        loop  txqueuelen 0  (Local Loopback)
        RX packets 1  bytes 49 (49.0 B)
        RX errors 0  dropped 0  overruns 0  frame 0
        TX packets 1  bytes 49 (49.0 B)
        TX errors 0  dropped 0 overruns 0  carrier 0  collisions 0
//本主机有两张网卡，名称分别是 eno16777736 和 lo，其中 lo 为本地回环网卡
//UP 表示网卡已经启动
//BROADCAST 表示支持广播
//RUNNING 表示网线已连接
//MULTICAST 表示支持多播
//LOOPBACK 表示支持本地回环
//mtu 1500 表示最大数据传输单元为 1500 字节
//inet 192.168.43.30 netmask 255.255.255.0 broadcast 192.168.43.255 指定网卡的 IP
//地址、子网掩码和广播地址
// ether 00:0c:29:0f:b7:57 表示网卡的 MAC 地址
//txqueuelen 1000 表示网卡的传送队列长度
//Ethernet 表示连接类型为以太网
//RX packets 表示接收的正确数据包
//RX errors 表示接收的错误数据包
//TX packets 表示发送的正确数据包
//TX errors 表示发送的错误数据包
```

（2）使用 ip addr 命令查询所有网络接口的状态。

```
[root@server ~]# ip addr
1: lo: <LOOPBACK,UP,LOWER_UP> mtu 65536 qdisc noqueue state UNKNOWN
    link/loopback 00:00:00:00:00:00 brd 00:00:00:00:00:00
    inet 127.0.0.1/8 scope host lo
       valid_lft forever preferred_lft forever
    inet6 ::1/128 scope host
       valid_lft forever preferred_lft forever
2: eno16777736: <BROADCAST,MULTICAST,UP,LOWER_UP> mtu 1500 qdisc pfifo_fast state UP
qlen 1000
    link/ether 00:0c:29:0f:b7:57 brd ff:ff:ff:ff:ff:ff
    inet 192.168.43.30/24 brd 192.168.43.255 scope global eno16777736
       valid_lft forever preferred_lft forever
```

```
    inet6 fe80::20c:29ff:fe0f:b757/64 scope link
       valid_lft forever preferred_lft forever
//LOWER_UP 表示网线已连接
//qdisc 表示排队规则
//link/ether 00:0c:29:0f:b7:57 表示网卡的 MAC 地址
//inet 192.168.43.30/24 brd 192.168.43.255 表示 IP 地址和广播地址
```

2．查询主机网络连接状态

（1）与 Windows 系统相同，在 Linux 系统中可以使用 ping 命令检测网络的连通性。ping 命令使用网络控制报文协议（ICMP），从源主机发出要求回应的信息到目的主机或网络中，若目的主机或网络是连通的，就会做出回应。系统防火墙可以禁止 ping 命令，所以有时 ping 不通并不代表主机未连通，ping 命令格式如下：

```
[root@server ~]# ping [参数] [IP 地址或者主机名]
```

ping 命令常用参数及功能如表 6-3 所示。

表 6-3　ping 命令常用参数及功能

参数	功 能
-c	发送数据包的个数，如果不设置此参数，则 ping 命令会一直工作，直到手动停止
-i	每次 ping 相隔的时间，单位是秒

例如，测试 192.168.43.2 的连通性，发送两个数据包，间隔为 2 秒，命令如下：

```
[root@server ~]# ping -c 2 -i 2 192.168.43.2
PING 192.168.43.2 (192.168.43.2) 56(84) bytes of data.
64 bytes from 192.168.43.2: icmp_seq=1 ttl=128 time=0.279 ms
64 bytes from 192.168.43.2: icmp_seq=2 ttl=128 time=0.358 ms
--- 192.168.43.2 ping statistics ---
2 packets transmitted, 2 received, 0% packet loss, time 2000ms
rtt min/avg/max/mdev = 0.279/0.318/0.358/0.043 ms
//第 3 行和第 4 行是每个数据包 ping 的结果，最后两行是整体统计结果
//icmp_seq=1 表示第 1 个数据包
//ttl 表示数据包的生存时间
//time=0.279 ms 表示数据包的到达时间，也称为网络延时。如果网络延时大于 100 毫秒，则代表网络不通畅
//packets transmitted 表示发送的数据包
//received 表示收到的数据包
//packet loss 表示丢失的数据包，此值若大于 0，则代表有丢包的现象，网络连通性欠佳
//time 2000ms 表示整个 ping 过程用时 2 秒
```

（2）使用 netstat 命令可以查询主机的网络连接、端口使用、路由表、网络接口统计等信息。netstat 命令格式如下：

```
[root@server ~]# netstat [参数]
```

netstat 命令常用参数及功能如表 6-4 所示。

表 6-4　netstat 命令常用参数及功能

参数	功能
-a	显示所有连接状态
-i	显示所有网络接口的信息
-l	只显示正在监听的连接状态

续表

参数	功能
-n	不解析主机名，只显示 IP 地址
-p	显示进程的 PID 和进程名
-t	只显示 TCP 连接
-u	只显示 UDP 连接

例如，查询所有 TCP 连接的状态，并且显示连接的 IP 地址，命令如下：

```
[root@server ~]#  netstat -atn
Active Internet connections (servers and established)
Proto Recv-Q Send-Q Local Address           Foreign Address         State
tcp        0      0 192.168.43.30:53        0.0.0.0:*               LISTEN
tcp        0      0 127.0.0.1:53            0.0.0.0:*               LISTEN
tcp        0      0 0.0.0.0:22              0.0.0.0:*               LISTEN
tcp        0      0 127.0.0.1:25            0.0.0.0:*               LISTEN
tcp        0      0 127.0.0.1:953           0.0.0.0:*               LISTEN
tcp        0     96 192.168.43.30:22        192.168.43.1:50130      ESTABLISHED
tcp6       0      0 ::1:53                  :::*                    LISTEN
tcp6       0      0 :::22                   :::*                    LISTEN
tcp6       0      0 ::1:25                  :::*                    LISTEN
tcp6       0      0 ::1:953                 :::*                    LISTEN
//Proto 表示使用的协议，其中 tcp 为 IPv4 连接，tcp6 为 IPv6 连接
//Recv-Q Send-Q 表示收发队列的状态
//Local Address 表示本地连接地址和端口
//Foreign Address 表示外部连接地址和端口
//State 表示连接状态，其中 LISTEN 代表正在监听，ESTABLISHED 代表已经建立连接
```

任务小结

本任务从检查并设置网络适配器连接状态开始，介绍了 4 种设置主机名的方法，以及通过网卡配置文件、图形界面、nmcli 命令配置网络的方法，网络查询和连通性测试的方法，希望读者能够熟练掌握这些网络配置的方法。

任务 6.2 远程控制服务配置

任务描述

SSH（Secure Shell）是一种在不安全网络上提供安全远程登录和其他安全网络服务的协议，也是目前远程管理 Linux 系统的首选方式。使用 SSH 远程管理 Linux 系统，需要配置 sshd 服务程序，用户可以使用口令认证方式或者密钥认证方式进行远程登录。

任务分析

本任务主要完成 sshd 服务程序的配置与启动、口令认证和密钥认证及远程传输。

任务目标

1. 掌握 sshd 服务程序的配置与启动。

2．掌握口令认证和密钥认证两种认证方式。

预备知识

SSH 由 IETF 的网络小组（Network Working Group）制定，是建立在应用层基础上的安全协议。SSH 是目前比较可靠，专为远程登录会话和其他网络服务提供安全保障的协议。使用 SSH 可以有效防止远程管理过程中的信息泄露问题。

任务实施

子任务 1　sshd 服务程序的配置和启动

如果想使用 SSH 来远程管理 Linux 系统，则需要配置 sshd 服务程序。sshd 服务程序是基于 SSH 开发的一个远程管理服务程序。

在 Linux 系统中修改服务程序的运行参数，实际上是在修改程序配置文件。常用的配置文件为 /etc/ssh/ssh_config 和 /etc/ssh/sshd_config。其中，/etc/ssh/ssh_config 为客户端配置文件，/etc/ssh/sshd_config 为服务端配置文件。运维人员一般会把保存主要配置信息的文件称为主配置文件。配置文件中有许多以“#”开头的注释行，要使这些配置参数生效，需要在修改参数后删除前面的“#”。SSH 服务配置文件中的重要参数及说明如表 6-5 所示。

表 6-5　SSH 服务配置文件中的重要参数及说明

参数	说明
Port 22	默认的 SSH 服务端口
ListenAddress 0.0.0.0	设定 SSH 服务监听的 IP 地址
Protocol 2	SSH 协议的版本号
HostKey /etc/ssh/ssh_host_key	SSH 协议版本为 1 时，DES 私钥存放的位置
HostKey /etc/ssh/ssh_host_rsa_key	SSH 协议版本为 2 时，RSA 私钥存放的位置
HostKey /etc/ssh/ssh_host_dsa_key	SSH 协议版本为 2 时，DSA 私钥存放的位置
PermitRootLogin yes	设定是否允许 root 用户直接登录
StrictModes yes	当远程用户的私钥改变时直接拒绝连接
MaxAuthTries 6	最大密码尝试次数
MaxSessions 10	最大终端数
PasswordAuthentication yes	是否允许密码验证
PermitEmptyPasswords no	是否允许空密码登录（不安全）
PubkeyAuthentication	是否允许密钥认证
AuthorizedKeysFile	存放客户公钥路径

在 Linux 系统中，一般默认安装 sshd 服务程序，sshd 服务程序使用的软件包名称为 openssh。可以使用 rpm 命令查看已安装的相关软件包，代码如下：

```
[root@server ~]# rpm -qa|grep openssh
```

SSH 的后台守护进程是 sshd，因此在启动、停止 SSH 服务和查询 SSH 服务状态时需要以 sshd 作为参数。SSH 服务的启停命令及说明如表 6-6 所示。

表 6-6　SSH 服务的启停命令及说明

参数	说明
systemctl start sshd.service	启动 SSH 服务
systemctl restart sshd.service	重启 SSH 服务
systemctl stop sshd.service	停止 SSH 服务
systemctl reload sshd.service	重新加载 SSH 服务
systemctl status sshd.service	查看 SSH 服务的状态
systemctl disable sshd.service	设置 SSH 服务为开机不自启动
systemctl enable sshd.service	设置 SSH 服务为开机自启动
systemctl list-unit-files|grep sshd.service	查看 SSH 服务是否为开机自启动

注意：在输入 SSH 服务命令时，sshd.service 可以简写为 sshd。

例如，将 SSH 服务设置为开机自启动，并重启 SSH 服务，命令如下：

```
[root@server ~]# systemctl enable sshd
[root@server ~]# systemctl restart sshd
```

子任务 2　认证与登录方式

本任务提供了两种安全的认证与登录方式，一种是基于口令的认证，一种是基于密钥的认证。现有计算机的情况如下：

（1）计算机名为 server，该计算机为服务端，IP 地址为 192.168.43.30。

（2）计算机名为 client，该计算机为客户端，IP 地址为 192.168.43.10。

（3）两台虚拟机的网络配置方式必须一致，本任务中为 NAT 模式。

1. 口令认证

Linux 系统中默认安装并启用 sshd 服务程序，接下来使用 ssh 命令在客户主机 client 上远程连接服务器 server，其基本语法格式如下：

```
ssh [参数] 主机 IP 地址
```

执行 exit 命令可以退出登录，客户主机上的代码如下：

```
[root@client ~]# ssh 192.168.43.30
The authenticity of host '192.168.43.30 (192.168.43.30)' can't be established.
ECDSA key fingerprint is 1b:15:67:2e:f5:4d:28:43:24:b6:bc:ad:27:d0:18:7d.
Are you sure you want to continue connecting (yes/no)?yes
Warning: Permanently added '192.168.43.30' (ECDSA) to the list of known hosts.
root@192.168.43.30's password:     //此处输入远程主机 root 管理员的密码
......
[root@server ~]# exit
logout
Connection to 192.168.43.30 closed.
```

虽然 SSH 已经采用了加密传输的方法来防止信息被截取，但是每次登录都需要输入用户名和密码，既不方便又增加了暴露密码的风险，因此 SSH 提供了密钥认证的方式。

2. 密钥认证

密钥认证是指在客户端生成密钥对，并把公钥传送给远程服务器，使用户在客户端登录时，系统自动进行配对，不需要用户输入用户名和密码的认证与登录方式。

密钥认证要求用户提供匹配的密钥信息后才能通过认证。通常需要先在客户端创建一对密钥（公钥、私钥），然后将公钥存放到服务器中的指定位置。在用户远程登录时，系统将使用公钥、私钥进行加密/解密关联认证。这样做不仅能够增强安全性，而且可以免交互登录。

下面使用基于密钥的认证方式，以 test 用户的身份登录 SSH 服务器，具体配置步骤如下。

步骤 1：在服务器 server 上创建 test 用户，并设置其密码为 000000，代码如下。

```
[root@server ~]# useradd test -p 000000
```

步骤 2：在客户主机 client 上生成密钥对，并查看公钥 id_rsa.pub 和私钥 id_rsa，代码如下。

```
[root@client ~]# ssh-keygen
Generating public/private rsa key pair.
Enter file in which to save the key (/root/.ssh/id_rsa): //按“Enter”键或设置密钥的存储路径
Enter passphrase (empty for no passphrase):       //按“Enter”键或设置密钥的密码
Enter same passphrase again:                      //再次按“Enter”键或设置密钥的密码
Your identification has been saved in /root/.ssh/id_rsa.
Your public key has been saved in /root/.ssh/id_rsa.pub.
The key fingerprint is:
11:74:41:26:14:fc:a1:f5:5e:cf:68:d3:e9:1d:00:ef root@client
The key's randomart image is:
+--[ RSA 2048]----+
|       +*o=.     |
|        .=o.     |
|        .+ oo    |
|        ... .o.  |
|        S  ....=.|
|           .E+o+|
|            ...o|
|              ..|
|                |
+-----------------+
```

在生成密钥对后，即可在主目录下的.ssh 目录中生成存放私钥的 id_rsa 目录和存放公钥的 id_rsa.pub 目录，命令如下。

```
[root@client ~]#  ll .ssh/
total 12
-rw-------. 1 root root 1675 Jun 20 01:59 id_rsa
-rw-r--r--. 1 root root  393 Jun 20 01:59 id_rsa.pub
-rw-r--r--. 1 root root  861 Jun 20 01:45 known_hosts
```

步骤 3：将客户主机 client 生成的公钥传送到远程服务器 server 上，代码如下。

```
[root@client ~]# ssh-copy-id test@192.168.43.30
/usr/bin/ssh-copy-id: INFO: attempting to log in with the new key(s), to filter out any
that are already installed
/usr/bin/ssh-copy-id: INFO: 1 key(s) remain to be installed -- if you are prompted now
it is to install the new keys
test@192.168.43.30's password: //此处输入远程服务器的密码
Number of key(s) added: 1
Now try logging into the machine, with:   "ssh 'test@192.168.43.30'"
and check to make sure that only the key(s) you wanted were added.
```

步骤 4：对服务器 server 进行设置（65 行左右），使其只允许密钥认证，拒绝传统的口令认证方式。将“PasswordAuthentication yes”修改为“PasswordAuthentication no”，完成修改后保存并退出，代码如下。

```
[root@server ~]# vi /etc/ssh/sshd_config
......
 62 # To disable tunneled clear text passwords, change to no here!
 63 #PasswordAuthentication yes
 64 #PermitEmptyPasswords no
 65 PasswordAuthentication no
 66
 ......
```

步骤 5：重启 sshd 服务程序，使其生效，代码如下。

```
[root@server ~]# systemctl restart sshd
```

步骤 6：在客户主机 client 上尝试以 test 用户的身份远程登录服务器，此时无须输入密码也可以登录。同时使用 ifconfig 命令查看 eno16777736 的 IP 地址，即查看服务器的网卡与 IP 地址，说明已成功登录远程服务器，代码如下。

```
[root@client ~]# ssh test@192.168.43.30
Last failed login: Mon Jun 20 04:25:22 CST 2022 from 192.168.43.10 on ssh:notty
There were 15 failed login attempts since the last successful login.
[test@server ~]$ ifconfig
eno16777736: flags=4163<UP,BROADCAST,RUNNING,MULTICAST>  mtu 1500
        inet 192.168.43.30  netmask 255.255.255.0  broadcast 192.168.43.255
        inet6 fe80::20c:29ff:fe0f:b757  prefixlen 64  scopeid 0x20<link>
        ether 00:0c:29:0f:b7:57  txqueuelen 1000  (Ethernet)
        RX packets 654  bytes 104303 (101.8 KiB)
        RX errors 0  dropped 0  overruns 0  frame 0
        TX packets 550  bytes 130636 (127.5 KiB)
        TX errors 0  dropped 0 overruns 0  carrier 0  collisions 0
```

子任务 3 远程传输

scp（secure copy）是一个基于 SSH 协议在网络之间进行安全传输的命令。scp 命令可以实现本地与远程服务器之间的双向传输，可以把本地文件传输到远程服务器上，也可以把远程服务器上的文件传输到本地，命令格式如下：

```
scp [参数] 本地文件 远程账户@远程 IP 地址:远程目录
```

scp 命令常用的参数及说明如表 6-7 所示。

表 6-7 scp 命令常用的参数及说明

参数	说明
-P	数据传输默认端口，默认是 22
-r	递归复制整个目录
-i	指定密钥文件，将参数直接传递给 SSH 使用
-l	限定网速，以 Kbit/s 为单位
-C	允许压缩
-1,-2	强制 scp 命令使用 SSH1 或 SSH2 协议
-4,-6	使用 IPv4 或 IPv6 寻址

例如，将整个 test 目录复制到目标服务器的 home 目录下，代码如下。

```
[root@server ~]# scp -r test root@192.168.43.10:/home/
```

任务小结

通过学习本任务，读者可以熟练掌握 sshd 服务程序的配置与启动，以及口令认证及密钥认证的使用方法，并了解 scp 命令的远程传输功能。

任务 6.3　在 Windows 环境下远程管理 Linux 系统

任务描述

在日常工作中，由于 Windows 系统具有功能强大、软件众多、简单易用等特点，许多用户会将 Windows 系统作为主要的操作系统，但是也有部分服务器是使用 Linux 系统的，因此学习如何在 Windows 环境下远程管理 Linux 系统很有必要。本任务为读者介绍两个管理工具，即 WinSCP 和 SecureCRT。

任务分析

根据任务描述的具体要求，本任务主要学习在 Windows 环境下远程管理 Linux 系统的两个工具，即 WinSCP 和 SecureCRT。这些工具只能辅助用户进行系统管理，用户只有学好 Linux 命令才能更好地解决问题。

任务目标

1. 掌握使用 WinSCP 上传/下载文件的方法。
2. 掌握使用 SecureCRT 远程管理 Linux 系统的方法。

预备知识

WinSCP 是一个支持 Windows 环境的开源文件管理客户端工具，支持基于 SSH1、SSH2 协议的 SFTP 和 SCP，主要功能是在 Windows 环境下通过图形界面远程管理 Linux 主机上的文件和目录，支持上传、下载、修改、移动、压缩和解压缩等功能，本任务中的安装版本为 WinSCP 5.19。

SecureCRT 是一个强大的虚拟终端软件，支持 SSH（SSH1 和 SSH2）、Telnet、RLogin、Serial 等协议，支持自动注册、自定义 ANSI 颜色、代码复制和自定义滚动行等功能。本任务以 SecureCRT 8.3 为例讲解使用 SecureCRT 远程管理 Linux 系统的基本方法。

任务实施

子任务 1　使用 WinSCP 上传/下载文件

1. 连接和登录

打开 WinSCP，会自动弹出登录窗口，选择合适的文件协议（如 SFTP、FTP、SCP 等），输入主机名和端口号，以及远程主机的用户名和密码，即可登录，如图 6-8 所示。

WinSCP 不会自动保存会话信息，在关闭连接后，信息会被清空，待再次登录时需要重新输入登录信息。如果想保存当前的会话信息，则可以单击“保存”按钮后面的下拉按钮，在弹出的下拉列表中选择“保存”或“设置为默认值”选项。前者可以将会话保存为站点，并且在桌面建立站点的快捷方式（见图 6-9），后者会将当前会话信息作为默认的登录信息。

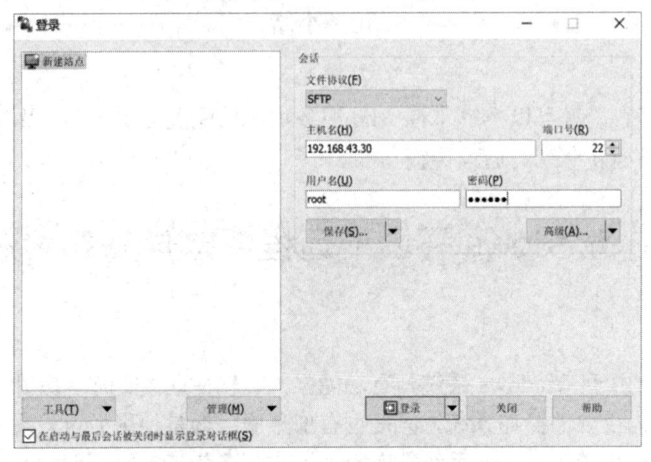

图 6-8　WinSCP 登录窗口

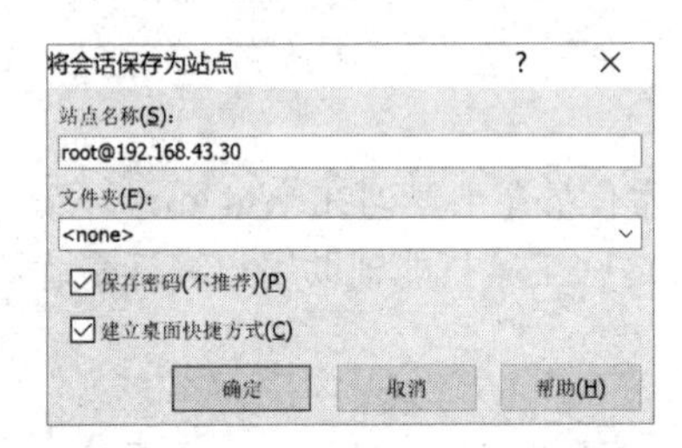

图 6-9　“将会话保存为站点”对话框

2. WinSCP 窗口介绍

登录成功后，会弹出如图 6-10 所示的 WinSCP 窗口。该窗口布局为典型的 Windows 窗口布局，自上而下包括菜单栏、工具栏等。主窗口分为两部分，左侧窗格为 Windows 系统中目录的内容，默认为“我的文档”目录，右侧窗格为 Linux 系统中目录的内容，默认为用户的主目录。

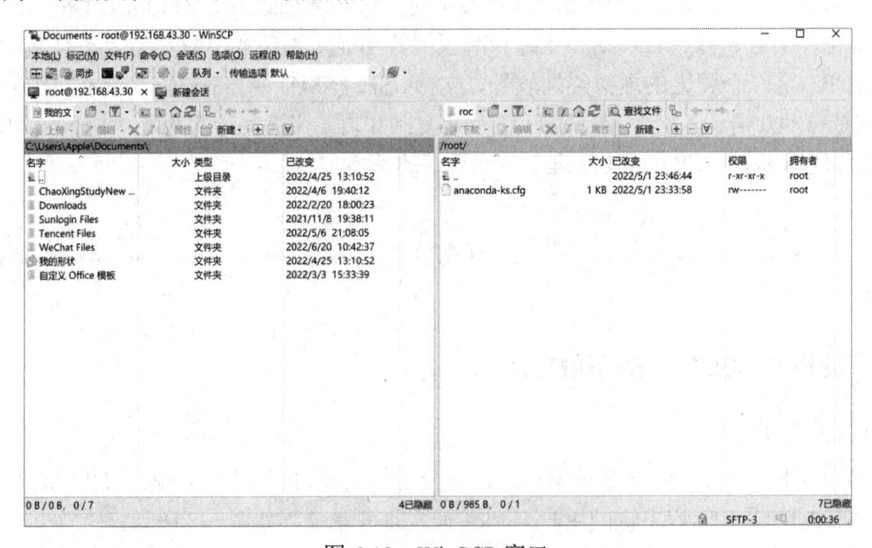

图 6-10　WinSCP 窗口

3．常用文件操作

（1）复制文件。WinSCP支持拖曳操作，如果想把Windows系统中的文件复制到Linux系统中，则可以先在Windows系统中找到目标文件，再在Linux系统中打开存放该文件的目录，使用鼠标直接把Windows系统中的文件拖曳到Linux系统中。

（2）删除文件。如果想删除Linux系统中的文件，则可以直接使用鼠标右键单击该文件，在弹出的快捷菜单中选择“删除”命令，如图6-11所示。

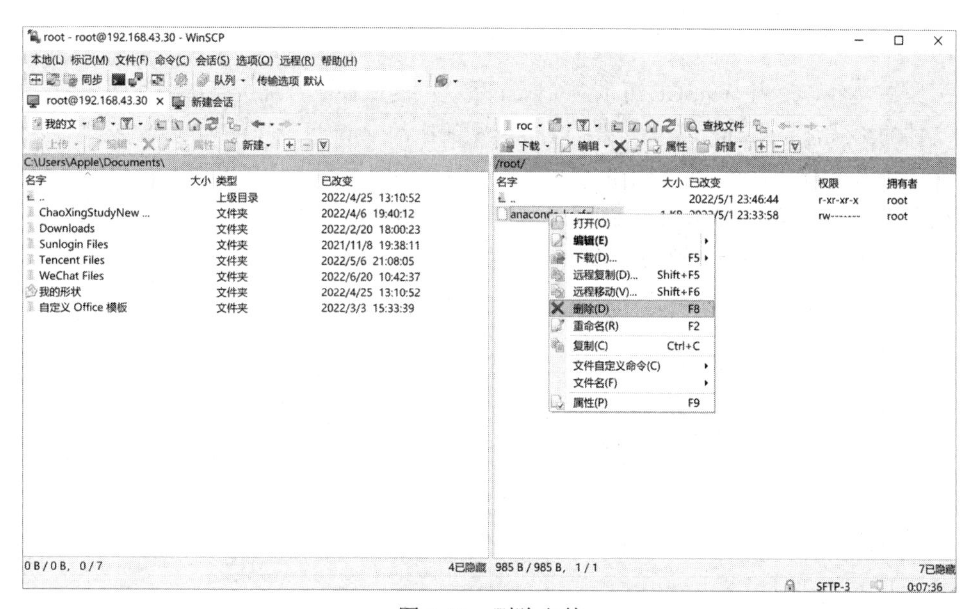

图6-11　删除文件

（3）新建文件。在Linux系统中新建文件，首先需要在右侧窗格中打开存储文件的目录，然后在空白处右击，在弹出的快捷菜单中选择“新建”→“文件”命令，如图6-12所示，并在弹出的对话框中输入文件名，如图6-13所示。

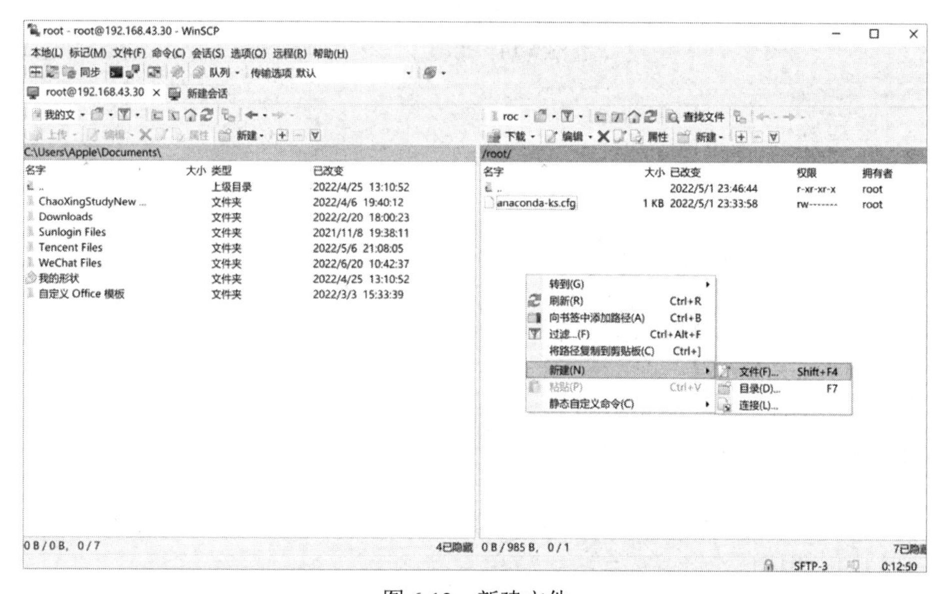

图6-12　新建文件

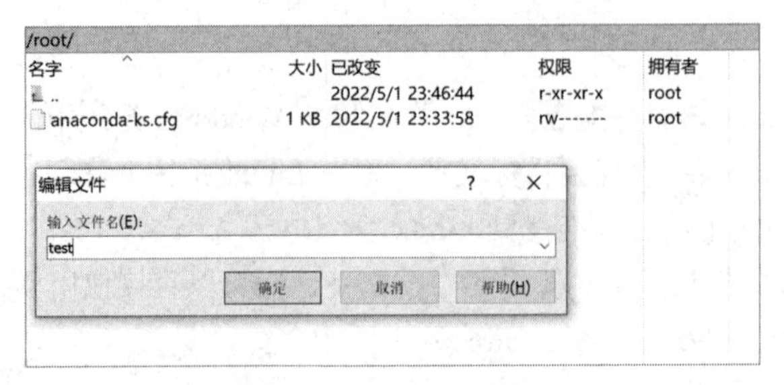

图 6-13 输入文件名

（4）压缩文件。使用 WinSCP 可以对 Linux 系统中的文件或目录进行压缩和解压缩，压缩和解压缩文件的格式都是 GZip。例如，要把 Linux 系统中的/boot 目录压缩为 boot.tgz 文件，可先在右侧窗格中选择/boot 目录，再单击鼠标右键，在弹出的快捷菜单中选择“文件自定义命令”→“Tar/GZip”命令，如图 6-14 所示，然后在弹出的“Tar/GZip 命令参数”对话框中输入压缩文件名，如图 6-15 所示，并单击“确定”按钮即可。

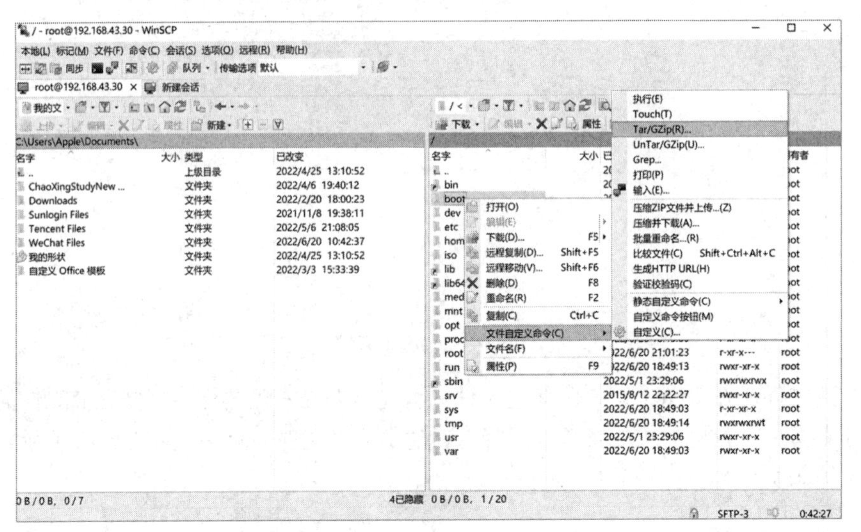

图 6-14 压缩文件

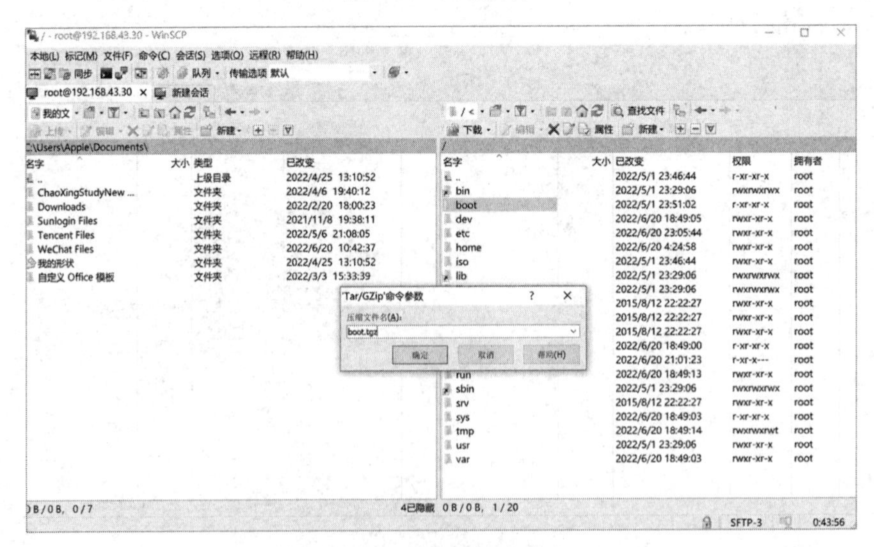

图 6-15 输入压缩文件名

（5）解压缩文件。如果想把上文生成的 boot.tgz 文件解压缩到/home 目录中，则可以先在右侧窗格中选择 boot.tgz 文件，再单击鼠标右键，在弹出的快捷菜单中选择“文件自定义命令”→“UnTar/GZip”命令，如图 6-16 所示，然后在弹出的“UnTar/GZip 命令参数”对话框中输入解压缩到的目录名，如图 6-17 所示。

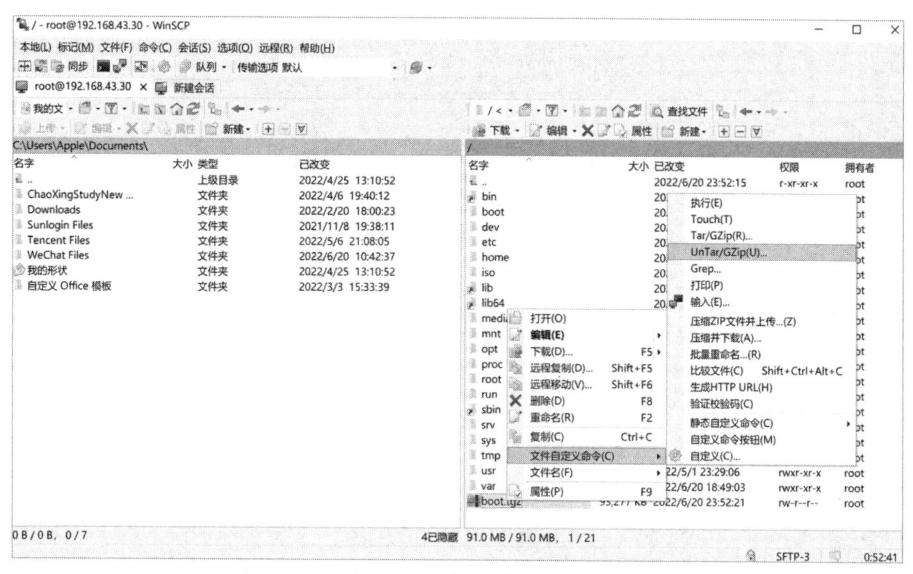

图 6-16　解压缩文件

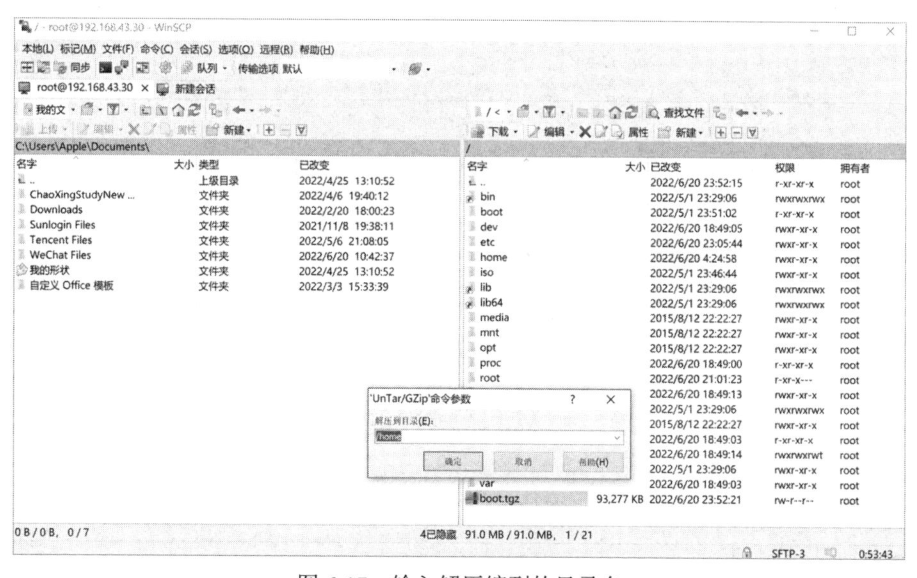

图 6-17　输入解压缩到的目录名

WinSCP 的功能远不止本项目中介绍的这些，由于篇幅所限，此处不再赘述，读者可以自行了解。

子任务 2　使用 SecureCRT 远程管理 Linux 系统

1．连接和登录

首次打开 SecureCRT 时，会自动弹出“Quick Connect”（快速连接）对话框（见图 6-18），在“Protocol”下拉列表中选择连接使用的协议，在“Hostname”文本框中输入远程主机的 IP 地址或主机名，在“Port”文本框中输入连接的端口，在“Firewall”下拉列表中选择远程主机所使用的防火墙，或者选择“None”选项后在“Username”文本框中输入登录远程主机的用户名，其他选项保持默认设置即可。

Quick Connect
Protocol: SSH2
Hostname: 192.168.43.30
Port: 22 Firewall: None
Username: root
Authentication
PublicKey
Keyboard Interactive
Password
GSSAPI
Properties...
Show quick connect on startup
Save session
Open in a tab
Connect Cancel

图 6-18 “Quick Connect”（快速连接）对话框

在信息输入完成后，单击“Connect”按钮，会自动连接远程服务器，在成功建立连接后，会在本连接标签上显示一个绿色的小对钩，并弹出“Enter Secure Shell Password”（输入密码）对话框，如图 6-19 所示。在“Password”文本框中输入正确的用户密码后，单击“OK”按钮即可登录成功，如果勾选了“Save password”复选框，则 SecureCRT 会帮助用户保存该连接的用户名和密码，后续即可直接登录。

Enter Secure Shell Password
root@192.168.43.30 requires a password. Please enter a password now.
OK
Cancel
Username: root
Password:
Save password
Skip

图 6-19 “Enter Secure Shell Password”（输入密码）对话框

登录成功后，会出现如图 6-20 所示的 SecureCRT 窗口，其布局与其他 Windows 窗口布局相似，从上到下分别是标题栏、菜单栏、工具栏、标签栏和显示操作区域，每个工具按钮都方便易用。在远程管理 Linux 系统时，用户只需要在显示操作区域中输入命令即可实时得到结果。

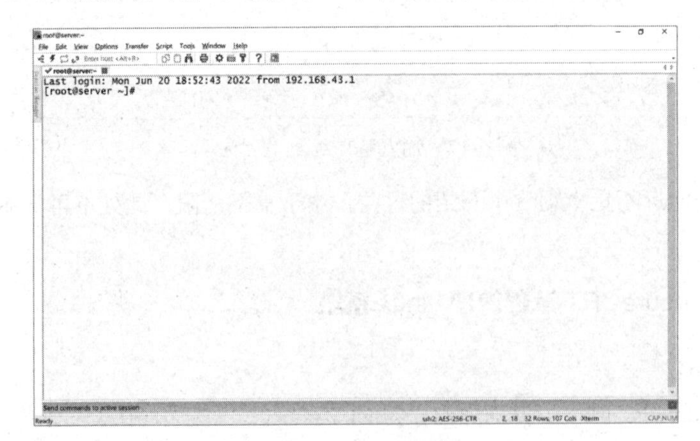

图 6-20 SecureCRT 窗口

2．SecureCRT 常用功能

为了更好地使用 SecureCRT 管理 Linux 系统，以下配置可供参考。

1）设置字符编码格式

在通过 SecureCRT 连接使用中文字符集的 Linux 系统时可能会出现乱码，其原因是没有正确设置 SecureCRT 的字符编码，SecureCRT 的字符编码应设置为与 Linux 系统匹配的字符集。使用 locale 命令可以查看 Linux 系统的字符集，命令如下：

```
[root@server ~]# locale
LANG=en_US.UTF-8
LC_CTYPE="en_US.UTF-8"
LC_NUMERIC="en_US.UTF-8"
LC_TIME="en_US.UTF-8"
LC_COLLATE="en_US.UTF-8"
LC_MONETARY="en_US.UTF-8"
LC_MESSAGES="en_US.UTF-8"
LC_PAPER="en_US.UTF-8"
LC_NAME="en_US.UTF-8"
LC_ADDRESS="en_US.UTF-8"
LC_TELEPHONE="en_US.UTF-8"
LC_MEASUREMENT="en_US.UTF-8"
LC_IDENTIFICATION="en_US.UTF-8"
```

从上面第 2 行命令可以看出，这个系统使用的是 en_US.UTF-8 字符集，因此 SecureCRT 的字符编码应设置为 UTF-8。具体方法是在 SecureCRT 窗口中选择“Options”→“Session Options”命令，在弹出的对话框中选择“Terminal”→“Appearance”选项，在“Character encoding”下拉列表中选择“UTF-8”选项，如图 6-21 所示，即可显示正常的文字。

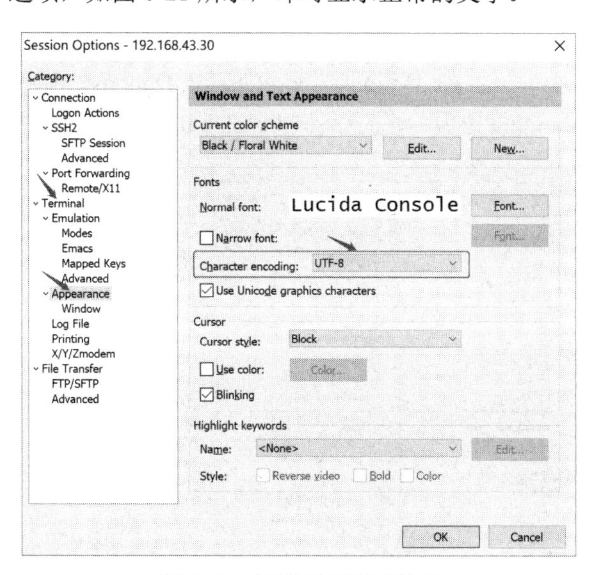

图 6-21　设置字符编码格式

2）使用 SFTP 上传/下载文件

SFTP（SSH File Transfer Protocol）是 SSH 的一部分，通过该工具可以在 Windows 系统和 Linux 系统之间传输文件，并且传输过程是加密的。当通过 SecureCRT 登录 Linux 系统后，选择“File”→“Connect SFTP Session”命令，即可打开 SFTP 会话。例如，把 Windows 系统中的 D:/test.txt 文件

上传到 Linux 系统中的 root 目录下，命令如下：

```
sftp> lcd D:/
sftp> put test.txt
Uploading test.txt to /root/test.txt
  100% 1KB     1KB/s 00:00:00
D:\test.txt: 1150 bytes transferred in 0 seconds (1150 bytes/s)
```

把 Linux 系统中的/home 目录下载到 Windows 系统中的 D:/bak 目录下，命令如下：

```
sftp> lcd D:/bak
sftp>  get -r /home
Downloading .bash_logout from /home/test/.bash_logout
  100% 18 bytes     18 bytes/s 00:00:00
test/.bash_logout: 18 bytes transferred in 0 seconds (18 bytes/s)
Downloading .bash_profile from /home/test/.bash_profile
  100% 193 bytes    193 bytes/s 00:00:00
test/.bash_profile: 193 bytes transferred in 0 seconds (193 bytes/s)
Downloading .bashrc from /home/test/.bashrc
  100% 231 bytes    231 bytes/s 00:00:00
test/.bashrc: 231 bytes transferred in 0 seconds (231 bytes/s)
Downloading .bash_history from /home/test/.bash_history
  100% 14 bytes     14 bytes/s 00:00:00
test/.bash_history: 14 bytes transferred in 0 seconds (14 bytes/s)
Downloading authorized_keys from /home/test/.ssh/authorized_keys
  100% 393 bytes    393 bytes/s 00:00:00
test/.ssh/authorized_keys: 393 bytes transferred in 0 seconds (393 bytes/s)
```

3）修改默认回滚行数

在需要回滚查看数据时，SecureCRT 默认的回滚行数是 500 行，可以通过以下设置来修改回滚行数。在 SecureCRT 窗口中选择“Options”→“Session Options”命令，在弹出的对话框中选择“Terminal”→“Emulation”选项，修改“Scrollback buffer”的值为 1000，如图 6-22 所示。

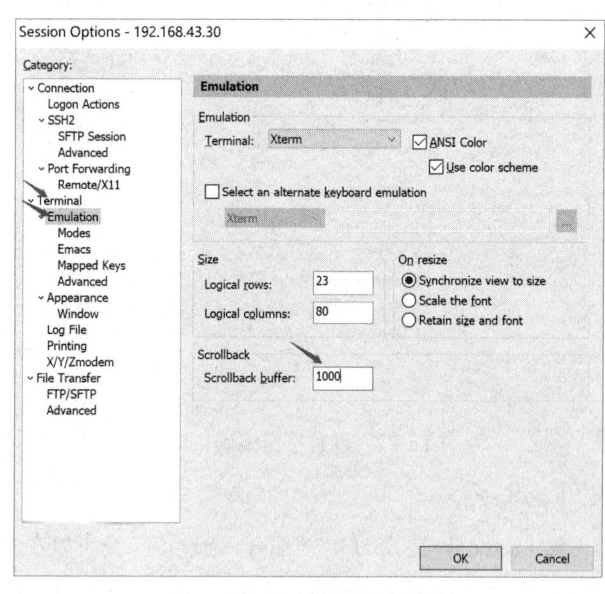

图 6-22　修改默认回滚行数

4）使用脚本

对于一些常用的重复性操作，可以使用 SecureCRT 把操作录制成脚本，在需要执行相同操作时，只需运行脚本即可。在 SecureCRT 窗口中选择“Script”→“Start Recording Script”命令，即可开始录制脚本，这时所有的操作记录都会被录制下来。在操作完成后，再次选择“Script”→“Stop Recording Script”命令，即可停止录制脚本，并在弹出的对话框中输入脚本的名称，选择脚本的保存位置和类型，单击“Save”按钮保存脚本。在运行脚本时，选择“Script”→“Run”命令，并在弹出的对话框中找到要运行的脚本，单击“Run”按钮即可。

任务小结

本任务介绍了在 Windows 环境下远程管理 Linux 系统的两种工具，即 WinSCP 和 SecureCRT，当然还有其他管理工具，读者可自行了解。至此，Linux 系统的网络已经配置好，并且已经进行了 sshd 服务程序的配置和启动，读者可以在部署好环境的基础上，在 Windows 环境下远程管理 Linux 系统，学习两种管理工具的使用方法。

任务 6.4　实操任务

实操任务目的

1. 掌握 Linux 环境下 TCP/IP 网络的设置方法。
2. 掌握使用命令检测网络配置的方法。
3. 掌握启用和禁用系统服务的方法。
4. 掌握 SSH 服务及应用。

实操任务环境

VMware Workstation 虚拟机软件，CentOS 7 操作系统（ISO 镜像文件）。

实操任务内容

1．某企业新增了 Linux 服务器，但是没有配置 TCP/IP 网络参数，请设置好各项 TCP/IP 参数，并连通网络。

2．通过 SSH 服务远程访问主机，可以使用证书登录远程主机，不需要输入远程主机的用户名和密码。

3．使用 VNC 服务远程访问主机，并使用图形界面访问，桌面端口号为 1。

任务 6.5　进阶习题

一、选择题

1．（　　）命令用来显示服务器 server 当前正在监听的端口。

A．ifconfig　　B．netlst　　C．iptables　　D．netstat

2．文件（　　）用来存放机器名到 IP 地址的映射。

A．/etc/hosts　　B．/etc/host

C．/etc/host.equiv　　　　D．/etc/hdinit

二、填空题

1．（　　）文件主要用于配置基本的网络参数，包括主机名、网关等。

2．一块网卡对应一个配置文件，配置文件位于目录（　　）中，文件名以（　　）开头。

三、简答题

1．sshd 服务程序的口令认证与密钥认证方式，哪个更安全？为什么？

2．列举在 Linux 系统中配置网络参数的方法。

项目 7

配置与管理 FTP 服务器

思维导图

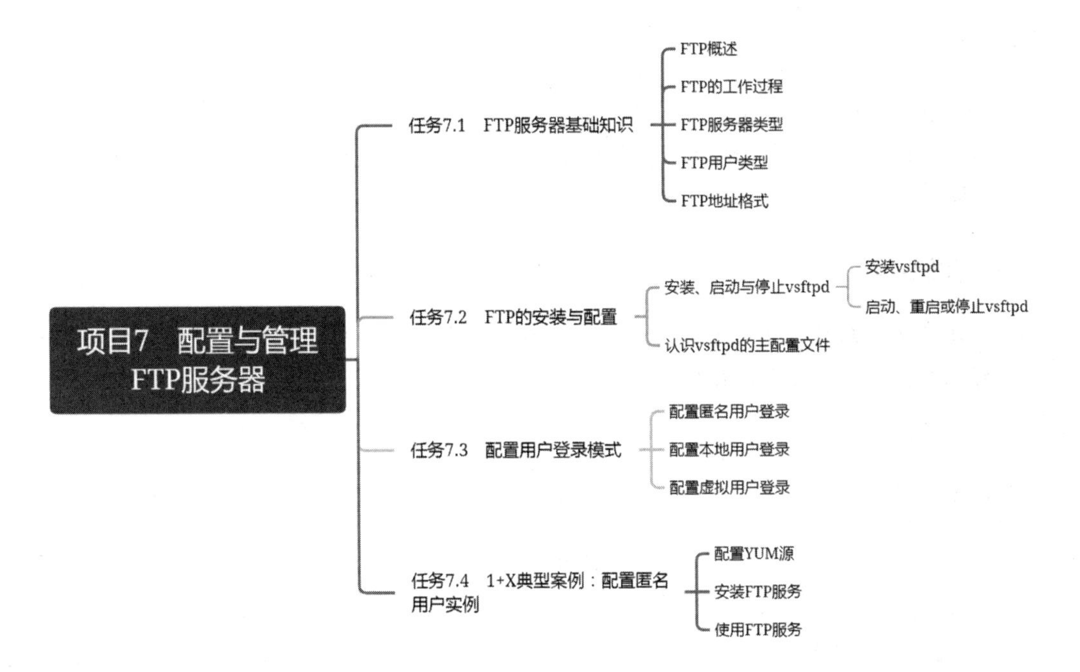

项目描述

祺麟云公司主要从事信息技术服务，该公司设有财务部、人事部、市场部、技术部、产品部等部门。为了方便公司电子化办公，提高工作效率，计划搭建 FTP 服务器，为员工提供相关文档的上传和下载服务。小王作为 FTP 服务器的维护人员，需要对公司的 FTP 服务器进行相关配置。

具体要求如下：准备一台 Linux 服务器，安装 vsftpd 软件包，实现以匿名用户、本地用户、虚拟用户的身份登录 FTP 服务器，同时可以上传、下载数据。

项目分析

根据项目描述，本项目将在实施过程中主要完成以下任务（本项目所有任务在实施过程中使用的操作系统环境均为 CentOS）。

1. 了解 FTP 服务器基础知识。

2. 掌握 FTP 的安装与配置。
3. 掌握配置用户登录模式的方法。
4. 理解 1+X 典型案例：配置匿名用户实例。

职业能力目标和要求

1. 了解并认识 FTP 服务器。
2. 熟练掌握 FTP 的安装与配置方法。
3. 熟练掌握以匿名用户登录 FTP 服务器的配置方法。
4. 熟练掌握以本地用户登录 FTP 服务器的配置方法。
5. 熟练掌握以虚拟用户登录 FTP 服务器的配置方法。

素质目标

1. 学习弘扬黄大年深情爱国、至诚报国、无私奉献的精神。
2. 通过介绍黄大年事迹，培养学生具备高尚的道德情操和精神追求，以及爱岗敬业、开拓创新、无私奉献的高尚品德。

1+X 技能目标

1. 根据生产环境中的 Linux 操作系统安全配置工作任务要求，完成 FTP 的安装与配置。
2. 根据生产环境中的业务需求，实现以匿名用户、本地用户、虚拟用户的身份登录 FTP 服务器。

思政元素映射

感动中国——黄大年

2009 年，新华社播报了一则消息，中国著名地理物理学家、国际著名战略科学家黄大年回国，致使正在某海域演习的美国航母编队，后撤 100 海里。这个报道当时听起来令人震惊，但是事实无可争辩。

其实这则消息并不是中国首先播报出来的，最先播报这条消息的是日本三大综合性日文对开报纸之一的《朝日新闻》。而当时黄大年刚刚回到祖国，并没有引起国内媒体的重视。日本能够率先掌握消息来源，并把消息播报出来，对中国的情报工作可见一斑。

当时很多人并不清楚黄大年回国的重要意义，出于保密的要求，国家对黄大年回国的消息也刻意淡化。一个人被新华社用战略科学家这个词来定义，可见他的地位绝对是非比寻常的。

1975 年，黄大年通过招考进入位于贵县（今贵港市）的广西第六地质队，成为一名航空物探操作员。作为物探操作员，他首次接触到了航空地球物理，并爱上了这个职业。为了进一步学习相关的文化知识，黄大年并不甘心留在地质勘探队，1977 年，中国恢复高考后，黄大年考入了长春地质学院，后来这个学院被并入吉林大学。

黄大年在长春地质学院完成了本科和研究生阶段的学习，并以优异的成绩取得了留学任教的资格。1991 年，黄大年被评为副教授。1992 年，黄大年得到了全国仅有的 30 个公派出国名额之一，在“中英友好奖学金项目”全额资助下，被选送至英国利兹大学攻读博士学位。

1996年，黄大年以专业排名第一的成绩获得英国利兹大学地球物理学博士学位。毕业之后，黄大年回国任教。但是不久后，黄大年又被派往英国继续从事针对水下隐伏目标和深水油气的高精度探测技术研究工作，在英国剑桥ARKeX航空地球物理公司任高级研究员12年，担任过研发部主任、博士生导师、培训官，长期从事海洋和航空快速移动平台高精度地球微重力和磁力场探测技术工作。

在国外的时候，黄大年作为英国剑桥ARKeX地球物理公司的研发部主任，曾带领一支包括外国院士在内的300人"高配"团队，实现了在海洋和陆地复杂环境下通过快速移动方式实施对地穿透式精确探测的技术突破。2004年3月，黄大年的父亲突然病重。黄大年则正在1000多米的大洋深处进行"重力梯度仪"军用转民用领域的技术攻关。

2009年，黄大年收到了国内的一封秘密邮件，请他回国主持某项科研项目的建设。他收到邮件后立刻对妻子说："咱们马上回去。"

黄大年毅然放弃了英国的优厚待遇，回到了祖国的怀抱。2009年12月24日，黄大年出任吉林大学地球探测科学与技术学院全职教授、博士生导师。为了配合他搞科研项目，国家从全国抽调400多名来自高校和科研院所的优秀科技人才，配合他开展"高精度航空重力测量技术"和"深部探测关键仪器装备研制与实验"两个重大项目的攻关研究。

仅仅5年的时间，黄大年就研究出了被美国封锁的探测技术。这项技术可以使探测设备不受纬度和高度的变化，在海下2000米深的地方如探囊取物一般，精准地探测到地球深层蕴藏的物质，无论是人类所需的稀有矿物质，还是潜藏在深海中的敌方潜艇。也就是说，这项技术不仅可以开发地球深层的矿产资源，还可以增强我国的国防力量。

回国的7年间，黄大年带领400多名科学家创造了多项第一。航空重力梯度仪的研发，直接把我国和世界先进水平的差距缩短了十年。"地壳一号"的研制，使中国成为世界上第三个掌握这种技术的国家。

2016年11月，黄大年晕倒在北京飞往成都的航班中，他死死抱住自己的笔记本电脑，嘱咐助手："如果我不行了，请把我的笔记本电脑交给国家，里面的研究资料太重要了。"2017年1月4日傍晚，黄大年内脏出现大出血，转氨酶升高、肝功能有衰竭倾向。1月8日，黄大年因为胆管癌去世。

在黄大年回国的7年里，他培养了13名博士、5名硕士，以及一大批优秀科研人员，他还把多名学生推荐到英国剑桥大学等世界级名校。逝世之前，他不停地对学生们说："一定要出去，出去了一定要回来；一定要出息，出息了一定要报国。"在他逝世后的几年里，他带出的学生接替了他的工作，而且取得了出色的成绩，为我国的国防科技事业做出了重大贡献。

任务7.1 FTP服务器基础知识

任务描述

FTP介绍

本项目的第1个任务是FTP服务器基础知识。

任务分析

本任务需要读者对FTP服务器进行全面了解，认识FTP，理解FTP的工作过程，了解FTP服务器类型、FTP用户类型，掌握FTP地址格式。

任务目标

1．认识 FTP。
2．理解 FTP 的工作过程。
3．了解 FTP 服务器类型。
4．了解 FTP 用户类型。
5．掌握 FTP 地址格式。

预备知识

虽然以 HTTP 为基础的 WWW 服务功能强大，但对于文件传输来说却略显不足。在此背景下，一种专门用于文件传输的 FTP 应运而生。

FTP（File Transfer Protocol，文件传输协议）是 Internet 上使用非常广泛的一种通信协议，用于在不同的主机之间进行文件传输。FTP 还可以实现服务器与客户端之间的资源再分配，是互联网用户资源的普遍共享方式。

任务实施

子任务 1　FTP 概述

FTP 是一种基于 TCP 的协议，采用客户端/服务器模式。

FTP 服务器是在互联网上提供文件存储和访问服务的计算机，它们依照 FTP 提供服务。简单来说，支持 FTP 的服务器就是 FTP 服务器。

FTP 服务器一般部署在内网中，具有容易搭建、方便管理的特点，且部分 FTP 客户端工具还可以支持文件的多点下载以及断点续传技术。它可以根据实际需要设置各用户的使用权限，同时还具有跨平台的特性，即在 UNIX、Linux、Windows 等操作系统中都可以进行文件传输。因此，FTP 服务器得到了广大用户的青睐。

子任务 2　FTP 的工作过程

FTP 的工作过程就是一个建立 FTP 会话并传输文件的过程，与普通的网络应用不同，一个 FTP 会话中需要两个独立的网络连接，因为 FTP 服务器需要监听两个端口。一个端口作为控制连接端口（默认为 TCP 21），用来发送和接收 FTP 的控制信息，一旦建立了 FTP 会话，该端口在整个会话期间就始终保持打开状态；另一个端口作为数据传输端口（默认为 TCP 20），用来发送和接收 FTP 数据，只有在传输数据时才打开，一旦传输结束就自动断开。FTP 客户端可以动态分配自己的端口。

FTP 主要支持两种模式：主动模式（PORT）和被动模式（PASV）。主动模式是由 FTP 服务器主动向 FTP 客户端发起连接请求的，而被动模式则是由 FTP 服务器等待 FTP 客户端发起连接请求的。

主动模式又称标准模式，一般情况下会使用该模式。FTP 主动模式的工作过程如图 7-1 所示。

（1）FTP 客户端随机开启一个端口 N（1024 以上），向 FTP 服务器的控制端口（默认为 TCP 21）发起连接。

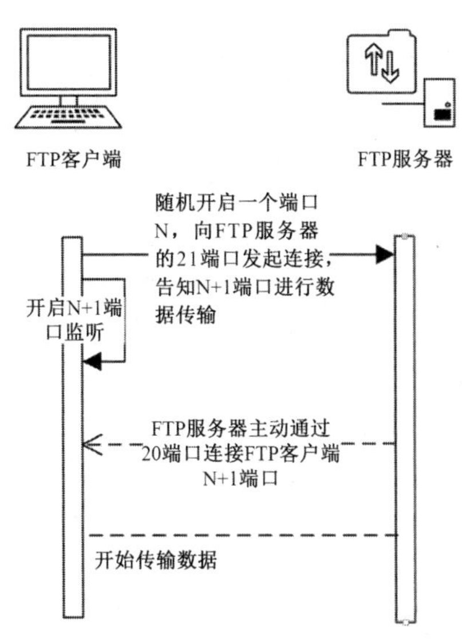

图 7-1　FTP 主动模式的工作过程

（2）FTP 客户端开启监听端口 N+1，并向 FTP 服务器发出 PORT 指令，告知自己所用的临时数据传输端口 N+1。

（3）FTP 服务器接收到该指令后，使用固定的数据端口（默认为 TCP 20）与 FTP 客户端的数据端口建立连接并开始传输数据，当数据传输完毕时，这两个端口自动关闭。

（4）当 FTP 客户端断开与 FTP 服务器的连接时，FTP 客户端上动态分配的端口将自动释放。

FTP 被动模式的工作过程如图 7-2 所示。

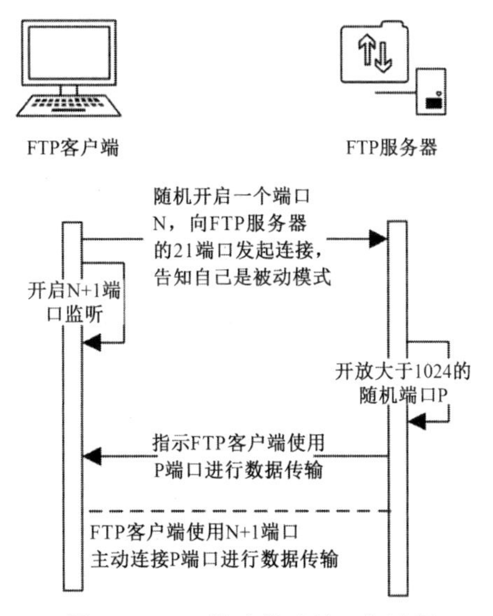

图 7-2　FTP 被动模式的工作过程

（1）FTP 客户端随机开启一个端口 N，向 FTP 服务器的 21 端口发起连接，再开启 N+1 端口，并发出 PASV 指令，请求进入被动模式。

（2）FTP 服务器接收到该指令后，随机打开一个大于 1024 的端口 P，并将这个端口告知 FTP 客户端，之后等待 FTP 客户端与其建立连接。

（3）FTP 客户端随机使用一个大于 1024 的端口 N+1 与 FTP 服务器的 P 端口建立 TCP 连接并进行数据传输。

（4）当 FTP 客户端断开与 FTP 服务器的连接时，FTP 客户端上动态分配的端口将自动释放。

无论是主动模式还是被动模式，进行文件传输都必须依次建立两个连接，分别是命令连接与数据连接，主动模式与被动模式的差异主要体现在数据连接通道上。

- 命令连接：用来在 FTP 客户端与 FTP 服务器之间传递命令。当 FTP 客户端需要登录到 FTP 服务器上时，FTP 服务器与 FTP 客户端需要进行一系列的身份验证，这个过程就是命令连接。
- 数据连接：在建立命令连接通道后，如果要在 FTP 服务器与 FTP 客户端之间传输文件，则需要建立数据连接通道。可以根据请求发起方来确定是主动模式还是被动模式。

主动模式的优点是服务器配置简单，利于服务器安全管理，服务器只需要开放 21 端口；缺点是若客户端开启了防火墙或客户端处于内网中，则服务器对客户端端口发起的连接可能会失败。

被动模式的优点是对客户端网络环境没有要求；缺点是服务器配置与管理稍显复杂，不利于安全，由于服务器需要开放随机高位端口以便客户端可以连接，因此服务器可以手动配置被动端口的范围。

子任务 3　FTP 服务器类型

FTP 服务器类型包括授权 FTP 服务器和匿名 FTP 服务器。

授权 FTP 服务器只允许该 FTP 服务器上的授权用户使用，在使用授权 FTP 服务器之前，必须向系统管理员申请用户名和密码。

匿名 FTP 服务器允许任何用户以匿名或 anonymous 用户身份登录 FTP 服务器，并对授权文件进行查阅和传输。

子任务 4　FTP 用户类型

FTP 有 3 种类型的用户，分别是匿名用户、本地用户和虚拟用户。

1．匿名用户

匿名用户有 anonymous 和 ftp，提供任意密码（包括空密码）都可以通过服务器的验证，一般用于公共文件的下载。

2．本地用户

本地用户直接使用本地的系统用户，其账号名称、密码等信息都被保存在 passwd、shadow 文件中。

3．虚拟用户

虚拟用户使用独立的账号/密码数据文件，将 ftp 用户与系统用户的关联性降至最低，可以为系统提供更好的安全性。

子任务 5　FTP 地址格式

一个 FTP 资源的完整地址格式如下：

```
ftp://[用户名:密码@]FTP 服务器 IP 地址或域名[:FTP 命令端口/路径/文件名]
```

任务小结

本任务通过介绍 FTP 的工作过程、FTP 服务器类型、FTP 用户类型及 FTP 地址格式，使读者对 FTP 服务器有了初步了解，为后续任务的学习打下了坚实基础。

任务 7.2 FTP 的安装与配置

任务描述

通过前面的学习，读者掌握了 FTP 服务器基础知识，接下来学习 FTP 的安装与配置。

任务分析

结合本任务之前所学知识，读者还要熟练掌握如何安装、启动与停止 vsftpd，认识 vsftpd 的主配置文件，为下一步学习配置用户登录模式打下良好的基础。

任务目标

1. 熟练掌握安装、启动与停止 vsftpd 的方法。
2. 认识 vsftpd 的主配置文件。

预备知识

vsftpd（Very Secure FTP Daemon）是一款非常安全的 FTP 软件。该软件是基于 GPL 开发的，被设计为稳定、快速、安全的 FTP 软件以应用于 Linux 系统，支持 IPv6 及 SSL 加密。

vsftpd 针对安全性进行了大量的设计。除安全性外，vsftpd 在速度和稳定性方面的表现也相当突出，大约可以支持 15000 个用户并发连接。

vsftpd 的安全性主要体现在 3 个方面：进程分离、处理不同任务的进程独立运行、进程均以最小权限运行。多数进程都使用 chroot 进行保护，防止用户访问非法共享目录，这里的 chroot 是改变根目录的一种技术，如果用户通过 vsftpd 共享了/var/ftp/目录，则该目录对客户端而言是共享的根目录。

任务实施

子任务 1 安装、启动与停止 vsftpd

1. 安装 vsftpd

使用 yum 或 rpm 命令在服务端安装 vsftpd。

在使用 yum 命令安装 vsftpd 时，将查询数据库中是否有该软件包，若有，则检查其依赖、冲突关系并给出提示，询问是否同时安装依赖软件包或删除冲突软件包。yum 命令格式如下：

```
yum [选项] [命令] [软件包名]
```

rpm 命令用于管理 rpm 软件包，该命令格式如下：

```
rpm [选项] 软件包的完整名称
```

使用 yum 命令安装 vsftpd 的命令如下：

```
[root@Centos7 ~]# yum clean all                                    //安装前先清除缓存
[root@Centos7 ~]# yum install -y vsftpd
```

图 7-3 所示为使用 yum 命令安装 vsftpd 的运行界面，图 7-4 所示为 vsftpd 安装成功的界面。

```
[root@Centos7 ~]# yum clean all
已加载插件：fastestmirror, langpacks
正在清理软件源： base extras updates
Cleaning up list of fastest mirrors
[root@Centos7 ~]# yum install -y vsftpd
已加载插件：fastestmirror, langpacks
Determining fastest mirrors
 * base: mirrors.aliyun.com
 * extras: mirrors.aliyun.com
 * updates: mirrors.aliyun.com
base                                                   | 3.6 kB     00:00
extras                                                 | 2.9 kB     00:00
updates                                                | 2.9 kB     00:00
(1/4): base/7/x86_64/group_gz                            | 153 kB     00:00
(2/4): extras/7/x86_64/primary_db                        | 247 kB     00:01
(3/4): base/7/x86_64/primary_db                          | 6.1 MB     00:17
(4/4): updates/7/x86_64/ 41% [======          ] 134 kB/s | 9.6 MB     01:41 ETA
```

图 7-3 使用 yum 命令安装 vsftpd 的运行界面

```
Running transaction
  正在安装    : vsftpd-3.0.2-29.el7_9.x86_64                              1/1
  验证中      : vsftpd-3.0.2-29.el7_9.x86_64                              1/1

已安装:
  vsftpd.x86_64 0:3.0.2-29.el7_9

完毕！
```

图 7-4 vsftpd 安装成功的界面

检测 vsftpd 安装是否成功的命令如下：

```
[root@Centos7 ~]# rpm -qa | grep vsftpd
```

图 7-5 所示为检测 vsftpd 安装是否成功的界面，执行“rpm -qa | grep vsftpd”命令后，图中出现了 vsftpd 软件包，代表安装成功。

```
[root@Centos7 ~]# rpm -qa | grep vsftpd
vsftpd-3.0.2-29.el7_9.x86_64
```

图 7-5 检测 vsftpd 安装是否成功的界面

2. 启动、重启或停止 vsftpd

安装 vsftpd 后，即可启动 vsftpd，命令如下：

```
[root@Centos7 ~]# service vsftpd start
[root@Centos7 ~]# systemctl start vsftpd
```

如果要重启 vsftpd，并允许外部网络访问 vsftpd 服务，则使用的命令如下：

```
[root@Centos7 ~]# systemctl restart vsftpd
[root@Centos7 ~]# systemctl enable vsftpd         //将 vsftpd 服务添加到开机启动目录，开机后自动启动 vsftpd 服务
[root@Centos7 ~]# firewall-cmd --permanent --add-service=ftp//将 FTP 服务添加到防火墙的允许列表
[root@Centos7 ~]# firewall-cmd --reload           //重新加载防火墙配置
[root@Centos7 ~]# setsebool -P ftpd_full_access=on              //开放 FTP 服务的 SELinux
```

如果要停止 vsftpd，则使用的命令如下：

```
[root@Centos7 ~]# service vsftpd stop
[root@Centos7 ~]# systemctl stop vsftpd
```

子任务 2 认识 vsftpd 的主配置文件

vsftpd 的主配置文件为/etc/vsftpd/vsftpd.conf，在打开该文件后，会看到部分配置项，许多配置项并没有列出，其中以“#”开头的代表注释。vsftpd 配置文件的语句如下。

（1）进程类别优化语句。

listen=YES/NO，设置独立进程控制 vsftpd。

（2）登录和访问控制选项的优化语句。

① anonymous_enable=YES/NO，允许/禁止匿名用户登录。

② banned_email_file=/etc/vsftpd/vsftpd.banned_emails，允许/禁止邮件使用的存放路径和目录。配合使用语句：deny_email_enable=YES/NO，允许/禁止匿名用户使用邮件作为密码。

③ banner_file=/etc/vsftpd/banner_file，在 banner_file 文件中添加欢迎词。

④ cmds_allowed=HELP,DIR,QUIT，列出允许使用的 FTP 命令。

⑤ ftpd_banner=welcome to ftp server，与③相似，是屏幕欢迎词。

⑥ local_enable=YES/NO，允许/禁止本地用户登录。

⑦ pam_service_name=vsftpd，使用 PAM 模块进行 FTP 客户端的验证。

⑧ userlist_deny=YES/NO，允许/禁止文件列表 user_list 的用户访问 FTP 服务器。

配合使用语句：userlist_file=/etc/vsftpd/user_list，用户列表文件。

配合使用语句：userlist_enable=YES/NO，激活/失效⑧的功能。

⑨ tcp_wrappers=YES/NO，启用/不启用 tcp_wrappers 控制服务访问的功能。

（3）匿名用户选项的优化语句。

① anon_mkdir_write_enable=YES/NO，允许/禁止匿名用户创建目录、删除文件。

② anon_root=/path/to/file，设置匿名用户的根目录，默认路径是/var/ftp/（可自行修改）。

③ anon_upload_enable=YES/NO，允许/禁止匿名用户上传文件。

④ anon_world_readable_only=YES/NO，允许/禁止匿名用户浏览和下载文件。

⑤ ftp_username=anonftpuser，将匿名用户绑定在系统用户上。

⑥ no_anon_password=YES/NO，需要/不需要匿名用户的登录密码。

（4）本地用户选项的优化语句。

① chmod_enable=YES/NO，允许/禁止本地用户修改文件权限。

② chroot_list_enable=YES/NO，启用/禁用将本地用户禁锢在 home 目录的功能。

③ chroot_list_file=/path/to/file，建立禁锢用户列表文件，每行一个用户。

④ guest_enable=YES/NO，激活/不激活虚拟用户。

⑤ guest_username=系统实体用户，将虚拟用户绑定在某个实体用户上。

⑥ local_root=/path/to/file，指定或修改本地用户的根目录。

⑦ local_umask=具体权限位数字，设置本地用户新建文件的权限。

⑧ user_config_dir=/path/to/file，激活虚拟用户的主配置文件。

（5）目录选项的优化语句。

text_userdb_names=YES/NO，启用/禁用用户的名称取代用户的 UID。

（6）文件传输选项的优化语句。

① chown_uploads=YES/NO，启用/禁用修改匿名用户上传文件的权限。

配合使用语句：chown_username=账户，指定匿名用户上传文件的所有者。

② write_enable=YES/NO，启用/禁用用户的写权限。

③ max_clients=数字，设置 FTP 服务器同一时刻最大的连接数。

④ max_per_ip=数字，设置每个 IP 地址的最大连接数。

（7）网络选项的优化语句。

① anon_max_rate=数字，设置匿名用户最大的下载速率（单位字节）。

② local_max_rate=数字，设置本地用户最大的下载速率。

任务小结

本任务介绍了 vsftpd 的安装、启动与停止，认识了 vsftpd 的主配置文件，在后续任务中将利用这些知识进行实践练习。

任务 7.3 配置用户登录模式

任务描述

通过前面的学习，读者已经熟悉了 FTP 服务器基础知识，以及 FTP 的安装与配置，为了增加 FTP 服务器的安全性和便利性，本任务将介绍如何配置用户登录模式，实现以匿名用户、本地用户、虚拟用户的身份登录 FTP 服务器。

任务分析

本任务主要介绍 vsftpd 的 3 种认证模式，要求读者掌握以 3 种认证模式登录 FTP 服务器的配置方法。

任务目标

1. 熟练掌握以匿名开放模式登录 FTP 服务器的配置方法。
2. 熟练掌握以本地用户模式登录 FTP 服务器的配置方法。
3. 熟练掌握以虚拟用户模式登录 FTP 服务器的配置方法。

预备知识

vsftpd 允许用户以下列 3 种认证模式登录 FTP 服务器。

（1）匿名开放模式：一种安全性最差的认证模式，任何人都可以直接登录 FTP 服务器而无须密码认证。

（2）本地用户模式：通过 Linux 系统本地的账户、密码信息进行认证的模式，相较于匿名开放模式，该模式更安全，而且配置起来更简单。但是如果黑客破解了相应账户信息，则可以畅通无阻地登录 FTP 服务器，从而完全控制整台服务器。

（3）虚拟用户模式：虚拟用户不是真正的系统用户，只能使用 FTP 服务器，无法访问其他系统资源，相对匿名用户和本地用户而言，以虚拟用户的身份登录 FTP 服务器更安全。在以虚拟用户的身份登录 FTP 服务器时，虚拟用户会被映射为对应的本地用户。当虚拟用户登录 FTP 服务器时，会默认登录到与之有映射关系的本地用户的主目录中，虚拟用户创建的文件也都归属于本地用户。

为了保证 FTP 服务器的安全，可以将与虚拟用户对应的本地用户设置为不允许登录 FTP 服务器，这不仅不会影响虚拟用户登录，而且可以避免黑客通过本地用户登录。

虚拟用户采用单独的用户名/密码保存方式，与系统用户账号信息分开存放，可提高系统的安全性。vsftpd 可以采用数据库文件来保存用户名和密码，调用系统的 PAM（Pluggable Authentication

Modules）模块对客户端进行身份认证，vsftpd对应的PAM配置文件为/etc/pam.d/vsftpd。

任务实施

子任务1　配置匿名用户登录

【例7-1】 搭建一台FTP服务器，允许匿名用户上传和下载文件，将匿名用户登录后的根目录设置为/opt/ftp。

（1）创建测试目录/opt/ftp，并创建测试文件test.txt，命令如下：

```
[root@Centos7 ~]# mkdir /opt/ftp
[root@Centos7 ~]# touch /opt/ftp/test.txt
```

图7-6所示为创建测试目录和测试文件的命令。

```
[root@Centos7 ~]# mkdir /opt/ftp
[root@Centos7 ~]# touch /opt/ftp/test.txt
[root@Centos7 ~]# ls /opt/ftp/
test.txt
```

图7-6　创建测试目录和测试文件的命令

（2）修改配置文件/etc/vsftpd/vsftpd.conf。

```
[root@Centos7 ~]# vi /etc/vsftpd/vsftpd.conf
anonymous_enable=YES                          #允许匿名用户登录
anon_root=/opt/ftp                            #将匿名用户的根目录设为/opt/ftp
anon_upload_enable=YES                        #允许匿名用户上传文件
anon_mkdir_write_enable=YES                   #允许匿名用户创建文件夹
```

图7-7所示为修改vsftpd配置文件的命令。

```
[root@Centos7 ~]# vi /etc/vsftpd/vsftpd.conf

anonymous_enable=YES
anon_root=/opt/ftp
anon_upload_enable=YES
anon_mkdir_write_enable=YES
```

图7-7　修改vsftpd配置文件的命令

提示：允许匿名用户登录等命令是默认开启的，为了方便只需要配置匿名用户的根目录即可。

（3）允许SELinux，使防火墙放行FTP服务，重启vsftpd。

```
[root@Centos7 ~]# setenforce 0
[root@Centos7 ~]# firewall-cmd --permanent --add-service=ftp
[root@Centos7 ~]# firewall-cmd --reload
[root@Centos7 ~]# firewall-cmd --list-all
[root@Centos7 ~]# systemctl restart vsftpd
```

（4）验证。在Windows 10客户端的资源管理器中输入“ftp://192.168.10.20”（FTP服务器IP地址），如图7-8所示，可以看到在虚拟机上创建的测试文件test.txt。

（5）继续在图7-8所示的共享目录中创建文件夹test，报错界面如图7-9所示。

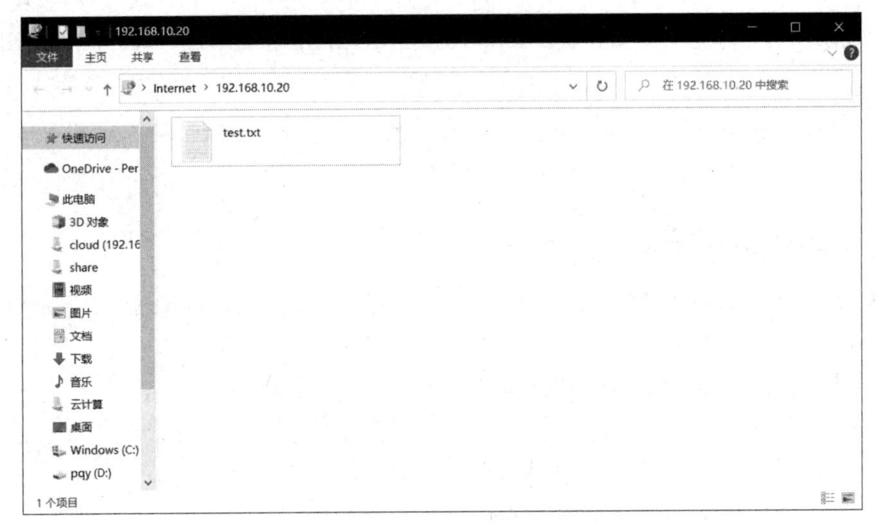

图 7-8　测试 FTP 服务器

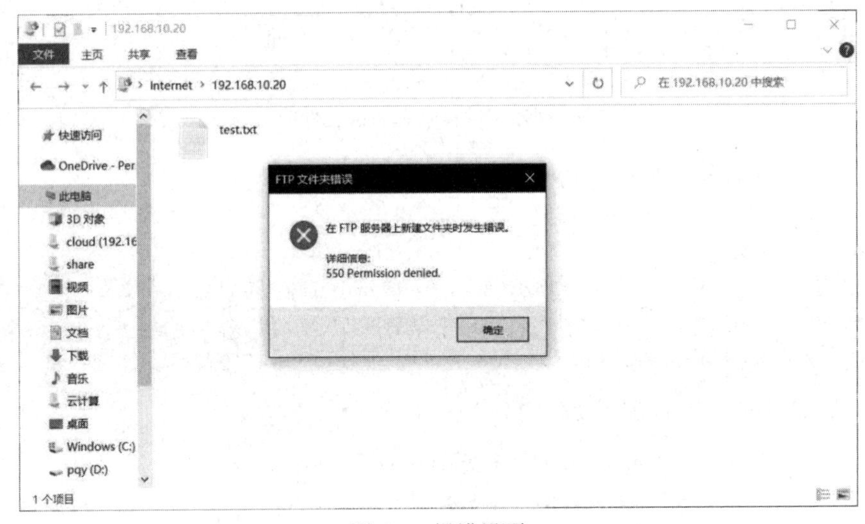

图 7-9　报错界面

出错原因是没有设置本地系统权限。在设置本地系统权限时，可以将属主设置为匿名用户 ftp，或者对/opt/ftp 目录赋予其他用户写权限。命令如下：

```
[root@Centos7 ~]# ll -ld /opt/ftp
[root@Centos7 ~]# chown ftp /opt/ftp          //将属主更改为匿名用户 ftp
[root@Centos7 ~]# chmod o+w /opt/ftp          //赋予其他用户写权限
```

如图 7-10 所示，将属主更改为匿名用户 ftp。

```
[root@Centos7 ~]# ll -ld /opt/ftp/
drwxr-xr-x. 2 root root 22 7月  20 18:13 /opt/ftp/
[root@Centos7 ~]# chown ftp /opt/ftp/
[root@Centos7 ~]# ll -ld /opt/ftp/
drwxr-xr-x. 2 ftp root 22 7月  20 18:13 /opt/ftp/
```

图 7-10　将属主更改为匿名用户 ftp

将属主修改完成后，需要重启 vsftpd，命令如下：

```
[root@Centos7 ~]# systemctl restart vsftpd  //重启 vsftpd 服务
```

（6）在 Windows 10 客户端上再次测试，在共享目录下继续创建文件夹 test，如图 7-11 所示，

test 文件夹创建成功。

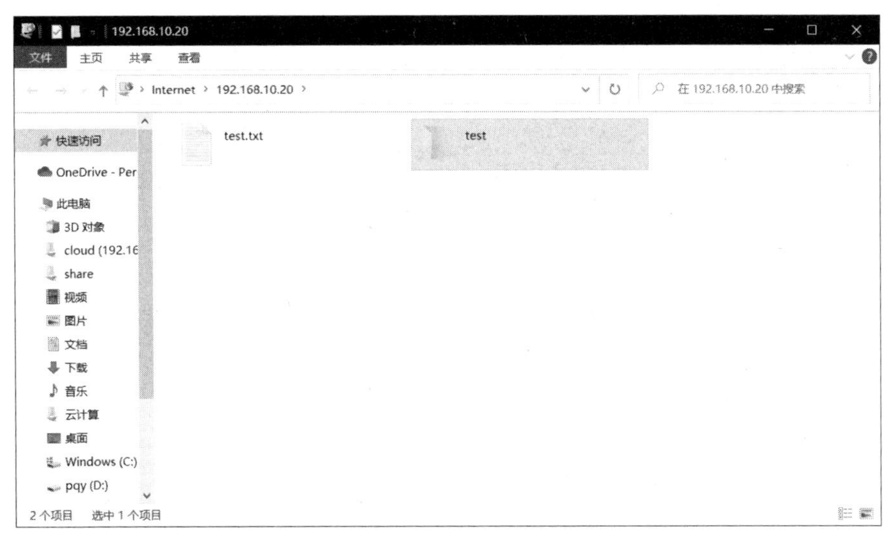

图 7-11　test 文件夹创建成功

子任务 2　配置本地用户登录

【例 7-2】 配置本地用户 user_test1 登录 FTP 服务器，同时要求禁止匿名用户登录 FTP 服务器。

（1）创建 FTP 用户 user_test1 并禁止本地登录，然后为其设置登录密码。

```
[root@Centos7 ~]# useradd -s /sbin/nologin user_test1
[root@Centos7 ~]# passwd user_test1
```

如图 7-12 所示，创建 FTP 用户 user_test1。

```
[root@Centos7 ~]# useradd -s /sbin/nologin user_test1
[root@Centos7 ~]# passwd user_test1
更改用户 user_test1 的密码 。
新的 密码：
无效的密码： 密码是一个回文
重新输入新的 密码：
passwd：所有的身份验证令牌已经成功更新。
```

图 7-12　创建 FTP 用户 user_test1

（2）修改 vsftpd.conf 配置文件。

```
[root@Centos7 ~]# vi /etc/vsftpd/vsftpd.conf
```

在配置文件中修改或添加以下内容：

```
anonymous_enable=NO                         #禁止匿名用户登录
local_enable=YES                            #允许本地用户登录
local_root=/opt/ftp                         #将本地用户的根目录设置为/opt/ftp
chroot_local_user=NO                        #是否限制本地用户，这也是默认值，可以省略
chroot_list_enable=YES                      #激活 chroot 功能
chroot_list_file=/etc/vsftpd/chroot_list    #设置锁定用户在根目录中的列表文件
allow_writeable_chroot=YES               #只要启用 chroot，必须允许 chroot 限制，否则出现连接错误
```

如图 7-13 所示，修改 vsftpd.conf 配置文件。

提示：chroot_local_user=NO 是默认设置，表示如果不做任何 chroot 设置，则 FTP 登录目录是不做限制的。另外，只要启动 chroot，就必须增加 allow_writeable_chroot=YES 语句。

```
anonymous_enable=NO
local_enable=YES
local_root=/opt/ftp
chroot_local_user=NO
chroot_list_enable=YES
chroot_list_file=/etc/vsftpd/chroot_list
allow_writeable_chroot=YES
# Example config file /etc/vsftpd/vsftpd.conf
#
# The default compiled in settings are fairly paranoid. This sample file
# loosens things up a bit. to make the ftp daemon more usable.
# Please see vsftpd.conf.5 for all compiled in defaults.
```

图 7-13　修改 vsftpd.conf 配置文件

（3）创建/etc/vsftpd/chroot_list 文件，添加测试账号。

```
[root@Centos7 ~]# vi /etc/vsftpd/chroot_list
user_test1
```

如图 7-14 所示，在/etc/vsftpd/chroot_list 文件中添加测试账号。

```
[root@Centos7 ~]# vi /etc/vsftpd/chroot_list
[root@Centos7 ~]# cat /etc/vsftpd/chroot_list
user_test1
```

图 7-14　在/etc/vsftpd/chroot_list 文件中添加测试账号

（4）允许 SELinux，使防火墙放行 FTP 服务，重启 vsftpd。

```
[root@Centos7 ~]# firewall-cmd --permanent --add-service=ftp
[root@Centos7 ~]# firewall-cmd --reload
[root@Centos7 ~]# firewall-cmd --list-all
[root@Centos7 ~]#setenforce 0
[root@Centos7 ~]# systemctl restart vsftpd
```

（5）修改本地系统权限。

```
[root@Centos7 ~]# mkdir -p /opt/ftp
[root@Centos7 ~]# touch /opt/ftp/test.txt
[root@Centos7 ~]# ll -d /opt/ftp/
drwxr-xr-x 2 root root 22 7月  21 16:56 /opt/ftp/
[root@Centos7 ~]# chmod -R o+w /opt/ftp/
[root@Centos7 ~]# ll -d /opt/ftp/
drwxr-xrwx 2 root root 22 7月  21 16:57 /opt/ftp/
```

（6）验证。在 Windows 10 客户端的资源管理器中输入“ftp://192.168.10.20”（FTP 服务器 IP 地址），在弹出的“登录身份”对话框中输入用户名和密码，如图 7-15 所示。

图 7-15　在“登录身份”对话框中输入用户名和密码

输入正确的用户名和密码后，单击“登录”按钮，可以看到刚刚创建的测试文件 test.txt，如图 7-16 所示。

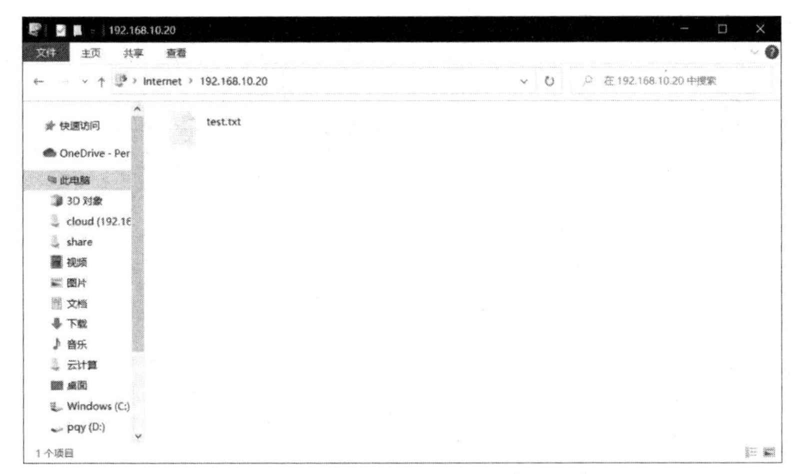

图 7-16　测试文件 test.txt

子任务 3　配置虚拟用户登录

在正常情况下，Linux 系统的本地用户和匿名用户都可以登录 FTP 服务器，但是新版本的 vsftpd 已经不支持匿名用户的写入权限，如果以本地用户的身份登录，则不仅不利于分享，还会造成各种各样的安全问题。因此，vsftpd 引入了虚拟用户，使得 FTP 管理员可以自行创建和管理 FTP 用户，无须为每个 FTP 用户配备系统本地账号和密码，使系统的安全性和灵活性大大增加。

1. 配置宿主用户

配置虚拟用户前，需要先规划一个系统用户作为虚拟用户的宿主，即虚拟用户在登录 FTP 服务器时使用的系统用户，该系统用户一般不能直接登录系统。虚拟用户主目录的属主最好为该宿主用户。命令如下：

```
[root@localhost ~]# useradd -m -d /var/vuser_dir -s /sbin/nologin vuser
//创建宿主用户 vuser，虚拟用户的主目录为/var/vuser_dir
```

2. 配置 PAM 认证

虚拟用户采用 PAM 认证，认证数据库可以通过 db_load 命令来生成，认证的配置文件由 vsftpd.conf 配置文件中的 pam_service_name=vsftpd 来指定，存放目录为/etc/pam.d/vsftpd。

（1）创建虚拟用户的账号和密码。

```
[root@localhost ~]# vim /etc/vsftpd/vuserlog.txt
vuser1
123456
vuser2
123456
```

在/etc/vsftpd 目录中创建文本文件 vuserlog.txt，其中奇数行为账号，偶数行为密码，存入两个虚拟用户：vuser1，密码为 123456；vuser2，密码同样为 123456。

（2）生成 PAM 认证数据库。

```
[root@localhost ~]#cd /etc/vsftpd/
[root@localhost vsftpd]# db_load -T -t hash -f vuserlog.txt vuserlog.db
```

在/etc/vsftpd 目录中利用 vuserlog.txt 文件生成认证数据库 vuserlog.db。如果管理员要修改虚拟用户账号，则只需要修改 vuserlog.txt 文件，并重新生成数据库即可。

（3）修改 PAM 认证配置。

```
[root@localhost ~]# vi /etc/pam.d/vsftpd
auth required /lib64/security/pam_userdb.so db=/etc/vsftpd/vuserlog
account required /lib64/security/pam_userdb.so db=/etc/vsftpd/vuserlog
```

3. 修改 vsftpd.conf 文件

修改 vsftpd.conf 文件，增加如下内容：

```
guest_enable=YES
#开启虚拟用户
guest_username=vuser
#指定虚拟用户的宿主用户
user_config_dir=/etc/vsftpd/vuser_conf
#指定虚拟用户配置文件的存放目录
allow_writeable_chroot=YES
#当 chroot 开启时，允许写入权限
```

4. 配置虚拟用户

（1）创建虚拟用户配置文件的存放目录。

```
[root@localhost ~]# mkdir /etc/vsftpd/vuser_conf
#该目录必须与 vsftpd.conf 文件中 user_config_dir 指定的目录一致
```

（2）创建虚拟用户配置文件。

在虚拟用户配置目录中创建虚拟用户配置文件并编写用户配置，同时配置文件必须以虚拟用户名作为文件名，每个虚拟用户有一个配置文件。例如：

```
[root@www ~]# vi /etc/vsftpd/vuser_conf/vuser1
local_root=/var/vuser_dir
#指定 vuser1 用户的主目录
write_enable=YES
#开启写入权限
anon_world_readable_only=NO
#开启下载权限
anon_upload_enable=YES
#开启上传权限
anon_mkdir_write_enable=YES
#开启新建目录权限
anon_other_write_enable=YES
#开启删除、重命名权限
```

在重新启动 vsftpd 后，即可使用虚拟用户登录，命令如下：

```
[root@localhost ~]# systemctl restart vsftpd.service
```

任务小结

通过本任务的学习，读者可以掌握以匿名开放模式、本地用户模式、虚拟用户模式登录 FTP 服务器的配置方法，并根据实际需要搭建一台小型的 FTP 服务器。

任务 7.4 1+X 典型案例：配置匿名用户实例

实战案例——FTP 服务的使用

任务描述

Linux 系统的单节点规划如表 7-1 所示。

表 7-1 Linux 系统的单节点规划

IP 地址	主机名	节点
192.168.200.10	localhost	Linux 服务器节点

要求搭建一台以匿名用户身份登录的 FTP 服务器，将匿名用户的根目录设置为/opt。

任务分析

本任务的最终目标是在 CentOS 系统下成功搭建一台以匿名用户身份登录的 FTP 服务器。根据这一任务目标，需要依次完成以下 3 个工作任务。

1．配置 YUM 源。

2．安装 FTP 服务。

3．使用 FTP 服务。

任务实施

工作任务 1 配置 YUM 源

步骤 1：在 VMware Workstation 界面中，连接 CD 设备。使用鼠标右键单击“项目 3”选项卡，在弹出的快捷菜单中选择“可移动设备”→“CD/DVD（IDE）”→“连接”命令，如图 7-17 所示。

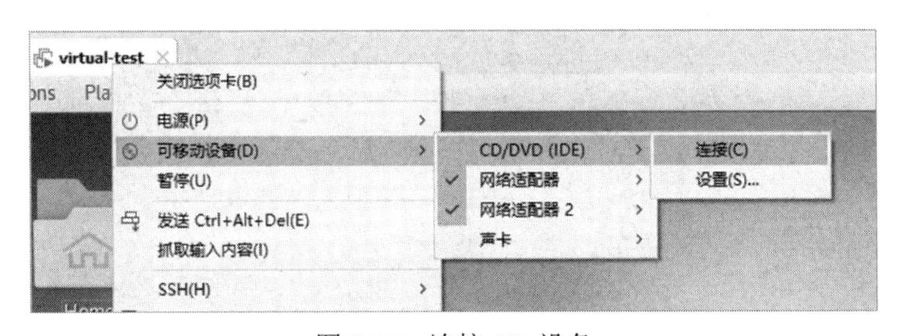

图 7-17 连接 CD 设备

步骤 2：打开终端，将 CD 设备挂载到/opt/centos（可自行创建）目录下，命令如下。

```
[root@localhost ~]# mount /dev/cdrom /opt/centos
mount: /dev/sr0 is write-protected, mounting read-only
[root@localhost ~]# ll /opt/centos
total 636
-r--r--r--. 1 root root 14 Dec 9 2015 CentOS_BuildTag
dr-xr-xr-x. 3 root root 2048 Dec 9 2015 EFI
-r--r--r--. 1 root root 215 Dec 9 2015 EULA
-r--r--r--. 1 root root 18009 Dec 9 2015 GPL
dr-xr-xr-x. 3 root root 2048 Dec 9 2015 images
```

```
dr-xr-xr-x. 2 root root 2048 Dec 9 2015 isolinux
dr-xr-xr-x. 2 root root 2048 Dec 9 2015 LiveOS
dr-xr-xr-x. 2 root root 612352 Dec 9 2015 Packages
dr-xr-xr-x. 2 root root 4096 Dec 9 2015 repodata
-r--r--r--. 1 root root 1690 Dec 9 2015 RPM-GPG-KEY-CentOS-7
-r--r--r--. 1 root root 1690 Dec 9 2015 RPM-GPG-KEY-CentOS-Testing-7
-r--r--r--. 1 root root 2883 Dec 9 2015 TRANS.TBL
```

步骤 3：配置本地 YUM 源文件，先移动/etc/yum.repos.d 目录下的文件，然后创建 local.repo 文件，命令如下。

```
[root@localhost ~]# mv /etc/yum.repos.d/* /media/
[root@localhost ~]# vi /etc/yum.repos.d/local.repo
 [centos7]
name=centos7
baseurl=file:///opt/centos
gpgcheck=0
enabled=1
[root@localhost ~]# cat /etc/yum.repos.d/local.repo
```

工作任务 2 安装 FTP 服务

步骤 1：使用如下命令安装 FTP 服务 vsftpd。

```
[root@localhost ~]# yum install vsftpd -y
```

步骤 2：安装完成后，编辑 FTP 服务的配置文件，命令如下。

```
[root@localhost ~]# vi /etc/vsftpd/vsftpd.conf
anon_root=/opt
# Example config file /etc/vsftpd/vsftpd.conf
……
```

步骤 3：启动 vsftpd，命令如下。

```
[root@localhost ~]# systemctl start vsftpd
[root@localhost ~]# netstat -ntpl
Active Internet connections (only servers)
Proto Recv-Q Send-Q Local Address Foreign Address State PID/Program name
tcp 0 0 0.0.0.0:22 0.0.0.0:* LISTEN 1556/sshd
tcp 0 0 127.0.0.1:25 0.0.0.0:* LISTEN 2517/master
tcp6 0 0 :::21 :::* LISTEN 3359/vsftpd
tcp6 0 0 :::22 :::* LISTEN 1556/sshd
tcp6 0 0 ::1:25 :::* LISTEN 2517/master
```

使用 netstat -ntpl 命令可以查看 vsftpd 的 21 端口（若无法使用 netstat 命令，则可以自行安装 net-tools 工具）。

步骤 4：在使用浏览器访问 FTP 服务器之前，需要关闭 SELinux 和防火墙，命令如下。

```
[root@localhost ~]# setenforce 0
[root@localhost ~]# systemctl stop firewalld
```

工作任务 3 使用 FTP 服务

步骤 1：在 Windows 10 客户端的资源管理器中输入“ftp://192.168.200.10”（FTP 服务器 IP 地址），如图 7-18 所示，可以看到/opt 目录下的文件通过 FTP 服务成功共享。

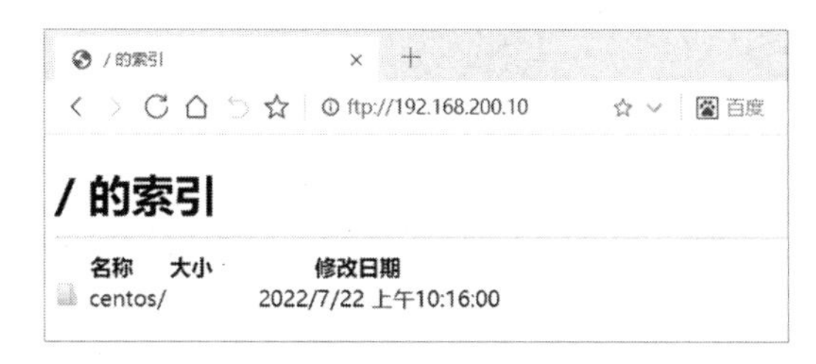

图 7-18 /opt 目录下的文件通过 FTP 服务成功共享

项目验收

当可以看到/opt 目录下的文件时，配置匿名用户的任务已经完成。该案例是 1+X 云计算平台运维与开发的经典案例，希望读者尝试独立练习。

任务 7.5 进阶习题

一、选择题

1．在 CentOS 7 系统中，若要设置允许匿名 FTP 用户上传文件，应在 vsftpd.conf 文件中添加（ ）配置参数。

A．local_enable=YES　　B．write_enable=NO
C．anon_upload_enable=YES　　D．upload_enable=YES

2．修改 vsftpd.conf 文件的（ ）可以实现 vsftpd 服务独立启动。

A．listen=YES　　B．listen=NO
C．boot=standalone　　D．#listen=YES

3．将用户加入（ ）文件中可能会阻止用户访问 FTP 服务器。

A．vsftpd/ftpusers　　B．vsftpd/user_list
C．ftpd/ftpusers　　D．ftpd/userlist

4．关于 FTP，下列描述中不正确的是（ ）。

A．FTP 使用多个端口　　B．FTP 可以上传文件，也可以下载文件
C．FTP 报文通过 UDP 报文传送　　D．FTP 是应用层协议

5．下列选项中，关于 FTP 的说法不正确的是（ ）。

A．FTP 采用了客户端/服务器模式
B．客户端和服务器之间使用 TCP 连接
C．目前大多数 FTP 匿名服务允许用户上传和下载文件
D．目前大多数提供公共资料的 FTP 服务器都提供匿名 FTP 服务

6．FTP 的端口中（ ）。

A．21 端口为数据端口　　B．20 端口为控制端口
C．21 端口为控制端口　　D．20 端口为数据端口

二、简答题

1．简述 FTP 的工作过程。
2．vsftpd 允许用户以哪几种认证模式登录 FTP 服务器？
3．FTP 的主动模式和被动模式有什么区别？各适用于什么场景？

项目 8

配置与管理 Samba 服务器

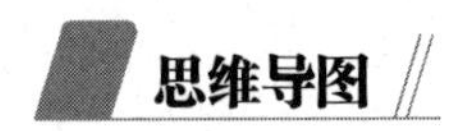
思维导图

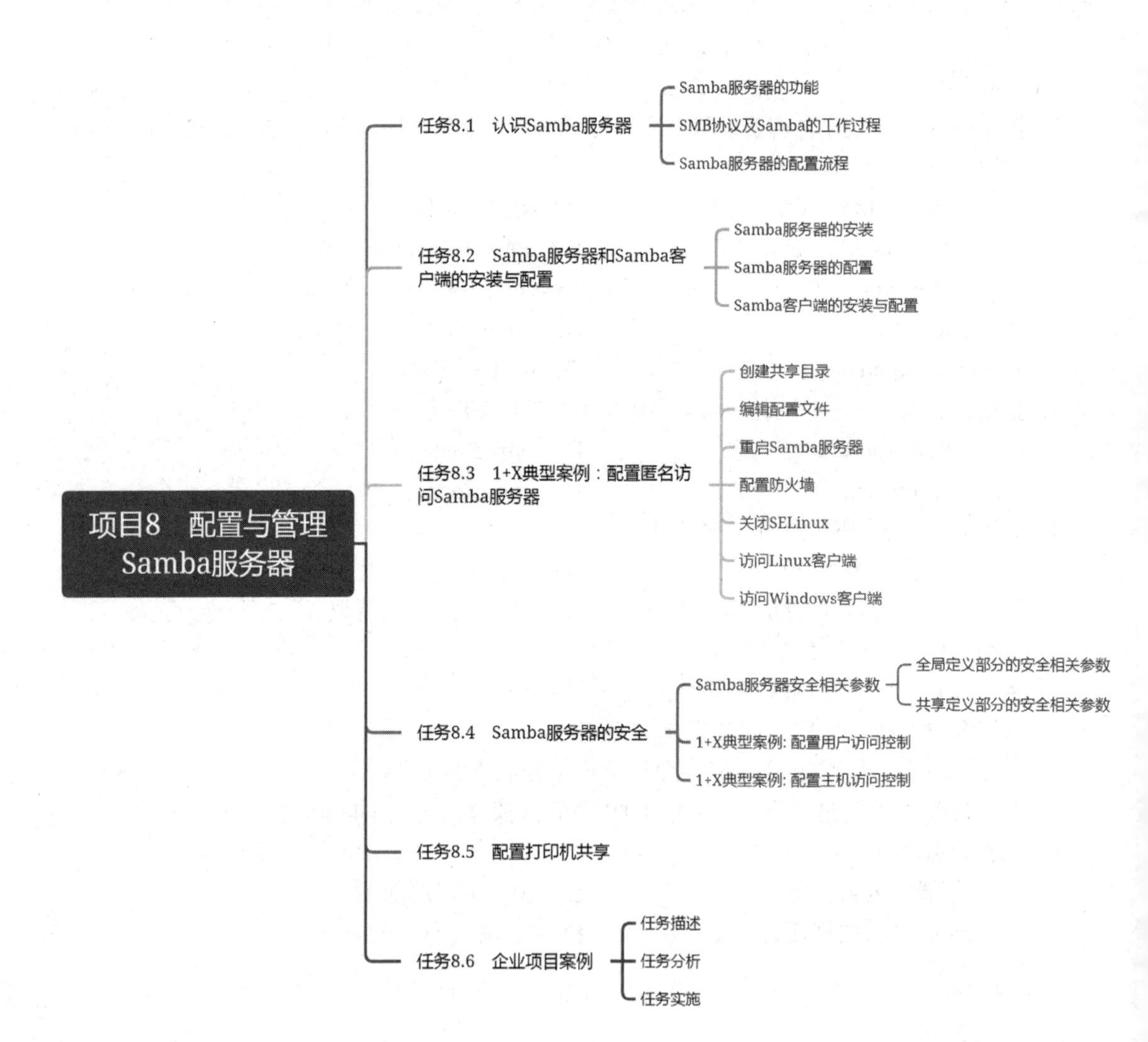
项目8　配置与管理Samba服务器
任务8.1　认识Samba服务器
Samba服务器的功能
SMB协议及Samba的工作过程
Samba服务器的配置流程
任务8.2　Samba服务器和Samba客户端的安装与配置
Samba服务器的安装
Samba服务器的配置
Samba客户端的安装与配置
任务8.3　1+X典型案例：配置匿名访问Samba服务器
创建共享目录
编辑配置文件
重启Samba服务器
配置防火墙
关闭SELinux
访问Linux客户端
访问Windows客户端
任务8.4　Samba服务器的安全
Samba服务器安全相关参数
全局定义部分的安全相关参数
共享定义部分的安全相关参数
1+X典型案例: 配置用户访问控制
1+X典型案例: 配置主机访问控制
任务8.5　配置打印机共享
任务8.6　企业项目案例
任务描述
任务分析
任务实施

项目描述

某学院组建了局域网，学院各部门可以通过部门联网的计算机使用网络。各部门的计算机同时安装了 Linux 系统和 Windows 系统。因工作需要，学院有一些数据是全院共享的，所有人都可以访问。考虑到信息安全问题，有些数据只供本部门教师访问。现在要求将学生工作部的资料存放在/school/student/目录下集中管理，该目录由学生工作部的所有教师共享使用，其他部门无权访问；将教务处的资料存放在/school/teacher 目录下集中管理，该目录由教务处的所有教师共享使用，其他部门无权访问；/school/share 目录用于保存学院公开的资料，所有人都可以匿名访问。学院网络所用的 IP 地址为一个 C 网段 192.168.1.0/24，IP 地址为 192.168.1.110/24 的计算机不能访问任何共享资源，其他 IP 地址的计算机可以在符合条件的前提下访问共享资源。

项目分析

本项目主要需要解决资源共享和访问权限问题，用户可以在 Linux 主机上安装 Samba 服务器实现所要求的功能。关于 Samba 服务器的使用需要掌握以下内容（本项目所有任务在实施过程中使用的操作系统环境均为 CentOS 7）。

1. 认识 Samba 服务器。
2. 熟练掌握 Samba 的安装与配置方法。
3. 熟悉 Samba 服务器的主配置文件及相关参数。
4. 熟练掌握 Samba 服务器安全的相关配置方法。
5. 熟练掌握共享打印机的配置方法。

职业能力目标和要求

1. 能够正确安装、配置和使用 Samba 服务器。
2. 能够正确安装、配置和使用 Samba 客户端。

素质目标

1. 培养学生具有共赢、共享的良好思想品德。
2. 通过讨论共享权限设置，加强学生对信息安全的理解并掌握相应的设置方法。
3. 通过讨论我国“一带一路”倡议发展所秉承的“共商、共建、共享”原则，引导学生理解“一带一路”倡议的重要性，培养学生的民族自豪感和文化自信心。
4. 通过实际使用国产软件金山文档和 WPS Office 的文档共享功能，加深学生对国产软件的了解，激发学生的爱国热情和求实创新的思维模式与行为模式。

1+X 技能目标

1. 根据生产环境中的网络结构、IP 地址范围等实际需求，完成 Samba 服务器的规划、安装和配置。
2. 根据生产环境中对 Samba 的安全需求，进行相关的安全配置。

思政元素映射

1．“一带一路”和“共商、共建、共享”

习近平主席在 2013 年秋天提出建设“一带一路”的合作倡议，旨在通过加强国际合作，对接彼此发展战略，实现优势互补，促进共同发展。

2017 年 1 月 17 日，习近平主席在达沃斯世界经济论坛年会上宣布，2017 年 5 月，中国将在北京主办“一带一路”国际合作高峰论坛，共商合作大计，共建合作平台，共享合作成果，为解决当前世界和区域经济面临的问题寻找方案，为实现联动式发展注入新能量，让“一带一路”建设更好地造福各国人民。

2．金山文档和 WPS Office

金山文档是金山软件股份有限公司自主研发的一款文档创作工具，具有以下优点：无须转换格式，修改后自动保存，告别反复传输文件；支持设置不同成员查看或编辑权限；数据安全隔离、实时同步，与他人共享工作文档。

WPS Office 是由金山软件股份有限公司自主研发的一款办公软件套装，可以实现办公软件最常用的文字、表格、演示、共享、协作等多种功能，具有内存占用低、运行速度快、体积小巧、支持强大插件平台、免费提供海量在线存储空间及文档模板、支持阅读和输出 PDF 文件、全面兼容微软 Microsoft Office 格式（doc/docx/xls/xlsx/ppt/pptx 等）的独特优势，覆盖 Windows、Linux、Android、iOS 等多个平台。

WPS Office 支持桌面和移动办公，且 WPS 移动版通过 Google Play 平台，已覆盖 50 多个国家和地区，WPS for Android 在应用排行榜上领先于微软及其他竞争对手，居同类应用之首。

任务 8.1　认识 Samba 服务器

任务描述

认识 Samba 服务器

全面了解 Samba 服务器的相关知识。

任务分析

全面了解 Samba 服务器的功能、SMB 协议及 Samba 的工作过程，并掌握 Samba 服务器的配置流程。

任务目标

1．了解 Samba 服务器的功能。
2．了解 SMB 协议及 Samba 的工作过程。
3．掌握 Samba 服务器的配置流程。

预备知识

在计算机网络发展的早期，在两台主机之间共享文件的常用方法是利用 FTP 服务。但 FTP 服务的本质是传输文件，而不是共享文件，即用户不能直接在 FTP 服务器上修改文件，必须先从 FTP 服务器上把文件下载到自己的计算机中，修改后再上传到 FTP 服务器上。如果修改文件后忘记上传，则后续可能无法分辨哪份文件是修改后的，这就涉及文件的“版本控制”问题。

为了解决这个问题，Windows 系统和 UNIX 系统分别给出了自己的解决方案。在 Windows 系统中，通用网络文件系统（Common Internet File System，CIFS）允许用户直接访问并修改服务器中的文件，而网络文件系统（Network File System，NFS）为 UNIX 系统提供了访问和修改文件的通道。但是这两个文件系统同样存在一个缺点，无论是 CIFS 还是 NFS，都只能在同类的操作系统之间使用。如果需要在 Windows 系统和 UNIX 系统之间完成这种操作，就必须借助 Samba 服务。

1991 年，Andrew Tridgell（安德鲁•特里吉尔）使用的 DOS 计算机与 DEC 公司的 Digital UNIX 计算机之间可以共享数据，但是 Sun 公司的 UNIX 计算机无法与这两台计算机共享数据。为了解决这一问题，他自己制作了一款软件来探测这两台计算机在通信时发送的数据包，并且通过对数据包的分析开发了服务器信息块（Server Message Block，SMB）协议，利用这个协议可以实现在 3 台计算机之间共享数据。Andrew Tridgell 本想用 SMBServer 来注册商标，但是这个名称没有实际意义，无法完成注册，因此他选用了 SAMBA 来注册商标。SAMBA 既包含 S、M、B 三个字母，又能让人们联想到热情的桑巴舞，这就是 Samba 名称的由来。

Samba 是在 Linux 系统和 UNIX 系统中实现 SMB 协议的一个免费软件，由服务器及客户端程序构成，通过简单的配置即可实现 Linux 系统与 Windows 系统之间的文件共享。

任务实施

子任务 1　Samba 服务器的功能

Samba 服务器的主要功能有：文件和打印机共享、身份验证与权限设置、名称解析及浏览服务，详细说明如下。

- 文件和打印机共享：它是 Samba 服务器的主要功能，通过 SMB 进程实现资源共享，将文件和打印机发布到网络中，以供用户访问。
- 身份验证和权限设置：Samba 服务器支持 user mode 和 domain mode 等身份验证和权限设置模式，通过加密方式可以保护共享的文件和打印机。
- 名称解析：Samba 服务器可以通过 nmbd 服务搭建 NBNS（NetBIOS Name Service）服务器，提供名称解析，将计算机的 NetBIOS 名称解析为 IP 地址。
- 浏览服务：在局域网中，Samba 服务器可以成为本地主浏览服务器（LMB），保存可用资源列表，当使用客户端访问 Windows 网上邻居时，会提供浏览列表，显示共享目录、打印机等资源。

子任务 2　SMB 协议及 Samba 的工作过程

SMB 是一种在局域网内共享文件和打印机的通信协议，可以为局域网内不同计算机提供文件及打印机等资源的共享服务。

SMB 协议是客户端/服务器型协议，客户端可以通过 SMB 协议访问服务器上的共享文件系统、打印机及其他资源。通过设置“NetBIOS over TCP/IP”，Samba 不但能与局域网络主机分享资源，而且能与全世界的计算机共享资源。

Samba 的核心进程是 smbd 和 nmbd。smbd 使用 SMB 协议与客户端连接，完成用户认证、权限管理和文件共享服务；nmbd 是提供 NetBIOS 名称服务的守护进程，可以帮助用户定位服务器和域。

当 Samba 客户端访问 Samba 服务器时，信息通过 SMB 协议进行传输。Samba 的工作过程可以分成以下 4 个步骤。

1. 协议协商

Samba 客户端在访问 Samba 服务器时，会发送 negprot 请求数据包，告知目标计算机自身支持的 SMB 类型。Samba 服务器根据 Samba 客户端的情况，选择最优的 SMB 类型，并做出响应，如图 8-1 所示。

2. 建立连接

当确定 SMB 类型以后，Samba 客户端会发送 session setupX 请求数据包，提交账号、密码，请求与 Samba 服务器建立连接。如果 Samba 客户端通过身份验证，Samba 服务器会对 session setup X 报文做出响应，并为用户分配唯一的 UID，使 Samba 客户端与自己通信，如图 8-2 所示。

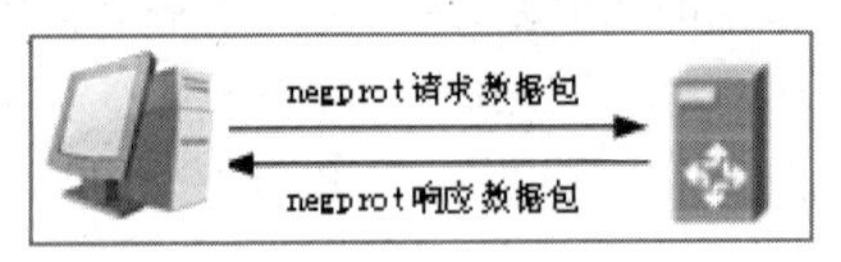

图 8-1　协议协商

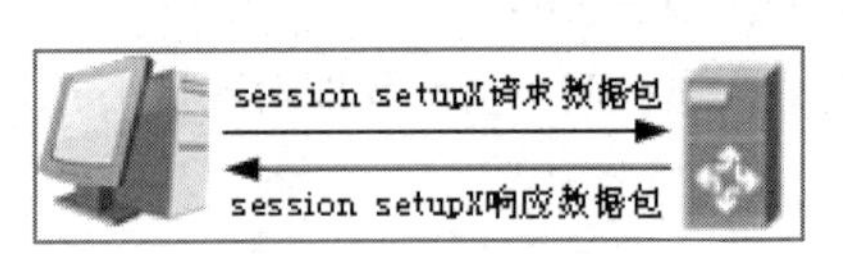

图 8-2　建立连接

3. 访问共享资源

当 Samba 客户端和 Samba 服务器完成协商和认证之后，Samba 客户端访问 Samba 服务器，发送 tree connectX 请求数据包，告知 Samba 服务器需要访问的共享资源名称，如果设置允许，则 Samba 服务器会为每个用户与共享资源的连接分配 TID，Samba 客户端即可访问需要的共享资源，如图 8-3 所示。

4. 断开连接

待共享完毕，Samba 客户端会向 Samba 服务器发送 tree disconnect 请求数据包，关闭共享，断开与服务器的连接，如图 8-4 所示。

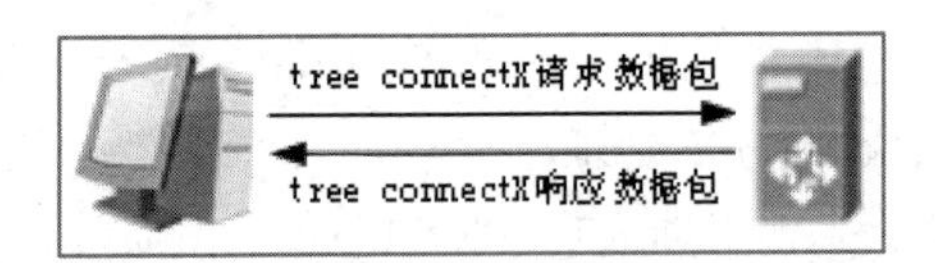

图 8-3　访问共享资源

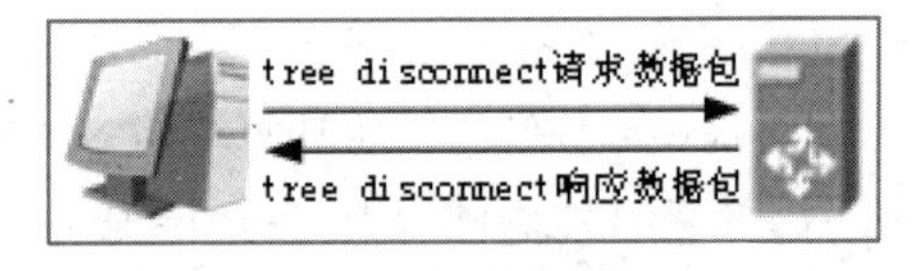

图 8-4　断开连接

子任务 3　Samba 服务器的配置流程

基本的 Samba 服务器的配置流程主要有 6 个步骤，如下所述。

（1）安装 Samba 服务。

（2）创建系统用户并添加 Samba 账户。

（3）创建共享资源目录并设置本地系统权限。

（4）编辑主配置文件 smb.conf，配置全局参数和共享参数，指定共享目录。

（5）配置防火墙，放行 Samba 服务（或关闭防火墙），同时允许 SELinux。

（6）重启 Samba 服务，使配置生效。

任务小结

本任务通过介绍 Samba 服务器的功能、SMB 协议及 Samba 的工作过程，Samba 服务器的配置流程，使读者对 Samba 服务器有了初步了解，为后续任务的学习打下了坚实基础。

任务 8.2 Samba 服务器和 Samba 客户端的安装与配置

任务描述

目前，读者对 Samba 服务器的基本知识有了一定的认识，为了满足实际工作中用户对文件和打印机的共享需要，接下来学习 Samba 服务器和 Samba 客户端的安装与配置。

任务分析

本任务主要介绍 Samba 服务器的安装与配置，以及 Samba 客户端的安装与配置。

任务目标

1. 熟练掌握 Samba 服务器的安装与配置方法。
2. 熟练掌握 Samba 服务器的主配置文件。
3. 熟练掌握 Samba 客户端的安装与配置方法。

预备知识

使用 yum 或 rpm 命令可以在 Linux 服务端安装软件。下面对 yum 和 rpm 命令进行简单介绍。

使用 rpm 命令安装软件时容易出问题，主要原因是软件包与软件包之间有依赖关系，当安装某个软件包时，需要先安装该软件包所依赖的软件包才能安装本软件包，而该软件包所依赖的软件包很可能又依赖于其他软件包，这种依赖关系导致使用 rpm 命令安装软件变得非常麻烦。

yum 命令是 rpm 命令的改进版，yum 命令可以自动寻找与要安装软件有依赖关系的所有安装包，并将所有相关安装包一次性安装，从而解决 rpm 命令所面临的软件包依赖问题。但是，在使用 yum 命令安装软件包时，需要配置 YUM 源。

任务实施

子任务 1 Samba 服务器的安装

在启动 Samba 服务时，需要 Samba 相关软件包，因此在使用 Samba 服务之前，需要先检查系统中是否已经安装了 Samba 软件包，不同 Linux 版本的主软件包版本不同，下面的示例是 CentOS 7 版本的操作结果。

Samba 服务器的安装步骤如下。

步骤 1：查询 Samba 软件包（如果已经安装 Samba 软件包，则该步骤可以忽略）。

Samba 服务的主程序软件包为 samba-4.2.3-10.el7.x86_64。用户可以通过 rpm 命令查询是否安装了主程序软件包，如果没有安装，则可以使用 yum 命令进行安装。通过下面的查询结果可以发现该主软件包没有安装。

注意：在不同的 Linux 系统状态下，查询到的结果会有所不同，这取决于是否安装了 Samba 主软件包。

```
[root@Server ~]#  rpm -qa | grep samba
samba-libs-4.2.3-10.el7.x86_64                    //Samba 主软件包
samba-common-4.2.3-10.el7.noarch
samba-common-tools-4.2.3-10.el7.x86_64
samba-common-libs-4.2.3-10.el7.x86_64
samba-client-libs-4.2.3-10.el7.x86_64
```

步骤 2：挂载光盘。

```
[root@Server ~]# mkdir /iso
[root@Server ~]# mount /dev/cdrom /iso
mount: /dev/sr0 写保护，将以只读方式挂载
```

步骤 3：建立 YUM 源。

CentOS 7 安装成功后，会生成一个默认的本地 YUM 源文件 CentOS-Base.repo，需要将/etc/yum.repos.d/目录下的 CentOS-Base.repo 重命名为 CentOS-Base.repo.bak，然后在该目录下创建 dvd.repo 文件并输入如下代码：

```
[root@Server ~]#cd /etc/yum.repos.d/
[root@Server yum.repos.d]# mv CentOS-Base.repo CentOS-Base.repo.bak
//建立 YUM 源文件
[root@Server ~]# vim /etc/yum.repos.d/dvd.repo

[dvd]
name=dvd
baseurl=file:///iso                //注意本地源文件的表示方法，3 个“/”
gpgcheck=0
enabled=1
```

注意：若 CentOS 7.4 安装成功后不存在 CentOS-Base.repo 文件，则直接创建 dvd.repo 即可。

步骤 4：安装 Samba。

（1）使用 yum 命令查看 Samba 软件包的信息，可以了解要安装的 Samba 主软件包的情况，代码如下：

```
[root@Server ~]# yum  info samba
已加载插件：fastestmirror, langpacks
Loading mirror speeds from cached hostfile
可安装的软件包
名称    : samba
架构    : x86_64
版本    : 4.2.3
发布    : 10.el7
大小    : 601 k
源      : dvd
简介    :  Server and Client software to interoperate with Windows machines
网址    : http://www.samba.org/
协议    :  GPLv3+ and LGPLv3+
描述    :  Samba is the standard Windows interoperability suite of programs for
        : Linux and Unix.
```

（2）使用 yum 命令安装 Samba 服务。

```
[root@Server ~]# yum clean all                   //安装前先清除缓存
```

```
[root@Server ~]# yum install samba -y      //安装
......省略部分显示内容
正在安装    : samba-4.2.3-10.el7.x86_64                              1/1
  验证中    : samba-4.2.3-10.el7.x86_64                              1/1
已安装:
  samba.x86_64 0:4.2.3-10.el7
完毕!
```

上述信息提示已经成功安装。

（3）待所有软件包安装完毕，可以使用 rpm 命令再次进行查询，发现主软件包安装完成。

```
[root@Server ~]# rpm -qa | grep samba
samba-libs-4.2.3-10.el7.x86_64
samba-common-4.2.3-10.el7.noarch
samba-common-tools-4.2.3-10.el7.x86_64
samba-common-libs-4.2.3-10.el7.x86_64
samba-4.2.3-10.el7.x86_64             //Samba 主软件包
samba-client-libs-4.2.3-10.el7.x86_64
```

（4）启动 Samba 服务器，可以使用以下命令完成 Samba 服务器的启动、停止、重启、开机自启动等操作。

```
[root@Server ~]# systemctl start smb       //启动 Samba 服务器
[root@Server ~]# systemctl stop smb        //停止 Samba 服务器
[root@Server ~]# systemctl restart smb     //重启 Samba 服务器
[root@Server ~]# systemctl enable smb      //开机自启动 Samba 服务器
```

步骤 5：设置防火墙，放行 Samba 数据包。

（1）查看防火墙的配置，可以看到当前 Samba 数据包不能通过防火墙。

```
[root@Server ~]# firewall-cmd --list-all
public (default)
  interfaces:
  sources:
  services: dhcpv6-client ssh          //这里不包括 Samba 服务
  ports:
  masquerade: no
  forward-ports:
  icmp-blocks:
  rich rules:
```

（2）在防火墙中增加 Samba 服务，允许 Samba 数据包通过防火墙。

```
[root@Server ~]# firewall-cmd --permanent --add-service=samba
success
```

（3）重新加载防火墙。

```
[root@Server ~]# firewall-cmd --reload
success
```

（4）重新查询防火墙，允许 Samba 数据包通过防火墙。

```
[root@Server ~]# firewall-cmd --list-all
public (default)
  interfaces:
  sources:
```

```
services: dhcpv6-client samba ssh          //这里包括Samba服务
ports:
masquerade: no
forward-ports:
icmp-blocks:
rich rules:
```

步骤6：关闭SELinux。

（1）查看SELinux设置。

```
[root@Server ~]# getenforce
Enforcing
```

（2）关闭SELinux，重新查看是否设置成功。

```
[root@Server ~]# setenforce Permissive
[root@Server ~]# getenforce
Permissive
```

至此，Samba服务器可以正常运行，但是要按照用户的要求共享特定的内容并满足资源的安全需求，还需要完成一项非常重要的工作：配置Samba服务器，即根据用户需求对Samba服务器的主配置文件进行配置。

子任务2 Samba服务器的配置

配置与管理Samba服务器

下面从Samba服务器主配置文件的位置、名称、结构，以及Samba服务器的全局参数、共享参数等方面介绍。

1. Samba服务器的主配置文件

1）Samba服务器主配置文件的位置和名称

注意：CentOS 7安装完成后，默认存在主配置文件smb.conf。为了保留该文件以便后期学习，建议先将该文件重命名为smb.conf.bak，然后创建一个空白的smb.conf文件以供配置使用。操作如下：

```
[root@Server ~]# cd /etc/samba
[root@Server samba]# ls
lmhosts  smb.conf
[root@Server samba]# mv smb.conf smb.conf.bak
[root@Server samba]# vim smb.conf
```

注意：CentOS 7.4安装完Samba软件包之后，可以在/etc/samba/目录下看到多个配置文件，其中smb.conf和smb.conf.example是需要重点关注的。smb.conf是Samba服务器的主配置文件，其内容为常用的默认配置，包括常用全局参数、默认主目录共享配置和默认打印机共享配置，其第一行内容为：

```
# See smb.conf.example for a more detailed config file or
```

而smb.conf.example是一个使用举例和详细使用说明文件，其中包括关于各个参数的详细解释，可以供用户学习和参考使用。

2）Samba服务器主配置文件的结构

smb.conf文件的结构如下：

```
[global]                                    #全局参数
    workgroup = SAMBA
    security = user
    ……
[homes]                                     #默认主目录共享
    comment = Home Directories
    browseable = no
    writable = yes
[printers]                                  #默认打印机共享
    comment = All Printers
    path = /var/spool/samba
    browseable = no
    guest ok = no
    writable = no
    printable = yes
[自定义共享]                                # 用户创建的共享
    comment = share
    path = /share
    ……
```

Smb.conf 文件分为两部分，其中[global]部分用于设置 Samba 服务器的全局配置参数，其作用范围为 Samba 服务器提供的所有共享资源。

除[global]部分外，其他所有使用方括号开始的段为共享域（资源），[homes]和[printers]是两个特殊的共享域。其中，[homes]表示共享用户的 home 目录，用户以 Samba 用户身份登录 Samba 服务器后会看到自己的 home 目录，目录名与用户名相同；[printers]表示共享打印机，设置了 Samba 服务器中共享打印的属性。用户可以根据需求创建[自定义共享]来配置符合要求的共享域。

2. Samba 服务器的参数

1）全局参数

全局参数的配置对整个 Samba 服务器有效。在[global]之后和下一个共享域之间的部分都属于全局参数。根据全局参数的内在联系，可以将它们分为网络相关参数、日志相关参数、安全性相关参数、打印机相关参数等。Samba 服务器中常用的全局参数及说明如表 8-1 所示。

表 8-1　Samba 服务器中常用的全局参数及说明

类别	参数	说明
网络相关参数	workgroup=工作组名称	设置局域网中的工作组名称
	netbios name=主机 NetBIOS Name	同一个工作组中的主机拥有唯一的 NetBIOS Name
	server string=服务器描述信息	默认显示 Samba 版本，建议更改为有实际意义的服务器描述信息
	interfaces=网络接口	指定 Samba 监听哪些网络接口，可以指定网卡名称，也可以指定网卡的 IP 地址
	hosts allow=允许主机列表	设置主机白名单，白名单中的主机可以访问 Samba 服务器资源。主机用 IP 地址表示，多个 IP 地址之间使用空格分隔
	hosts deny=禁止主机列表	设置主机黑名单，黑名单中的主机禁止访问 Samba 服务器资源
日志相关参数	log file=日志文件名	设置 Samba 服务器上日志文件的存储位置和日志文件名
	max log size=最大容量	设置日志文件的最大容量，以 KB 为单位，当值为 0 时表示不做限制

续表

类别	参数	说明
安全性相关参数	security=安全性级别	此设置会影响 Samba 客户端的身份验证方式，security 的值可以设置为 share、user、server 和 domain
	passdb backend=账户密码存储方式	设置存储账户密码的方式，有 smbpasswd、tdbsam 和 ldapsam 三种方式
	encrypt passwords=yes|no	设置是否对账户密码进行加密，一般开启此选项
打印机相关参数	Load printer=yes	设置在启动 Samba 服务器时是否共享打印机设备
	Cups options=raw	打印机选项

2）共享参数

共享参数用来设置共享域的各种属性。共享域是指在 Samba 服务器中与其他用户共享的文件或打印机资源。共享域常用参数及说明如表 8-2 所示。

表 8-2 共享域常用参数及说明

参数	说明
comment=注释信息	设置共享目录的描述信息
path=绝对路径	设置共享目录的绝对路径
browseable = yes | no	设置共享资源是否在“网上邻居”中可见
public = yes | no	设置是否允许用户匿名访问共享目录
read only = yes | no	设置共享目录是否只读，当与 writable 发生冲突时，以 writable 为准
writable = yes | no	设置共享目录是否可写，当与 read only 发生冲突时，忽略 read only
valid users =用户名| @组群名	设置允许访问 Samba 服务器的用户或组群，多个用户中间使用逗号隔开
invalid users=用户名| @组群名	设置不允许访问 Samba 服务器的用户或组群，多个用户中间使用逗号隔开
read list = 用户名| @组群名	设置对共享目录只有读权限的用户或组群
write list = 用户名| @组群名	设置可以在共享目录内进行写操作的用户和组群
hosts allow = 允许主机列表	设置允许连接 Samba 服务器的客户端
hosts deny = 禁止主机列表	设置不允许连接 Samba 服务器的客户端

注意：部分参数既可以全局使用，也可以作为共享参数局部使用，如 hosts allow 和 hosts deny。如果同时设置，则全局设置生效。

3）参数变量

在 smb.conf 文件中，经常会用到参数变量，参数变量就像“占位符”，会被实际的参数值取代。Samba 服务器常用的参数变量及说明如表 8-3 所示。

表 8-3 Samba 服务器常用的参数变量及说明

参数变量	说明
%I	Samba 客户端的 IP 地址
%m	Samba 客户端的 NetBIOS Name
%L	Samba 服务器的 NetBIOS Name
%S	当前服务名
%h	Samba 服务器的主机名
%H	Samba 用户的 home 目录
%M	Samba 客户端的主机名

续表

参数变量	说明
%U	当前连接 Samba 服务器的用户名
%g	当前用户所属组群
%D	当前用户所属域或工作组名称
%T	Samba 服务器的日期和时间
%v	Samba 服务器的版本

子任务 3 Samba 客户端的安装与配置

1. Linux 客户端

在 Linux 客户端上需要安装 samba-client 和 cifs-utils 软件包，安装步骤如下。

步骤 1：挂载光盘、建立 YUM 源，方法同服务器安装。

步骤 2：安装 samba-client 和 cifs-utils 软件包。

```
[root@Client ~]# yum install samba-client cifs-utils -y
```

步骤 3：使用 smbclient 命令查看 Samba 服务器可用的共享资源列表。

```
[root@Client ~]# smbclient -L 服务器 IP 地址/共享目录 -U 用户名%密码
```

步骤 4：使用 smbclient 命令访问并管理 Samba 服务器的共享资源。

```
[root@Client ~]# smbclient //服务器 IP 地址/共享目录 -U 用户名%密码
```

使用 smbclient 命令指定具体的服务器名称或 IP 地址，可以进入 smbclient 交互环境，并使用子命令访问和管理 Samba 服务器的共享资源，如 ls、cd、lcd、get、put、mkdir、rmdir 等。

2. Windows 客户端

在 Windows 客户端上不需要安装任何软件包，直接在“运行”窗口中输入服务器 IP 地址，即可访问 Samba 服务器上的共享资源。

任务小结

本任务主要介绍了 Samba 服务器的安装与配置、Samba 客户端的安装与配置，帮助读者为后续任务的学习做好准备。

任务 8.3 1+X 典型案例：配置匿名访问 Samba 服务器

任务描述

Samba 服务器中有一个名为/share 的目录，需要发布该目录为共享目录，配置共享名为 share。要求 Windows 客户端和 Linux 客户端可以共享该目录并具有浏览、读取（只读）、匿名访问权限。

任务分析

为满足用户需求，管理员需要在 Linux 服务器上执行如下操作。

1. 在 Linux 服务器上创建一个目录/share。
2. 共享该目录。

3．共享的权限设置为：允许浏览、允许读取（只读）、允许用户匿名访问。

4．Samba 安全配置为：匿名访问。

任务实施

操作步骤如下。

步骤 1：创建共享目录。

```
[root@Server ~]# mkdir /share
```

步骤 2：编辑配置文件。

```
[root@Server ~]# vim /etc/samba/smb.conf
   [global]
   workgroup= MYGROUP                              //在网上邻居中设置共享
   security=user
   passdb backend = tdbsam                         //使用/etc/samb 下的 passdb.tdb
   map to guest=bad user                           //将所有不能正确识别的用户都映射成 guest 用户
    [share]
    comment=share                                  //注释名为 share
    path=/share                                    //共享 /share 目录
    browseable=yes                                 //允许浏览
    writeable=yes                                  //允许读取（只读）
    public=yes                                     //允许匿名访问
```

注意：在配置文件中，匿名访问没有使用 security=share，而是使用了如下组合，这与 Samba 的版本有关，Samba 4 需要使用下面的组合，否则无法启动 Samba 服务器。

```
security=user
map to guest=bad user
```

步骤 3：重启 Samba 服务器。

```
[root@Server ~]# systemctl  restart smb
```

步骤 4：配置防火墙。

```
[root@Server ~]# firewall-cmd --permanent --add-service=samba
```

步骤 5：关闭 SELinux。

```
[root@Server ~]# setenforce Permissive
```

按照以上步骤配置好网络，即可从客户端访问共享资源。

步骤 6：访问 Linux 客户端。

（1）安装。

```
[root@Client ~]# yum install samba-client cifs-utils -y
```

（2）浏览共享资源/share。

```
[root@Client ~]# smbclient -L 192.168.1.1
Enter root's password:
Domain=[MYGROUP] OS=[Windows 6.1] Server=[Samba 4.2.3]

   Sharename       Type      Comment
```

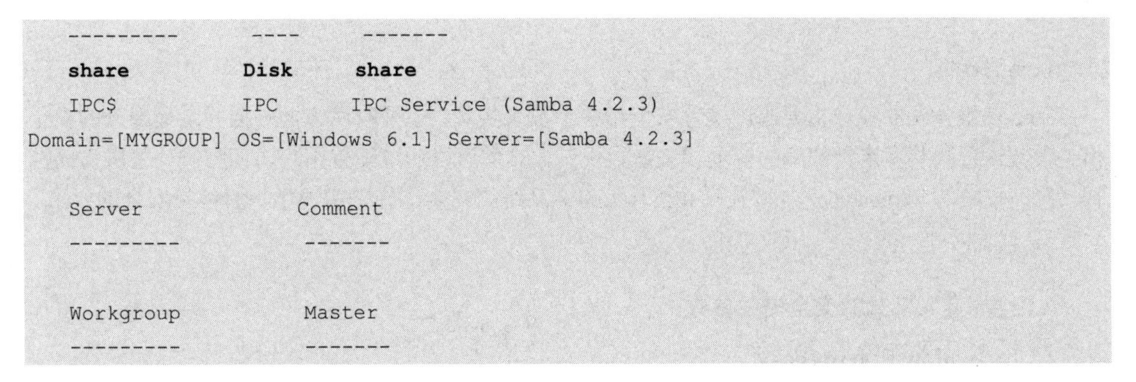

```
   ---------      ----      -------
   share          Disk      share
   IPC$           IPC       IPC Service (Samba 4.2.3)
Domain=[MYGROUP] OS=[Windows 6.1] Server=[Samba 4.2.3]

   Server              Comment
   ---------           -------

   Workgroup           Master
   ---------           -------
```

（3）访问并管理 Samba 服务器的共享资源/share。

```
[root@Client ~]# smbclient //192.168.1.1/share -U
Enter root's password:
Domain=[WORKGROUP] OS=[Windows 6.1] Server=[Samba 4.2.3]
smb: \> ls
  .                               D        0  Mon May 30 17:58:25 2022
  ..                              D        0  Mon May 30 17:22:28 2022
  test                            N        0  Mon May 30 17:58:25 2022

   39265556 blocks of size 1024. 35956368 blocks available
smb: \>
```

步骤 7：访问 Windows 客户端，如图 8-5 所示。

图 8-5　访问 Windows 客户端

任务小结

本任务通过配置匿名访问 Samba 服务器的实例，使读者深入了解 Samba 服务器的安装、配置和主要参数，以及 Samba 客户端的安装、配置与使用，并掌握配置 Samba 服务器的全过程。

任务 8.4　Samba 服务器的安全

任务描述

学院部署了一台 Samba 服务器，用于为学院内部用户提供文件共享服务，考虑到信息安全问题，现在需要对 Samba 服务器进行必要的安全设置。

任务分析

Samba 服务器的安全主要通过设置安全相关参数来实现，主要有两方面：全局定义部分的安全相关参数设置和共享定义部分的安全相关参数设置。具体可以通过配置用户访问控制、主机访问控制、读写权限等 Samba 的安全措施，并结合 Linux 系统的安全措施来实现学院对信息安全的要求。

预备知识

1. 全局定义部分的安全相关参数

1）hosts allow 和 hosts deny

这两个参数用于指定可以访问 Samba 服务器的 IP 地址范围，默认为允许指定的 IP 地址访问。

例如，允许或拒绝 192.168.0.1/24 访问 Samba 服务器的配置代码如下：

```
hosts allow=192.168.0.1/24     //允许访问
hosts deny=192.168.0.1/24      //拒绝访问
```

2）security

该参数用于设置 Samba 服务器的安全级别。Samba 服务器共有 5 种安全级别，分别是 share、user、server、domain 和 ads，默认为 user。

该参数可以用来设置用户访问 Samba 服务器的验证方式，一般采用下面这 4 种验证方式（具体要结合 Samba 的版本来确定，不同版本有所差异）。

（1）share：用户访问 Samba 服务器不需要提供用户名和密码，安全性较低（Samba 4 已经不用该方式）。

（2）user：Samba 服务器的共享目录只能被授权的用户访问，由 Samba 服务器负责检查用户名和密码的正确性。用户名和密码要在本 Samba 服务器中创建。

（3）server：需要提供用户名和密码，可指定其他机器（Windows 服务器）或另一台 Samba 服务器进行身份验证（Samba 4 已经不用该方式）。

（4）domain：需要提供用户名和密码，指定 Windows NT/2000/XP 域服务器进行身份验证。

例如，设置用户访问 Samba 服务器的验证方式为匿名访问，代码如下：

```
security=share
```

注意：对于 Samba 4，匿名访问应该使用下面的配置替换 security=share。

```
security=user
passdb backend = tdbsam //用户名和密码数据库，使用/etc/samb 下的 passdb.tdb
map to guest=bad user  //将所有不能正确识别的用户都映射成 guest 用户
```

例如，设置 Samba 服务器的共享目录只能被授权的用户访问，且由 Samba 服务器负责检查用户名和密码的正确性，代码如下：

```
security=user
passdb backend = tdbsam
```

2. 共享定义部分的安全相关参数

（1）browseable：共享目录的浏览权限。

例如，设置用户可以浏览共享目录的代码如下：

```
browseable=yes
```

（2）writeable：共享目录是否开放写权限。

例如，设置为用户关闭共享目录写权限的代码如下：

```
writeable=no
```

（3）guest ok：共享目录是否对 guest 用户开放。

例如，设置共享目录对 guest 用户开放的代码如下：

```
guest ok=yes
```

（4）read only：共享目录只读权限。

例如，设置共享目录只读权限的代码如下：

```
read only=yes
```

（5）public：共享目录是否对所有用户开放。

例如，设置共享目录对所有用户开放的代码如下：

```
public=yes
```

（6）guest only：设置是否只允许 guest 用户访问。

例如，设置是否只允许 guest 用户访问的代码如下：

```
guest only=yes
```

（7）valid user：设置允许访问共享目录的用户。

例如，设置允许访问共享目录的用户为 user1 的代码如下：

```
valid user=user1
```

注意：目录的权限包括本地 Linux 权限和 Samba 权限，最终访问权限是目录的本地 Linux 权限和 Samba 权限的最小集合。

子任务 1　1+X 典型案例：配置用户访问控制

任务描述

根据学院的业务需求，信息中心已经配置了 Linux 服务器并安装了 Samba 组件，配置了共享目录/share，现在信息中心要求只有用户名为 teacher15 和 teacher16 的两个用户才可以访问/share 目录。

任务分析

要想实现这个任务的功能，需要在访问服务器时验证用户名、密码。用于验证用户名的参数为 security，该参数有 5 种验证方式，这里选择 user 方式来实现用户访问验证。当选择 user 方式时，由 Samba 服务器负责检查账号和密码的正确性，且账号和密码要在 Samba 服务器中创建。

passdb backend 用于设置用户名和密码的创建和保存方式，包括 smbpasswd、tdbsam 和 ldapsam 三种方式。

smbpasswd 方式是指使用 SMB 自带的工具 smbpasswd 为系统用户（真实用户或者虚拟用户）设置一个 Samba 密码，客户端会使用这个密码访问服务器的资源。smbpasswd 文件默认位于/etc/samba 目录下，但有时需要手动创建该文件。参数配置为 passdb backend=smbpasswd。

tdbsam 方式是指使用一个数据库文件来创建用户数据库。数据库文件名为 passdb.tdb，默认位于/etc/samba 目录下。passdb.tdb 用户数据库可以使用 smbpasswd-a 来创建 Samba 用户，但要创建的 Samba 用户必须是系统用户。也可以使用 pdb edt 命令来创建 Samba 用户，参数配置为 passdb backend=tdbsam。

ldapsam 方式是指基于 LDAP 的账户管理方式来验证用户。首先要建立 LDAP 服务，参数配置为 passdb backend=ldapsam:ldap//LDAP Server。

任务实施

在任务 8.3 **配置匿名访问 Samba 服务器**的实施步骤中增加以下步骤 1、2、3 的配置内容，其他过程与任务 8.3 的实施过程相同。

步骤 1：创建 Linux 目录、测试文件、用户和组群。

```
[root@server ~]#mkdir /share
[root@server ~]#touch /share/test
[root@server ~]#groupadd teacher
[root@server ~]#useradd -g teacher teacher15 #创建 teacher15 用户并加入 teacher 组群
[root@server ~]#useradd -g teacher teacher16 #创建 teacher16 用户并加入 teacher 组群
[root@server ~]#passwd teacher15
[root@server ~]#passwd teacher16
```

步骤 2：为 teacher15 用户和 teacher16 用户添加相应的 Samba 账号。

注意：所创建的用户应该是 Linux 系统的同名用户。

```
[root@server ~]# smbpasswd  -a  teacher15
[root@server ~]# smbpasswd  -a  teacher16
```

步骤 3：修改共享目录权限。

```
[root@Server ~]# chmod 777 /share -R
[root@Server ~]# chown teacher15:teacher /share -R
[root@Server ~]# chown teacher16:teacher /share -R
```

步骤 4：修改 Samba 服务配置文件。

```
[global]
      workgroup = Workgroup
      server string = File Server
      security = user                             #设置 user 安全级别模式，默认值
      passdb backend = tdbsam                     #使用 Linux 系统的同名用户
[student]                                         #设置共享目录的共享名为 student
      comment=student
      path=/share                                 #设置共享目录的绝对路径
      writable = yes                              #设置共享目录可写入
      browseable = yes                            #设置共享目录可浏览
      valid users =@teacher                       #设置可以访问的用户
```

步骤 5：更改目录的 context 值或关闭 SELinux。

```
[root@Server /]# chcon -t samba_share_t /share/ -R
[root@Server /]# setenforce Permissive
```

步骤 6：客户端测试。

（1）测试 Windows 客户端。

在“运行”窗口中输入“//192.168.1.1”并访问，然后输入用户名和密码，如图 8-6 所示。

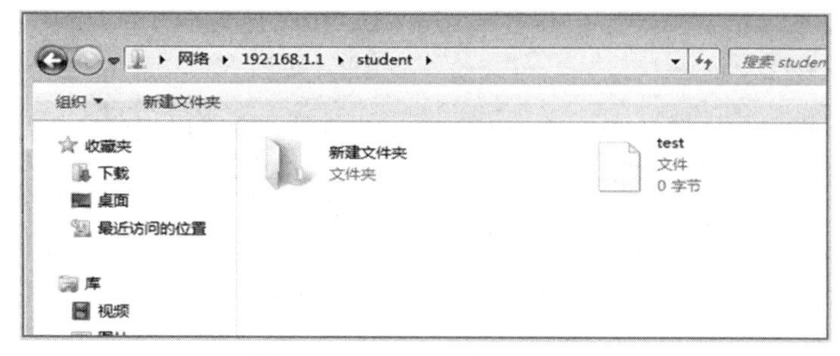

图 8-6　Windows 客户端访问

（2）访问 Linux 客户端的命令如下。

```
[root@Client ~]# smbclient //192.168.1.1/student -U teacher16
Enter teacher16's password:
Domain=[WORKGROUP] OS=[Windows 6.1] Server=[Samba 4.2.3]
smb: \> ls
  .                                    D        0  Tue May 24 18:53:48 2022
  ..                                  DR        0  Tue May 24 17:43:46 2022
  test                                 A        0  Tue May 24 17:49:20 2022
  新建文件夹                           D        0  Tue May 24 18:53:48 2022

        39265556 blocks of size 1024. 35958964 blocks available
```

可以看到，命令运行后进入了交互界面。

子任务 2　1+X 典型案例：配置主机访问控制

任务描述

根据学院的业务需求，信息中心已经配置了 Linux 服务、安装了 Samba 组件并配置了共享目录/share，现在信息中心要求禁止 IP 地址为 192.168.1.110 的主机访问 Samba 服务器。

任务分析

要拒绝 IP 地址为 192.168.1.110 的主机访问 Samba 服务器，可以通过全局参数 hosts deny 实现，在全局参数中进行如下设置：

```
hosts deny=192.168.1.110
```

任务实施

配置 Samba 主配置文件如下：

```
[global]
        workgroup = Workgroup
        server string = File Server
        security = user                     #设置 user 安全级别模式，默认值
        passdb backend = tdbsam             #使用 Linux 系统的同名用户
        hosts deny=192.168.1.110            #禁止 192.168.1.110 的主机访问服务器
[student]                                   #设置共享目录的共享名为 student
        comment=student
        path=/share                         #设置共享目录的绝对路径
        writable = yes                      #设置共享目录可写入
```

```
    browseable = yes                          #设置共享目录可浏览
    valid users =@teacher                     #设置可以访问的用户
```

客户端测试：将客户端 IP 地址修改为 192.168.1.110 后，会发现该客户端无法访问共享资源。

```
[root@Client ~]# smbclient //192.168.1.1/student -U teacher16
Enter teacher16's password:
Domain=[WORKGROUP] OS=[Windows 6.1] Server=[Samba 4.2.3]
tree connect failed: NT_STATUS_ACCESS_DENIED
```

思考题：如果把 hosts deny=192.168.1.110 语句放在[student]共享域中而不是[global]全局配置中，主配置文件应该如何写，效果如何？

任务小结

本节主要介绍了 Samba 服务器安全相关参数，并以实例的形式分别演示了配置用户访问控制和主机访问控制相关参数的实际应用。

思考题：比较匿名访问配置文件、用户访问控制配置文件和主机访问控制配置文件，找出它们的主要差别，并解释下面的 3 个概念。

1．匿名访问。

2．用户访问控制。

3．主机访问控制。

任务 8.5　配置打印机共享

任务描述

Linux 服务器已经正确安装打印机并开启 Samba 服务，现要求通过 Samba 服务器共享该打印机。

任务分析

安装 Samba 服务器后，默认已经配置好打印机共享，这里为了帮助读者了解相关参数，进行一个简单的介绍。

配置打印机共享，需要在 Samba 主配置文件中配置打印机共享服务，在工作站安装网络打印机。

任务实施

步骤 1：CentOS 7 默认的打印机共享配置如下。

```
#vi/etc/samba/smb.conf
[ global ]
   printcap name=/etc/printcap              //设置打印机配置文件的位置
   load printers=yes                        //设置是否允许打印机共享，并加载打印机
   cups options=raw                         //指定打印机使用的方式
```

```
[printers]
    comment =ALL  Printers
    path=/var/spool/samba
    browseable=no
    public=yes
    printable=yes
```

步骤 2：在客户端计算机上添加网络共享打印机。

任务小结

本节主要介绍了 CentOS 7 默认的打印机共享配置。

任务 8.6　企业项目案例

任务描述

Samba 服务器应用实践

学习了 Samba 的基本知识后，下面来完成本项目提出的任务，主要有以下两个要求。

1．在 Linux 系统和 Windows 系统之间按照规划好的权限共享 Samba 服务器上的/school/student/、/school/teacher 和/school/share 目录。

2．除 IP 地址为 192.168.1.110/24 的计算机外，192.168.1.0./24 网段内的其他计算机都可以在符合条件的前提下访问共享资源。

任务分析

1．服务器上的 3 个目录和访问权限如下。

/school/student/：只允许学生工作部的教师访问。

/school/teacher/：只允许教务处的教师访问。

/school/share/：所有人都可以匿名访问。

2．根据需要创建用户和组群，分别命名如下。

教务处的组群为 jwc；用户为 jwcteacher1、jwcteacher2。

学生工作部的组群为 xsgzb；用户为 xsgzbteacher1、xsgzbteacher2。

3．Samba 权限设置如下。

（1）/school/student/目录和/school/teacher/目录中存放着重要数据，为了保证其他部门无法查看其内容，需要将全局配置中的 security 设置为 user 安全等级，即可启用 Samba 服务器的身份验证机制。将 passdb backend 设置为 tdbsam，并在共享目录资源下设置 valid users 字段，配置只允许符合条件的管理人员访问各自的目录。

（2）将/school/share 目录配置为匿名访问。

4．192.168.1.110/24 主机设置如下。

配置全局参数 hosts deny，拒绝 192.168.1.110/24 主机访问所有共享资源。

通过以上分析，我们需要完成以下工作。

（1）服务器配置：Samba 服务器名称、操作系统和 IP 地址按表 8-4 配置。

表 8-4　网络规划

Samba 服务器名称	操作系统	IP 地址
Samba 共享服务器：server	CentOS 7	192.168.1.1

（2）创建用户和组群。

（3）创建所需的目录和文件并按需求配置 Linux 权限。

（4）按需求编辑 Samba 服务器的主配置文件。

（5）客户端测试。

任务实施

步骤 1：创建共享目录，并在其下创建测试文件。

```
[root@Server ~]# mkdir /school
[root@Server ~]# mkdir /school/student
[root@Server ~]# mkdir /school/teacher
[root@Server ~]# mkdir /school/share
```

步骤 2：添加学生工作部、教务处的用户和组群。

```
[root@Server ~]# groupadd jwc
[root@Server ~]# useradd -g jwc jwcteacher1
[root@Server ~]# useradd -g jwc jwcteacher2
[root@Server ~]# passwd jwcteacher1
[root@Server ~]# passwd jwcteacher2

[root@Server ~]# groupadd xsgzb
[root@Server ~]# useradd -g xsgzb xsgzbteacher1
[root@Server ~]# useradd -g xsgzb xsgzbteacher2
[root@Server ~]# passwd xsgzbteacher1
[root@Server ~]# passwd xsgzbteacher2
```

步骤 3：为学生工作部、教务处的教师添加相应 Samba 账号。

```
[root@Server ~]# smbpasswd  -a  jwcteacher1
[root@Server ~]# smbpasswd  -a  jwcteacher2

[root@Server ~]# smbpasswd  -a  xsgzbteacher1
[root@Server ~]# smbpasswd  -a  xsgzbteacher2
```

步骤 4：配置 smb.conf 文件（配置全局参数和局部参数）。

```
[global]
      workgroup = Workgroup
      server string = File Server
      security = user                        #设置 user 安全级别模式，默认值
      passdb backend = smbpasswd             #使用 Linux 系统的同名用户
      map to guest=bad user                  #允许匿名访问
      hosts allow=192.168.1. EXCEPT 192.168.1.110
[student]                                    #设置共享目录的共享名为 student
      comment=student
      path=/school/student                   #设置共享目录的绝对路径
```

```
    writable = yes                          #设置共享目录可写入
    browseable = yes                        #设置共享目录可浏览
    valid users = @xsgzb                    #设置可以访问的用户为 xsgzb 组群
[teacher]
    comment=teacher
    path=/school/teacher                    #设置共享目录的绝对路径
    writable = yes                          #设置共享目录可写入
    browseable = yes                        #设置共享目录可浏览
    valid users = @jwc                      #设置可以访问的用户为 jwc 组群
[share]
    comment=share
    path=/school/share                      #设置共享目录的绝对路径
    writable = yes                          #设置共享目录可写入
    browseable = yes
    public=yes                              #允许匿名访问
```

步骤 5：重启 Samba 服务器。

```
[root@server ~]# systemctl restart smb
```

步骤 6：配置防火墙。

```
[root@server ~]# firewall-cmd --permanent --add-service=samba
[root@server ~]# firewall-cmd -reload       //重新加载防火墙
```

步骤 7：关闭 SELinux。

```
[root@server ~]# setenforce Permissive
```

步骤 8：设置共享目录的本地系统权限。

```
[root@Server ~]# chmod  777  /school/teacher -R
[root@Server ~]# chown  jwcteacher1:jwc /school/teacher -R
[root@Server ~]# chown  jwcteacher2:jwc /school/teacher -R

[root@Server ~]# chmod  777  /school/student -R
[root@Server ~]# chown  xsgzbteacher1:xsgzb /school/student -R
[root@Server ~]# chown  xsgzbteacher2:xsgzb /school/student -R
```

步骤 9：Windows 客户测试。

分别以不同的用户身份连接服务器，测试共享文件是否符合设计要求。

项目验收

按照表 8-5 对项目进行评价。

表 8-5 项目评价

评价内容	评价标准	备注
192.168.1.0 网段	能否访问 Samba 服务器	
192.168.1.110 地址	能否访问 Samba 服务器	
jwcteacher1 用户	能否访问/school/student 目录	
jwcteacher2 用户	能否访问/school/teacher 目录	
xsgzbteacher1 用户	能否访问/school/student 目录	
xsgzbteacher2 用户	能否访问/school/teacher 目录	
所有用户	能否访问/school/share 目录	

任务小结

本任务通过一个 Samba 应用实例对所学知识的综合应用做了示范。

拓展知识

局域网共享软件

单位内部的计算机一般采用局域网连接，因为有许多内部资料、文件或者软件需要共用，如果分别传输，则不仅过程烦琐还会影响效率，而目前很多局域网共享软件可以解决以上问题：只要用户登录的计算机处于局域网范围内，就可以快捷、方便地访问需要共享的文件，起到事半功倍的作用，并且无须访问外网，确保安全的同时还不受文件大小的限制。

任务 8.7　进阶习题

一、单选题

1．下列命令中可以拒绝 192.168.1.0/24 访问 Samba 服务器的是（　　）。

A．hosts deny = 192.168.1.0/24　　B．hosts allow = 192.168.1.0/24

C．hosts accept = 192.168.1.0/24　　D．hosts accept = 192.168.1.255

2．Samba 服务器的主配置文件是（　　）。

A．httpd.smb　　B．samba.conf

C．rc.samba　　D．smb.conf

3．下列服务器类型中，可以使用户在异构网络操作系统间进行文件共享的是（　　）。

A．DNS　　B．Samba　　C．DHCP　　D．Web

4．下列命令中能够将 Samba 服务器设置为开机自启动的命令是（　　）。

A．systemctl start smb　　B．systemctl restart smb

C．systemctl stop smb　　D．systemctl enable smb

5．在 CentOS 7 系统中，通过 DHCP 服务器的 host 声明为特定主机分配保留 IP 地址时，下列配置关键字中可以用来指定相应 MAC 地址的是（　　）。

A．mac-address　　B．hardware ethernet

C．fixed-address　　D．match-physical-address

6．Samba 服务器的配置文件中允许匿名访问的配置是（　　）。

A．allow windows=yes　　B．read only =no

C．browseable=yes　　D．public=yes

7．在 Samba 服务器的配置文件中，下列配置项中可以用来配置目录写权限的是（　　）。

A．allow windows=yes　　B．read only =no

C．browseable=yes　　D．writeable=yes

8．使用 Samba 共享目录，能使 Windows 网上邻居看到共享目录的配置是（　　）。

A．allowWindowsClient =yes　　B．hidden=no

C．browseable=yes　　D．以上都不是

二、多选题

1．Samba 服务器的主配置文件中包括（　　）。

A．参数　　B．声明　　C．选项　　D．地址池

2．Samba 的核心进程有（　　）。

A．smbd　　B．nmbd　　C．Samba　　D．Sambad

3．下列概念中与 Samba 有关的是（　　）。

A．SMB 协议　　B．NMB　　C．Samba 客户　　D．Samba 中继

三、判断题

1．Linux 系统和 Windows 系统之间可以通过 Samba 服务进行文件共享。（　　）

2．Samba 由两个进程组成，分别是 nmbd 和 smbd。（　　）

3．启动 Samba 服务器的命令是 systemctl restart smb。（　　）

4．Samba 服务器使用的协议是 SMB。（　　）

5．Samba 可以实现 IP 地址分配。（　　）

6．yum install samba -y 命令用于安装 Samba 服务。（　　）

7．在 CentOS 7 中，Samba 服务器默认的身份验证方式为 user。（　　）

四、思考题

1．请比较 Samba 服务器和 FTP 服务器。

2．Samba 权限和 Linux 权限在访问共享资源时是如何起作用的？

项目 9

配置与管理 DHCP 服务器

思维导图

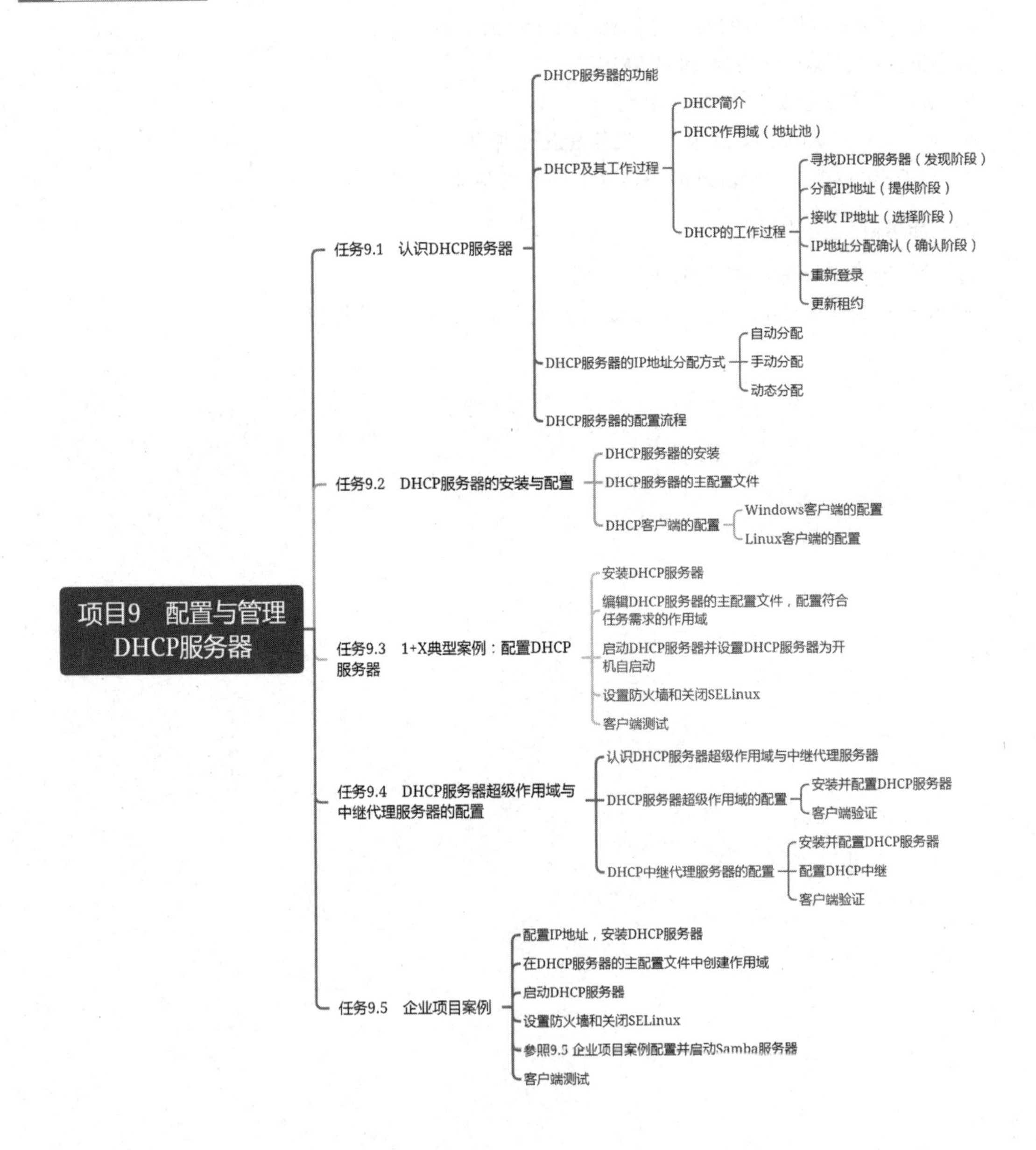

项目9　配置与管理DHCP服务器
任务9.1　认识DHCP服务器
DHCP服务器的功能
DHCP及其工作过程
DHCP简介
DHCP作用域（地址池）
DHCP的工作过程
寻找DHCP服务器（发现阶段）
分配IP地址（提供阶段）
接收 IP地址（选择阶段）
IP地址分配确认（确认阶段）
重新登录
更新租约
DHCP服务器的IP地址分配方式
自动分配
手动分配
动态分配
DHCP服务器的配置流程
任务9.2　DHCP服务器的安装与配置
DHCP服务器的安装
DHCP服务器的主配置文件
DHCP客户端的配置
Windows客户端的配置
Linux客户端的配置
任务9.3　1+X典型案例：配置DHCP服务器
安装DHCP服务器
编辑DHCP服务器的主配置文件，配置符合任务需求的作用域
启动DHCP服务器并设置DHCP服务器为开机自启动
设置防火墙和关闭SELinux
客户端测试
任务9.4　DHCP服务器超级作用域与中继代理服务器的配置
认识DHCP服务器超级作用域与中继代理服务器
DHCP服务器超级作用域的配置
安装并配置DHCP服务器
客户端验证
DHCP中继代理服务器的配置
安装并配置DHCP服务器
配置DHCP中继
客户端验证
任务9.5　企业项目案例
配置IP地址，安装DHCP服务器
在DHCP服务器的主配置文件中创建作用域
启动DHCP服务器
设置防火墙和关闭SELinux
参照9.5 企业项目案例配置并启动Samba服务器
客户端测试

项目描述

为某学院网络配置 DHCP 服务器。

在学院网络的日常管理工作中，常常遇到 IP 地址冲突、移动设备无法上网等由于设备 IP 地址配置问题造成的网络故障，影响网络的正常使用。DHCP 提供了一种高效的 IP 地址管理方式，由客户端自动获取 IP 地址，极大地减轻了工作量，提高了网络的可靠性。

项目分析

根据项目描述，本项目主要介绍如何配置与管理 DHCP 服务器，并在实施过程中主要完成以下任务（本项目所有任务在实施过程中使用的操作系统环境均为 CentOS 7）。

1. 认识 DHCP 服务器。
2. 熟练掌握 DHCP 服务器的安装与配置。
3. 通过 1+X 典型案例学习如何配置 DHCP 服务器。
4. 掌握 DHCP 服务器超级作用域与中继代理服务器的配置。

职业能力目标和要求

1. 能够正确安装、配置和使用 DHCP 服务器。
2. 能够正确配置、使用 DHCP 客户端。

素质目标

1. 通过介绍 DHCP 作用域，培养学生理解资源集中管理的优点。
2. 通过介绍 DHCP 服务器对地址的高效利用，培养学生理解合理的组织管理方法的重要性。
3. 通过讨论 DHCP 安全、网络攻击等，加强学生对信息安全相关法律法规的学习，培养其知法守法的法律意识。
4. 通过介绍典型人物的事迹，对学生进行爱国主义教育。

1+X 技能目标

1. 根据生产环境中对共享资源的实际需求，完成 DHCP 服务器的安装和配置。
2. 根据生产环境中对共享资源的安全需求，进行相关的安全认证配置。

思政元素映射

1. 信息安全相关法律、法规教育

《信息安全技术 网络安全等级保护基本要求》（GB/T 22239—2019）中将信息系统的安全分为五级，并对每一级做了具体规定以适应不同企业对信息安全的不同需求。

2. 不同类型企业（单位）的组织架构

各类企业，比如企事业单位、股份制企业、金融企业、工业企业等因企业业务性质和流程不同而具有不同的组织架构，以便更好地匹配企业的业务需求，这与不同的网络结构需要不同配置的 DHCP 服务器道理相同。

3．典型人物事迹

2022 年 11 月 1 日，在“2022 深圳全球创新人才论坛”上，著名结构生物学家颜宁宣布，回国协助创建深圳医学科学院。深圳医学科学院由深圳市政府设立，计划 2025 年建成，力争到 21 世纪中期成为全球著名医学研究机构。

1977 年出生的颜宁本科毕业于清华大学生物科学与技术系，在生物科学领域成绩斐然，不满 30 岁就成为清华大学医学院当时最年轻的教授和博士生导师；率领团队在世界上首次解析人源葡萄糖转运蛋白 GLUT1 的晶体结构；揭示葡萄糖跨膜转运这一基本细胞过程的分子基础。

颜宁曾讲道，清华人讲究“行胜于言”，希望大家能持续关注深圳医学科学院。

任务 9.1 认识 DHCP 服务器

任务描述

认识 DHCP 服务器

本项目的第 1 个任务是认识 DHCP 服务器。

任务分析

从 DHCP 服务器的功能、DHCP 及其工作过程、DHCP 服务器的 IP 地址分配方式、DHCP 服务器的配置流程方面，对 DHCP 进行全面了解。

任务目标

1．了解 DHCP 服务器的功能。
2．了解 DHCP 及其工作过程。
3．了解 DHCP 服务器的 IP 地址分配方式。
4．了解 DHCP 服务器的配置流程。

预备知识

DHCP 的前身是 BOOTP，它工作在 OSI 的第七层（应用层），是一种帮助计算机从指定的 DHCP 服务器获取信息、用于简化计算机 IP 地址配置和管理的网络协议，可以自动为计算机分配 IP 地址，减轻网络管理员的工作负担并提高工作效率。

DHCP 基于 C/S 模式，其工作时有 3 个角色参与，如图 9-1 所示。

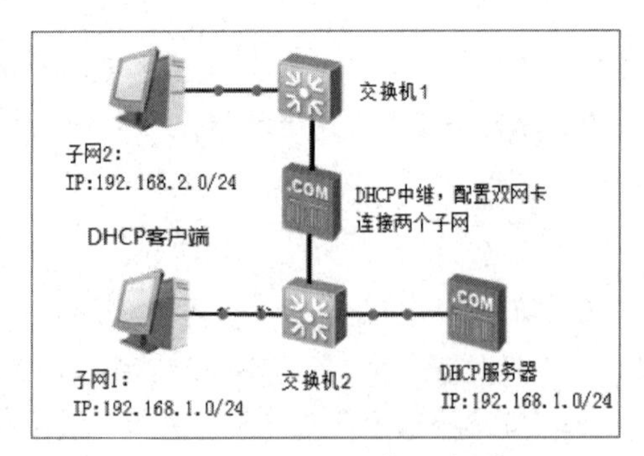

图 9-1 DHCP 工作示意图

DHCP 服务器：提供信息的计算机被称为 DHCP 服务器，负责为 DHCP 客户端分配网络参数。DHCP 服务器使用固定的 IP 地址，在局域网中扮演着为 DHCP 客户端提供动态 IP 地址、DNS 配置和网关等网络参数的 IP 提供者的角色。DHCP 服务器使用的端口号是 68。

DHCP 客户端：请求网络配置参数的计算机被称为 DHCP 客户端，负责从 DHCP 服务器动态获取 IP 地址，扮演着 IP 消费者的角色。DHCP 客户端使用的端口号是 67。

DHCP 中继：DHCP 服务器和 DHCP 客户端不在同一网段时，需要 DHCP 中继设备转发 DHCP 协议报文来完成在不同网段分配 IP 地址的工作，其扮演着中间人的角色。

任务实施

子任务 1　DHCP 服务器的功能

为计算机分配 IP 地址的方式有两种：静态分配 IP 地址和自动获取 IP 地址。

静态分配是指由网络管理员为每台主机手动设置固定 IP 地址。这种方式容易造成主机 IP 地址冲突，只适用于规模较小的网络。如果网络中的主机较多，则依靠网络管理员手动分配 IP 地址非常耗时且容易出错。

自动获取 IP 地址是指客户端从 DHCP 服务器自动获取 IP 地址。DHCP 是一种集中对用户 IP 地址进行动态管理和分配的技术。通过 DHCP 分配机制，客户端可以从 DHCP 服务器动态自动获取地址，如图 9-2 所示。

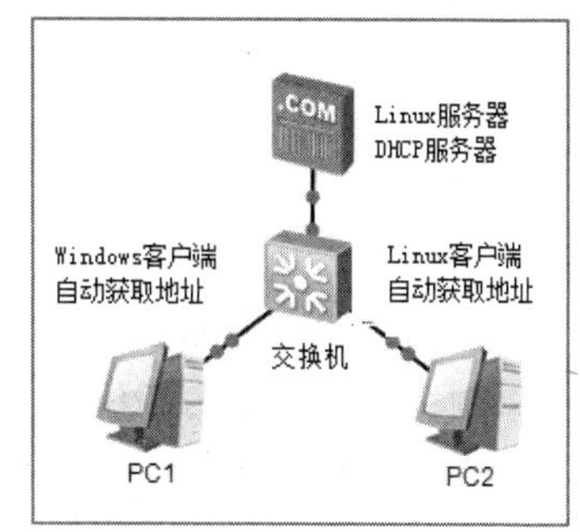

图 9-2　DHCP 功能示意图

动态分配 IP 地址具有以下几个优点。

（1）IP 地址分配更加安全可靠。动态分配 IP 地址不仅可以防止 IP 地址冲突的问题，还能够避免网络管理员手动分配 IP 地址引起的配置错误。

（2）非常适合移动办公环境。如果工作环境中移动办公的情况比较多，需要来往于不同的办公室或楼层，网络管理员并不需要每次都为这些计算机分配新的 IP 地址，DHCP 服务器可以代替网络管理员完成这些工作。

（3）减轻网络管理员的工作负担。在 DHCP 的帮助下，网络管理员可以有更多精力专注于其他更重要的工作。

（4）缓解 IP 地址资源紧张的问题。通常一个公司可以分配的 IP 地址数量要少于潜在的用户主机数量。如果为每台主机分配固定的 IP 地址，最后很可能造成 IP 地址不够用的局面。DHCP 服务器引入了“租约”的概念，及时回收不再使用的 IP 地址，可以最大限度地保证所有用户都有 IP 地址可用，避免不开机而占用 IP 地址的情况。

子任务 2　DHCP 及其工作过程

1. DHCP 简介

DHCP（Dynamic Host Configuration Protocol，动态主机配置协议）是一个基于 UDP 在局域网中使用的网络协议。该协议能自动且有效地管理局域网内主机的 IP 地址、子网掩码、网关和 DNS 等参数，从而有效提高 IP 地址的利用率并使其管理规范，这样可以降低网络管理的成本和消耗的资源。

2. DHCP 作用域（地址池）

作用域是 DHCP 服务器可以为客户端分配的所有 IP 地址的集合，是 DHCP 配置的核心内容。作用域中主要包括 IP 地址范围、网关、DNS 等网络参数。同一 DHCP 服务器可以配置多个作用域。在无 DHCP 中继场景下，DHCP 服务器选择与接收 DHCP 请求报文的接口 IP 地址处于同一网段的作用域。在有 DHCP 中继场景下，DHCP 服务器选择与连接客户端的 DHCP 中继接口 IP 地址同一网段的作用域。

3. DHCP 的工作过程

根据客户端是否是第一次登录网络，DHCP 的工作形式会有所不同。客户端从 DHCP 服务器上获得 IP 地址的整个过程分为以下 6 个步骤，如图 9-3 所示。

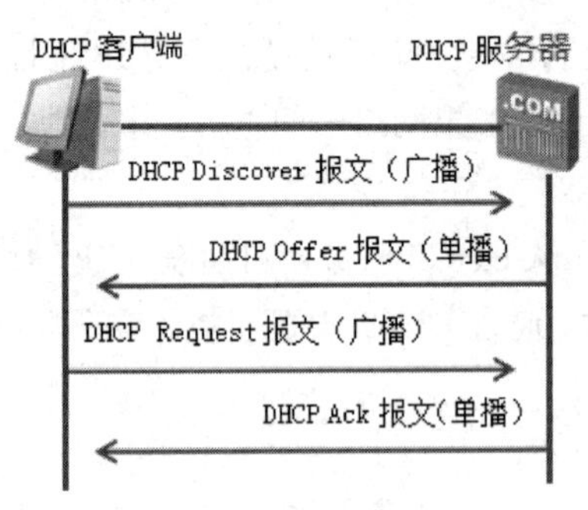

图 9-3 DHCP 的工作过程

（1）寻找 DHCP 服务器（发现阶段）。

当 DHCP 客户端第一次接入网络时，本机没有任何 IP 地址设定，将以广播方式发送 DHCP Discover 报文来寻找 DHCP 服务器。网络上每台安装有 TCP/IP 协议的主机都会收到这个广播信息，但是只有 DHCP 服务器会做出响应。

（2）分配 IP 地址（提供阶段）。

在网络中接收到 DHCP Discover 报文的 DHCP 服务器都会做出响应，它从尚未分配的 IP 地址中挑选一个分配给 DHCP 客户端，并向 DHCP 客户端发送一个包含分配的 IP 地址和其他设置的 DHCP Offer 报文。

（3）接收 IP 地址（选择阶段）。

DHCP 客户端在接收到 DHCP Offer 报文之后，选择第一个接收到的报文，以广播的方式回答一个 DHCP Request 报文，该报文包含向它所选定的 DHCP 服务器请求 IP 地址的内容。

（4）IP 地址分配确认（确认阶段）。

当 DHCP 服务器接收到 DHCP 客户端回答的 DHCP Request 报文之后，便向 DHCP 客户端发送一个包含它所提供的 IP 地址和其他设置的 DHCP Ack 报文（确认信息），告知 DHCP 客户端可以使用它提供的 IP 地址。然后，DHCP 客户端便将其 TCP/IP 协议与网卡绑定。另外，除 DHCP 客户端选中的 DHCP 服务器外，其他的 DHCP 服务器将收回曾经提供的 IP 地址。

（5）重新登录。

后期 DHCP 客户端每次重新登录网络时，不需要再发送 DHCP Discover 报文，而是直接发送包含前一次所分配的 IP 地址的 DHCP Request 报文。当 DHCP 服务器接收到这个报文后，会尝试让 DHCP 客户端继续使用原来的 IP 地址，并回答一个 DHCP Ack 报文（确认信息）。如果此 IP 地址已无法再分配给原来的 DHCP 客户端使用，则 DHCP 服务器给 DHCP 客户端回答一个 DHCP nAck 报文(否认信息)。当原来的 DHCP 客户端接收到此报文后,它就必须重新发送 DHCP Discover 报文来请求新的 IP 地址。

（6）更新租约。

DHCP 服务器向 DHCP 客户端出租的 IP 地址通常都有一个租借期限，期满后 DHCP 服务器就会收回出租的 IP 地址。如果 DHCP 客户端要延长其 IP 租约，则必须更新其 IP 租约。DHCP 客户端启动时和 IP 租约期限过半时，DHCP 客户端都会自动向 DHCP 服务器发送更新其 IP 租约的报文。

子任务 3　DHCP 服务器的 IP 地址分配方式

DHCP 服务器提供了 3 种 IP 地址分配方式：自动分配（Automatic Allocation）、手动分配和动态分配（Dynamic Allocation）。

自动分配又被称为永久租用。当 DHCP 客户端第一次成功从 DHCP 服务器获取一个 IP 地址后，就永久使用这个 IP 地址。

手动分配又被称为保留地址，即由 DHCP 服务器管理员专门指定的 IP 地址，一般要绑定 MAC 地址。

动态分配又被称为限时租期。当 DHCP 客户端第一次从 DHCP 服务器获取 IP 地址后，并非永久使用该地址，而是每次使用完成后，DHCP 客户端都需要释放这个 IP 地址，供其他客户端使用。常用的是动态分配方式。

子任务 4　DHCP 服务器的配置流程

DHCP 服务器的基本配置流程如下。

（1）安装 DHCP 服务。

（2）编辑主配置文件/etc/dhcp/dhcpd.conf，创建作用域，指定 DHCP 客户端的 IP 地址信息，如 IP 地址的范围及 DNS 服务器的 IP 地址、网关、租约时间等。

（3）配置防火墙、SELinux，放行 DHCP 服务。

（4）重启 DHCP 服务，使配置生效。

任务小结

本任务通过介绍 DHCP 服务器的基本概念、功能、DHCP 及其工作过程、DHCP 服务器的 IP 地址分配方式及 DHCP 服务器的配置流程，使读者对 DHCP 服务器有了初步了解，为后续任务的学习打下了坚实基础。

任务 9.2　DHCP 服务器的安装与配置

任务描述

本项目的第 2 个任务是 DHCP 服务器的安装与配置。

任务分析

结合本课程之前所学知识，读者需要熟练掌握 DHCP 服务器的安装，认识 DHCP 服务器的主配置文件，掌握 DHCP 客户端的配置，便于在日常工作实践中熟练应用。

任务目标

1．熟练掌握 DHCP 服务器的安装方法。
2．认识 DHCP 服务器的主配置文件并了解相关配置参数。
3．熟练掌握 DHCP 客户端的配置方法。

预备知识

由于启动 DHCP 服务时需要 DHCP 软件包，因此在配置和使用 DHCP 服务之前，需要先检查系统中是否已经安装了这个软件包。建议在安装系统时，选择安装 DHCP 相关服务。

DHCP 服务的主程序软件包为 dhcp-4.2.5（不同版本会有差别）。用户可以通过 rpm 命令查询是否安装了主程序软件包，如果没有安装，则可以使用 yum 命令进行安装。

DHCP 服务的相关命令如表 9-1 所示。

表 9-1　DHCP 服务的相关命令

命令	说明
systemctl start dhcpd	启动 DHCP 服务
systemctl restart dhcpd	重启 DHCP 服务
systemctl stop dhcpd	停止 DHCP 服务
systemctl reload dhcpd	重新加载 DHCP 服务
systemctl status dhcpd	查看 DHCP 服务状态
systemctl enable dhcpd	设置 DHCP 服务为开机自启动

任务实施

子任务 1　DHCP 服务器的安装

步骤 1：查询 DHCP 软件包，命令如下。

```
[root@Server ~]#  rpm -qa|grep dhcp
dhcp-libs-4.2.5-42.el7.centos.x86_64          //DHCP 库文件
dhcp-4.2.5-42.el7.centos.x86_64               //DHCP 主程序
dhcp-common-4.2.5-42.el7.centos.x86_64        //DHCP 基础包
```

注意：若已安装 DHCP 软件包，则会出现以上 DHCP 库文件、DHCP 主程序、DHCP 基础包列表。

步骤 2：若没有查询到上述软件包，则需要自行安装 DHCP 软件包，在挂载光盘、建立 YUM 源之后，使用 yum install -y dhcp 命令进行安装，命令如下。

```
[root@Server ~]# mount /dev/cdrom /iso        //挂载光盘
[root@Server ~]# yum install -y dhcp          //安装
[root@Server ~]# rpm -qa | grep dhcp          //检查安装情况
```

步骤 3：启动 DHCP 服务并设置 DHCP 服务为开机自启动，命令如下。

```
[root@Server ~]# systemctl start dhcpd        //启动 DHCP 服务
[root@Server ~]# systemctl enable dhcpd       //设置 DHCP 服务为开机自启动
```

子任务 2　DHCP 服务器的主配置文件

dhcp 服务器配置

1. 创建主配置文件

DHCP 服务器的主配置文件是/etc/dhcp/dhcpd.conf，在 CentOS 7 中安装完成后该文件默认存放于/etc/dhcp 目录下，但该文件没有任何实质内容。使用 cat/etc/dhcp/dhcpd.conf 命令查看该文件，文件的默认内容如下：

```
[root@Server ~]# cat  /etc/dhcp/dhcpd.conf
#
# DHCP Server Configuration file.
# see /usr/share/doc/dhcp*/dhcpd.conf.example
# see dhcpd.conf(5) man page
#
```

其中，第 2 行表明该文件是一个 DHCP 服务器的配置文件，第 3 行提示用户可以参考/usr/share/doc/dhcp*/dhcpd.conf.example 文件来配置，其中*是版本号。用户可以采用复制的方式或文件重定向的方式，将该文件的内容复制到/etc/dhcp/dhcpd.conf 中，命令如下：

```
[root@Server ~]# cp /usr/share/doc/dhcp-4.2.5/dhcpd.conf.example /etc/dhcp/dhcpd.conf
[root@Server ~]# cat /usr/share/doc/dhcp-4.2.5/dhcpd.conf.example>/etc/dhcp/ dhcpd.conf
```

也可以省略上述操作，直接使用默认的 dhcp.conf 文件。

```
[root@Server ~]# vim  /etc/dhcp/dhcpd.conf
```

2. dhcpd.conf 文件的结构

dhcpd.conf 文件的结构如下：

```
#全局配置
参数或选项;
#局部配置
声明 {
   参数或选项;
}
```

dhcpd.conf 文件的注释信息以“#”开头，可以出现在文件的任何位置。

注意：在该文件中，除花括号“{}”外，其他每行命令都必须以“;”结尾，否则可能会导致 DHCP 服务器无法启动。

3. dhcpd.conf 文件的组成

dhcpd.conf 文件由**参数**、**选项**和**声明** 3 个要素组成。

（1）**参数**：主要用于设定 DHCP 服务器和客户端的基本属性，表明如何执行任务，是否要执行任务，或者将哪些网络配置项发送给客户，格式为“参数名 参数值;”。常用参数及说明如表 9-2 所示。

```
default-lease-time 600;            #定义默认租约时间
```

表 9-2　常用参数及说明

常用参数	说明
ddns-update-style 类型	设置 DNS 动态更新的类型，包含 3 种更新模式：ad-hoc（特殊更新模式）、interim（互动更新模式）和 none（不支持动态更新）
default-lease-time 时间	定义默认租约时间
max-lease-time 时间	定义最大租约时间
log-facility 文件名	定义日志文件名
hardware 接口类型 MAC 地址	指定网卡接口类型和 MAC 地址
fixed-address ip IP 地址	分配给客户端一个固定的地址
server-name 服务器名称	通知 DHCP 客户服务器名称

（2）**选项**：主要用于配置分配给 DHCP 客户端的可选网络参数，以 option 关键字开头，格式为“option 参数名　参数值;”。常用选项及说明如表 9-3 所示。

```
option domain-name-servers 192.168.1.1;        #默认 DNS 地址
option routers 192.168.1.254;                  #默认网关
```

表 9-3　常用选项及说明

常用选项	说明
option subnet-mask　掩码	为客户端设定子网掩码
option domain-name　域名	定义客户端的 DNS 域名
option domain-name-servers　域名服务器列表	定义客户端的域名服务器
option routers　默认网关	定义客户端的默认网关
option broadcast-address　IP 地址	为客户端设定广播地址
option host-name　主机名	为客户端设定主机名
option time-servers IP 地址	为客户端设定时间服务器 IP 地址
option nis-server　IP 地址	为客户端设定 NIS 域服务器 IP 地址
option netbios-name servers　IP 地址	为客户端设定 WINS 服务器 IP 地址
option time－offset [偏移误差]	为客户端设定与格林尼治时间的偏移时间，单位是秒
option　interface-mtu 1500	设置 MTU 的大小

注意：如果客户端使用的是视窗操作系统，则不要选择“host-name”选项，即不要为其指定主机名。

（3）**声明**：主要用来描述网络布局、设置具体的 IP 作用域、绑定 IP 地址和 DHCP 客户端的 MAC 地址，并为 DHCP 客户端分配固定 IP 地址等。常用声明及说明如表 9-4 所示。

声明一般会用到花括号，例如，subnet 声明、shared-network 声明以 subnet、shared-network 关键字开头，后面跟花括号“{}”，其中包含一系列参数和选项。

```
subnet 192.168.1.0 netmask 255.255.255.0 {    #声明地址空间
        参数或选项                              #地址空间具体内容
        ……
}                                              #地址空间声明结束
```

少数声明不用花括号，如 range 声明。

```
range 192.168.1.1 192.168.1.100               #声明可以动态分配的 IP 地址范围
```

表 9-4　常用声明及说明

常用声明	说明
shared-network	用来告知一些子网络是否分享相同网络，用于配置超级作用域
subnet	用于定义 IP 地址空间
range 起始 IP 地址 终止 IP 地址	提供动态分配的 IP 地址范围
host 主机名	定义保留地址，实现 IP 地址和 DHCP 客户端 MAC 地址的绑定
group	为一组参数提供声明

4．全局配置、局部配置

dhcpd.conf 文件的全局配置和局部配置都是由参数与选项构成的，全局配置对整个 DHCP 服务器生效；局部配置通常由声明部分表示，仅对局部生效。声明外部的参数和选项是全局配置，声明内部的参数和选项是局部配置，参考以下代码。

```
ddns-update-style none;                              #全局参数
default-lease-time 800;                              #全局参数
max-lease-time 14400;                                #全局参数
subnet 192.168.1.0 netmask 255.255.255.0 {           #子网声明
  range 192.168.1.11 192.168.1.253;                  #声明 IP 地址范围
  option domain-name-servers 192.168.1.1;            #局部选项，默认 DNS 地址
  option routers 192.168.1.254;                      #局部选项，默认网关
  option broadcast-address 192.168.1.255;            #局部选项，广播地址
  default-lease-time 600;                            #局部参数
  max-lease-time 7200;                               #局部参数
}
```

注意：有些参数和选项既可以局部使用，又可以全局使用。当全局配置与局部配置发生冲突时，局部配置优先级更高，如 default-lease-time 参数。

有些参数只能全局使用，如 ddns-update-style (none|interim|ad-hoc)参数用于定义所支持的 DNS 动态更新类型，该参数必选且只能在全局配置中使用。

子任务 3　DHCP 客户端的配置

不同操作系统下的 DHCP 客户端的配置有所不同。

1．Windows 客户端的配置

Windows 主机配置采用图形化配置，以 Windows 10 为例，配置步骤如下。

步骤 1：右击桌面上的“网络”图标，在弹出的快捷菜单中选择“属性”命令，打开“网络连接”对话框，单击“本地连接”链接，打开“本地连接属性”对话框，双击“Internet 协议（TCP/IPv4）”选项，打开“Internet 协议版本 4（TCP/IPv4）属性”对话框，如图 9-4 所示。

步骤 2：选中“自动获得 IP 地址”和“自动获得 DNS 服务器地址”单选按钮，并单击“确定”按钮，完成 DHCP 客户端的配置。

步骤 3：在 Windows 系统的命令行窗口中，输入 ipconfig /all 命令，查看本机 TCP/IP 配置的详细信息，如图 9-5 所示。

图 9-4 “Internet 协议版本 4（TCP/IPv4）属性”对话框

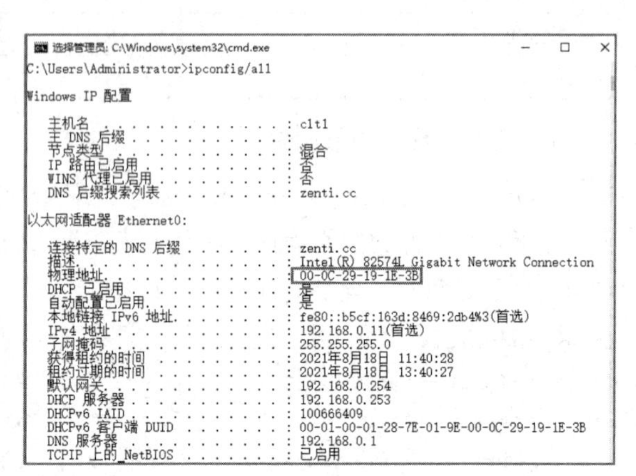

图 9-5 查看本机 TCP/IP 配置的详细信息

2. Linux 客户端的配置

在 Linux 客户端中，既可以使用图形界面进行配置，也可以使用命令进行配置。以下以命令配置为例进行介绍。

步骤 1：打开网卡配置文件/etc/sysconfig/network-scripts/ifcfg-eno16777736，删除或注释 IPADDR、PREFIX、GATEWAY 等几个条目，并将 BOOTPROTO 的值设置为 dhcp，最后重启网络服务，下面两个例子分别列出了 IP 地址配置为 DHCP 动态自动获取和静态地址两种不同的网卡配置文件，黑体字部分为这两种方式的主要差别。

```
[root@Server ~]# cat -n /etc/sysconfig/network-scripts/ifcfg-eno16777736
     1  TYPE=Ethernet
     2  DEFROUTE=yes
     3  IPV4_FAILURE_FATAL=no
     4  IPV6INIT=yes
     5  IPV6_AUTOCONF=yes
     6  IPV6_DEFROUTE=yes
     7  IPV6_FAILURE_FATAL=no
     8  NAME=eno16777736
     9  UUID=d499efdc-1f75-4434-9d33-efc321d8ea3b
    10  DEVICE=eno16777736
    11  ONBOOT=no
    12  BOOTPROTO=dhcp                  //DHCP 动态自动获取 IP 地址
    13  PEERDNS=yes
    14  PEERROUTES=yes
    15  IPV6_PEERDNS=yes
    16  IPV6_PEERROUTES=yes
```

```
[root@Server ~]# cat -n /etc/sysconfig/network-scripts/ifcfg-eno16777736
     1  TYPE=Ethernet
```

```
 2  DEFROUTE=yes
 3  IPV4_FAILURE_FATAL=no
 4  IPV6INIT=yes
 5  IPV6_AUTOCONF=yes
 6  IPV6_DEFROUTE=yes
 7  IPV6_FAILURE_FATAL=no
 8  NAME=eno16777736
 9  UUID=d499efdc-1f75-4434-9d33-efc321d8ea3b
10  DEVICE=eno16777736
11  ONBOOT=no
12  BOOTPROTO=none                        //静态地址
13  IPADDR=192.168.1.1                    //IP 地址
14  PREFIX=24                             //掩码
15  GATEWAY=192.168.1.2                   //网关
16  IPV6_PEERDNS=yes
17  IPV6_PEERROUTES=yes
```

注意：其中，ifcfg-eno16777736 是网卡配置文件的文件名，不同版本、不同网卡配置文件的文件名均有所不同。

配置完成后重启网络服务，命令如下：

```
[root@Server ~]#  systemctl restart network
```

步骤 2：使用 ip addr show eno16777736 或 ifconfig eno16777736 命令可以查看获取的 IP 地址，命令如下。

```
[root@Server ~]# ifconfig eno16777736
eno16777736: flags=4163<UP,BROADCAST,RUNNING,MULTICAST>  mtu 1500
        inet 192.168.1.1  netmask 255.255.255.0  broadcast 192.168.1.255
        inet6 fe80::20c:29ff:fede:5f5c  prefixlen 64  scopeid 0x20<link>
        ether 00:0c:29:de:5f:5c  txqueuelen 1000  (Ethernet)
        RX packets 11  bytes 2748 (2.6 KiB)
        RX errors 0  dropped 0  overruns 0  frame 0
        TX packets 28  bytes 3977 (3.8 KiB)
        TX errors 0  dropped 0 overruns 0  carrier 0  collisions 0
```

任务小结

本任务学习了 DHCP 服务器的安装，认识了 DHCP 服务器的主配置文件，掌握了如何配置 DHCP 客户端并验证配置的正确性，在编辑配置文件时一定要注意路径及文件名的正确性。

任务 9.3　1+X 典型案例：配置 DHCP 服务器

任务描述

学院计算机系的网络由 100 多台计算机构成，为了方便管理，需要在网络中安装一台 DHCP 服务器，将客户机配置为动态自动获取 IP 地址。IP 地址按如下要求规划。

1．可用的网段为 192.168.1.0/24。

2．网关为 192.168.1.254/24。

3．DNS 服务器地址为 192.168.1.1/24。

4．192.168.1.1～192.168.1.10 共 10 个 IP 地址作为服务器的固定地址使用或保留。

5．客户端可以使用的 IP 地址范围为 192.168.1.11~192.168.1.253。

任务分析

该任务需要完成以下工作：

1．在网络中安装一台 DHCP 服务器，手动配置服务器的 IP 地址为 192.168.1.1/24。

2．在 DHCP 服务器上配置符合上述要求的 DHCP 作用域（地址池）。

3．将所有工作站配置为动态自动获取 IP 地址。

任务目标

1．进一步熟悉 DHCP 服务器的安装方法。

2．进一步熟悉 DHCP 服务器的主配置文件的相关参数。

3．熟悉并掌握 DHCP 作用域（地址池）的配置方法。

4．熟悉并掌握 DHCP 服务器的配置流程。

任务实施

步骤 1：安装 DHCP 服务器（部分详细操作及命令参考项目 9）。

（1）挂载光盘。

（2）建立 YUM 源。

（3）安装 DHCP 服务器（详细操作及命令参考任务 9.2）。

（4）手动配置服务器 IP 地址为 192.168.1.1/24。

步骤 2：编辑 DHCP 服务器的主配置文件，配置符合任务需求的作用域。

```
[root@Server ~]# vim  /etc/dhcp/ dhcpd.conf

ddns-update-style none;
subnet 192.168.1.0 netmask 255.255.255.0 {
 range 192.168.1.11 192.168.1.253;          #可用地址范围
 option domain-name-servers 192.168.1.1;    #默认 DNS 地址
 option routers 192.168.1.254;              #默认网关
 option broadcast-address 192.168.1.255;    #广播地址
 default-lease-time 600;
 max-lease-time 7200;
}
```

步骤 3：启动 DHCP 服务器并设置 DHCP 服务器为开机自启动。

```
[root@Server ~]# systemctl start dhcpd        //启动 DHCP 服务器
[root@Server ~]# systemctl enable dhcpd       //设置 DHCP 服务器为开机自启动
```

步骤 4：设置防火墙和关闭 SELinux。

（1）设置防火墙。

```
[root@Server ~]# firewall-cmd --permanent --add-service=dhcp
```

（2）重新加载防火墙。

```
[root@Server ~]# firewall-cmd --reload
```

（3）关闭 SELinux。

```
[root@Server ~]# setenforce Permissive
```

至此，计算机系的 DHCP 服务器可以正常运行。

步骤 5：客户端测试。

具体操作请参考任务 9.2 子任务 3 DHCP 客户端的配置部分。所有工作站都可以获取符合设计的 IP 地址。

任务小结

本任务通过实例介绍了 DHCP 服务器的安装过程，DHCP 服务器的主配置文件的编辑及常用参数、选项、声明的具体使用方法，使读者对 DHCP 服务器安装与配置的完整流程有更准确的掌握。

任务 9.4　DHCP 服务器超级作用域与中继代理服务器的配置

任务描述

学院网络包含 192.168.1.0/24 和 192.168.2.0/24 两个子网，但学院只提供了一台 DHCP 服务器，现在需要将这台服务器配置为网络中唯一的 DHCP 服务器，并分别为两个子网分配 IP 地址。

任务分析

任务 9.3 介绍了如何在主配置文件中创建单作用域来完成对 192.168.1.0/24 子网中的客户机自动分配 IP 地址。现在有两个子网需要 DHCP 服务器分配 IP 地址，因此需要在配置文件中创建相应的作用域，分别为不同的子网分配 IP 地址。为了完成以上任务，需要进行以下工作。

1. 设计合理的网络拓扑结构。
2. 在网络中合适的位置安装一台 DHCP 服务器，手动配置服务器的 IP 地址。
3. 在 DHCP 服务器上配置符合上述要求的作用域（地址池）。
4. 将所有工作站配置为自动获取 IP 地址。

任务目标

1. 熟悉并掌握 DHCP 服务器超级作用域及配置方法。
2. 熟悉并掌握 DHCP 中继代理服务器及配置方法。

任务实施

子任务 1　认识 DHCP 服务器超级作用域与中继代理服务器

1. DHCP 服务器超级作用域

随着物理网络的扩展，单作用域的 DHCP 服务器配置已经不能满足用户的需求，如任务 9.3 中最多只能满足 254 台计算机的网络，如果计算机的数量超过 254 台，则需要使用多作用域的方法来解决。

超级作用域是一个或多个作用域集合，用于支持同一物理网络上的多个逻辑子网。超级作用域包含子作用域的列表，对子作用域进行统一管理。

单作用域只能分配与绑定接口的网络地址相同的 IP 地址，而超级作用域可以分配与绑定接口的网络地址不同的 IP 地址。

超级作用域是 DHCP 服务器的一种管理功能，可以通过 DHCP 控制台创建和管理超级作用域。使用超级作用域，可以将多个作用域组合为单个管理实体。

使用超级作用域，DHCP 服务器能够具备以下功能。

（1）DHCP 服务器可以为单个物理网络上的客户端提供多个作用域租约。

（2）支持 DHCP 和 BOOTP 中继代理，为远程 DHCP 客户端分配 TCP/IP 信息。

（3）方便网络的扩展。

（4）客户端需要从原有作用域迁移到新作用域；当前网络对 IP 地址进行重新规划，客户端变更使用的地址，使用新作用域声明的 IP 地址。

2. DHCP 中继代理服务器

DHCP 服务器单作用域与超级作用域在很大程度上方便了网络配置。但企业网络出于安全性考虑，通常采用多个网段或 VLAN 划分，由于 DHCP 是基于 UDP 的广播协议，无法覆盖三层设备，只能在每个网段分别架设一台 DHCP 服务器，因此需要多台 DHCP 服务器。通过使用 DHCP 中继代理服务器的功能，企业可以实现一台 DHCP 服务器为多个网段或 VLAN 提供服务。DHCP 中继在工作中只起到在 DHCP 客户和服务器间转发 DHCP 报文的作用，如图 9-6 所示。

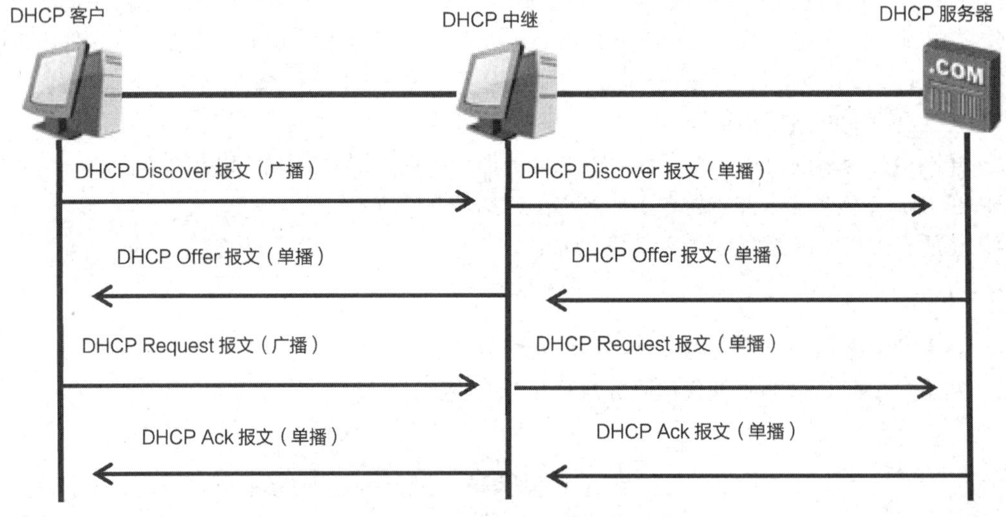

图 9-6　DHCP 中继的工作过程

子任务 2　DHCP 服务器超级作用域的配置

任务描述

学院内部配置了 DHCP 服务器，网络采用单作用域结构，使用 192.168.1.0/24 网段。随着网络规模的扩展，现有的 IP 地址已经无法满足实际使用要求，需要添加新的 IP 地址，新地址为 192.168.2.0/24，但由于资金原因，计划利用现有的 DHCP 服务器完成 IP 地址的动态分配。

任务分析

由于要用一台 DHCP 服务器为**同一物理网段**上的**两个逻辑子网**分配 IP 地址，因此可以使用超级作用域完成该功能。网络的拓扑结构及 IP 地址规划如图 9-7 所示。

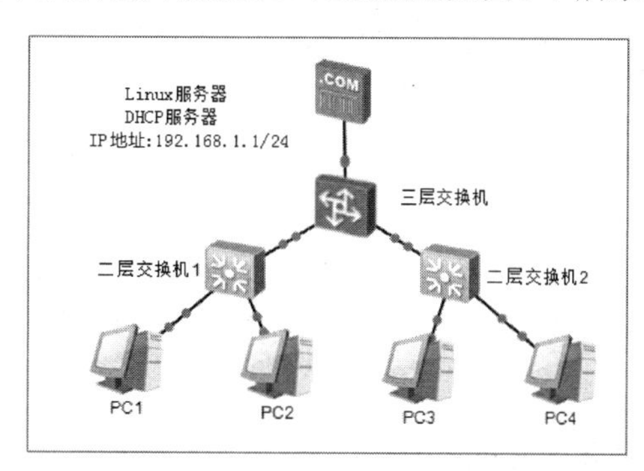

图 9-7　网络的拓扑结构及 IP 地址规划

根据需求完成以下配置：

（1）安装一台 DHCP 服务器，将服务器的 IP 地址手动配置为 192.168.1.1/24。

（2）在 DHCP 服务器上配置超级作用域。

（3）将所有工作站配置为动态自动获取 IP 地址。

任务实施

步骤 1：安装并配置 DHCP 服务器。

（1）手动设置 DHCP 服务器的 IP 地址。

```
192.168.1.1/24
```

（2）编辑 dhcpd.conf 文件如下。

```
shared-network  superscope {                    #声明超级作用域，命名为 superscope
ddns-update-style none;                         #超级作用域中的参数设置全局生效
                                                #其配置会作用在所有子作用域上
subnet 192.168.1.0 netmask 255.255.255.0 {      #声明作用域 1
 range 192.168.1.15 192.168.1.15;
 option domain-name-servers 192.168.1.1;
 option routers 192.168.1.254;
 option broadcast-address 192.168.1.255;
 default-lease-time 600;
 max-lease-time 7200;
}
subnet 192.168.2.0 netmask 255.255.255.0 {      #声明新添加的作用域 2
 range 192.168.2.111 192.168.2.200;
 option domain-name-servers 192.168.2.1;
 option routers 192.168.2.254;
 option broadcast-address 192.168.2.255;
 default-lease-time 600;
 max-lease-time 7200;
}
}
```

注意：配置的第一行和最后一行，这两行配置了超级作用域。超级作用域的配置格式如下：

```
shared-network  superscope {
        作用域 1
        作用域 1
         ......
}
```

步骤 2：客户端验证。

设置所有的客户端自动获取 IP 地址后测试获取的地址，客户机会获取 192.168.1.0/24 和 192.168.2.0/24 两个网段的地址。

上面配置文件的第 5 行为 **range 192.168.1.15 192.168.1.15**，定义的可用地址范围只有一个可用地址，这主要是为了方便测试使用，这样就有两台客户机可以用来测试是否能够分别获取两个子网段的地址。

子任务 3　DHCP 中继代理服务器的配置

任务描述

考虑到网络安全，学院内部网络分为两个 VLAN，分别为 vlan10：192.168.1.0/24 和 vlan20：192.168.2.0/24，在 vlan10 子网内有一台 DHCP 服务器，现在需要用这台 DHCP 服务器为分别为 vlan10 和 vlan20 这两个子网内的客户机分配 IP 地址。

任务分析

由于要用一台位于 vlan10 子网内的 DHCP 服务器分别为 vlan10 和 vlan20 这两个子网内的客户机分配 IP 地址，因此需要增加 DHCP 中继代理服务器，网络的拓扑结构及 IP 地址规划如图 9-8 所示。

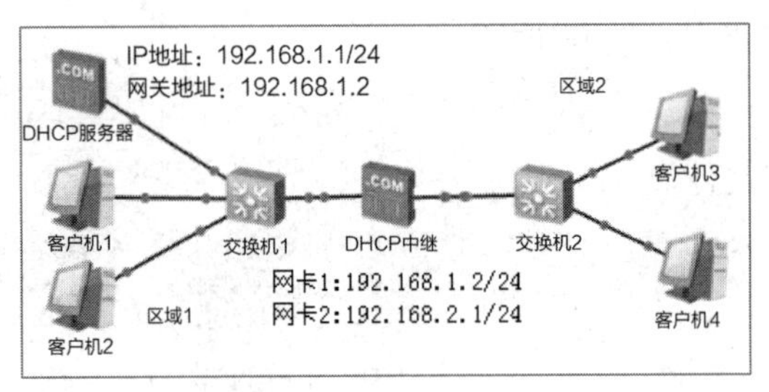

图 9-8　网络的拓扑结构及 IP 地址规划

根据任务需要完成以下配置：

（1）设计合理的网络拓扑结构，如图 9-8 所示。

（2）在区域 1（vlan10）中配置一台 DHCP 服务器并在服务器中配置两个作用域。

（3）在区域 1（vlan10）和区域 2（vlan20）间配置一台 DHCP 中继代理服务器，该服务器配置双网卡。

（4）将所有工作站配置为动态获取 IP 地址。

任务实施

步骤 1：安装并配置 DHCP 服务器。

（1）手动配置 DHCP 服务器的 IP 地址，这里需要注意的是，必须有网关，而且指向 DHCP 中继连接 DHCP 服务器所在子网的网卡 IP 地址。

```
192.168.1.1/24   网关 192.168.1.2（中继服务器网卡 1 的 IP 地址）
```

（2）编辑 dhcpd.conf 文件如下：

```
[root@中继 ~]# vim /etc/sysconfig/dhcpd.conf
ddns-update-style none;
subnet 192.168.1.0 netmask 255.255.255.0 {
  range 192.168.1.15 192.168.1.15;
  option domain-name-servers 192.168.1.1;
  option routers 192.168.1.2;              //中继服务器网卡 1 的 IP 地址
  option broadcast-address 192.168.1.255;
  default-lease-time 600;
  max-lease-time 7200;
}
ddns-update-style none;
subnet 192.168.2.0 netmask 255.255.255.0 {
  range 192.168.2.111 192.168.2.200;
  option domain-name-servers 192.168.2.1;
  option routers 192.168.2.1;             //中继服务器网卡 2 的 IP 地址
  option broadcast-address 192.168.2.255;
  default-lease-time 600;
  max-lease-time 7200;
```

这里要特别注意配置文件中两个区域的网关，因为配置中继时这两个地址分别是中继服务器两块网卡的地址。

步骤 2：配置 DHCP 中继。

注意：在以下配置中，ifcfg-eno16777736 和 ifcfg-eno33554984 分别为两块网卡的配置文件，实际操作中会有所区别。

首先一定要有两块网卡，两块网卡的 IP 地址规划如下（应特别注意这两块网卡都不配置网关）。

第一块网卡（网卡 1）eno16777736 连接 DHCP 服务器所在子网。

```
192.168.1.1/24   网关 无   注意：这个没有网关
```

第二块网卡（网卡 2）eno33554984 连接需要中继的子网。

```
192.168.2.1/24   网关 无   注意：这个没有网关
```

设置过程：进入这个目录（该设置无法用图形界面完成）。

```
[root@中继 ~]#cd  /etc/sysconfig/network-scripts/
```

编辑第一块网卡的配置文件（这块网卡连接 DHCP 服务器所在的子网，网卡文件的名称按照配置时的实际名称配置）。

```
[root@中继 /etc/sysconfig/network-scripts/]#vim  ifcfg-eno16777736

TYPE=Ethernet
BOOTPROTO=none
DEFROUTE=yes
IPV4_FAILURE_FATAL=no
IPV6INIT=yes
```

```
IPV6_AUTOCONF=yes
IPV6_DEFROUTE=yes
IPV6_FAILURE_FATAL=no
NAME=eno16777736
UUID=d499efdc-1f75-4434-9d33-efc321d8ea3b
DEVICE=eno16777736
ONBOOT=no
IPADDR=192.168.1.2
PREFIX=24
IPV6_PEERDNS=yes
IPV6_PEERROUTES=yes
```

这里要注意的是，IP 地址是 DHCP 服务器的网关（这里设置网卡 1 和 DHCP 服务器连接，网卡 2 连接需要 DHCP 中继服务的子网）。

编辑第二块网卡的配置文件（网卡文件的名称按照配置时的实际名称配置）。

```
[root@中继 /etc/sysconfig/network-scripts/]#vim  ifcfg-eno33554984
HWADDR=00:0C:29:5C:46:49
TYPE=Ethernet
BOOTPROTO=none
IPADDR=192.168.2.1
PREFIX=24
DEFROUTE=yes
IPV4_FAILURE_FATAL=no
IPV6INIT=yes
IPV6_AUTOCONF=yes
IPV6_DEFROUTE=yes
IPV6_PEERDNS=yes
IPV6_PEERROUTES=yes
IPV6_FAILURE_FATAL=no
NAME="eno33554984"
UUID=2670a1f1-6059-41ec-8c1b-1c34dcbfddf3
ONBOOT=yes
```

重新启动服务，使配置的 IP 地址生效：

```
[root@中继 ~]#systemctl  restart  network
```

配置好 IP 地址后完成以下配置。

（1）安装 DHCP 软件包。

（2）配置路由转发功能，使承担 DHCP 中继的服务器成为一个具备路由转发功能的路由器。在配置文件/etc/sysctl.conf 中增加 **net.ipv4.ip_forward = 1** ，操作命令如下：

```
[root@中继 ~]#vim /etc/sysctl.conf
# System default settings live in /usr/lib/sysctl.d/00-system.conf.
# To override those settings, enter new settings here, or in an /etc/sysctl.d/<name>.
conf file
#
# For more information, see sysctl.conf(5) and sysctl.d(5).
net.ipv4.ip_forward = 1
```

（3）使设置生效。

```
[root@中继 ~]# sysctl --load
net.ipv4.ip_forward = 1
```

（4）执行 dhcrelay 命令，启动 DHCP 中继。

```
[root@中继 ~]#dhcrelay 192.168.1.1
Dropped all unnecessary capabilities.
Internet Systems Consortium DHCP Relay Agent 4.2.5
Copyright 2004-2013 Internet Systems Consortium.
All rights reserved.
For info, please visit https://www.isc.org/software/dhcp/
Listening on LPF/eno33554984/00:0c:29:5c:46:49
Sending on   LPF/eno33554984/00:0c:29:5c:46:49
Listening on LPF/virbr0/00:00:00:00:00:00
Sending on   LPF/virbr0/00:00:00:00:00:00
Listening on LPF/eno16777736/00:0c:29:5c:46:3f
Sending on   LPF/eno16777736/00:0c:29:5c:46:3f
Sending on   Socket/fallback
```

至此，DHCP 中继代理服务器可以正常工作。

步骤 3：客户端验证。

设置两个网段的客户端自动获取 IP 地址后测试地址获取情况，两个客户端会获取两个网段 192.168.1.0/24 和 192.168.2.0/24 的地址。

任务小结

本任务介绍了 DHCP 服务器超级作用域和 DHCP 中继代理服务器的基本概念与优点，DHCP 服务器超级作用域、DHCP 中继代理服务器的配置，使读者对单台 DHCP 服务器如何为多个子网分配 IP 地址有了详细的了解。

思考题：

请比较 DHCP 服务器超级作用域和 DHCP 中继代理服务器在配置时有哪些差别。

任务 9.5　企业项目案例

任务描述

学院内部有两个子网，分别为 192.168.1.0/24 和 192.168.2.0/24，其中 192.168.1.0/24 子网是学生工作部的子网，192.168.2.0/24 是教务处的子网。现在只有一台配置双网卡的服务器，需要将这台服务器配置为 DHCP 服务器和 Samba 服务器，DHCP 服务器负责为两个子网动态分配 IP 地址，考虑到安全性，**两个子网间要求隔离**；Samba 服务器负责为两个子网提供资源共享服务。具体要求为：学生工作部的资料存放在/school/student 目录下集中管理，并且该目录只允许学生工作部的教师访问并管理；所有教师的资料存放在/school/teacher 目录下集中管理，并且该目录只允许教务处的教师访问并管理；/school/share 目录保存可以公开的资料，所有人都可以匿名访问。

192.168.1.0/24 子网：

（1）有效 IP 地址范围为 192.168.1.1～192.168.1.254。

（2）网关为 192.168.1.254。

（3）192.168.1.1～192.168.1.10 网段地址是服务器的固定地址。

dhcp 服务器应用举例

（4）客户端可以使用的 IP 地址范围为 192.168.1.11～192.168.10.200，但是 192.168.1.101 和 192.168.1.110 为保留地址。

（5）其中 192.168.10.101 保留给 PC1 使用。

192.168.2.0/24 子网：

（1）有效 IP 地址范围为 192.168.2.1～192.168.2.254。

（2）网关为 192.168.2.254。

（3）192.168.2.100～192.168.2.110 网段地址是服务器的固定地址。

（4）客户端可以使用的 IP 地址范围为 192.168.2.1～192.168.2.99 和 192.168.2.111～192.168.10.253。

任务分析

由于只有一台服务器，并且要将这台服务器配置为 DHCP 服务器和 Samba 服务器，其中 DHCP 服务器为两个子网动态分配 IP 地址，Samba 服务器为两个子网提供资源共享服务，且两个子网间要求隔离。前面介绍的超级作用域和中继代理服务器这两种方法都无法满足任务要求。为实现任务要求，现在设计采用图 9-9 所示的网络拓扑结构，服务器的两块网卡分别连接两个不同的子网，实现子网间的隔离；在 DHCP 服务器上配置两个作用域，分别为两个子网分配 IP 地址；在 Samba 服务器上配置学院的共享资源为所有用户服务。

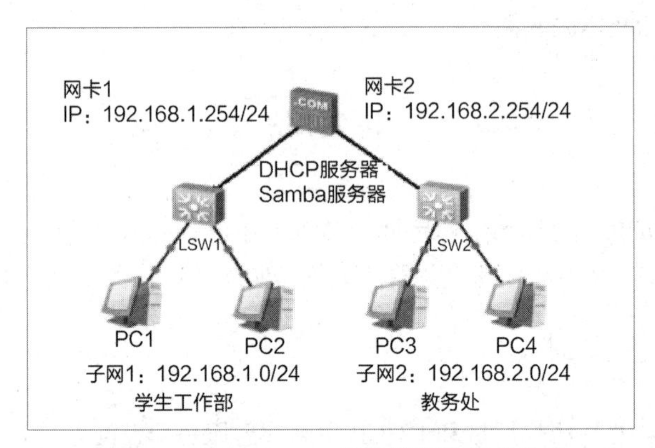

图 9-9　双网卡 DHCP 服务器网络拓扑结构

这种方法要求服务器有多块网卡，每块网卡连接不同的子网段，既保证了不同网段地址的动态分配，又实现了不同子网段的隔离，能够满足任务的需求。

任务实施

步骤 1：配置 IP 地址，安装 DHCP 服务器。

（1）配置 IP 地址。

网卡 1 的 IP 地址配置为：192.168.1.254/24。

网卡 2 的 IP 地址配置为：192.168.2.254/24。

（2）安装 DHCP 服务器。

步骤 2：在 DHCP 服务器的主配置文件中创建如下作用域。

```
[root@server ~]vim  /etc/dhcp/ dhcpd.conf

subnet 192.168.1.0 netmask 255.255.255.0 {
```

```
 range 192.168.1.11 192.168.1.100;
 range 192.168.1.111 192.168.1.200;
 option domain-name-servers 192.168.1.10;
 option routers 192.168.1.254;
 option broadcast-address 192.168.1.255;
 default-lease-time 600;
 max-lease-time 7200;
}
host   Client1{
      hardware ethernet 00:0c:29:03:34:02;        #绑定 PC1 的 MAC 地址
      fixed-address 192.168.1.101;
}

subnet 192.168.2.0 netmask 255.255.255.0 {
 range 192.168.2.1 192.168.2.99;
 range 192.168.2.111 192.168.2.200;
 option domain-name-servers 192.168.2.100;
 option routers 192.168.2.254;
 option broadcast-address 192.168.2.255;
 default-lease-time 600;
 max-lease-time 7200;
}
```

步骤 3：启动 DHCP 服务器。

使用以下命令可以完成 DHCP 服务器的启动。

```
[root@Server ~]# systemctl start dhcpd       //启动 DHCP 服务器
```

步骤 4：设置防火墙和关闭 SELinux。

（1）设置防火墙。

```
[root@Server ~]# firewall-cmd --permanent --add-service=dhcp
```

（2）重新加载防火墙。

```
[root@Server ~]# firewall-cmd --reload
```

（3）关闭 SELinux。

```
[root@Server ~]# setenforce Permissive
```

至此，支持任务需求功能的 DHCP 服务器可以正常运行。

步骤 5：参照任务 9.5 企业项目案例配置并启动 Samba 服务器。

步骤 6：测试客户端。

（1）参考任务 9.2 子任务 3 DHCP 客户端的配置部分。所有工作站都可以获取符合设计的 IP 地址。

（2）参考任务 9.5 企业项目案例测试配置好的 Samba 服务器。

项目验收

按照表 9-5 和表 8-5 分别对 DHCP 服务器和 Samba 服务器进行评价。

表 9-5　项目评价

评价内容	评价标准	备注
PC1	能否获取符合需求的 IP 地址	
PC2、PC3、PC4	能否获取符合需求的 IP 地址	
PC1 和 PC2	能否 ping 通	
PC3 和 PC4	能否 ping 通	
PC1 和 PC3	能否 ping 通	

任务小结

本任务以实例的形式示范了 DHCP 和 Samba 服务器的综合应用。

思考题：本任务能否采用 DHCP 服务器超级作用域或 DHCP 中继代理服务器的方法实现？

拓展知识

1. 实际应用 DHCP 服务器

需要说明的是，本项目学习的是如何在 Linux 系统中配置 DHCP 相关服务，但在实际应用中，DHCP 服务器通常使用路由器、交换机等网络设备来实现该功能，但不推荐使用 Linux 服务器来配置。

2. DHCP 服务器的安全

DHCP 在应用过程中存在安全方面的问题，比如遭受 DHCP 服务器仿冒者攻击、DHCP 服务器拒绝服务攻击等都会影响网络的正常通信，因此在实际应用中需要采取相应的措施来确保 DHCP 服务器的安全。

DHCP 服务器仿冒者攻击：DHCP 客户端和服务器之间无认证机制，会导致非法 DHCP 服务器分配错误地址，导致用户无法使用网络。

DHCP 服务器拒绝服务攻击：攻击者伪造虚假客户端，恶意申请 IP 地址，导致 DHCP 服务器作用域中 IP 地址快速耗尽而不能为合法用户提供服务。

3. DHCP 作用域和 DHCP 地址池

DHCP 作用域和 DHCP 地址池的本质相同，都是指本地逻辑子网中可以使用的 IP 地址的集合，如 192.168.0.1 ~ 192.168.0.254。在 Linux 系统中配置 DHCP 服务时称为作用域；在用路由器或交换机配置 DHCP 服务时通常称为地址池。DHCP 服务器只能将该集合中定义的 IP 地址分配给 DHCP 客户端，因此必须创建作用域（地址池）才能使 DHCP 服务器分配 IP 地址给 DHCP 客户端。

任务 9.6　进阶习题

一、单选题

1. 在 DHCP 服务器的配置文件中，下列选项中可用来为客户机指定默认网关的是（　　）。

   A. option routers　　B. option domain-name-servers

   C. option gateway　　D. option domain-name

2. DHCP 服务器的主配置文件是（　　）。

   A. dhcp.conf　　B. dhcpd.conf　　C. etc.conf　　D. var.conf

3. 重启 DHCP 服务的命令是（　　）。
A. systemctl start dhcpd　　B. systemctl　restart dhcpd
C. system　start　dhcp　　D. system　restart dhcp

4. 在 DHCP 服务器的主配置文件中，下列选项中可用来为客户端指定 DNS 域名的是（　　）。
A. option routers　　B. option domain-name-servers
C. option gateway　　D. option domain-name

5. DHCP 是动态主机配置协议的简称，其作用是自动为一个网络中的主机分配（　　）地址。
A. socket　　B. MAC　　C. 物理　　D. IP

6. DHCP 是 TCP/IP 结构中的（　　）。
A. 网络层协议　　B. 会话层协议
C. 应用层协议　　D. 表示层协议

7. max-lease-time 参数定义的是（　　）。
A. 最大租约时间　B. 租约时间　　C. 最小租约时间 D. 生存时间

二、多选题

1. 安装 DHCP 的命令是（　　）。
A. yum install dhcp　　B. yum install dhcpd
C. setup　dhcp　　D. yum install dhcp -y

2. DHCP 的工作过程发送的数据包包括（　　）。
A. Discover 报文　　B. Offer 报文
C. Request 报文　　D. Ack 报文

3. 能够为多个网段分配 IP 地址的配置是（　　）。
A. 单作用域　　B. 超级作用域　　C. 混合作用域　　D. DHCP 中继

4. 下列概念中与 DHCP 有关的是（　　）。
A. 作用域　　B. DHCP 服务器
C. DHCP 客户　　D. DHCP 中继

三、判断题

1. DHCP 服务器的功能是将计算机名解析为 IP 地址。（　　）
2. DHCP 是动态地址分配协议。（　　）
3. DHCP 服务器动态分配给客户的地址必须先在配置文件中配置好。（　　）
4. DHCP 服务器只能给一个子网分配 IP 地址、子网掩码等网络信息。（　　）
5. DHCP 服务器可以提供 Linux 系统之间的文件共享。（　　）
6. yum install dhcp -y 命令是用来安装 DHCP 服务的。（　　）
7. range 声明用于定义 DHCP 服务器作用域动态 IP 地址的范围。（　　）
8. host 声明用于实现 IP 地址和 DHCP 客户端 MAC 地址的绑定。（　　）

四、思考题

为什么在配置 DHCP 服务器时需要考虑网络拓扑结构？DHCP 配置文件中哪部分配置可以反映网络拓扑？

项目 10

配置与管理 DNS 服务器

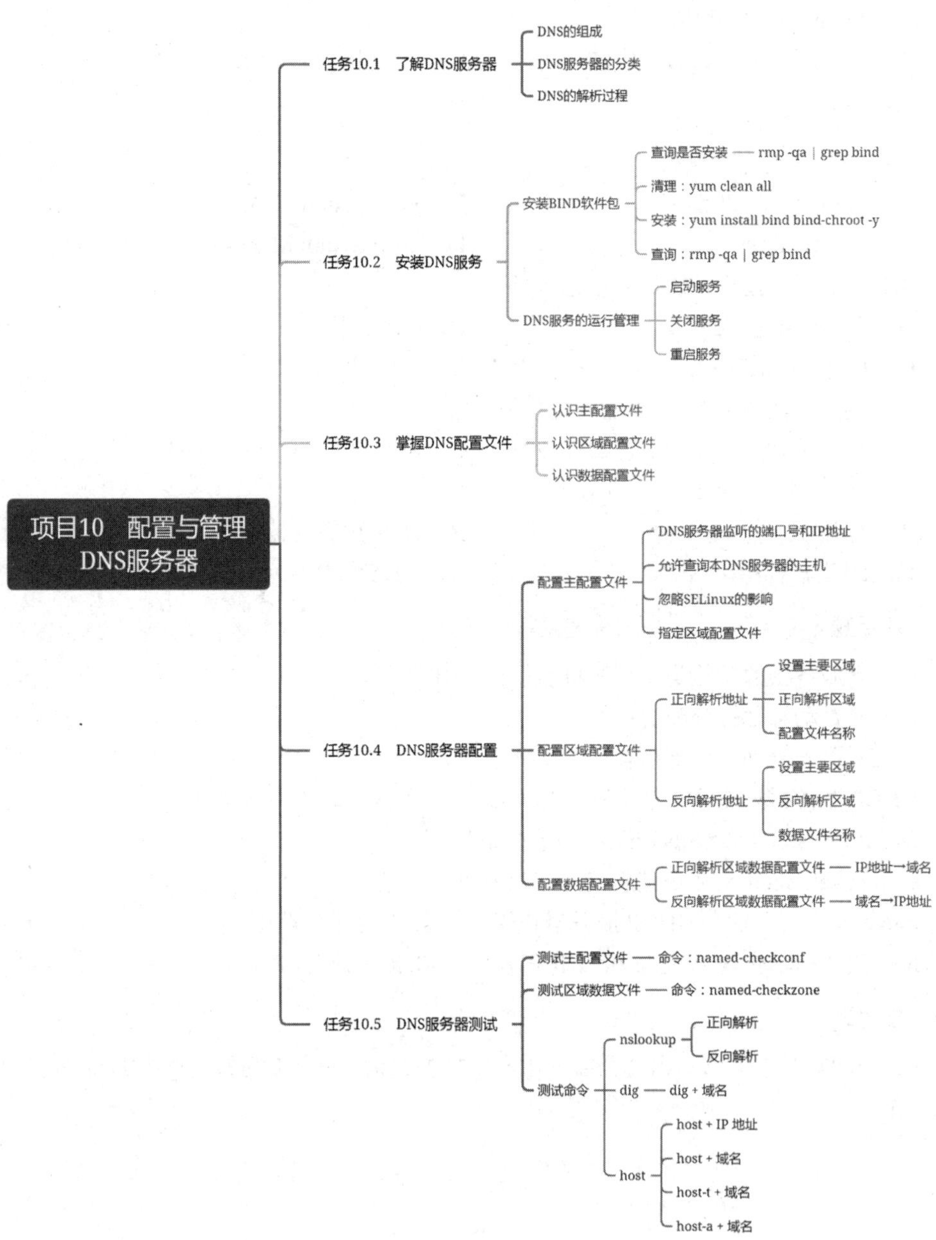

项目描述

Linux 系统作为一个免费、自由、开源的操作系统，在日常生产环境中，被大多数用户作为操作系统的首选。它提供各种各样的网络服务，DNS 作为网络服务之一，用来实现域名和 IP 地址的相互转换，在网络服务中有重要作用。本项目将通过介绍配置与管理 DNS 服务器的相关知识内容，并以完成若干任务的方式实现在 Linux 系统中快速、安全地搭建一个简单的 DNS 服务器。

项目分析

根据项目描述，并通过分析在 Linux 系统中搭建 DNS 服务器所涉及的关键技术点，本项目将在实施过程中主要完成以下任务（本项目所有任务在实施过程中使用的操作系统环境均为 CentOS）。

1. 了解 DNS 服务器。
2. 安装 DNS 服务。
3. 掌握 DNS 配置文件。
4. DNS 服务器配置。
5. DNS 服务器测试。

职业能力目标和要求

1. 深入理解 DNS 的基本概念，了解 DNS 服务器搭建过程中涉及的基础知识。
2. 了解 DNS 服务器的作用及其在网络中的重要性。
3. 理解 DNS 的域名空间结构。
4. 掌握 DNS 查询模式。
5. 掌握 DNS 域名解析过程。
6. 掌握 DNS 服务器的配置文件。
7. 掌握 DNS 服务器的安装和配置方法。
8. 掌握转发服务器和缓存服务器的配置方法。

素质目标

1. 努力钻研专业知识，树立崇高的职业道德，培养严谨认真、精益求精的大国工匠精神。

2. 研发中国自主知识产权的服务器操作系统是必要的，而且是紧迫的，希望读者将国家富强、民族振兴、人民幸福的理想转化为学习的动力。

3. 通过讨论根域名服务器，帮助读者树立网络主权意识，并加强网络安全意识，为将我国建设成为网络强国而努力奋斗。

1+X 技能目标

1. 根据生产环境中的 Linux 系统安全配置工作任务要求，完成 DNS 服务的安装。
2. 根据生产环境中的网络服务业务需求，实现 DNS 服务器的基本安全配置。

预备知识

1. DNS 简介

随着互联网的快速发展与生活水平的不断提高，人们希望相互之间的交流更加自由、快捷、方便。互联网作为信息传播的一种载体，拓宽了人们的交流方式，成为人们学习和工作中必不可少的一部分。中国互联网络信息中心（CNNIC）发布的第 50 次《中国互联网络发展状况统计报告》显示，截至 2022 年 6 月，中国网民规模为 10.51 亿，互联网普及率达 74.4%。互联网已经普及至人们的日常生活。DNS 作为互联网的核心要素之一，在今天的网络设施中起着关键性的作用。

DNS（Domain Name Server，域名服务）是一个分层的、分布式的命名系统，是计算机的 IP 地址与域名的翻译系统。几乎所有网络应用与服务都依赖于域名与 IP 地址之间的互相映射。它是全球最大也是最成功的分布式域名系统，在互联网中扮演着重要的角色。

2. DNS 的发展

对于根域名服务器测量，Brownlee 等人采用主动测量的方式，对根域名服务器 F.root-servers.net 的性能进行了探测和分析。对于顶级域名服务器测量，Liston 等人从互联网拓扑结构的位置、连接技术和客户端运营商等网络环境出发，大范围地测量并收集数据，研究 DNS 性能。Rijswijk-Deij 等人基于大规模的主动测量，收集了顶级域名的日常 DNS 测量数据集，包括.com、.net、.org，以及全球 50%的 DNS 名称空间。对权威域名服务器而言，哈尔滨工业大学的孙瑞采用主动探测的方式和分布式策略，对国内的 100 万个域名进行权威服务器探测，并从是否开启递归功能、服务器配置情况以及软件版本等方面进行了分析评估。Pappas 等人针对 DNS 配置错误的问题，开发了一个故障排除工具，该工具可以利用多个监测点检测出影响 DNS 基础设施的错误配置。随后，Pappas 等人针对授权不一致、无效授权、冗余缩减和循环区依赖 4 种配置错误的类型，对 DNS 区进行了探测，统计了各种类型的配置问题影响的 DNS 区所占比例。清华大学的韩殿飞等人从无效授权和冗余缩减两个角度出发，对国内域名服务器配置错误进行了测量和分析。Schomp 等人提出了一个基于 DNS 生态系统的客户端分析模型。就递归域名服务器而言，哈尔滨工业大学的陆柯羽采用主动测量的方式对开放 DNS 进行了网络性能和解析性能的探测，并进行了服务质量和健康状况的评估，设计了 DNS 服务器的推荐系统。

3. DNS 的特点

DNS 作为一个分层的，分布式的命名系统，其安全性对整个互联网设施至关重要，其主要特点包括：

（1）分层的、分布式的。

（2）互联网基础设施中的重要一环。

（3）提供不间断、稳定且快速的域名查询服务。

（4）可在 Windows、UNIX 等几乎所有现代操作系统上运行。

（5）免费开源，并鼓励用户通过新想法、错误报告和补丁进行反馈。

思政元素映射

根域名服务器

域名解析离不开根域名服务器。据统计，全世界有 13 个根 DNS，美国有 10 个，英国和瑞典各有 1 个，日本有 1 个。

2014 年 6 月 24 日的《人民日报》引用专家发言：“目前美国掌握着全球互联网 13 台域名根服务器中的 10 台。理论上，只要在根服务器上屏蔽该国家域名，就能让这个国家的国家顶级域名网站在网络上瞬间‘消失’。在这个意义上，美国具有全球独一无二的制网权，有能力威慑他国的网络边疆和网络主权。”

《信息安全与通信保密》杂志 2014 年第 10 期的一篇文章写道：“2004 年，由于与利比亚在顶级域名管理权问题上发生争执，美国终止了利比亚的顶级域名.LY 的解析服务，导致利比亚从网络中消失 3 天。”

作为祖国的希望，同学们应该树立自信，担负责任，努力掌握最新网络技术，不断提升自主创新能力，深刻认识我国拥有并运行根域名服务器的紧迫性和重要性。

任务 10.1 了解 DNS 服务器

任务描述

DNS 服务器介绍

按照项目分析可知，本项目的第 1 个任务是了解 DNS 服务器，包括 DNS 的组成、DNS 服务器的分类和 DNS 的解析过程三部分内容。

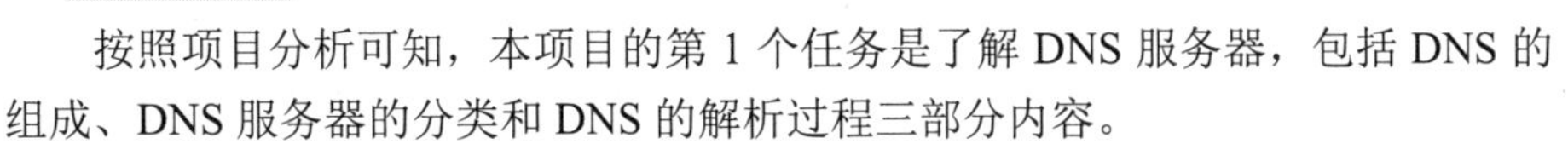

任务分析

本任务将引导读者理解 DNS 的概念，并掌握 DNS 服务器的工作原理，为后续配置与管理 DNS 服务器做准备。

任务目标

1．了解 DNS 的组成和 DNS 服务器的分类。
2．掌握 DNS 的解析过程。

预备知识

DNS 是 Internet/Intranet 中基础且重要的一项服务，它提供了网络访问中域名和 IP 地址的相互转换。DNS 作为全球最大的分布式数据库系统，采用 C/S 模式，其数据库中的数据类型多种多样。

任务实施

子任务 1 DNS 的组成

DNS 由域名空间、名字服务器和解析器三部分构成。

1．域名空间

DNS 服务器是整个 DNS 的核心，它建立了一个叫作域名空间的逻辑树结构，对数据进行管理和维护，并处理 DNS 客户端主机名的查询。根域作为域名空间树的根节点，此节点为空节点。根节点子域存储在顶级域中，其他的子域则存储在顶级域的子节点中。域名空间树的每个节点代表一个域，通过这些节点，对整个域名空间进行划分，成为一个层次结构。域名空间通过域名进行表示。域名通常由一个完全正式域名（Fully Qualified Domain Name，FQDN）标识。FQDN 能准确表示其相对于 DNS 树根的位置，也就是节点到 DNS 树根的完整表述方式，从节点到 DNS 树根采用反向书写，并且每个节点之间使用“.”分隔。

域名空间的结构为一棵倒置的树，并进行层次划分，如图 10-1 所示。从 DNS 树根到下面的节点，按照不同的层次，进行统一的命名。域名空间顶层的 DNS 树根称为根域（root）。

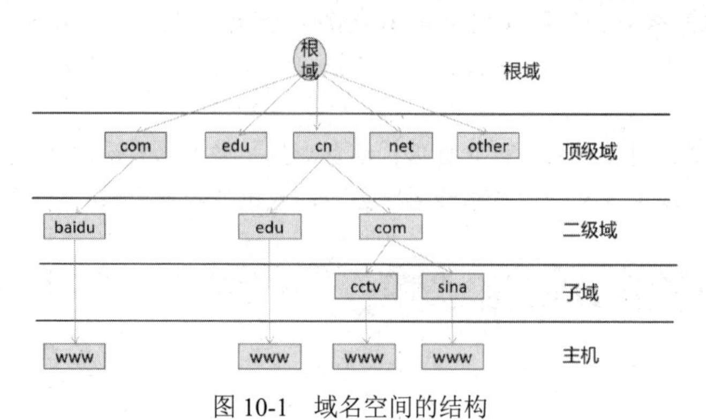

图 10-1 域名空间的结构

对域名空间整体进行划分，由顶层到下层，可以分成：根域、顶级域、二级域、子域、主机。域中能够包含主机和子域。

域名空间的顶层是根域，其记录着 Internet 的重要 DNS 信息，由 Internet 域名注册授权机构管理，该机构把域名空间各部分的管理责任分配给连接到 Internet 的各个组织。

FQDN 命名规则包括：不超过 256 字节；只允许包含 a～z、0～9、A～Z 和减号（-）；点号（.）只允许出现在域名标志之间或者 FQDN 末尾；域名不区分大小写。

2. 名字服务器

名字服务器用于存储域名空间树的相关信息，如结构信息及设置信息等。名字服务器的主要活动是回答标准查询。DNS 报文标准格式携带查询和查询的响应。查询包括 QTYPE、QCLASS 和 QNAME，用于描述期望信息和感兴趣名称的类型与类。

3. 解析器

解析器是一个用于获取数据的程序。客户端发出查询请求，为了响应查询请求，需要从名字服务器获取信息，解析器则用于决定获取信息的程度。至少存在一个名字服务器可以被解析器访问。在访问名字服务器时，如果其可以直接给出查询应答，则反馈给解析器；若不能直接给出查询应答，则转向其他名字服务器进行查询。客户端程序可以直接被解析器访问，它们之间无须任何协议支持。

子任务 2 DNS 服务器的分类

按照 DNS 自高至低的级别分类，DNS 服务器分为根域名服务器、顶级域名服务器、权威域名服务器、本地域名服务器 4 种类型。

按照域名服务器对域名体系中的管辖部分及用途分类，DNS 服务器分为主域名服务器、辅助域名服务器和缓存域名服务器 3 种类型。

按照 DNS 服务器的功能分类，DNS 服务器大致可以分为权威服务器、递归服务器和转发服务器 3 种类型。

按照客户端与权威服务器交互过程中的角色分类，DNS 服务器大致可以分为入口服务器、出口服务器、隐藏服务器和权威服务器 4 种类型。入口服务器是指可以直接从用户设备接受 DNS 查询的服务器。出口服务器是指直接与权威服务器交互的服务器。隐藏服务器是指在入口和出口之间充当中介，但不暴露请求映射的客户机和提供映射的权威服务器的服务器。

AuDNS（Authoritative DNS）：权威域名服务器，这类服务器对域名进行解析，需要上一级授权，同时，它也可以把授权传递给其他服务器。

ReDNS（Recursive DNS）：递归域名服务器，这类服务器可以逆向解析自身，具有解析功能。此类服务器一般由运营商提供。

ODNS（Open DNS）：开放解析的递归服务器，ODNS 是 ReDNS 的一个子集，这类服务器向公众开放解析服务。它可以接受来自任意域名的查询，并且将查询结果返还给用户。ODNS 可以缓存之前的查询结果，避免重复查询。这类服务器由 FDNS 和 $RDNS_d$ 组成。

RDNS（Recursive DNS Resolvers）：能够与权威服务器直接交互的递归域名服务器。它是 $RDNS_d$ 和 $RDNS_i$ 两类服务器的并集。

FDNS（Forwarding ODNS）：转发服务器，它是 ODNS 的一个子集。这类服务器能够接受用户的查询，但是它本身并不能解析请求，而是把请求转发给另一个解析器，最终可以向用户返回查询结果，同时具备缓存功能。

HDNS（Hidden DNS）：隐藏服务器，这类服务器作用于 RDNS 和 FDNS 之间。由于这类服务器不直接与用户和权威服务器交互，因此这类服务器不能直接被探测到。这里不做详细说明。

$RDNS_d$（direct RDNS）：它是 ODNS 和 RDNS 的交集，是能够同时与用户、权威服务器直接交互的递归服务器。

$RDNS_i$（indirect RDNS）：它是 RDNS 的一个子集，是只能与权威服务器直接交互的递归服务器。

子任务 3　DNS 的解析过程

DNS 的查询有两种类型：递归查询和迭代查询。

递归查询用于主机向本地域名服务器的查询。主机向本地域名服务器发出请求时，如果本地域名服务器无法给出要查询域名的 IP 地址，则它会替代主机，以客户端的身份向其他的根域名服务器发出查询请求。主机则处于等待状态，等待本地域名服务器向其返回查询结果。

本地域名服务器与根域名服务器之间的查询属于迭代查询。本地域名服务器向根域名服务器发出查询请求时，如果根域名服务器能够给出要查询域名的 IP 地址，则返回给本地域名服务器 IP 地址，否则会反馈给本地域名服务器下一步要查询的服务器，然后由本地域名服务器进行后续查询。

下面以查询域名 www.abc.com 为例，介绍 DNS 的解析过程，如图 10-2 所示。

（1）主机向本地域名服务器发送域名为 www.abc.com 的查询请求。

（2）假设本地域名服务器中没有缓存，则本地域名服务器向根域名服务器发送查询请求。

（3）根域名服务器把.com 顶级域名服务器的地址返回给本地域名服务器。

（4）本地域名服务器接收到根域名服务器返回的地址后，向.com 顶级域名服务器发送查询请求。

（5）.com 顶级域名服务器接收到请求后，将 abc.com 权威域名服务器的地址返回给本地域名服务器。

（6）本地域名服务器根据.com 顶级域名服务器返回的地址，向 abc.com 权威域名服务器发送查询请求。

（7）abc.com 权威域名服务器接收到请求后，将 www.abc.com 的 IP 地址返回给本地域名服务器。

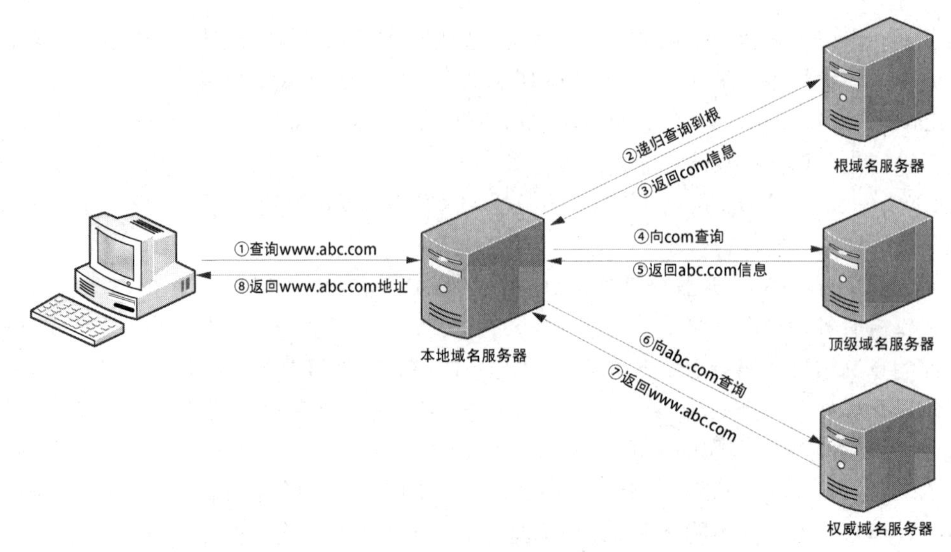

图 10-2　DNS 的解析过程

（8）本地域名服务器接收到 www.abc.com 的 IP 地址后，将地址返回给主机。

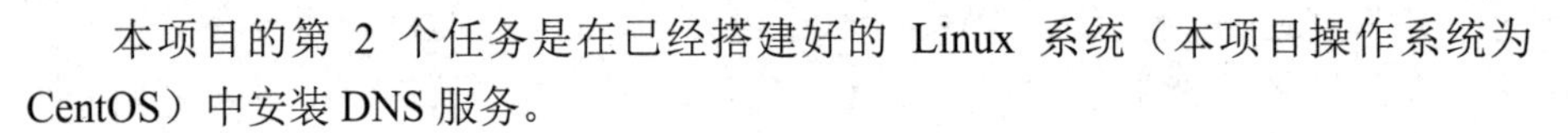

任务小结

本任务主要介绍了 DNS 服务器，主要是对 DNS 服务器的基础知识进行描述，包括 DNS 的组成、DNS 服务器的分类及 DNS 的解析过程三部分。

任务 10.2　安装 DNS 服务

任务描述

DNS 服务的安装

本项目的第 2 个任务是在已经搭建好的 Linux 系统（本项目操作系统为 CentOS）中安装 DNS 服务。

任务分析

本任务需要在 CentOS 系统中安装 DNS 服务，结合本任务之前所学知识，在 CentOS 系统中架设 DNS 服务器通常使用 BIND（Berkeley Internet Name Domain）程序来实现，其守护进程是 named。

任务目标

1. 掌握安装 BIND 软件包的方法。
2. 掌握 DNS 服务的运行管理。

预备知识

BIND 是一款实现 DNS 服务器的开放源码软件。BIND 原本是 DARPA（Defense Advanced Research Projects Agency，美国国防高级研究计划局）资助伯克利（Berkeley）大学开设的一个研究生课题，后来经过多年的发展，已经成为世界上应用非常广泛的 DNS 服务器软件，目前 Internet 中大部分 DNS 服务器都是通过 BIND 架设的。

任务实施

在使用 YUM 工具安装软件包之前，需要确保系统已经配置好 YUM 源或者系统能够正常访问互联网。另外，使用 YUM 工具在 CentOS 系统中安装 DNS 服务时，DNS 服务的安装包名为 bind，安装 DNS 服务的步骤如下。

子任务 1 安装 BIND 软件包

步骤 1：打开终端，使用 rpm 命令查询是否安装了 BIND 服务，命令如下。若首次安装 BIND 服务，则查询结果为空。

```
[root@server ~]# rpm -qa | grep bind
```

步骤 2：使用 yum 命令安装 BIND 服务。

```
[root@server ~]# yum clean all
[root@server ~]# yum install bind bind-chroot -y
```

步骤 3：查询安装过程是否正常，BIND 服务安装过程如图 10-3 所示。

```
Total                                                                    197 MB/s | 2.9 MB  00:00:00
Running transaction check
Running transaction test
Transaction test succeeded
Running transaction
  Installing : 32:bind-license-9.9.4-29.el7.noarch                                                 1/4
  Installing : 32:bind-libs-9.9.4-29.el7.x86_64                                                    2/4
  Installing : 32:bind-9.9.4-29.el7.x86_64                                                         3/4
  Installing : 32:bind-chroot-9.9.4-29.el7.x86_64                                                  4/4
  Verifying  : 32:bind-9.9.4-29.el7.x86_64                                                         1/4
  Verifying  : 32:bind-license-9.9.4-29.el7.noarch                                                 2/4
  Verifying  : 32:bind-libs-9.9.4-29.el7.x86_64                                                    3/4
  Verifying  : 32:bind-chroot-9.9.4-29.el7.x86_64                                                  4/4

Installed:
  bind.x86_64 32:9.9.4-29.el7                          bind-chroot.x86_64 32:9.9.4-29.el7

Dependency Installed:
  bind-libs.x86_64 32:9.9.4-29.el7                       bind-license.noarch 32:9.9.4-29.el7

Complete!
```

图 10-3 BIND 服务安装过程

步骤 4：安装完成后再次查询，查询结果如图 10-4 所示，表示安装成功。

```
bind-9.9.4-29.el7.x86_64
bind-libs-9.9.4-29.el7.x86_64
bind-chroot-9.9.4-29.el7.x86_64
bind-license-9.9.4-29.el7.noarch
```

图 10-4 BIND 服务安装完成后的查询结果

子任务 2 DNS 服务的运行管理

步骤 1：BIND 服务安装完成后，进行 DNS 服务的启动、关闭与重启，命令如下：

```
[root@server ~]# systemctl start named                    //启动 named 服务
[root@server ~]# systemctl stop named                     //关闭 named 服务
[root@server ~]# systemctl restart named                  //重启 named 服务
```

步骤 2：配置 BIND 服务为开机自启动。

配置 BIND 服务为开机自启动，命令如下：

```
[root@server ~]# systemctl enable named                //开启 named 服务开机自启动
[root@server ~]# systemctl disable named               //关闭 named 服务开机自启动
```

步骤 3：配置防火墙。

启动 BIND 服务后，为了使用户能够访问服务器上的服务，还需要对防火墙添加一条规则以允许用户访问服务器的 53 端口，命令如下：

```
[root@server ~]# firewall-cmd --permanent --add-port=53/tcp
[root@server ~]# firewall-cmd --reload
```

任务小结

本任务在引导读者了解不同 Linux 系统软件服务安装方式的基础上，通过使用 YUM 工具安装的方式，在 CentOS 系统中实现了 DNS 服务的安装。

任务 10.3　掌握 DNS 配置文件

BIND 配置文件

任务描述

本项目的第 3 个任务是掌握 DNS 配置文件。BIND 服务程序的配置并不简单，这是因为要想为用户提供健全的 DNS 查询服务，需要在本地保存相关的域名数据库，而如果要把所有域名和 IP 地址的对应关系都写入某个配置文件中，则预计会产生成千上万条参数，这样既不利于程序的执行，也不方便日后的修改和维护，因此需要进行 DNS 配置文件的配置。

任务分析

根据任务描述，本任务需要在已经安装成功的 DNS 服务中进行配置文件的配置和学习，结合本任务之前所学知识，一般的 DNS 配置文件分为主配置文件、区域配置文件和数据配置文件。

任务目标

1．了解各个 DNS 配置文件的作用。
2．掌握 DNS 配置文件的配置方法。

预备知识

BIND 服务程序中有以下 3 个比较关键的文件。

（1）主配置文件/etc/named.conf：只有 60 行，而且在删除注释信息和空行之后，实际有效的参数仅有 30 行左右，这些参数用来定义 BIND 服务程序的运行。

（2）区域配置文件/etc/named.rfc1912.zones：用来保存域名和 IP 地址的对应关系。类似于图书的目录，对应着每一个域和相应 IP 地址所在的具体位置，当需要查看或修改相关内容时，可以根据这个位置找到相关文件。

（3）数据配置文件目录/var/named：该目录用来保存域名和 IP 地址真实对应关系的数据配置文件。

任务实施

子任务 1　认识主配置文件

DNS 主配置文件是/etc/named.conf，常用配置项及功能介绍如下：

```
[root@server ~]# cat /etc/named.conf
listen-on port 53 { 127.0.0.1; };   #DNS 服务器监听的端口号和 IP 地址，默认端口号为 53，地址为
                                    127.0.0.1，在测试时经常把地址更改为 any，监听任何 IP 地址
listen-on-v6 port 53 { ::1; };      #DNS 服务器监听的 IPv6 端口号和 IP 地址
directory "/var/named";             #DNS 区域数据配置文件存放目录
allow-query { localhost; };         #允许查询本 DNS 服务器的主机，默认为 localhost。在测试时经常
                                    更改为 any，允许任何主机查询
recursion yes;                      #是否允许递归查询，默认为 yes
dnssec-enable yes;                  #是否进行 DNS 数据来源验证和数据完整性检验，默认为 yes
dnssec-validation yes;              #改为 no 可以忽略 SELinux 影响
……
include  "/etc/named.zones"         #指定区域配置文件，根据实际修改
include  "/etc/named.root.key"
```

子任务 2 认识区域配置文件

DNS 区域配置文件是/etc/named.rfc1912.zones。无论是正向还是反向解析区域，都需要在区域配置文件中声明和定义，所有解析区域都以“zone”开头，后面是区域的名称，正向解析区域的名称为域名，反向解析区域的名称由反写的 IP 段和.in-addr.arpa 组成。

```
 [root@server ~]# cat /etc/named.rfc.1912.zones
zone "dnstest.com" IN {                  #声明正向解析区域，域名为 dnstest.com
 type master;                            #声明该区域是主要区域，如果是辅助区域，则为 slave
 file "dnstest.com";                     #正向解析区域配置文件名
 allow-update { none; };                 #允许动态更新的主机
};
zone "43.168.192.in-addr.arpa" IN {      #声明反向解析区域，IP 段为 192.168.43.0
 type master;
 file "dnstest.com.rep";                 #反向解析区域配置文件名
 allow-update { none; };
};
```

子任务 3 认识数据配置文件

在默认情况下，DNS 区域数据配置文件存放在/var/named/目录中，正向解析区域的样本数据配置文件为 named.localhost，反向解析区域的样本数据配置文件为 named.loopback。

下面是一份典型的正向解析区域数据配置文件，该文件对区域的生命周期、刷新时间等参数进行了配置。

```
[root@server ~]# cat /var/named/ named.localhost
$TTL 1D                              #DNS 记录的最大缓存时间为 1 天
@ IN SOA ad.dnstest.com. (           #ad.dnstest.com.为管理员邮箱，“@”在 DNS 中已经定义为当
                                     前域名，所以邮箱的“@”用“.”来代替
            0 ; serial               #版本号
            1D ; refresh             #刷新时间，默认为 1 天
            1H ; retry               #重试时间，默认为 1 小时
 1W ; expire                         #超期时间，默认为 1 周
            3H ) ; minimum           #最小缓存时间，默认为 3 小时
 NS @                                #域名服务器
 A 127.0.0.1                         #IPv4 A 记录，反映的是主机名和 IP 地址的对应关系
 AAAA ::1                            #IPv6 A 记录
www A 192.168.43.2
```

在数据配置文件中，不同的记录类型具有不同的作用，具体如表 10-1 所示。

表 10-1　数据配置文件中不同的记录类型

NS	指出域名服务器，该服务器负责存放 DNS 服务器的信息，默认为“@”，即当前服务器
A	反映主机名和 IP 地址的对应关系，在正向解析区域数据配置文件中使用
AAAA	IPv6 的 A 记录
CNAME	某个 A 记录主机名的别名
PTR	反映 IP 地址与域名的对应关系，在反向解析区域数据配置文件中使用
MX	邮件交换记录，指定邮件服务器的地址，通常后面会指定一个 1～50 的整数作为优先级，数字越小优先级越高

任务小结

本任务在 CentOS 系统中实现 DNS 服务安装的基础上，引导读者对 BIND 服务程序中的配置文件进行学习和配置。配置过程是指对主配置文件、区域配置文件及数据配置文件进行配置。在实际生产环境中，只有熟练地掌握配置文件，才能熟练、准确地搭建 DNS 服务器。

任务 10.4　DNS 服务器配置

任务描述

DNS 服务器的配置与管理

本项目的第 4 个任务是 DNS 服务器配置。某校园网要架设一台 DNS 服务器，负责 abc.com 域的域名解析工作。DNS 服务器的 FQDN 为 dns.abc.com，IP 地址为 192.168.43.30，要求按照表 10-2 配置 DNS 服务器。

表 10-2　FQDN 与 IP 地址对应表

域名	IP 地址
mail.abc.com	192.168.43.3
slave.abc.com	192.168.43.4
www.abc.com	192.168.43.5
web.abc.com	www.abc.com 的别名
ftp.abc.com	192.168.43.6

任务分析

本任务需要在已经安装成功的 DNS 服务中进行 DNS 服务器配置，结合本任务之前所学知识，需要对主配置文件、区域配置文件和数据配置文件按照实例进行配置。

任务目标

1．理解 DNS 各个配置文件的语法结构和配置功能。
2．能够根据实际业务需求对 DNS 服务器的基本配置功能进行灵活设置。

预备知识

创建正/反向解析记录，允许 53 端口监听任何主机，允许任何网段的 IP 地址进行查询，允许递归查询。

任务实施

配置过程是指对主配置文件、区域配置文件和数据配置文件进行配置。

步骤 1：主配置文件/etc/named.conf 需要进行 4 处修改，才能使本机的 DNS 域名解析服务生效。使用 vim 命令可以查看主配置文件的初始配置，修改并保存如下配置内容：

```
[root@server ~]# vim /etc/named.conf
listen-on port 53 { any; }; #13 行
allow-query { any; }; #21 行
dnssec-validation no; # 36 行
include "/etc/named.zones" ; #59 行
```

步骤 2：打开区域配置文件，创建正向解析区域 abc.com 和反向解析区域 43.168.192.in-addr.arpa，其中各区域的数据配置文件的名称可以自定义。将 named.rfc1912.zones 复制为主配置文件中指定的区域配置文件，该实例中为/etc/named.zones，命令如下：

```
[root@server ~]# cp -p /etc/named.rfc1912.zones /etc/named.zones
[root@server ~]#vim /etc/named.zones
```

在区域配置文件末尾增加以下内容：

```
zone "abc.com" IN {
        type master;
        file "abc.com.zone";
        allow-update { none; };
};
zone "43.168.192.in-addr.arpa" IN {
        type master ;
        file "192.168.43.zone";
        allow-update { none; } ;
};
```

步骤 3：在/var/named 目录中，根据区域配置文件的定义分别创建对应的数据配置文件，正向解析区域数据配置文件的名称为 abc.com.zone，反向解析区域数据配置文件的名称为 192.168.43.zone。为方便编辑，将正向解析区域的样本数据配置文件 named.localhost 复制为 abc.com.zone，命令如下：

```
[root@server ~]#cd /var/named/
[root@server named]# cp -p named.localhost abc.com.zone
[root@server named]#vim abc.com.zone
```

正向解析区域数据配置文件的内容如图 10-5 所示。

```
$TTL 1D
@       IN SOA  @ root.abc.com. (
                                        0       ; serial
                                        1D      ; refresh
                                        1H      ; retry
                                        1W      ; expire
                                        3H )    ; minimum
@               IN      NS              dns.abc.com.
@               IN      MX      10      mail.abc.com.

dns             IN      A               192.168.43.30
mail            IN      A               192.168.43.3
slave           IN      A               192.168.43.4
www             IN      A               192.168.43.5
ftp             IN      A               192.168.43.6
web             IN      CNAME           www.abc.com.
```

图 10-5　正向解析区域数据配置文件的内容

为方便编辑，将反向解析区域的样本数据配置文件 named.loopback 复制为 192.168.43.zone，命令如下：

```
[root@server named]# cp -p named.loopback 192.168.43.zone
[root@server named]#vim 192.168.43.zone
```

反向解析区域数据配置文件的内容如图 10-6 所示。

```
$TTL 1D
@       IN SOA  @ root.abc.com. (
                                        0       ; serial
                                        1D      ; refresh
                                        1H      ; retry
                                        1W      ; expire
                                        3H )    ; minimum
@                       IN      NS              dns.abc.com.
@                       IN      MX      10      mail.abc.com.

30                      IN      PTR             dns.abc.com.
3                       IN      PTR             mail.abc.com.
4                       IN      PTR             slave.abc.com.
5                       IN      PTR             www.abc.com.
6                       IN      PTR             ftp.abc.com.
```

图 10-6　反向解析区域数据配置文件的内容

步骤 4：配置完成后，设置主配置文件和区域配置文件的属组为 named，命令如下。

```
[root@server named]#chgrp named /etc/named.conf /etc/named.zones
[root@server named]#chgrp named abc.com.zone 192.168.43.zone
```

步骤 5：配置完成后，检查配置文件的正确性，命令如下。

```
[root@server ~]#named-checkconf -z
```

检查结果如图 10-7 所示。

```
[root@server ~]# named-checkconf -z
zone localhost.localdomain/IN: loaded serial 0
zone localhost/IN: loaded serial 0
zone 1.0.0.0.0.0.0.0.0.0.0.0.0.0.0.0.0.0.0.0.0.0.0.0.0.0.0.0.0.0.0.0.ip6.arpa/IN
: loaded serial 0
zone 1.0.0.127.in-addr.arpa/IN: loaded serial 0
zone 0.in-addr.arpa/IN: loaded serial 0
zone abc.com/IN: loaded serial 0
zone 43.168.192.in-addr.arpa/IN: loaded serial 0
```

图 10-7　配置文件的检查结果

任务小结

本任务在引导读者理解 DNS 服务器基本概念的基础上，通过介绍 BIND 服务程序的配置文件，以某校园网域名为实例配置 DNS 服务器，分别对主配置文件、区域配置文件和数据配置文件进行了配置。作为当前流行的服务器之一，DNS 服务器提供了较好的安全特性，能够应对可能的安全威胁和信息泄露。

任务 10.5　DNS 服务器测试

任务描述

本项目的第 5 个任务是 DNS 服务器测试。目前已经在搭建好的 CentOS 系统中完成了 DNS 服务器配置，接下来需要检查配置好的 DNS 服务器是否能够正常解析。

任务分析

本任务需要在已经安装好的 DNS 服务中进行 DNS 服务器测试，BIND 软件包提供了 3 个测试工具：nslookup、dig、host。其中 dig 和 host 是命令行工具，而 nslookup 命令既可以使用命令行模式也可以使用交互模式。本任务将在客户端 192.168.43.10 上进行测试。

任务目标

1．掌握 CentOS 系统下 DNS 服务器的测试方法。

2．能够在 CentOS 系统中对已经配置好的 DNS 服务器进行测试。

预备知识

1. 在测试 DNS 服务器之前，可以先对 DNS 服务器的配置文件进行测试，使用 named-checkconf 命令可以测试主配置文件，使用 named-checkzone 命令可以测试区域数据配置文件，命令如下：

```
[root@server ~]# named-checkconf
[root@localhost ~]# //如果返回为空白，则主配置文件有效、可用，否则会列出错误信息
 [root@server ~]# named-checkzone abc.com /var/named/abc.com.zone
//测试 abc.com 区域数据配置文件，如果显示如下内容，则文件有效、可用，否则会列出错误信息
zone abc.com/IN: loaded serial 0
OK
```

2．如果配置文件没有错误，则可以使用 nslookup、dig 命令测试 DNS 数据是否正确。但是在使用 nslookup 命令前，需要先安装 bind-utils 软件包，命令如下：

```
[root@server ~]#  yum -y install bind-utils
```

任务实施

下面是在客户端 client（192.168.43.10）上进行测试，前提是要保证与 192.168.43.30 服务器的通信畅通。

1．nslookup 命令

通过修改/etc/resolv.conf 文件来设置 DNS 客户端，命令如下：

```
[root@server ~]# vim /etc/resolv.conf
nameserver 192.168.43.30
nameserver 192.168.43.1
search abc.com
```

其中，nameserver 用于指明域名服务器的 IP 地址，可以设置多个 DNS 服务器，在查询时按照文件中指定的顺序进行域名解析；search 用于指定域名搜索顺序，当查询没有域名后缀的主机名时，将会自动附加由 search 指定的域名。

使用 nslookup 命令进行测试，命令如下：

```
[root@server ~]# nslookup
```

测试结果如图 10-8 所示。

```
[root@client ~]# nslookup
> server
Default server: 192.168.43.30
Address: 192.168.43.30#53
> dns.abc.com
Server:         192.168.43.30
Address:        192.168.43.30#53

Name:   dns.abc.com
Address: 192.168.43.30
> 192.168.43.4
Server:         192.168.43.30
Address:        192.168.43.30#53

4.43.168.192.in-addr.arpa       name = slave.abc.com.
> set all
Default server: 192.168.43.30
Address: 192.168.43.30#53

Set options:
  novc                  nodebug         nod2
  search                recurse
  timeout = 0           retry = 3       port = 53
  querytype = A         class = IN
  srchlist = abc.com
> set type=ns
> abc.com
Server:         192.168.43.30
Address:        192.168.43.30#53

abc.com nameserver = dns.abc.com.
> exit
```

图 10-8　nslookup 命令测试结果

2．dig 命令

dig（domain information groper）命令是一个用于询问 DNS 服务器的灵活工具。它执行 DNS 搜索，显示从接收请求的域名服务器返回的答复。例如，使用 dig 命令查看域名 ftp.abc.com，命令如下：

```
[root@client ~]# dig ftp.abc.com
```

测试结果如图 10-9 所示。

```
; <<>> DiG 9.9.4-RedHat-9.9.4-29.el7 <<>> ftp.abc.com
;; global options: +cmd
;; Got answer:
;; ->>HEADER<<- opcode: QUERY, status: NOERROR, id: 22959
;; flags: qr aa rd ra; QUERY: 1, ANSWER: 1, AUTHORITY: 1, ADDITIONAL: 2

;; OPT PSEUDOSECTION:
; EDNS: version: 0, flags:; udp: 4096
;; QUESTION SECTION:
;ftp.abc.com.                   IN      A

;; ANSWER SECTION:
ftp.abc.com.            86400   IN      A       192.168.43.6

;; AUTHORITY SECTION:
abc.com.                86400   IN      NS      dns.abc.com.

;; ADDITIONAL SECTION:
dns.abc.com.            86400   IN      A       192.168.43.30

;; Query time: 1 msec
;; SERVER: 192.168.43.30#53(192.168.43.30)
;; WHEN: Thu Nov 10 06:52:29 CST 2022
;; MSG SIZE  rcvd: 90
```

图 10-9　dig 命令测试结果

3．host 命令

host 命令是用于分析域名的查询工具，通常用于测试域名系统工作是否正常，测试结果如图 10-10 所示。

```
[root@client ~]# host dns.abc.com
dns.abc.com has address 192.168.43.30
[root@client ~]# host 192.168.43.5
5.43.168.192.in-addr.arpa domain name pointer www.abc.com.
[root@client ~]# host -t NS abc.com
abc.com name server dns.abc.com.
[root@client ~]# host -l abc.com
abc.com name server dns.abc.com.
dns.abc.com has address 192.168.43.30
ftp.abc.com has address 192.168.43.6
mail.abc.com has address 192.168.43.3
slave.abc.com has address 192.168.43.4
www.abc.com has address 192.168.43.5
```

图 10-10　host 命令测试结果

列出与指定的主机资源记录相关的详细信息，执行结果如图 10-11 所示。

```
[root@client ~]# host -a web.abc.com
Trying "web.abc.com"
;; ->>HEADER<<- opcode: QUERY, status: NOERROR, id: 11993
;; flags: qr aa rd ra; QUERY: 1, ANSWER: 1, AUTHORITY: 1, ADDITIONAL: 1

;; QUESTION SECTION:
;web.abc.com.                   IN      ANY

;; ANSWER SECTION:
web.abc.com.            86400   IN      CNAME   www.abc.com.

;; AUTHORITY SECTION:
abc.com.                86400   IN      NS      dns.abc.com.

;; ADDITIONAL SECTION:
dns.abc.com.            86400   IN      A       192.168.43.30

Received 81 bytes from 192.168.43.30#53 in 1 ms
```

图 10-11　与指定的主机资源记录相关的详细信息

任务小结

本任务在已经安装好的 DNS 服务中进行 DNS 服务器的测试，通过使用 bind-utils 提供的 nslookup、dig 和 host 命令，在客户端进行域名正向解析和逆向解析的测试，至此，测试 DNS 服务器的任务完成。

任务 10.6　实操任务

实操任务目的

1．熟悉 CentOS 系统下 DNS 服务的安装过程。

2．掌握 CentOS 系统下 DNS 服务器的搭建和配置方法。

3．能够使用客户端对 DNS 服务器进行测试。

实操任务环境

VMware Workstation 虚拟机软件，CentOS 7 系统（ISO 镜像文件）。

实操任务内容

本实操任务要求在 CentOS 7 系统中安装和配置一个 DNS 服务器，需要完成的具体工作任务如下。

1．在 VMware Workstation 中安装 CentOS 7 虚拟机。

2．在安装好的 CentOS 7 虚拟机中搭建 DNS 服务器。

3．DNS 服务器域名为 dns.test.com，IP 地址为 192.168.1.2。

4. 分别解析以下域名：cw. test.com:192.168.1.3，xs.test.com:192.168.1.4，jl.test.com:192.168.1.5，oa.test.com:192.168.1.6。

5．对搭建好的 DNS 服务器进行测试。

任务 10.7　进阶习题

一、选择题

1．DNS 服务器使用的端口是（　　）。

A．TCP 53　　B．UDP 54　　C．UDP 53　　D．TCP 54

2．指定域名服务器位置的文件是（　　）。

A．/etc/hosts　　B．/etc/networks

C．/etc/resolv.conf　　D．/.profile

3．在 Linux 环境下，能够实现域名解析的功能软件模块是（　　）。

A．apache　　B．dhcpd　　C．BIND　　D．SQUID

4．（　　）命令可以启动 DNS 服务。

A．systemctl start named　　B．systemctl restart named

C．service dns start　　D．/etc/init.d/dns start

5．www.163.com 是 Internet 中主机的（　　）。

A．用户名　　B．密码　　C．别名　　D．IP 地址　　E. FQDN

二、简答题

1．简单描述 DNS 的解析过程。

2．阐述 Linux 系统中主 DNS 服务器的配置方法。

项目 11

配置与管理 NFS 服务器

思维导图

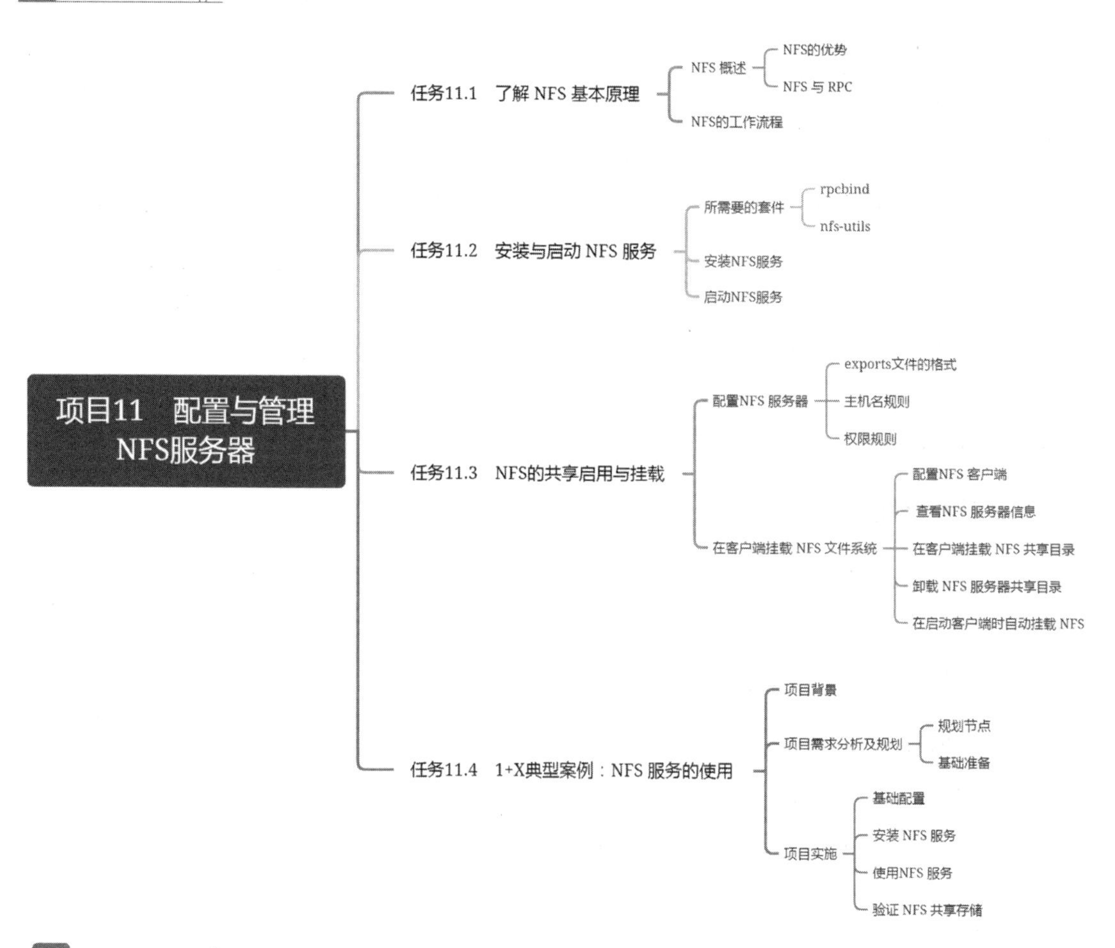

项目描述

本项目讲解如何配置与管理 NFS（Network File System，网络文件系统）服务器来简化 Linux 系统之间的文件共享工作，以及通过部署 NFS 服务在多台 Linux 系统之间挂载并使用资源。

项目分析

Linux 系统和 Windows 系统之间可以通过 Samba 服务器进行文件共享，那么 Linux 系统之间如何进行资源共享呢？答案是通过 NFS，它最早是 UNIX 系统之间共享文件和操作系统的一种方法，后来被 Linux 系统完美继承。

根据项目描述，并通过分析在 Linux 系统中使用 NFS 搭建文件共享服务器所涉及的关键技术点，本项目将在实施过程中主要完成以下任务。

1. 了解 NFS 基本原理。
2. 安装与启动 NFS 服务。
3. NFS 的共享启用与挂载。
4. 1+X 典型案例：NFS 服务的使用。

职业能力目标和要求

1. 了解 NFS 的作用及工作流程。
2. 掌握安装与启动 NFS 的方法。
3. 掌握 NFS 的配置方法。
4. 掌握客户端挂载 NFS 文件系统的方法。
5. 掌握 NFS 服务的使用。

素质目标

1. 增强学生的责任感和使命感。
2. 培养学生的民族自豪感和文化自信心。
3. 激发学生的爱国情、强国志和报国行。

1+X 技能目标

1. 根据生产环境中的 Linux 系统安全配置工作任务要求，完成 NFS 服务的安装和基本配置。

2. 根据生产环境中的实际业务需求，实现 NFS 客户端正确挂载、使用 NFS 服务的共享目录。

预备知识

NFS 支持的功能很多，每个功能都会启动不同的程序，产生很多的随机端口，造成 NFS 客户端与 NFS 服务端无法进行数据传输。如果要解决上述问题，就需要 RPC 服务来确认这些端口，RPC 服务相当于中转服务。

NFS 的 RPC 服务功能是记录 NFS 每个功能启动的端口，在接收到 NFS 客户端请求时将该端口和功能对应的信息传递给请求数据的 NFS 客户端，从而确保 NFS 客户端可以连接到正确的 NFS 端口，达到数据传输的目的。

那么 RPC 服务如何记录 NFS 服务的每个功能端口并确认每个 NFS 功能端口呢？因为 NFS 服务启动后会将随机启动的端口主动向 RPC 服务注册相关的端口及功能信息，所以 RPC 服务能够确认 NFS 每个端口对应的 NFS 功能，并且 RPC 服务使用固定的 111 端口来监听 NFS 客户端的请求，将正确的 NFS 端口信息返回给 NFS 客户端。

思政元素映射

国之重器

超级计算机被称为“国之重器”，属于战略高技术领域，是世界各国竞相角逐的科技制高点，也是一个国家科技实力的重要标志之一。自“863 计划”实施以来，我家高度重视并且支持超级计算系统的研发，但由于基础薄弱且起步较晚，在国际舞台中一直受制于人。美国更是在 2015 年宣布对中国禁售高性能处理器。

“神威·太湖之光”超级计算机是由我国并行计算机工程技术研究中心研制、安装在国家超级计算无锡中心的超级计算机，是世界上首个峰值运算速度超过 10^{16} 次/秒的超级计算机。“神威·太湖之光”共安装了 40960 个中国自主研发的“申威 26010”众核处理器，该处理器采用 64 位自主申威指令系统。2016 年 11 月 14 日，全球超级计算机 500 强（TOP500）榜单，中国“神威·太湖之光”以较大的运算速度优势轻松夺得冠军。

任务 11.1　了解 NFS 基本原理

任务描述

NFS 服务器配置与管理（上）

按照项目分析可知，本项目的第 1 个任务是了解 NFS 基本原理。

任务分析

本任务需要了解 NFS 的优势、NFS 与 RPC，以及 NFS 的工作流程。

任务目标

1. 了解 NFS。
2. 了解 NFS 的工作流程。

预备知识

NFS 是一种基于 TCP 的文件共享系统。NFS 的 C/S 体系中的服务端启用协议将文件共享到网络上，然后允许本地 NFS 客户端通过网络挂载服务端共享的文件。NFS 服务器可以被看作文件服务器。通过使用 NFS，客户机可以将网络中 NFS 服务器共享的目录挂载到本机中，像访问本地文件一样访问远端系统上的文件。NFS 应用结构中有服务器和客户端两种角色，即同一台主机既可以是 NFS 服务器也可以是 NFS 客户端。

任务实施

子任务 1　NFS 概述

NFS 最早是由 Sun 公司于 1984 年开发出来的，其目的是使不同计算机、不同操作系统之间可以共享文件。由于 NFS 使用起来非常方便，因此很快得到了大多数 UNIX/Linux 系统的广泛支持，而且 IETE（国际互联网工程组）为其制定了一系列标准。

1. NFS 的优势

（1）本地工作站可以使用更少的磁盘空间，因为数据通常可以存放在一台计算机上，而且可以通过网络访问。

（2）用户无须在网络上的每台计算机中都设置一个 home 目录，home 目录可以存放在 NFS 服务器上，并且在网络上的任意位置可用。

（3）CD-ROM、DVD-ROM 等存储设备可以在网络上被其他计算机使用，以减少整个网络上可移动介质设备的数量。

2. NFS 与 RPC

绝大部分网络服务都有固定的端口，比如 Web 服务器的 80 端口、FTP 服务器的 21 端口、Windows 环境下 NetBIOS 服务器的 137～139 端口、DHCP 服务器的 67 端口等。客户端访问服务器上相应的端口，服务器通过该端口提供服务，但是 NFS 服务的工作端口未确定。

NFS 支持的功能很多，不同功能会使用不同程序来启动，每个功能都会占用一个端口。为了防止占用过多的固定端口，NFS 采用动态端口的方式来工作，因此 NFS 的不同功能所对应的端口无法固定。端口不固定造成客户端与服务端之间存在通信障碍，所以需要使用 RPC（Remote Procedure Call，远程进程调用）服务。

NFS 启动时会随机产生若干端口，然后主动向 RPC 服务注册相关端口和功能信息，RPC 使用固定端口 111 监听来自 NFS 客户端的请求，并将正确的 NFS 服务的端口信息返回给客户端，使客户端与服务端之间可以进行数据传输，如图 11-1 所示。

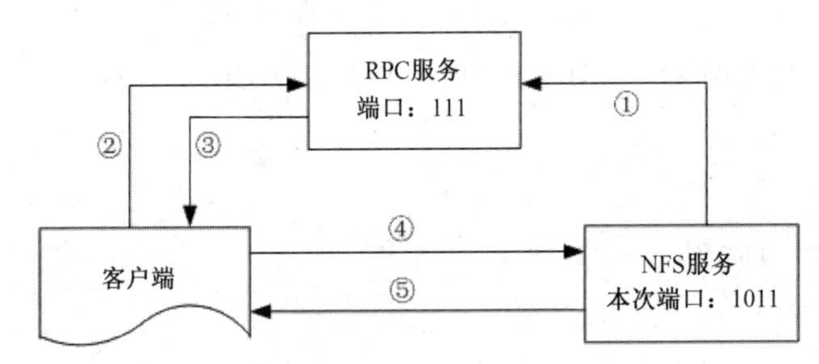

图 11-1　NFS 和 RPC 协同为客户端提供服务

子任务 2　NFS 的工作流程

（1）NFS 服务启动时，自动选择工作端口小于 1024 的端口（如 1011），并向 RPC 服务（工作于 111 端口）汇报，RPC 服务将其记录在案。

（2）程序在 NFS 客户端发起存取文件的请求，通过网络向 NFS 服务端的 RPC 服务的 111 端口发出文件存取功能的请求。

（3）NFS 服务端的 RPC 服务找到已注册的对应 NFS 端口，通知客户端启用 RPC 服务。

（4）客户端获取正确的端口，并与 NFS 服务端联机存取数据。

（5）存取数据成功后，返回前端访问程序，完成一次存取操作。

因为 NFS 服务需要向 RPC 服务注册，所以 RPC 服务必须优先于 NFS 服务启用，并且 RPC 服务重新启动后，要重新启动 NFS 服务，重新向 RPC 服务注册，NFS 服务才能正常工作。

任务小结

本任务介绍了 NFS 的优势、NFS 与 RPC，以及 NFS 的工作流程，这是安装和使用 NFS 服务的基础。

任务 11.2　安装与启动 NFS 服务

任务描述

本项目的第 2 个任务是在已经搭建好的 Linux 系统中安装与启动 NFS 服务。

任务分析

本任务需要在 CentOS 系统中安装 NFS 服务，首先需要了解 NFS 服务所需要的套件，结合本任务之前所学知识，使用 rpm 和 yum 命令安装服务，并使用 systemctl 命令启动服务。

任务目标

1. 了解 NFS 服务所需要的套件。
2. 掌握安装 NFS 服务的方法。
3. 掌握启动 NFS 服务的方法。

NFS 服务器配置与管理（下）

预备知识

要使用 NFS 服务，首先需要安装 NFS 服务。在 CentOS 7 中，默认情况下 NFS 服务会被自动安装到计算机中。

如果不确定是否安装了 NFS 服务，则需要先检查计算机中是否已经安装了 NFS 支持套件。如果没有安装，则需要安装相应的套件。

任务实施

1. 所需要的套件

对于 CentOS 7 来说，要启用 NFS 服务器，至少需要安装下面的两个套件。

（1）rpcbind。NFS 服务必须借助 RPC 服务才能正常运行，所以需要做好端口映射工作，而这个工作是由 pcbind 负责的。

（2）nfs-utils。nfs-utils 是提供 rpc.nfsd 和 rpc.mounted 这两个守护进程与其他相关文档、执行文件的套件，是 NFS 服务的主要套件。

2. 安装 NFS 服务

建议在安装 NFS 服务之前，先使用 rpm 命令检查 CentOS 7 系统中是否已经安装了 NFS 软件包：

```
[root@nfs-server ~]# rpm -qa | grep rpcbind
rpcbind-0.2.0-44.el7.x86_64
[root@nfs-server ~]# rpm -qa | grep nfs-utils
```

```
nfs-utils-1.3.0-0.54.el7.x86_64
```

如果能够查询到相应的软件包，则说明 nfs-utils 和 rpcbind 套件已经正确安装；如果未查询到相应的软件包，则可以使用 yum 命令进行安装。具体命令如下：

```
[root@nfs-server ~]# yum clean all
//安装前先清除缓存
[root@nfs-server ~]# yum -y install rpcbind
[root@nfs-server ~]# yum -y install nfs-utils
```

3. 启动 NFS 服务

要查询 NFS 的各个程序是否正常运行，可以使用 rpcinfo -p 命令查看 NFS 服务在启动以后，向 RPC 服务注册的端口信息。具体命令如下：

```
[root@nfs-server ~]# rpcinfo -p
```

如果没有看到 nfs 和 mounted 选项，则说明 NFS 服务没有运行。启动 RPC 服务后再启动 NFS 服务。可以通过 systemctl start nfs 命令来启动 NFS 服务，并通过 systemctl enable nfs 命令使 NFS 服务开机自启动：

```
[root@nfs-server ~]# systemctl start nfs
[root@nfs-server ~]# systemctl enable nfs
Created symlink from /etc/systemd/system/multi-user.target.wants/nfs-server.service to
/usr/lib/systemd/system/nfs-server.service.
```

任务小结

本任务介绍了 NFS 服务所需要的套件，在此基础上讲解了安装 NFS 服务的方法及启动 NFS 服务的方法。

任务 11.3 NFS 的共享启用与挂载

任务描述

本项目的第 3 个任务是 NFS 的共享启用与挂载，要求读者能够正确配置 NFS 服务器，并能够在客户端正确挂载 NFS 文件系统。

任务分析

本任务需要正确配置 NFS 服务器，在客户端挂载 NFS 文件系统。

任务目标

1. 了解 exports 文件的格式。
2. 了解配置文件的主机名规则。
3. 了解配置文件的权限规则。
4. 掌握在客户端挂载 NFS 文件系统的方法。

预备知识

NFS 服务器的配置文件位于/etc/exports 目录下，但内容为空，需要用户自行配置。配置文件定义了服务器上可以与网络上其他计算机共享的目录，以及共享规则等。

任务实施

子任务 1　配置 NFS 服务器

1. exports 文件的格式

```
NFS 服务器中要分享的目录  [NFS 客户端主机名或 IP 地址[(参数 1,参数 2)]]
```

例如：

```
/nfsshare            192.168.3.0/24(ro,sync)
```

（1）NFS 服务器中要分享的目录：必须使用绝对路径，而且写在行首；方括号[ ]包含的内容是可选的。

NFS 客户端主机名或 IP 地址：指定可以访问 NFS 服务器共享目录的计算机。此项设置可以为空，表示任何一台计算机都可以访问，没有任何限制。

（2）(参数 1,参数 2)：表示 NFS 客户端对此共享目录的权限，也可以为空，表示使用默认设置。

注意：主机名或 IP 地址与“(”之间不能有空格，以下的两个范例分别表示不同的意义。

```
/home                                   Client (rw)
/home                                   Client   (rw)
```

上述第一行命令表示客户端 Client 对 home 目录具有读取和写入权限，而第二行命令表示 Client 对 home 目录只具有读取权限（这是系统对所有客户端的默认值）。除 Client 之外的其他客户端对 home 目录具有读取和写入权限。

2. 主机名规则

主机名为 NFS 服务器授权的可以访问共享目录的 NFS 客户端地址，设置主机名可以有以下几种方式。

- 可以为空，表示所有的客户端地址。
- 可以是单独的 IP 地址，或者用 IP 地址表示的整个网段。
- 可以是主机名、域名，或者用域名表示的整个网段。
- 可以使用通配符，用“*”来表示所有的客户端。

3. 权限规则

权限配置参数可以为空，也可以对授权的 NFS 客户端进行具体的读取、写入等权限的设置。针对 NFS 客户端的权限设置，都写在圆括号()中。NFS 权限配置参数比较丰富，读者可以参考表 11-1 中给定的各参数信息。

表 11-1　NFS 常用权限配置参数详细说明

序号	参数名称	参数用途
1	可以为空	所有参数都使用默认值

续表

序号	参数名称	参数用途
2	rw	Read-Write，表示对共享目录可读、可写
3	ro	Read-Only 表示只读权限
4	sync	同步，即写入数据时，数据会被同步写入内存和磁盘中
5	async	异步，即写入数据时，数据会先被保存在内存中，而非直接被保存到硬盘中。这样可以提升写入效率；但风险是，若 NFS 服务器突然断电或不正常关机时，保存在内存缓冲区中的数据来不及写入硬盘，会造成数据丢失
6	root_squash	在 NFS 客户端，若使用的是超级用户 root，则在登录 NFS 主机时，这个用户的权限将被压缩成匿名用户权限，其 UID 与 GID 都会变成匿名用户 nobody（nfsnobody）的
7	no_root_squash	为了禁止使用 root 用户的身份在共享目录中操作服务器上的文件或目录，必须设置成 no_root_squash
8	all_squash	所有访问 NFS 服务器中共享目录的用户身份都被压缩成匿名用户 nobody（nfsnobody）
9	no_all_squash	不会压缩所有的用户，或者所有的用户都不会被压缩

子任务 2　在客户端挂载 NFS 文件系统

在 Linux 环境下有多个命令行工具，用于查看、连接、使用 NFS 服务器上的共享资源。

1．配置 NFS 客户端

配置 NFS 客户端的一般步骤如下。

步骤 1：安装 nfs-utils 软件包。

步骤 2：识别要访问的远程共享资源。

```
showmount  -e  NFS 服务器 IP 地址
```

步骤 3：创建挂载点目录。

```
mkdir  /mnt/nfstest
```

步骤 4：使用命令挂载 NFS 共享资源。

```
mount  -t  nfs  NFS 服务器 IP 地址:/nfsshare  /mnt/nfstest
```

步骤 5：修改 fstab 文件，实现 NFS 共享资源开机自动挂载。

```
vim  /etc/fstab
```

2．查看 NFS 服务器信息

在 CentOS 7 系统中查看 NFS 服务器上的共享资源使用的命令为 showmount，其语法格式如下：

```
showmount  [选项]  [服务器]
```

常用选项如下。

- -a：以 host:dir 格式显示客户主机名和挂载点目录。
- -d：仅显示被客户挂载的目录名。
- -e：显示 NFS 服务器的共享资源清单。

如果 NFS 服务器的地址为 192.168.200.10，要查看该服务器上的 NFS 共享资源，则可以执行以下命令：

```
[root@nfs-client ~]# showmount -e 192.168.200.10
```

注意：如果系统在执行以上命令时报错，则可能是防火墙阻止了客户端访问 NFS 服务器，建议先关闭 NFS 服务器上的防火墙服务，另外还可以先禁用 SELinux。

3．在客户端挂载 NFS 共享目录

在 NFS 服务器上挂载共享目录的命令为 mount，具体的命令格式如下：

```
mount  -t  nfs  服务器名称或地址:共享目录 挂载点目录
```

例如，要将服务器 192.168.200.10 上的共享目录 /nfsshare 挂载到客户端/mnt/nfs 挂载点，则需要依次执行以下操作。

（1）创建本地挂载点目录。

在客户端创建一个本地目录，用来挂载 NFS 服务器上的共享目录：

```
[root@nfs-client ~]# mkdir  /mnt/nfs
```

（2）挂载服务器共享目录。

使用 mount 命令进行挂载：

```
[root@nfs-client ~]# mount  -t  nfs  192.168.200.10:/nfsshare  /mnt/nfs
```

4．卸载 NFS 服务器共享目录

使用 umount 命令卸载已挂载的 NFS 共享目录：

```
[root@nfs-client ~]# umount  /mnt/nfs
```

5．在启动客户端时自动挂载 NFS

开机自动挂载文件系统是在/etc/fstab 文件中定义的，NFS 文件系统也支持自动挂载。

（1）编辑 fstab 配置文件。

在/etc/fstab 文件中添加如下配置：

```
192.168.200.10:/nfsshare  /mnt/nfs  nfs  default  0  0
```

（2）使配置生效。

执行以下命令，重新加载 fstab 文件中定义的文件系统：

```
[root@nfs-client ~]# umount  -a
```

任务小结

在安装好 NFS 服务的基础上，本任务讲解了 exports 文件的格式和 NFS 常用权限配置参数，介绍了配置 NFS 的共享目录、权限设置，以及在客户端挂载 NFS 文件系统。

任务 11.4 1+X 典型案例：NFS 服务的使用

项目背景

NFS 的主要功能是通过网络在不同的主机系统之间共享文件或目录。NFS 客户端（一般为应用服务器，如 Web 应用服务器）可以通过挂载的方式将 NFS 服务端共享的数据文件目录挂载到 NFS 客户端的本地系统中的一个挂载点上。

在企业集群的应用场景下，NFS 用来存储共享视频、图片等静态资源文件。

项目需求分析及规划

本任务的最终目标是在 CentOS 7 系统下成功地安装并配置 NFS 服务，在客户端挂载 NFS 服务器共享目录并进行验证。

1．规划节点

Linux 系统的节点规划如表 11-2 所示。

表 11-2　Linux 系统的节点规划

IP 地址	主机名	节点
192.168.200.10	nfs-server	NFS 服务端节点
192.168.200.20	nfs-client	NFS 客户端节点

2．基础准备

该实战案例需要使用两台服务器。使用一台 Linux 服务器作为 nfs-server 节点，再使用一台 CentOS 7 虚拟机作为 nfs-client 节点进行下述实验，并为两台服务器设置好 YUM 源。

项目实施

安装 NFS 服务的原因是，当服务器访问流量过大时，需要多台服务器进行分流，多台服务器要使用的共同文件可以通过 NFS 服务进行共享。NFS 服务是最基础的共享服务，常用于高可用文件共享，多台服务器共享相同的数据，可扩展性比较差。因为高可用文件共享本身并不完善，所以当服务器访问流量较大时，可以采用 MFS、TFS、HDFS 等分布式文件系统。

1．基础配置

修改两个节点的主机名，第一个节点为 nfs-server，第二个节点为 nfs-client。

（1）nfs-server 节点：

```
[root@localhost ~]#
[root@localhost ~]# hostnamectl set-hostname nfs-server
[root@localhost ~]# hostnamectl
   Static hostname: nfs-server
         Icon name: computer-vm
           Chassis: vm
        Machine ID: 7412e4d7074d45bf8512f2bb09b72fa6
           Boot ID: b37ad711995a408c91f6041ff4151ac3
    Virtualization: vmware
  Operating System: CentOS Linux 7 (Core)
       CPE OS Name: cpe:/o:centos:centos:7
            Kernel: Linux 3.10.0-862.el7.x86_64
      Architecture: x86-64
```

（2）nfs-client 节点：

```
[root@localhost ~]#
[root@localhost ~]# hostnamectl set-hostname nfs-client
[root@localhost ~]# hostnamectl
   Static hostname: nfs-client
         Icon name: computer-vm
           Chassis: vm
        Machine ID: 7412e4d7074d45bf8512f2bb09b72fa6
```

```
        Boot ID: de16fbb7092942148f19bdb3fcc43cd2
  Virtualization: vmware
 Operating System: CentOS Linux 7 (Core)
      CPE OS Name: cpe:/o:centos:centos:7
           Kernel: Linux 3.10.0-862.el7.x86_64
    Architecture: x86-64
```

2. 安装 NFS 服务

提前为 nfs-server 节点和 nfs-client 节点配置好 YUM 源，分别安装 NFS 服务。

（1）nfs-server 节点：

```
root@nfs-server ~]# yum -y install nfs-utils rpcbind
```

（2）nfs-client 节点：

```
[root@nfs-client ~]# yum -y install nfs-utils rpcbind
```

注意：NFS 服务依赖于 RPC 服务，因此运行 NFS 服务之前必须安装 RPC 服务。

3. 使用 NFS 服务

在 nfs-server 节点创建一个共享目录，并为其他用户设置写入权限，命令如下：

```
[root@nfs-server ~]# mkdir /nfsshare
[root@nfs-server ~]# chmod a+w /nfsshare/
```

编辑 NFS 服务器的配置文件/etc/exports，在配置文件中添加一行代码：

```
[root@nfs-server ~]# vim /etc/exports
[root@nfs-server ~]# cat /etc/exports
/nfsshare 192.168.200.0/24(rw,root_squash)
```

使配置生效，命令如下：

```
[root@nfs-server ~]# exportfs -r
```

在 nfs-server 节点启动 NFS 服务，命令如下：

```
[root@nfs-server ~]# systemctl start rpcbind
[root@nfs-server ~]# systemctl start nfs
```

在 nfs-server 节点查看可挂载目录，命令如下：

```
[root@nfs-server ~]# showmount -e 192.168.200.10
Export list for 192.168.200.10:
/nfsshare 192.168.200.0/24
```

在 nfs-server 节点和 nfs-server 节点可以查看共享目录。

在客户端挂载 NFS 文件系统前，需要先关闭 nfs-server 节点和 nfs-client 节点的 SELinux 服务和防火墙服务。

（1）nfs-server 节点：

```
[root@nfs-server ~]# setenforce 0
[root@nfs-server ~]# systemctl stop firewalld
```

（2）nfs-client 节点：

```
[root@nfs-client ~]# setenforce 0
[root@nfs-client ~]# systemctl stop firewalld
```

在 nfs-client 节点挂载 NFS 共享目录，命令如下：

```
[root@nfs-client ~]# mount -t nfs 192.168.200.10:/nfsshare /mnt/
```

如果没有提示信息，则表示挂载成功，查看挂载情况，命令如下：

```
[root@nfs-client ~]# df -h
文件系统                      容量  已用  可用 已用% 挂载点
/dev/sda3                      17G  3.4G   14G   20% /
devtmpfs                      976M     0  976M    0% /dev
tmpfs                         992M     0  992M    0% /dev/shm
tmpfs                         992M   11M  981M    2% /run
tmpfs                         992M     0  992M    0% /sys/fs/cgroup
/dev/sda1                    1014M  155M  860M   16% /boot
tmpfs                         199M   56K  199M    1% /run/user/0
/dev/sr0                      4.2G  4.2G     0  100% /run/media/root/CentOS 7 x86_64
192.168.200.10:/nfsshare   17G  3.4G   14G   20% /mnt
```

可以发现，nfs-server 节点的/nfsshare 目录已挂载到 nfs-client 节点的/mnt 目录下。

4．验证 NFS 共享存储

在 nfs-client 节点的/mnt 目录下创建一个 abc.txt 的文件并计算 MD5 值，命令如下：

```
[root@nfs-client ~]# cd /mnt/
[root@nfs-client mnt]# ll
总用量 0
[root@nfs-client mnt]# touch abc.txt
[root@nfs-client mnt]# md5sum abc.txt
d41d8cd98f00b204e9800998ecf8427e  abc.txt
```

返回 nfs-server 节点进行验证，命令如下：

```
[root@nfs-server ~]# cd /nfsshare/
[root@nfs-server nfsshare]# ll
总用量 0
-rw-r--r--. 1 nfsnobody nfsnobody 0 11月 26 06:05 abc.txt
[root@nfs-server nfsshare]# md5sum abc.txt
d41d8cd98f00b204e9800998ecf8427e  abc.txt
```

可以发现，在 nfs-client 节点创建的文件与在 nfs-server 节点创建的文件的 MD5 值是相同的，说明是同一个文件。

项目验收

至此，NFS 服务的安装与配置，客户端的挂载与验证已经全部完成。由于本任务只是作为一个教学项目进行介绍，因此与实际生产环境中的配置与管理流程存在一定的差别。在实际生产环境中，应当针对不同的 NFS 共享目录和客户端设置不同的访问权限，并且配合 SELinux 和防火墙执行相应的安装访问策略。

任务 11.5　进阶习题

一、选择题

1．NFS 服务器的配置文件（即导出目录的配置文件）是（　　）。

A．/etc/vsftpd.conf

B．/etc/sysconfig/network-script/ifcfg-ens33

C．/etc/exports

D．/exports

2．在 CentOS 系统中，NFS 服务器相关的软件包分别是（　　）。（多项选择）

A．nfs-utils-2.3.3-41.el8.x86_64.rpm

B．bind-export-devel-9.11.26-3.el8.i686.rpm

C．rpcbind-1.2.5-8.el8.x86_64.rpm

D．vsftpd-2.2.2-41.el8.x86_64.rpm

3．在 NFS 工作站上，要使用 mount 命令挂载远程 NFS 服务器上的一个目录时，服务端需要具备的条件是（　　）。

A．portmap 必须启动

B．NFS 服务必须启动

C．共享目录必须加载在/etc/exports 文件中

D．以上全部都需要

4．修改 NFS 服务器的配置文件，要求将/tmp/share2 目录共享给客户机 A（IP 地址为 192.168.1.22），且访问权限为“可读写”、用户映射为“请求或写入数据时，数据同步写入 NFS 服务器的硬盘后才返回”“如果访问 NFS 服务器的用户是 root，则其权限被压缩为匿名用户的权限”，/etc/exports 配置文件中的内容为（　　）。

A．/tmp/share2 192.168.1.22(ro,sync,root_squash)

B．/tmp/share2 192.168.1.22(rw,sync,root_squash)

C．/tmp/share2 192.168.1.20(rw,sync,root_squash)

D．/tmp/share2 192.168.1.20/24(rw,sync,root_squash)

5．（　　）命令可以查看指定服务器的 NFS 共享信息。

A．mount　　B．umount　　C．showmount　　D．mount-o

二、简答题

1．简单描述 NFS 的工作流程。

2．为什么要使用 NFS，NFS 可以解决什么问题？

项目 12

Apache 服务配置与管理

思维导图

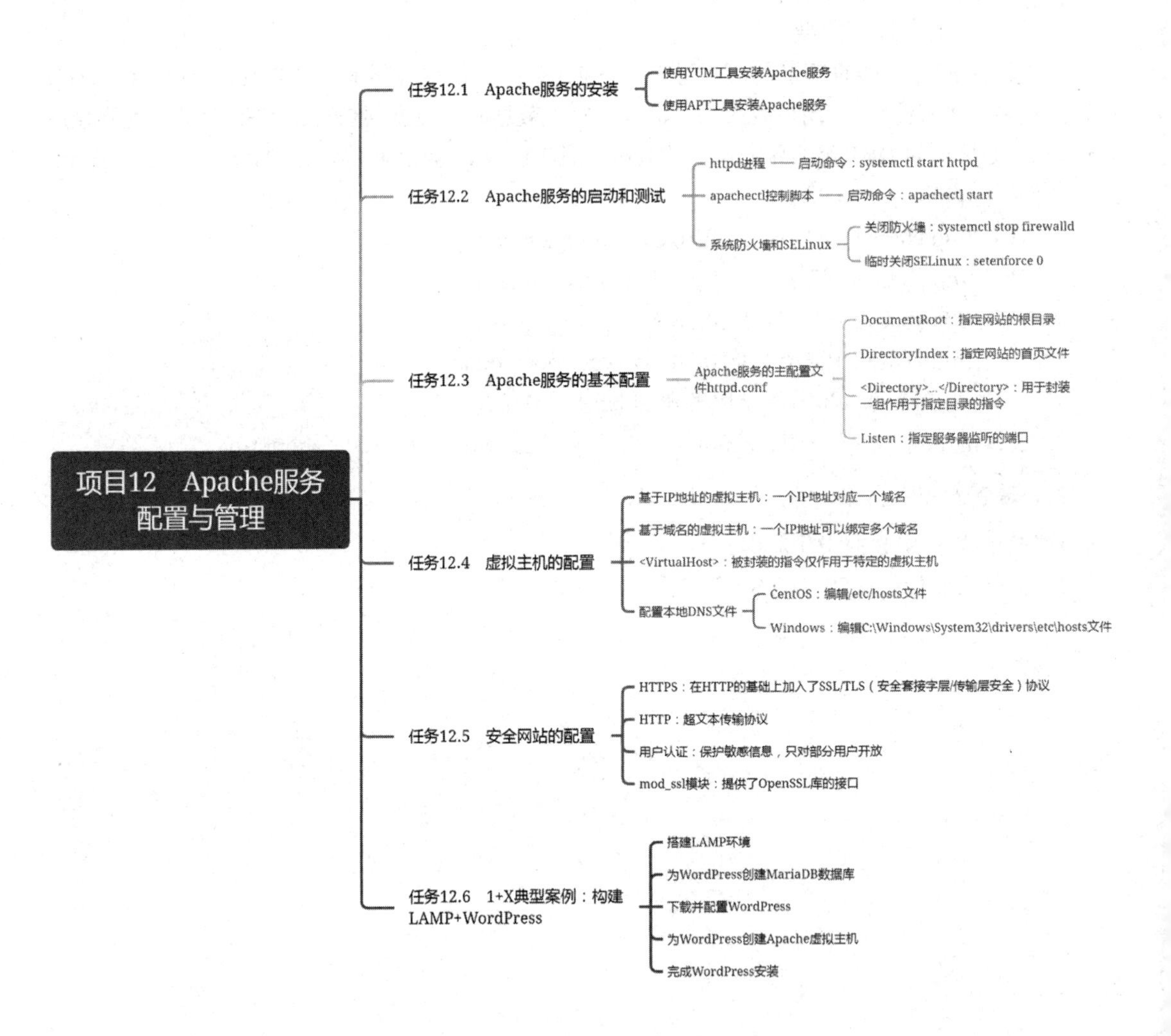

项目描述

假如某学院社团因日常管理工作需要，设计并开发了一个社团管理服务网站，现在需要对该网站进行部署。首先要做的工作就是搭建 Web 服务器。本项目将通过介绍 Apache 服务配置与管理的相关知识内容，并以完成若干任务的方式实现在 Linux 系统中快速、安全地搭建一个简单的 Web 服务器。

项目分析

通过分析在 Linux 系统中使用 Apache 搭建 Web 服务器所涉及的关键技术点，本项目将在实施过程中主要完成以下任务（本项目所有任务在实施过程中使用的操作系统环境均为 CentOS）。

1. Apache 服务的安装。
2. Apache 服务的启动和测试。
3. Apache 服务的基本配置。
4. 虚拟主机的配置。
5. 安全网站的配置。
6. 1+X 典型案例：构建 LAMP+WordPress。

职业能力目标和要求

1. 理解 Web 服务器搭建涉及的基础概念。
2. 掌握 Linux 系统中 Web 服务器的搭建方法，并熟悉 Linux 系统中服务管理的基本操作。
3. 使用源码编译安装、RPM 包安装两种方式独立完成 Linux 系统中 Apache 服务的安装。
4. 根据工作任务要求，独立完成 Apache 服务的基本配置和管理。
5. 使用虚拟配置技术搭建虚拟主机，并能够对虚拟主机进行配置和管理。
6. 根据工作任务要求，独立配置 Apache 服务的安全设置。

素质目标

1. 培养良好的知识产权保护观念和意识，自觉抵制各种违反知识产权保护法规的行为。
2. 建立正确的科学观，培养崇尚科学、尊重知识、求实创新的思维模式与行为模式。
3. 通过讨论我国近些年在移动支付、超级计算和电子商务等信息化领域取得的巨大成就，引导学生理解信息化建设在未来国家发展战略中的重要地位，培养学生的民族自豪感和文化自信心。

1+X 技能目标

1. 根据生产环境中的 Linux 系统安全配置工作任务要求，完成 Apache 服务的安装和配置。
2. 根据生产环境中的网站托管业务需求，实现托管网站的基本安全配置。

预备知识

1. Apache 的产生和发展

Apache 取自“a patchy server”的读音，意思是打满补丁的服务器，因为它是自由软件，所以不断有人为它开发新的功能和特性，并修改原来的功能缺陷。

20 世纪 90 年代初，Web 上最流行的服务器软件是由伊利诺伊大学厄巴纳-香槟分校国家超级计算应用中心（NCSA）的 Rob McCool 开发的公共域 HTTP 守护程序（简称 httpd）。然而，在 Rob 离开 NCSA 后，httpd 的开发也停滞不前，许多网站管理员和程序人员在 httpd 的基础上，根据自己的需求开发了不同的功能扩展程序和错误修复程序，但所有人都迫切需要一个共同的发行版本来统一相关技术和标准。出于这一目的，后来由包括 Brian Behlendorf 在内的八位核心贡献者构成了最初的 Apache Group。

Apache Group 使用 NCSA httpd 1.3 作为基础，于 1995 年 4 月发布了 Apache 服务器的第一个正式公开版本（Apache 0.6.2）。同年经过几次更改之后，于 1995 年 12 月 1 日发布了 Apache 1.0。

Apache HTTP Server 项目作为 Apache 软件基金会（ASF）的一部分，致力于为现代操作系统（包括 UNIX 和 Windows）开发和维护一个开源的 HTTP 服务器，旨在提供一个安全、高效且可扩展的服务器，该服务器提供遵守当前 HTTP 标准的 HTTP 服务。该项目由世界各地的志愿者共同管理，他们通过互联网交流、规划并且开发服务器及相关文档。同时，许多用户也为该项目贡献了想法、代码以及文档。

自诞生以来，Apache 一直是 Internet 上最受欢迎的 Web 服务器，它可以运行在几乎所有广泛使用的计算机平台中。2021 年 12 月 20 日，Apache 软件基金会（ASF）和 Apache HTTP Server 项目宣布 Apache HTTP Server 2.4.52 版本正式发布，这个来自 2.4.x 稳定分支的最新版本代表了 Apache HTTP Server 的最佳可用版本。

2. Apache 的特点

Apache 具有良好的可扩展性、跨平台性和安全性，同时，Apache 是目前主流的 Web 服务器软件之一，其主要特点如下。

（1）简单易用、速度快、性能稳定，并可作为代理服务器来使用。

（2）紧跟 HTTP 和网络技术的发展步伐。

（3）能够借助第三方模块实现高度可配置和可扩展。

（4）提供完整的源码并附带不受限制的许可证。

（5）可在 Windows、UNIX 等几乎所有现代操作系统上运行。

（6）免费开源，并鼓励用户通过新想法、错误报告和补丁进行反馈。

思政元素映射

计算机学家——姚期智

姚期智（Andrew Chi-Chih Yao），世界著名计算机学家，清华大学交叉信息研究院院长、教授，2000 年图灵奖（A. M. Turing Award）获得者，美国科学院院士，美国人文与科学院院士，国际密码协会会士，中国科学院院士。他的祖籍为湖北省孝感市孝昌县，1946 年 12 月生于上海，1967 年获得台湾大学物理学士学位，1972 年获得美国哈佛大学物理博士学位，1975 年获得美国伊利诺伊大学计算机科学博士学位。

2004 年，姚期智决定回归中国，开创科学研究的新舞台。他毅然辞去了普林斯顿大学终身教职，卖掉了在美国的房子，正式加盟清华大学高等研究中心任全职教授。2017 年，他正式放弃美国国籍，成为堂堂正正的中国人，当选中国科学院院士。

姚期智填补了国内计算机学科的空白，这不只是因为他无可争议的学术地位，更因为在他所从事的算法和复杂性领域，当时几乎看不到中国国内学者的身影。在外国教育背景下沉浸多年，姚期智想要结合中国的教育环境，为学生们提供顶尖的师资力量、最科学的教学方法和最高水平的理论背景。他相信中国人可以依靠自己的力量，研发出世界最前沿的技术。

任务 12.1　Apache 服务的安装

任务描述

本项目的第 1 个任务是在已经搭建好的 Linux 系统（本项目操作系统为 CentOS）中安装 Apache 服务。

任务分析

本任务需要在 CentOS 系统中安装 Apache 服务。结合本任务之前所学知识，要在 CentOS 系统中安装软件服务，有两种安装方式可供选择，即使用安装工具安装和使用源码包安装。

任务目标

1．了解不同 Linux 系统中软件服务的安装方式。

2．能够在 CentOS 系统中使用 YUM 工具和源码包两种方式安装 Apache 服务。

预备知识

在实施任务之前，这里先简单介绍在不同的 Linux 系统发行版本中安装 Apache 服务的关键步骤。

1．使用 YUM 工具在 CentOS、Fedora 及 RHEL 中安装 Apache 服务

（1）安装服务的命令如下：

```
sudo yum install httpd
```

（2）设置开机自启动的命令如下：

```
sudo systemctl enable httpd
```

（3）启动服务的命令如下：

```
sudo systemctl start httpd
```

2．使用 APT 工具在 Ubuntu 和 Debian 中安装 Apache 服务

（1）安装服务的命令如下：

```
sudo apt install apache2
```

（2）启动服务的命令如下：

```
sudo service apache2 start
```

3．使用源码包安装 Apache 服务

（1）下载源码的命令如下：

```
http://httpd.apache.org/download.cgi
```

（2）解压缩源码包的命令如下：

```
tar -zxvf httpd-NN.tar.gz
```

（3）进入解压缩目录的命令如下：

```
cd httpd-NN
```

（4）配置安装的命令如下：

```
./configure --prefix=PREFIX
```

（5）编译安装的命令如下：

```
make && make install
```

（6）编辑配置文件的命令如下：

```
vi PREFIX/conf/httpd.conf
```

（7）启动服务的命令如下：

```
PREFIX/bin/apachectl -k start
```

注意：在实际安装时，NN 必须被替换为当前版本号，PREFIX 必须被替换为 Apache 应安装到的文件系统路径。如果未指定 PREFIX，则一般默认为/usr/local/apache2 路径。

任务实施

1．使用 YUM 工具安装 Apache 服务

在使用 YUM 工具安装软件包之前，需要确保系统已经配置好 YUM 源或系统能够正常访问互联网。另外，使用 YUM 工具在 CentOS 系统中安装 Apache 服务时，Apache 服务的安装包名为 httpd。安装 Apache 服务的步骤如下。

步骤 1：打开终端，使用 YUM 工具安装 httpd，命令如下。

```
[root@localhost ~]# yum -y install httpd
```

步骤 2：检查安装过程是否正常，安装结果如图 12-1 所示。

```
Transaction Summary
================================================================================
Install  1 Package (+4 Dependent packages)

Total download size: 3.0 M
Installed size: 10 M
Downloading packages:
(1/5): apr-1.4.8-7.el7.x86_64.rpm                          | 104 kB   00:00
(2/5): apr-util-1.5.2-6.el7.x86_64.rpm                     |  92 kB   00:00
(3/5): mailcap-2.1.41-2.el7.noarch.rpm                     |  31 kB   00:00
(4/5): httpd-tools-2.4.6-97.el7.centos.5.x86_64.rpm        |  94 kB   00:00
(5/5): httpd-2.4.6-97.el7.centos.5.x86_64.rpm              | 2.7 MB   00:00
--------------------------------------------------------------------------------
Total                                             5.0 MB/s | 3.0 MB   00:00
Running transaction check
Running transaction test
Transaction test succeeded
Running transaction
  Installing : apr-1.4.8-7.el7.x86_64                                       1/5
  Installing : apr-util-1.5.2-6.el7.x86_64                                  2/5
  Installing : httpd-tools-2.4.6-97.el7.centos.5.x86_64                     3/5
  Installing : mailcap-2.1.41-2.el7.noarch                                  4/5
  Installing : httpd-2.4.6-97.el7.centos.5.x86_64                           5/5
  Verifying  : apr-1.4.8-7.el7.x86_64                                       1/5
  Verifying  : mailcap-2.1.41-2.el7.noarch                                  2/5
  Verifying  : httpd-tools-2.4.6-97.el7.centos.5.x86_64                     3/5
  Verifying  : apr-util-1.5.2-6.el7.x86_64                                  4/5
  Verifying  : httpd-2.4.6-97.el7.centos.5.x86_64                           5/5

Installed:
  httpd.x86_64 0:2.4.6-97.el7.centos.5

Dependency Installed:
  apr.x86_64 0:1.4.8-7.el7                     apr-util.x86_64 0:1.5.2-6.el7
  httpd-tools.x86_64 0:2.4.6-97.el7.centos.5   mailcap.noarch 0:2.1.41-2.el7

Complete!
[root@localhost ~]#
```

图 12-1　Apache 服务安装成功

2．使用源码包安装 Apache 服务

步骤 1：打开终端，依次下载最新版本的 Apache 源码包及其依赖包 APR、APR-Util 和 PCRE，命令如下。

```
[root@localhost ~]# wget https://dlcdn.apache.org//httpd/httpd-2.4.52.tar.gz --no-check-certificate
[root@localhost ~]# wget https://dlcdn.apache.org//apr/apr-1.7.0.tar.gz --no-check-certificate
[root@localhost ~]# wget https://dlcdn.apache.org//apr/apr-util-1.6.1.tar.gz --no-check-certificate
[root@localhost ~]# wget https://sourceforge.net/projects/pcre/files/pcre/8.45/pcre-8.45.tar.gz --no-check-certificate
```

软件包下载地址如表 12-1 所示。

表 12-1　软件包下载地址

软件包	下载地址
Apache 源码包	https://dlcdn.apache.org//httpd/httpd-2.4.52.tar.gz
APR 依赖包	https://dlcdn.apache.org//apr/apr-1.7.0.tar.gz
APR-Util 依赖包	https://dlcdn.apache.org//apr/apr-util-1.6.1.tar.gz
PCRE 依赖包	https://sourceforge.net/projects/pcre/files/pcre/8.45/pcre-8.45.tar.gz

下载后查看相关软件包，如图 12-2 所示。

```
[root@localhost ~]# ll
total 13164
-rw-------. 1 root root    1243 Jan  7  2022 anaconda-ks.cfg
-rw-r--r--. 1 root root 1093896 Jul  6  2020 apr-1.7.0.tar.gz
-rw-r--r--. 1 root root  554301 Jul  6  2020 apr-util-1.6.1.tar.gz
-rw-r--r--. 1 root root 9719976 Dec 20  2021 httpd-2.4.52.tar.gz
-rw-r--r--. 1 root root 2096552 Jun 22  2021 pcre-8.45.tar.gz
[root@localhost ~]#
```

图 12-2　查看相关软件包

步骤 2：将下载的源码包及依赖包进行解压缩，命令如下。

```
[root@localhost ~]# tar -zxvf httpd-2.4.52.tar.gz
[root@localhost ~]# tar -zxvf apr-1.7.0.tar.gz
[root@localhost ~]# tar -zxvf apr-util-1.6.1.tar.gz
[root@localhost ~]# tar -zxvf pcre-8.45.tar.gz
```

解压缩结果如图 12-3 所示。

```
[root@localhost ~]# ll
total 13188
-rw-------.  1 root root     1243 Jan  7  2022 anaconda-ks.cfg
drwxr-xr-x. 27 1001  1001    4096 Apr  2  2019 apr-1.7.0
-rw-r--r--.  1 root root  1093896 Jul  6  2020 apr-1.7.0.tar.gz
drwxr-xr-x. 20 1001  1001    4096 Oct 18  2017 apr-util-1.6.1
-rw-r--r--.  1 root root   554301 Jul  6  2020 apr-util-1.6.1.tar.gz
drwxr-xr-x. 12  504 games    4096 Dec 16  2021 httpd-2.4.52
-rw-r--r--.  1 root root  9719976 Dec 20  2021 httpd-2.4.52.tar.gz
drwxr-xr-x.  7 1169  1169    8192 Jun 16  2021 pcre-8.45
-rw-r--r--.  1 root root  2096552 Jun 22  2021 pcre-8.45.tar.gz
[root@localhost ~]#
```

图 12-3　查看软件包解压缩目录

步骤 3：开始安装 APR 依赖包、APR-Util 依赖包和 PCRE 依赖包之前，需要确保系统中已经安装好 gcc 等依赖包，否则需要执行如下命令进行安装。

```
[root@localhost ~]# yum -y install gcc gcc-c++ libtool expat-devel
```

步骤 4：安装 APR 依赖包，命令如下。

```
[root@localhost ~]# cd apr-1.7.0
[root@localhost apr-1.7.0]# vi configure
[root@localhost apr-1.7.0]# ./configure --prefix=/usr/local/apr
[root@localhost apr-1.7.0]# make && make install
```

其中，需要编辑 configure 文件，将文件中$RM "$cfgfile"所在行注释掉（否则编译会出错），如图 12-4 所示。

```
    cfgfile=${ofile}T
    trap "$RM \"$cfgfile\"; exit 1" 1 2 15
    # $RM "$cfgfile"

    cat <<_LT_EOF >> "$cfgfile"
#! $SHELL
# Generated automatically by $as_me ($PACKAGE) $VERSION
# Libtool was configured on host `(hostname || uname -n) 2>/dev/null | sed 1q`:
# NOTE: Changes made to this file will be lost: look at ltmain.sh.
```

图 12-4　编辑 configure 文件

步骤 5：安装 APR-Util 依赖包，命令如下。

```
[root@localhost apr-1.7.0]# cd /root/apr-util-1.6.1
[root@localhost apr-util-1.6.1]# ./configure --prefix=/usr/local/apr-util --with-apr=/usr/local/apr
[root@localhost apr-util-1.6.1]# make && make install
```

步骤 6：安装 PCRE 依赖包，命令如下。

```
[root@localhost apr-util-1.6.1]# cd /root/pcre-8.45
[root@localhost pcre-8.45]# ./configure --prefix=/usr/local/pcre
[root@localhost pcre-8.45]# make && make install
```

步骤 7：安装好 APR 依赖包、APR-Util 依赖包和 PCRE 依赖包后，最后安装 Apache 服务，命令如下。

```
[root@localhost pcre-8.45]# cd /root/httpd-2.4.52
[root@localhost httpd-2.4.52]# ./configure --prefix=/usr/local/apache --with-apr=/usr/local/apr --with-apr-util=/usr/local/apr-util --with-pcre=/usr/local/pcre
[root@localhost httpd-2.4.52]# make && make install
```

任务小结

本任务通过使用 YUM 工具安装和使用源码包安装两种方式，在 CentOS 系统中分别实现了 Apache 服务的安装。两种安装方式各有优势，使用 YUM 工具安装的方式方便快捷，使用源码包安装的方式相对复杂，但可以让读者更好地理解安装过程，并且定制化程度更高。在生产环境中，用户可以根据需要自由选择。

任务 12.2　Apache 服务的启动和测试

任务描述

目前我们已经在搭建好的 CentOS 系统中完成了 Apache 服务的安装，接下来需要检查任务 12.1 中安装的 Apache 服务是否能够正常启动和运行。

任务分析

结合本任务之前所学知识，本任务可以使用 CentOS 系统中的 systemctl 命令对所安装软件服务的运行状态进行管理。

任务目标

1. 掌握 CentOS 系统下 Apache 服务的启动方式及运行状态测试方法。

2．能够在 CentOS 系统中对已经安装好的 Apache 服务进行启动和测试。

预备知识

1．httpd 进程

在 Windows 系统中，Apache 通常作为服务运行，而在 UNIX 系统中，httpd 作为 Apache 服务的守护进程运行。httpd 是 Apache HTTP 服务器程序，它被设计为一个独立的守护进程，运行时将通过创建一个子进程或线程池来处理请求。

2．apachectl 控制脚本

虽然 httpd 是 Apache 服务的守护进程，但通常情况下，在操作系统中不会直接调用 httpd 可执行文件，且不同的平台调用形式也有区别，如在 Windows NT、Windows 2000 和 Windows XP 系统中作为服务来调用，在 Windows 9x 和 Windows ME 系统中作为控制台应用程序来调用，而在 UNIX 系统中通过 apachectl 控制脚本来调用。

apachectl 控制脚本是 Apache HTTP 服务器的前端，旨在帮助管理员控制 httpd 守护进程的功能。

apachectl 控制脚本可以在两种模式下运行。首先，它可以充当 httpd 命令的简单前端，只需设置必要的环境变量，然后通过任何命令行参数调用 httpd 进程；其次，它可以充当一个 sysV init 脚本，通过获取简单的单字参数，如 start、restart 和 stop，并将它们转换为适当的信号发送给 httpd 进程。

任务实施

如果安装 Apache 服务时使用的是任务 12.1 中的第一种安装方式，则需要按照以下步骤启动和测试 Apache 服务。

步骤 1：打开终端，启动 Apache 服务，命令如下。

```
[root@localhost ~]# systemctl start httpd
```

步骤 2：关闭系统防火墙和 SELinux（这里只是临时关闭，也可以通过修改配置文件永久关闭），命令如下。

```
[root@localhost ~]# systemctl stop firewalld
[root@localhost ~]# setenforce 0
```

关闭系统防火墙和 SELinux 并重启 Apache 服务的过程如图 12-5 所示。

```
[root@localhost ~]# systemctl stop firewalld
[root@localhost ~]# getenforce
Enforcing
[root@localhost ~]# setenforce 0
[root@localhost ~]# getenforce
Permissive
[root@localhost ~]# systemctl restart httpd
[root@localhost ~]#
```

图 12-5 关闭系统防火墙和 SELinux 并重启 Apache 服务的过程（1）

步骤 3：查看当前系统 IP 地址，如图 12-6 所示，之后打开浏览器，在地址栏中输入“http://IP 地址”，如果按“Enter”键后显示如图 12-7 所示的测试页面，则说明 Apache 服务安装成功。

如果安装 Apache 服务时使用的是任务 12.1 中的第二种安装方式，则需要按照以下步骤启动和测试 Apache 服务。

```
[root@localhost ~]# ifconfig
ens33: flags=4163<UP,BROADCAST,RUNNING,MULTICAST>  mtu 1500
        inet 192.168.0.111  netmask 255.255.255.0  broadcast 192.168.0.255
        inet6 fe80::640b:efb0:4e73:adb  prefixlen 64  scopeid 0x20<link>
        ether 00:0c:29:d4:94:98  txqueuelen 1000  (Ethernet)
        RX packets 3081  bytes 321087 (313.5 KiB)
        RX errors 0  dropped 0  overruns 0  frame 0
        TX packets 2073  bytes 479769 (468.5 KiB)
        TX errors 0  dropped 0 overruns 0  carrier 0  collisions 0
```

图 12-6　查看当前系统 IP 地址（1）

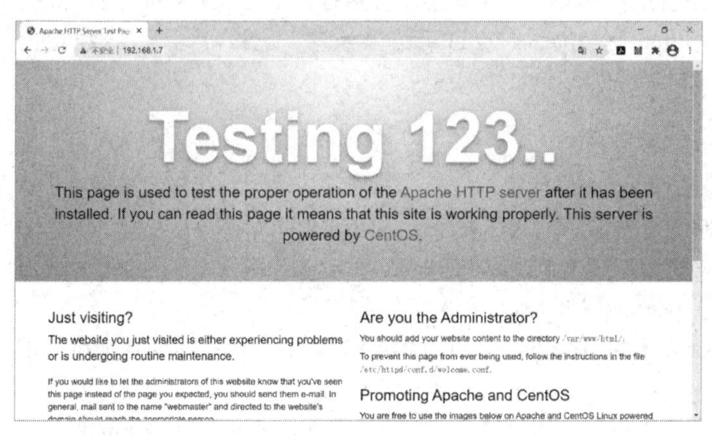

图 12-7　测试页面（1）

步骤 1：打开终端，编辑 Apache 配置文件，命令如下。

```
[root@localhost httpd-2.4.52]# vi /usr/local/apache/conf/httpd.conf
```

删除配置文件中# ServerName www.example.com:80 一行的注释，否则执行启动命令时会有警告信息。编辑 Apache 配置文件如图 12-8 所示。

```
#
# ServerName gives the name and port that the server uses to identify itself.
# This can often be determined automatically, but we recommend you specify
# it explicitly to prevent problems during startup.
#
# If your host doesn't have a registered DNS name, enter its IP address here.
#
 ServerName www.example.com:80

#
# Deny access to the entirety of your server's filesystem. You must
```

图 12-8　编辑 Apache 配置文件

步骤 2：关闭系统防火墙和 SELinux（这里只是临时关闭，也可以通过修改配置文件永久关闭），命令如下。

```
[root@localhost ~]# systemctl stop firewalld
[root@localhost ~]# setenforce 0
```

关闭系统防火墙和 SELinux 并重启 Apache 服务的过程如图 12-9 所示。

```
[root@localhost ~]# systemctl stop firewalld
[root@localhost ~]# getenforce
Enforcing
[root@localhost ~]# setenforce 0
[root@localhost ~]# getenforce
Permissive
[root@localhost ~]# systemctl restart httpd
[root@localhost ~]# 
```

图 12-9　关闭系统防火墙和 SELinux 并重启 Apache 服务的过程（2）

步骤 3：启动 Apache 服务，命令如下。

```
[root@localhost ~]# /usr/local/apache/bin/apachectl start
```

步骤 4：查看当前系统 IP 地址，如图 12-10 所示，之后打开浏览器，在地址栏中输入“http://IP 地址”，如果按“Enter”键后显示如图 12-11 所示的测试页面，则说明 Apache 服务安装成功。

```
[root@localhost ~]# ifconfig
ens33: flags=4163<UP,BROADCAST,RUNNING,MULTICAST>  mtu 1500
        inet 192.168.0.111  netmask 255.255.255.0  broadcast 192.168.0.255
        inet6 fe80::640b:efb0:4e73:adb  prefixlen 64  scopeid 0x20<link>
        ether 00:0c:29:d4:94:98  txqueuelen 1000  (Ethernet)
        RX packets 3081  bytes 321087 (313.5 KiB)
        RX errors 0  dropped 0  overruns 0  frame 0
        TX packets 2073  bytes 479769 (468.5 KiB)
        TX errors 0  dropped 0 overruns 0  carrier 0  collisions 0
```

图 12-10　查看当前系统 IP 地址（2）

图 12-11　测试页面（2）

任务小结

本任务通过使用 systemctl 命令和 apachectl 控制脚本，在 CentOS 系统中分别对使用不同安装方式的 Apache 服务进行了启动和测试。

任务 12.3　Apache 服务的基本配置

任务描述

任务 12.2 已经在搭建好的 CentOS 系统中完成了 Apache 服务的安装，同时 Apache 服务能够正常启动并运行。为了将来能够根据需求部署一个更加自由、灵活的 Web 服务器，本任务会针对已经能正常启动并运行的 Apache 服务进行简单的个性化配置，具体操作是将 Apache 服务的默认监听端口 80 设置为 8000，将网站的默认根目录/var/www/html 设置为/www/myweb/test，将网站默认首页文件名设置为 test.html。

任务分析

本任务主要通过编辑 Apache 服务的主配置文件来实现 Apache 服务的基本配置。

任务目标

1．理解 Apache 服务的主配置文件的语法结构和基本配置功能。
2．能够根据实际业务需求对 Apache 服务的基本配置功能进行灵活设置。

预备知识

1．Apache 服务的主配置文件

Apache 服务的主配置文件名为 httpd.conf，此文件的存储位置可以在编译时设置。若在 CentOS 系统中使用 YUM 工具安装 Apache 服务，则该文件的默认存储位置为/etc/httpd/conf/httpd.conf。该文件中的具体功能是通过不同的功能指令（如<Directory>、Include、<VirtualHost>等）实现的，同时，用户也可以在该文件中使用 Include 指令来包含其他配置文件。此外，对主配置文件的更改只

有在 httpd 进程启动或重启时才可以生效。

主配置文件中每行包含一条指令，指令的参数使用空格分隔，如果参数包含空格，则必须将该参数使用引号引起来。配置文件中的指令不区分大小写，但指令的参数通常区分大小写。以字符“#”开头的行被视为注释行，同时，空行和指令之前出现的空白符都会被忽略。

主配置文件中的指令适用于整个服务器，如果只需要更改服务器中某一部分的配置，则可以将相关配置指令放置在<Directory>、<DirectoryMatch>、<Files>、<FilesMatch>、<Location>和<LocationMatch>指令中来指定配置指令的生效范围。

对主配置文件进行编辑后，可以通过使用 apachectl configtest 命令或-t 命令行选项，在不启动服务器的情况下检查主配置文件中的语法错误。

2．.htaccess 文件

Apache 允许通过放置在 Web 目录结构中的特殊文件对服务器配置进行分散管理，这种特殊文件通常被称为.htaccess 文件，也可以在主配置文件中使用 AccessFileName 指令将其指定为任何名称。.htaccess 文件中的指令将作用于放置在该文件中的目录和所有子目录。同时，这些.htaccess 文件遵循与主配置文件相同的语法，由于每次请求时都会读取.htaccess 文件，因此对这些文件所做的更改会立即生效。服务器管理员通过在主配置文件中配置 AllowOverride 指令，可以进一步控制能够在.htaccess 文件中放置的配置指令。

3．Apache 配置文件中的常用配置指令

Apache 配置文件中的常用配置指令及功能如表 12-2 所示。

表 12-2　Apache 配置文件中的常用配置指令及功能

配置指令	主要功能
ServerRoot	指定 Apache 根目录，默认值为"/etc/httpd"
Listen	指定服务器监听的端口，默认值为 80
ServerAdmin	指定管理员的邮箱，默认值为 root@localhost
DocumentRoot	指定网站的根目录，默认值为"/var/www/html"
ServerName	指定服务器名称，默认值为 www.example.com:80
DirectoryIndex	指定网站的首页文件，默认值为 index.html
User Group	Apache 服务启动后的运行身份，默认值为 apache
<Directory>和</Directory>	用于封装一组指令，这些指令仅适用于指定目录、该目录的子目录及相应目录中的文件

4．<Directory>指令

<Directory>和</Directory>用于封装一组指令，被封装的这些指令仅作用于指定目录、该目录的子目录及相应目录中的文件。

语法如下：

```
<Directory directory-path>
   添加 directory-path 目录的访问权限配置指令
</Directory>
```

用法举例如下：

```
<Directory "/usr/local/httpd/htdocs">
   Options Indexes FollowSymLinks
</Directory>
```

任务实施

假设之前安装 Apache 服务时使用的是任务 12.1 中的第一种安装方式，接下来开始实施本任务。

步骤 1：打开终端，编辑 Apache 服务的主配置文件，命令如下。

```
[root@localhost ~]# vi /etc/httpd/conf/httpd.conf
```

根据任务描述中的要求，将 Apache 服务的默认监听端口 80 设置为 8000，将网站的默认根目录/var/www/html 设置为/www/myweb/test，将网站默认首页文件名设置为 test.html，设置过程如图 12-12 所示。

```
#
# Listen: Allows you to bind Apache to specific IP addresses and/or
# ports, instead of the default. See also the <VirtualHost>
# directive.
#
# Change this to Listen on specific IP addresses as shown below to
# prevent Apache from glomming onto all bound IP addresses.
#
#Listen 12.34.56.78:80
Listen 8000


#
# Dynamic Shared Object (DSO) Support
#
```

```
#
# DocumentRoot: The directory out of which you will serve your
# documents. By default, all requests are taken from this directory, but
# symbolic links and aliases may be used to point to other locations.
#
DocumentRoot "/www/myweb/test"
```

```
#
# DirectoryIndex: sets the file that Apache will serve if a directory
# is requested.
#
<IfModule dir_module>
    DirectoryIndex test.html
</IfModule>
```

图 12-12　设置过程

步骤 2：在系统中创建新的网站主目录/www/myweb/test，并在其中创建新的网站首页文件 test.html，最后将“This is a new test page.”内容写入文件中，命令如下。

```
[root@localhost ~]# mkdir -p /www/myweb/test
[root@localhost ~]# echo 'This is a new test page.' > /www/myweb/test/test.html
```

步骤 3：由于重新创建了新的网站主目录，因此服务器要开放对该目录的访问权限，需要在 Apache 主配置文件中添加一组<Directory>和</Directory>指令，并在其中添加授权指令，如图 12-13 所示。

```
#
# DocumentRoot: The directory out of which you will serve your
# documents. By default, all requests are taken from this directory, but
# symbolic links and aliases may be used to point to other locations.
#
DocumentRoot "/www/myweb/test"

<Directory /www/myweb/test>
    AllowOverride None
    Require all granted
</Directory>
```

图 12-13　使用<Directory>指令开放新目录的访问权限

步骤 4：关闭系统防火墙和 SELinux（这里只是临时关闭，也可以通过修改配置文件永久关闭），并重启 Apache 服务，命令如下。

```
[root@localhost ~]# systemctl stop firewalld
[root@localhost ~]# setenforce 0
[root@localhost ~]# systemctl restart httpd
```

关闭系统防火墙和 SELinux 并重启 Apache 服务的过程如图 12-14 所示。

```
[root@localhost ~]# systemctl stop firewalld
[root@localhost ~]# getenforce
Enforcing
[root@localhost ~]# setenforce 0
[root@localhost ~]# getenforce
Permissive
[root@localhost ~]# systemctl restart httpd
[root@localhost ~]#
```

图 12-14 关闭系统防火墙和 SELinux 并重启 Apache 服务的过程

步骤 5：查看 Apache 服务监听的 8000 端口是否开启，如图 12-15 所示。

```
[root@localhost ~]# netstat -ntlp
Active Internet connections (only servers)
Proto Recv-Q Send-Q Local Address           Foreign Address         State       PID/Program name
tcp        0      0 0.0.0.0:22              0.0.0.0:*               LISTEN      975/sshd
tcp        0      0 127.0.0.1:25            0.0.0.0:*               LISTEN      1200/master
tcp6       0      0 :::22                   :::*                    LISTEN      975/sshd
tcp6       0      0 ::1:25                  :::*                    LISTEN      1200/master
tcp6       0      0 :::443                  :::*                    LISTEN      2119/httpd
tcp6       0      0 :::8000                 :::*                    LISTEN      2119/httpd
[root@localhost ~]#
```

图 12-15 查看端口是否开启

打开浏览器，在地址栏中输入“http://192.168.1.7:8000”，如果按“Enter”键后显示如图 12-16 所示的测试页面，则说明 Apache 服务配置成功。

图 12-16 使用浏览器访问 Apache 服务器的测试页面

任务小结

本任务在介绍 Apache 服务的主配置文件的语法结构和基本配置功能的基础上，通过使用主配置文件中的常用配置指令，对安装好的 Apache 服务的默认监听端口、网站默认根目录及网站默认首页文件名等进行了个性化配置及状态测试。在实际生产环境中，Web 服务器运维人员对 Apache 主配置文件功能的熟悉程度将决定其是否能够根据实际业务需求对 Apache 服务进行更加自由、灵活的配置。

任务 12.4 虚拟主机的配置

任务描述

截至目前，我们已经对安装好的 Apache 服务进行了简单的个性化配置，但是当在实际生产环境中希望能够在一个 Apache 服务器中部署多个 Web 站点时，则需要使用 Apache 服务的虚拟主机功能。本任务将分别实现基于 IP 地址的虚拟主机和基于域名的虚拟主机。

任务分析

本任务主要通过单独创建虚拟主机配置文件，并在其中使用<VirtualHost>指令来实现 Apache 服务器的虚拟主机配置。

任务目标

1. 认识 Web 服务器中虚拟主机的概念，并理解基于 IP 地址的虚拟主机和基于域名的虚拟主机。
2. 能够使用 Apache 服务器的虚拟主机配置技术在同一服务器中部署多个 Web 站点。

预备知识

1. 虚拟主机

“虚拟主机”一词指的是在一台机器上运行多个网站或服务的实现方式。虚拟主机可以是“基于 IP 地址的”，这意味着每个网站都有不同的 IP 地址；也可以是“基于域名的”，这意味着每个 IP 地址上可以运行多个域名。对于最终用户来说，在同一台物理服务器上运行多个网站并不会有明显的区别。

Apache 是最早支持基于 IP 地址的虚拟主机的服务器之一。Apache 1.1 及更高版本支持基于 IP 地址的虚拟主机和基于域名的虚拟主机。

2. 基于 IP 地址的虚拟主机和基于域名的虚拟主机

基于 IP 地址的虚拟主机要求服务器必须为每个虚拟主机提供不同的 IP 地址和端口组合，服务器使用连接的 IP 地址和端口来确定要服务的正确虚拟主机。最常见的方式是该虚拟主机用于在不同的端口或接口上为不同的网站提供服务。在 Apache HTTP 服务器的相关术语中，使用单个 IP 地址，但是使用多个 TCP 端口，也称为基于 IP 地址的虚拟主机。

在许多情况下，基于域名的虚拟主机更方便，因为它们允许多个虚拟主机共享一个地址或端口。对于基于域名的虚拟主机，服务器依赖于客户端在发送请求时将主机名作为 HTTP 头的一部分进行发送。基于域名的虚拟主机通常更简单，因为只需配置 DNS 服务器，将每个主机名映射到正确的 IP 地址，并配置 Apache HTTP 服务器以识别不同的主机名即可。此外，基于域名的虚拟主机也可以缓解对稀缺 IP 地址的需求。

3. <VirtualHost>指令

<VirtualHost>和</VirtualHost>用于封装一组指令，被封装的这些指令仅作用于特定的虚拟主机。当 Apache 服务器收到针对特定虚拟主机上的文档请求时，它会使用<VirtualHost>指令中包含的配置指令。

语法如下：

```
<VirtualHost addr[:port] [addr[:port]] ...>
```

添加虚拟主机的配置指令：

```
</VirtualHost>
```

用法举例：

```
<VirtualHost 10.1.1.10:80>
    DocumentRoot "/www/docs/example"
    ServerName www.example.com
</VirtualHost>
```

任务实施

假设安装 Apache 服务时使用的是任务 12.1 中的第一种安装方式，接下来开始实施本任务。

1. 基于 IP 地址的虚拟主机配置方式

步骤 1：由于本任务需要用到两个 IP 地址，因此首先使用 ifconfig 命令设置两个虚拟接口，并为它们配置 IP 地址，命令如下。

```
[root@localhost ~]# ifconfig ens33:1 192.168.1.8/24
[root@localhost ~]# ifconfig ens33:2 192.168.1.9/24
```

配置好后查看虚拟接口，如图 12-17 所示。

```
[root@localhost conf.d]# ifconfig ens33:1 192.168.1.8/24
[root@localhost conf.d]# ifconfig ens33:2 192.168.1.9/24
[root@localhost conf.d]# ifconfig
ens33: flags=4163<UP,BROADCAST,RUNNING,MULTICAST>  mtu 1500
        inet 192.168.0.111  netmask 255.255.255.0  broadcast 192.168.0.255
        inet6 fe80::640b:efb0:4e73:adb  prefixlen 64  scopeid 0x20<link>
        ether 00:0c:29:d4:94:98  txqueuelen 1000  (Ethernet)
        RX packets 15920  bytes 1372237 (1.3 MiB)
        RX errors 0  dropped 0  overruns 0  frame 0
        TX packets 8752  bytes 1424205 (1.3 MiB)
        TX errors 0  dropped 0 overruns 0  carrier 0  collisions 0

ens33:1: flags=4163<UP,BROADCAST,RUNNING,MULTICAST>  mtu 1500
        inet 192.168.1.8  netmask 255.255.255.0  broadcast 192.168.1.255
        ether 00:0c:29:d4:94:98  txqueuelen 1000  (Ethernet)

ens33:2: flags=4163<UP,BROADCAST,RUNNING,MULTICAST>  mtu 1500
        inet 192.168.1.9  netmask 255.255.255.0  broadcast 192.168.1.255
        ether 00:0c:29:d4:94:98  txqueuelen 1000  (Ethernet)
```

图 12-17 查看虚拟接口

步骤 2：创建虚拟主机的主目录/www/ip_vhosts/web1 和/www/ip_vhosts/web2，并分别在其中创建主页面 index.html，命令如下。

```
[root@localhost ~]# mkdir -p /www/ip_vhosts/web1
[root@localhost ~]# mkdir -p /www/ip_vhosts/web2
[root@localhost ~]# echo '<h1>Welcome To My IP-based Virtual Host Web1</h1>' >
/www/ip_vhosts/web1/index.html
[root@localhost ~]# echo '<h1>Welcome To My IP-based Virtual Host Web2</h1>' >
/www/ip_vhosts/web2/index.html
```

步骤 3：创建虚拟主机配置文件。首先，进入/etc/httpd/conf.d 目录，在其中创建配置文件 ip_based_virtual_hosts.conf，命令如下。

```
[root@localhost ~]# cd /etc/httpd/conf.d
[root@localhost conf.d]# vi ip_based_virtual_hosts.conf
```

然后，编辑文件，添加两组<VirtualHost>指令，分别在两组<VirtualHost>指令内部使用 DocumentRoot 指令设置网站主目录，使用<Directory>指令设置网站主目录的访问权限。虚拟主机配置文件内容如图 12-18 所示。

```
<VirtualHost 192.168.1.8:80>
    DocumentRoot "/www/ip_vhosts/web1"
    <Directory /www/ip_vhosts/web1>
        Options Indexes FollowSymLinks
        AllowOverride None
        Require all granted
    </Directory>
</VirtualHost>

<VirtualHost 192.168.1.9:80>
    DocumentRoot "/www/ip_vhosts/web2"
    <Directory /www/ip_vhosts/web2>
        Options Indexes FollowSymLinks
        AllowOverride None
        Require all granted
    </Directory>
</VirtualHost>

~
```

图 12-18 虚拟主机配置文件内容（1）

步骤 4：关闭系统防火墙和 SELinux（这里只是临时关闭，也可以通过修改配置文件永久关闭），并重启 Apache 服务，命令如下。

```
[root@localhost ~]# systemctl stop firewalld
```

```
[root@localhost ~]# setenforce 0
[root@localhost ~]# systemctl restart httpd
```

关闭系统防火墙和 SELinux 并重启 Apache 服务的过程如图 12-19 所示。

```
[root@localhost ~]# systemctl stop firewalld
[root@localhost ~]# getenforce
Enforcing
[root@localhost ~]# setenforce 0
[root@localhost ~]# getenforce
Permissive
[root@localhost ~]# systemctl restart httpd
[root@localhost ~]#
```

图 12-19　关闭系统防火墙和 SELinux 并重启 Apache 服务的过程（1）

步骤 5：打开浏览器，先后在地址栏中输入“http://192.168.1.8”和“http://192.168.1.9”，如果按“Enter”键后分别显示如图 12-20 和图 12-21 所示的测试页面，则说明基于 IP 地址的虚拟主机配置成功。

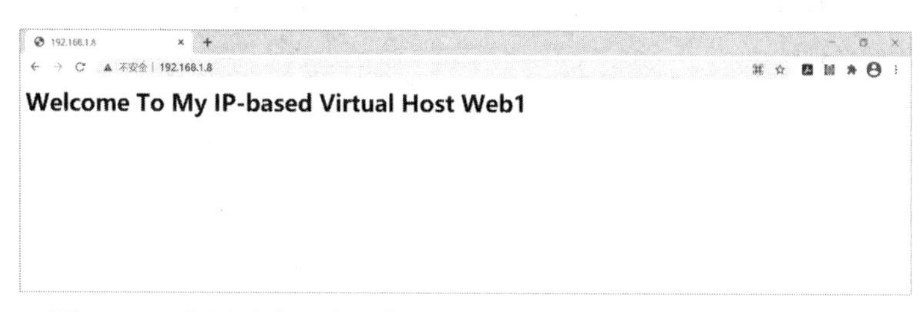
192.168.1.8
Welcome To My IP-based Virtual Host Web1

图 12-20　使用浏览器访问基于 IP 地址的虚拟主机 Web1 的测试页面

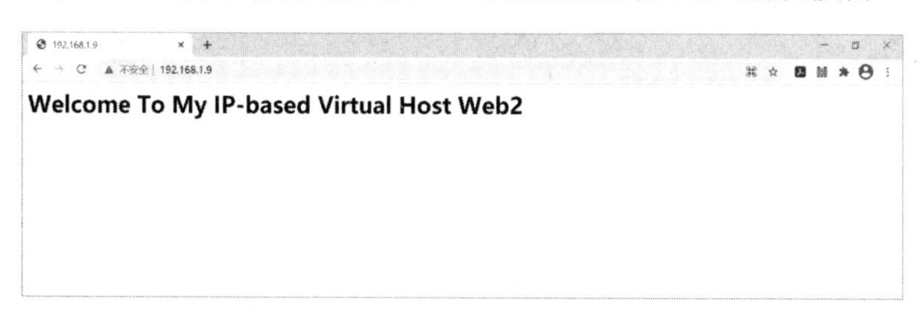
192.168.1.9
Welcome To My IP-based Virtual Host Web2

图 12-21　使用浏览器访问基于 IP 地址的虚拟主机 Web2 的测试页面

2. 基于域名的虚拟主机配置方式

步骤 1：由于本任务只使用一个 IP 地址，因此可以使用 ifconfig 命令查看系统 IP 地址，如图 12-22 所示。

```
[root@localhost conf.d]# ifconfig
ens33: flags=4163<UP,BROADCAST,RUNNING,MULTICAST>  mtu 1500
        inet 192.168.0.111  netmask 255.255.255.0  broadcast 192.168.0.255
        inet6 fe80::640b:efb0:4e73:adb  prefixlen 64  scopeid 0x20<link>
        ether 00:0c:29:d4:94:98  txqueuelen 1000  (Ethernet)
        RX packets 14946  bytes 1305096 (1.2 MiB)
        RX errors 0  dropped 0  overruns 0  frame 0
        TX packets 8623  bytes 1410997 (1.3 MiB)
        TX errors 0  dropped 0 overruns 0  carrier 0  collisions 0

lo: flags=73<UP,LOOPBACK,RUNNING>  mtu 65536
        inet 127.0.0.1  netmask 255.0.0.0
        inet6 ::1  prefixlen 128  scopeid 0x10<host>
        loop  txqueuelen 1000  (Local Loopback)
        RX packets 8  bytes 680 (680.0 B)
        RX errors 0  dropped 0  overruns 0  frame 0
        TX packets 8  bytes 680 (680.0 B)
        TX errors 0  dropped 0 overruns 0  carrier 0  collisions 0

[root@localhost conf.d]#
```

图 12-22　查看系统 IP 地址

步骤 2：创建虚拟主机的主目录/www/name_vhosts/web1 和/www/name_vhosts/web2，并分别在其中创建主页面 index.html，命令如下。

```
[root@localhost ~]# mkdir -p /www/name_vhosts/web1
```

```
[root@localhost ~]# mkdir -p /www/name_vhosts/web2
[root@localhost ~]# echo '<h1>Welcome To My Name-based Virtual Host Web1</h1>' >
/www/name_vhosts/web1/index.html
[root@localhost ~]# echo '<h1>Welcome To My Name-based Virtual Host Web2</h1>' >
/www/name_vhosts/web2/index.html
```

步骤 3：创建虚拟主机配置文件。首先，进入/etc/httpd/conf.d 目录，在其中创建配置文件 name_based_virtual_hosts.conf，命令如下。

```
[root@localhost ~]# cd /etc/httpd/conf.d
[root@localhost conf.d]# vi name_based_virtual_hosts.conf
```

然后，编辑文件，添加两组<VirtualHost>指令，分别在两组<VirtualHost>指令内部使用 DocumentRoot 指令设置网站主目录，使用<Directory>指令设置网站主目录的访问权限，并且由于本任务是基于域名的虚拟主机，因此这里必须使用 ServerName 指令设置服务器名称。虚拟主机配置文件内容如图 12-23 所示。

```
<VirtualHost *:80>
    DocumentRoot "/www/name_vhosts/web1"
    ServerName www.example1.com
    <Directory /www/name_vhosts/web1>
        Options Indexes FollowSymLinks
        AllowOverride None
        Require all granted
    </Directory>
</VirtualHost>

<VirtualHost *:80>
    DocumentRoot "/www/name_vhosts/web2"
    ServerName www.example2.com
    <Directory /www/name_vhosts/web2>
        Options Indexes FollowSymLinks
        AllowOverride None
        Require all granted
    </Directory>
</VirtualHost>
```

图 12-23 虚拟主机配置文件内容（2）

步骤 4：以管理员权限编辑物理机的系统 hosts 文件 C:\Windows\System32\drivers\etc\hosts（因为本任务要使用物理机中的浏览器进行测试，如果使用 CentOS 系统中的浏览器进行测试，则需要编辑/etc/hosts 文件），在该文件中添加域名映射，如图 12-24 所示。

```
1  # Copyright (c) 1993-2009 Microsoft Corp.
2  #
3  # This is a sample HOSTS file used by Microsoft TCP/IP for Windows.
4  #
5  # This file contains the mappings of IP addresses to host names. Each
6  # entry should be kept on an individual line. The IP address should
7  # be placed in the first column followed by the corresponding host name.
8  # The IP address and the host name should be separated by at least one
9  # space.
10 #
11 # Additionally, comments (such as these) may be inserted on individual
12 # lines or following the machine name denoted by a '#' symbol.
13 #
14 # For example:
15 #
16 #      102.54.94.97     rhino.acme.com          # source server
17 #       38.25.63.10     x.acme.com              # x client host
18
19 # localhost name resolution is handled within DNS itself.
20 #   127.0.0.1       localhost
21 #   ::1             localhost
22
23 192.168.1.7 www.example1.com
24 192.168.1.7 www.example2.com
25
```

图 12-24 在 hosts 文件中添加域名映射

步骤 5：关闭系统防火墙和 SELinux（这里只是临时关闭，也可以通过修改配置文件永久关闭），并重启 Apache 服务，命令如下。

```
[root@localhost ~]# systemctl stop firewalld
[root@localhost ~]# setenforce 0
[root@localhost ~]# systemctl restart httpd
```

关闭系统防火墙和 SELinux 并重启 Apache 服务的过程如图 12-25 所示。

```
[root@localhost ~]# systemctl stop firewalld
[root@localhost ~]# getenforce
Enforcing
[root@localhost ~]# setenforce 0
[root@localhost ~]# getenforce
Permissive
[root@localhost ~]# systemctl restart httpd
[root@localhost ~]#
```

图 12-25　关闭系统防火墙和 SELinux 并重启 Apache 服务的过程（2）

步骤 6：打开浏览器，先后在地址栏中输入“http://www.example1.com/”和“http://www.example2.com/”，如果按“Enter”键后分别显示如图 12-26 和图 12-27 所示的测试页面，则说明基于域名的虚拟主机配置成功。

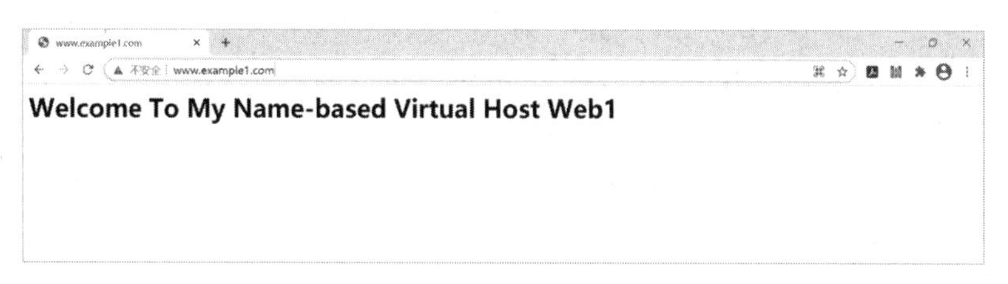

图 12-26　使用浏览器访问基于域名的虚拟主机 Web1 的测试页面

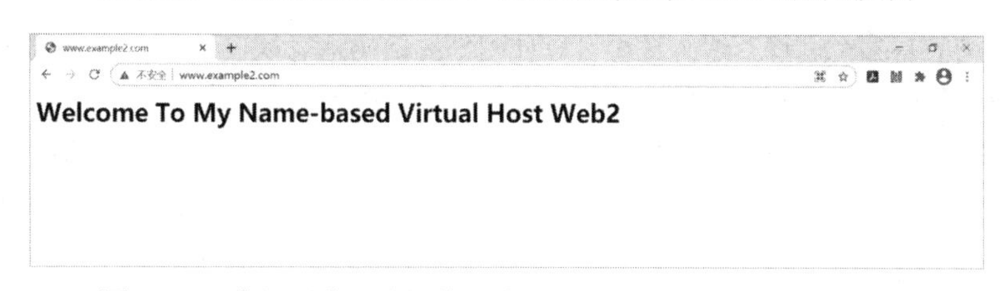

图 12-27　使用浏览器访问基于域名的虚拟主机 Web2 的测试页面

任务小结

本任务在了解虚拟主机概念的基础上，通过使用 Apache 服务器的两种虚拟主机配置技术，分别在同一个 Apache 服务器中实现了基于 IP 地址的虚拟主机和基于域名的虚拟主机。在实际生产环境中，用户可以通过虚拟主机配置技术充分利用 Web 服务器的硬件资源，即多个站点共享整个服务器的资源，从而降低 Web 站点构建及运行维护成本。

任务 12.5　安全网站的配置

任务描述

经过本项目前几个任务的实施，已经实现了 Apache 服务的安装、启动和测试，以及一些常规功能的简单配置，但对于将来部署在生产环境中的一个真实 Web 站点来说，网站的安全性是管理员需要首先考虑的问题。本任务将介绍安全网站配置过程中的一些常用安全配置技术。

任务分析

本任务将通过分别配置支持 SSL 协议的虚拟主机和支持用户认证的虚拟主机来实现安全网站的简单配置。

任务目标

1．理解 HTTP 与 HTTPS 的主要区别，以及用户认证的主要作用。

2．能够使用 HTTPS 和用户认证实现一个安全网站的基本配置过程。

预备知识

1．HTTPS

HTTP 用于在浏览器和服务器之间传递信息，但是，HTTP 是以明文方式发送信息的，且发送过程中不提供任何方式的信息加密，所以信息在传输过程中容易被窃听、篡改和劫持。HTTPS 正是在网络协议发展过程中为了解决 HTTP 的这一缺陷而产生的，它在 HTTP 的基础上加入了 SSL/TLS（安全套接字层/传输层安全）协议。SSL/TLS 协议是一个协议层，位于面向可靠连接的网络层协议（如 TCP/IP）和应用层协议（如 HTTP）之间，通过身份认证、数字签名及加密技术实现浏览器和服务器之间的安全通信。

此外，Apache HTTP 服务器中的 mod_ssl 模块提供了 OpenSSL 库的接口，并使用 SSL/TLS 协议提供了强大的加密功能。

2．用户认证

用户认证指的是一个过程，这个过程可以使网站的敏感信息或仅针对一部分用户开放的信息受到专门的保护，即能够看到这些信息的用户是经过管理员授权的。

用户认证可以通过在服务器的主配置文件（通常在<Directory>指令中）或认证目录的配置文件（.htaccess 文件）中添加相关配置指令来实现。如果使用.htaccess 文件来实现，则需要在服务器配置中使用 AllowOverride 指令指定可以在.htaccess 文件中添加身份验证的指令。

任务实施

假设之前安装 Apache 服务时使用的是任务 12.1 中的第一种安装方式，接下来开始实施本任务。

1．HTTPS 虚拟主机配置

步骤 1：在 Apache 服务安装并配置好的前提下，本任务首先需要安装 mod_ssl 模块，命令如下。

```
[root@localhost ~]# yum -y install mod_ssl
```

mod_ssl 模块的安装过程如图 12-28 所示。

```
Running transaction
  Updating   : httpd-tools-2.4.6-97.el7.centos.5.x86_64          1/6
  Updating   : httpd-2.4.6-97.el7.centos.5.x86_64                2/6
  Updating   : 1:mod_ssl-2.4.6-97.el7.centos.5.x86_64            3/6
  Cleanup    : 1:mod_ssl-2.4.6-97.el7.centos.4.x86_64            4/6
  Cleanup    : httpd-2.4.6-97.el7.centos.4.x86_64                5/6
  Cleanup    : httpd-tools-2.4.6-97.el7.centos.4.x86_64          6/6
  Verifying  : httpd-tools-2.4.6-97.el7.centos.5.x86_64          1/6
  Verifying  : 1:mod_ssl-2.4.6-97.el7.centos.5.x86_64            2/6
  Verifying  : httpd-2.4.6-97.el7.centos.5.x86_64                3/6
  Verifying  : httpd-2.4.6-97.el7.centos.4.x86_64                4/6
  Verifying  : 1:mod_ssl-2.4.6-97.el7.centos.4.x86_64            5/6
  Verifying  : httpd-tools-2.4.6-97.el7.centos.4.x86_64          6/6

Updated:
  mod_ssl.x86_64 1:2.4.6-97.el7.centos.5

Dependency Updated:
  httpd.x86_64 0:2.4.6-97.el7.centos.5
  httpd-tools.x86_64 0:2.4.6-97.el7.centos.5

Complete!
[root@localhost ~]#
```

图 12-28　mod_ssl 模块的安装过程

步骤 2：编辑 Apache 主配置文件，命令如下。

```
[root@localhost /]# vi /etc/httpd/conf/httpd.conf
```

添加 LoadModule 指令，加载 mod_ssl 模块，如图 12-29 所示。

```
#
# Dynamic Shared Object (DSO) Support
#
# To be able to use the functionality of a module which was built as a DSO you
# have to place corresponding `LoadModule' lines at this location so the
# directives contained in it are actually available _before_ they are used.
# Statically compiled modules (those listed by `httpd -l') do not need
# to be loaded here.
#
# Example:
# LoadModule foo_module modules/mod_foo.so
#
Include conf.modules.d/*.conf
  LoadModule ssl_module modules/mod_ssl.so

#
# If you wish httpd to run as a different user or group, you must run
# httpd as root initially and it will switch.
```

图 12-29　加载 mod_ssl 模块

步骤 3：创建一个新目录 ssl，用来存放证书和密钥文件，命令如下。

```
[root@localhost ~]# mkdir -p /etc/httpd/ssl
```

步骤 4：使用 openssl 命令创建自签名证书文件和密钥文件，命令如下。

```
[root@localhost ~]# openssl req -x509 -nodes -days 365 -newkey rsa:2048 -keyout
/etc/httpd/ssl/apache_ssl.key -out /etc/httpd/ssl/apache_ssl.crt
```

在创建过程中，根据提示输入对应的配置信息，需要特别注意的是，Common Name 的输入信息要与之后 Web 服务器的域名一致，如图 12-30 所示。

```
[root@localhost ~]# openssl req -x509 -nodes -days 365 -newkey rsa:2048 -keyout
 /etc/httpd/ssl/apache_ssl.key -out /etc/httpd/ssl/apache_ssl.crt
Generating a 2048 bit RSA private key
.............................................................................
......+++
................+++
writing new private key to '/etc/httpd/ssl/apache_ssl.key'
-----
You are about to be asked to enter information that will be incorporated
into your certificate request.
What you are about to enter is what is called a Distinguished Name or a DN.
There are quite a few fields but you can leave some blank
For some fields there will be a default value,
If you enter '.', the field will be left blank.
-----
Country Name (2 letter code) [XX]:CN
State or Province Name (full name) []:ShanXi
Locality Name (eg, city) [Default City]:TaiYuan
Organization Name (eg, company) [Default Company Ltd]:SXZY
Organizational Unit Name (eg, section) []:JSJX
Common Name (eg, your name or your server's hostname) []:www.test.com
Email Address []:test@gmail.com
[root@localhost ~]#
```

图 12-30　使用 openssl 命令创建自签名证书和密钥文件

步骤 5：创建虚拟主机的主目录/www/ssl_vhosts/test，并在其中创建主页面 index.html，命令如下。

```
[root@localhost ~]# mkdir -p /www/ssl_vhosts/test
[root@localhost ~]# echo '<h1>Welcome To My HTTPS Virtual Host</h1>' >
/www/ssl_vhosts/test/index.html
```

步骤 6：配置虚拟主机使用证书，编辑配置文件 ssl.conf，如图 12-31 所示。

```
# When we also provide SSL we have to listen to the
# the HTTPS port in addition.
#
Listen 443 https

<VirtualHost *:443>
        DocumentRoot "/www/ssl_vhosts/test"
        ServerName www.test.com:443
        #开启SSL引擎
        SSLEngine on
        #指定服务器证书位置
        SSLCertificateFile "/etc/httpd/ssl/apache_ssl.crt"
        #指定服务器私钥文件位置
        SSLCertificateKeyFile "/etc/httpd/ssl/apache_ssl.key"
        #设置HTTPS虚拟主机主目录权限
        <Directory "/www/ssl_vhosts/test">
                Options Indexes FollowSymLinks
                AllowOverride None
                Require all granted
        </Directory>
</VirtualHost>

##
##  SSL Global Context
##
```

图 12-31　编辑配置文件 ssl.conf

```
[root@localhost conf]# vi /etc/httpd/conf.d/ssl.conf
```

步骤 7：以管理员权限编辑物理机的系统 hosts 文件 C:\Windows\System32\drivers\etc\hosts（因为本任务要使用物理机中的浏览器进行测试，如果使用 CentOS 系统中的浏览器进行测试，则需要编辑/etc/hosts 文件），在该文件中添加域名映射，如图 12-32 所示。

```
1  # Copyright (c) 1993-2009 Microsoft Corp.
2  #
3  # This is a sample HOSTS file used by Microsoft TCP/IP for Windows.
4  #
5  # This file contains the mappings of IP addresses to host names. Each
6  # entry should be kept on an individual line. The IP address should
7  # be placed in the first column followed by the corresponding host name.
8  # The IP address and the host name should be separated by at least one
9  # space.
10 #
11 # Additionally, comments (such as these) may be inserted on individual
12 # lines or following the machine name denoted by a '#' symbol.
13 #
14 # For example:
15 #
16 #      102.54.94.97     rhino.acme.com          # source server
17 #       38.25.63.10     x.acme.com              # x client host
18
19 # localhost name resolution is handled within DNS itself.
20 #    127.0.0.1       localhost
21 #    ::1             localhost
22
23 192.168.1.7 www.test.com
```

图 12-32　在 hosts 文件中添加域名映射（1）

步骤 8：关闭系统防火墙和 SELinux（这里只是临时关闭，也可以通过修改配置文件永久关闭），并重启 Apache 服务，命令如下。

```
[root@localhost ~]# systemctl stop firewalld
[root@localhost ~]# setenforce 0
[root@localhost ~]# systemctl restart httpd
```

关闭系统防火墙和 SELinux 并重启 Apache 服务的过程如图 12-33 所示。

```
[root@localhost ~]# systemctl stop firewalld
[root@localhost ~]# getenforce
Enforcing
[root@localhost ~]# setenforce 0
[root@localhost ~]# getenforce
Permissive
[root@localhost ~]# systemctl restart httpd
[root@localhost ~]#
```

图 12-33　关闭系统防火墙和 SELinux 并重启 Apache 服务的过程（1）

步骤 9：打开浏览器，在地址栏中输入“https://www.test.com/”，按“Enter”键后显示如图 12-34 所示的测试页面，之后单击“继续前往”链接，打开如图 12-35 所示的页面，说明 HTTPS 虚拟主机配置成功。

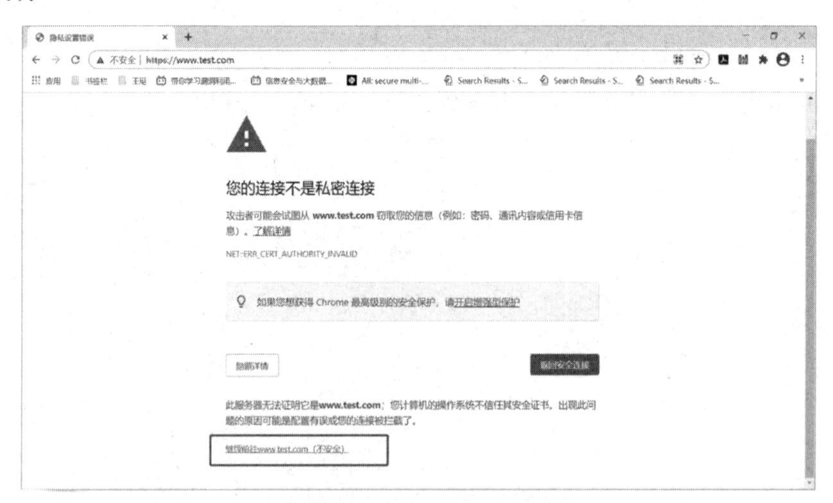

图 12-34　使用浏览器访问 HTTPS 虚拟主机的测试页面

图 12-35　HTTPS 虚拟主机的主页面

2．用户认证配置

步骤 1：创建虚拟主机的主目录/www/auth_vhosts/test 和认证测试子目录 bob，并创建主页面 index.html 和测试页面 bob.html，命令如下。

```
[root@localhost ~]# mkdir -p /www/auth_vhosts/test/bob
[root@localhost ~]# vi /www/auth_vhosts/test/index.html
[root@localhost ~]# vi /www/auth_vhosts/test/bob/bob.html
```

index.html 页面和 bob.html 页面分别如图 12-36 和图 12-37 所示。

```
<h1>Welcome To My Authentication Virtual Host Test</h1>
<p>
<a href="/bob/">Bob's Directory</a> The Directory is only for Bob.
</p>
~
~
~
~
~
```

图 12-36　index.html 页面

```
<h1>Welcome To Bob's Page.</h1>
~
~
~
~
~
~
```

图 12-37　bob.html 页面

步骤 2：创建一个密钥文件，将用于认证的用户名和密码信息存放在其中。用户可以使用 Apache 附带的工具 htpasswd 创建密钥文件，创建命令如下。

注意：如果在实际生产环境中进行配置，则一般出于安全性考虑，密钥文件应该存放在 Web 无法访问的目录位置。

```
[root@localhost ~]# mkdir -p /etc/httpd/passwd
[root@localhost ~]# htpasswd -c /etc/httpd/passwd/auth_passwords bob
```

htpasswd 会要求输入密码，并再次确认密码，创建过程如图 12-38 所示。

```
[root@localhost conf.d]# mkdir -p /etc/httpd/passwd
[root@localhost conf.d]# htpasswd -c /etc/httpd/passwd/auth_passwords bob
New password:
Re-type new password:
Adding password for user bob
[root@localhost conf.d]#
```

图 12-38　创建密钥文件的过程

步骤 3：配置服务器以实现密码请求，并设置用户对 bob 目录的访问权限。这一步可以通过编辑主配置文件 httpd.conf（或者虚拟主机配置文件）实现，也可以使用.htaccess 文件实现。这里通过编辑虚拟主机配置文件来实现，首先进入/etc/httpd/conf.d 目录，然后创建虚拟主机配置文件 auth_virtual_hosts.conf，命令如下。

```
[root@localhost ~]# cd /etc/httpd/conf.d
[root@localhost conf.d]# vi auth_virtual_hosts.conf
```

虚拟主机配置文件内容如图 12-39 所示。

```
<VirtualHost *:80>
        DocumentRoot "/www/auth_vhosts/test"
        ServerName www.test.com
        <Directory "/www/auth_vhosts/test">
                Options Indexes FollowSymLinks
                AllowOverride None
                Require all granted
        </Directory>

        <Directory "/www/auth_vhosts/test/bob">
                Options Indexes FollowSymLinks
                AllowOverride None
                #认证名字
                AuthName "Bob's Directory"
                #身份认证提供程序，默认为file
                AuthBasicProvider file
                #认证类型
                AuthType Basic
                #认证密钥文件
                AuthUserFile "/etc/httpd/passwd/auth_passwords"
                #认证用户
                Require user bob
        </Directory>
</VirtualHost>
~
~
```

图 12-39　虚拟主机配置文件内容

步骤 4：以管理员权限编辑物理机的系统 hosts 文件 C:\Windows\System32\drivers\etc\hosts（因为本任务要使用物理机中的浏览器进行测试，如果使用 CentOS 系统中的浏览器进行测试，则需要编辑/etc/hosts 文件），在该文件中添加域名映射，如图 12-40 所示。

```
1  # Copyright (c) 1993-2009 Microsoft Corp.
2  #
3  # This is a sample HOSTS file used by Microsoft TCP/IP for Windows.
4  #
5  # This file contains the mappings of IP addresses to host names. Each
6  # entry should be kept on an individual line. The IP address should
7  # be placed in the first column followed by the corresponding host name.
8  # The IP address and the host name should be separated by at least one
9  # space.
10 #
11 # Additionally, comments (such as these) may be inserted on individual
12 # lines or following the machine name denoted by a '#' symbol.
13 #
14 # For example:
15 #
16 #      102.54.94.97     rhino.acme.com          # source server
17 #       38.25.63.10     x.acme.com              # x client host
18
19 # localhost name resolution is handled within DNS itself.
20 #   127.0.0.1       localhost
21 #   ::1             localhost
22
23 192.168.1.7 www.test.com
```

图 12-40　在 hosts 文件中添加域名映射（2）

步骤 5：关闭系统防火墙和 SELinux（这里只是临时关闭，也可以通过修改配置文件永久关闭），并重启 Apache 服务，命令如下。

```
[root@localhost ~]# systemctl stop firewalld
[root@localhost ~]# setenforce 0
[root@localhost ~]# systemctl restart httpd
```

关闭系统防火墙和 SELinux 并重启 Apache 服务的过程如图 12-41 所示。

```
[root@localhost ~]# systemctl stop firewalld
[root@localhost ~]# getenforce
Enforcing
[root@localhost ~]# setenforce 0
[root@localhost ~]# getenforce
Permissive
[root@localhost ~]# systemctl restart httpd
[root@localhost ~]# 
```

图 12-41　关闭系统防火墙和 SELinux 并重启 Apache 服务的过程（2）

步骤 6：打开浏览器，在地址栏中输入“http://www.test.com/”，按“Enter”键后显示如图 12-42 所示的测试页面，单击“Bob's Directory”链接，显示如图 12-43 所示的页面，输入认证用户名和密码后，显示如图 12-44 所示的页面，最后单击“bob.html”链接，如果显示的测试结果如

图 12-45 所示，则说明指定目录的用户认证配置成功。

图 12-42　使用浏览器访问虚拟主机的测试页面

图 12-43　用户认证提示页面

Index of /bob

Name	Last modified	Size	Description
Parent Directory		-	
bob.html	2022-02-28 22:24	32	

图 12-44　认证测试子目录/bob 的页面

图 12-45　测试结果

任务小结

本任务在理解 Web 服务中 HTTPS 和用户认证的基本概念的基础上，通过使用这两种 Web 服务安全配置技术，分别实现了基于 HTTPS 的虚拟主机和基于用户认证的虚拟主机。作为当前最流行的 Web 服务器之一，Apache 服务器提供了较好的安全特性，使其能够应对可能产生的安全威胁和信息泄露问题。在实际生产环境中，可以充分借助 Apache 服务器提供的安全配置功能创建和部署安全性较高的 Web 应用程序。

任务 12.6　1+X 典型案例：构建 LAMP+WordPress

项目背景

自 2003 年首次发布以来，WordPress 是目前互联网上最受欢迎的开源博客和 CMS（内容管理系统）平台，供全球数百万人使用，为当今互联网大约四分之一的网站提供了支持。WordPress 是一个使用 MySQL 和 PHP 开发的动态 CMS，包含大量功能，并且有超过 20000 个第三方插件和主题，可以通过免费或高级插件及主题进行功能扩展。WordPress 是创建在线商店、网站或博客的便捷方法，因此成为快速、轻松地创建和运行网站的最佳选择。

WordPress 用法简单，本项目将介绍并实现在 CentOS 系统中使用 WordPress 托管网站。为了使 WordPress 正常工作，除使用 Apache 作为 HTTP 服务器之外，还需要安装 MariaDB（MySQL 的开源实现）和 PHP，包括操作系统在内的这组软件通常被称为 LAMP（Linux、Apache、MySQL/MariaDB、PHP）环境。

项目需求分析及规划

本任务的最终目标是在 CentOS 系统中成功搭建并部署 WordPress，需要依次完成以下任务。

1．搭建 LAMP 环境。

2．为 WordPress 创建 MariaDB 数据库。

3．下载并配置 WordPress。

4．为 WordPress 创建 Apache 虚拟主机。

5．完成 WordPress 安装。

项目实施

子任务 1　搭建 LAMP 环境

步骤 1：打开一个终端，首先安装 Apache 服务，然后启动 Apache 服务守护程序并使其开机自启动，最后查看启动状态，命令如下。

```
[root@localhost ~]# yum install -y httpd
[root@localhost ~]# systemctl enable httpd
[root@localhost ~]# systemctl start httpd
[root@localhost ~]# systemctl status httpd
```

安装完成后，Apache 运行状态如图 12-46 所示。

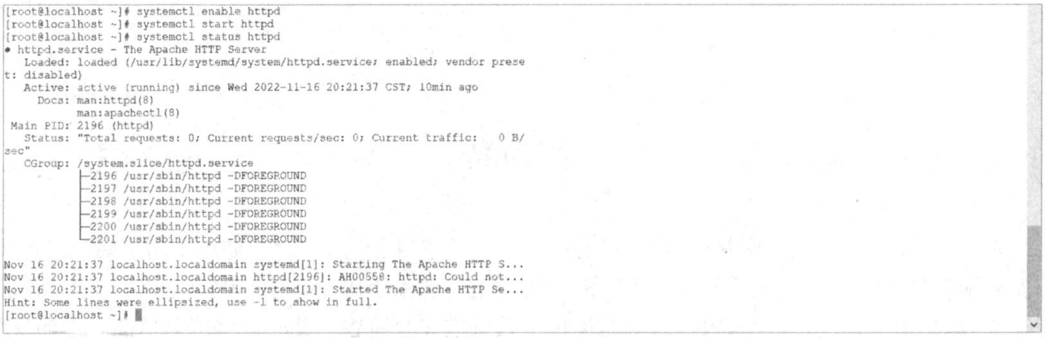

```
[root@localhost ~]# systemctl enable httpd
[root@localhost ~]# systemctl start httpd
[root@localhost ~]# systemctl status httpd
● httpd.service - The Apache HTTP Server
   Loaded: loaded (/usr/lib/systemd/system/httpd.service; enabled; vendor prese
t: disabled)
   Active: active (running) since Wed 2022-11-16 20:21:37 CST; 10min ago
     Docs: man:httpd(8)
           man:apachectl(8)
 Main PID: 2196 (httpd)
   Status: "Total requests: 0; Current requests/sec: 0; Current traffic:   0 B/
sec"
   CGroup: /system.slice/httpd.service
           ├─2196 /usr/sbin/httpd -DFOREGROUND
           ├─2197 /usr/sbin/httpd -DFOREGROUND
           ├─2198 /usr/sbin/httpd -DFOREGROUND
           ├─2199 /usr/sbin/httpd -DFOREGROUND
           ├─2200 /usr/sbin/httpd -DFOREGROUND
           └─2201 /usr/sbin/httpd -DFOREGROUND

Nov 16 20:21:37 localhost.localdomain systemd[1]: Starting The Apache HTTP S...
Nov 16 20:21:37 localhost.localdomain httpd[2196]: AH00558: httpd: Could not...
Nov 16 20:21:37 localhost.localdomain systemd[1]: Started The Apache HTTP Se...
Hint: Some lines were ellipsized, use -l to show in full.
[root@localhost ~]#
```

图 12-46　Apache 运行状态

步骤 2：配置系统防火墙，打开 HTTP 和 HTTPS 的默认端口 80 和 443，命令如下。

```
[root@localhost ~]# firewall-cmd --permanent --zone=public --remove-service=http
[root@localhost ~]# firewall-cmd --permanent --zone=public --remove-service=https
[root@localhost ~]# firewall-cmd -reload
```

步骤 3：在浏览器中访问服务器的 IP 地址来测试 Web 服务器，此时应该看到 Apache 测试页面，如图 12-47 所示。

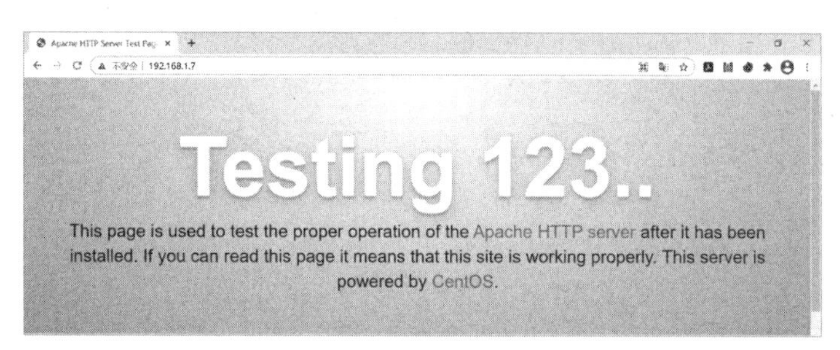

图 12-47 Apache 测试页面

步骤 4：安装 MariaDB 服务器和客户端软件包（由于在 CentOS 7 中，MySQL 被 MariaDB 取代，成为默认的数据库系统），之后启动 MariaDB 服务并使其开机自启动，命令如下。

```
[root@localhost ~]# yum install mariadb-server mariadb-client
[root@localhost ~]# systemctl enable mariadb
[root@localhost ~]# systemctl start mariadb
[root@localhost ~]# systemctl status mariadb
```

MariaDB 运行状态如图 12-48 所示。

```
[root@localhost ~]# systemctl enable mariadb
[root@localhost ~]# systemctl start mariadb
[root@localhost ~]# systemctl status mariadb
● mariadb.service - MariaDB database server
   Loaded: loaded (/usr/lib/systemd/system/mariadb.service; enabled; vendor preset: disabled)
   Active: active (running) since Wed 2022-11-16 19:31:06 CST; 58min ago
 Main PID: 1180 (mysqld_safe)
   CGroup: /system.slice/mariadb.service
           ├─1180 /bin/sh /usr/bin/mysqld_safe --basedir=/usr
           └─1540 /usr/libexec/mysqld --basedir=/usr --datadir=/var/lib/mysql --plugin-dir=/usr/lib64/mysql/plugin --log-error=/var/log/mariadb/mariadb...

Nov 16 19:31:03 localhost.localdomain systemd[1]: Starting MariaDB database server...
Nov 16 19:31:04 localhost.localdomain mariadb-prepare-db-dir[1073]: Database MariaDB is probably initialized in /var/lib/mysql already, nothing is done.
Nov 16 19:31:04 localhost.localdomain mariadb-prepare-db-dir[1073]: If this is not the case, make sure the /var/lib/mysql is empty before running...b-dir.
Nov 16 19:31:04 localhost.localdomain mysqld_safe[1180]: 221116 19:31:04 mysqld_safe Logging to '/var/log/mariadb/mariadb.log'.
Nov 16 19:31:04 localhost.localdomain mysqld_safe[1180]: 221116 19:31:04 mysqld_safe Starting mysqld daemon with databases from /var/lib/mysql
Nov 16 19:31:06 localhost.localdomain systemd[1]: Started MariaDB database server.
Hint: Some lines were ellipsized, use -l to show in full.
[root@localhost ~]#
```

图 12-48 MariaDB 运行状态

步骤 5：MariaDB 服务成功启动后，需要通过运行安全安装脚本来最大限度地提高数据库服务器的安全性，该脚本将会提示设置 root 用户密码、删除匿名用户、限制 root 用户远程登录及删除测试数据库等操作，这里建议所有问题回答 Y（是），命令如下。

```
[root@localhost ~]# mysql_secure_installation
```

MariaDB 安全配置过程如图 12-49 所示。

步骤 6：接下来要安装的 WordPress 最新版本（即 WordPress-5.9.2）需要在 PHP 7.4 及以上版本环境下才能运行，但 CentOS 7 仓库默认安装的是 PHP 5.4，不能满足需求。PHP 7.x 软件包在多个不同的仓库中可用，本任务将使用 Remi 仓库。该仓库能够提供包括 PHP 在内的各种软件包的新版本。通过 Remi 仓库安装 PHP 7.4，安装命令如下。

```
[root@localhost ~]# yum install -y http://rpms.remirepo.net/enterprise/remi-release-
7.rpm
```

```
By default, a MariaDB installation has an anonymous user, allowing anyone
to log into MariaDB without having to have a user account created for
them.  This is intended only for testing, and to make the installation
go a bit smoother.  You should remove them before moving into a
production environment.

Remove anonymous users? [Y/n] y
 ... Success!

Normally, root should only be allowed to connect from 'localhost'.  This
ensures that someone cannot guess at the root password from the network.

Disallow root login remotely? [Y/n] y
 ... Success!

By default, MariaDB comes with a database named 'test' that anyone can
access.  This is also intended only for testing, and should be removed
before moving into a production environment.

Remove test database and access to it? [Y/n] y
 - Dropping test database...
 ... Success!
 - Removing privileges on test database...
 ... Success!

Reloading the privilege tables will ensure that all changes made so far
will take effect immediately.

Reload privilege tables now? [Y/n] y
 ... Success!

Cleaning up...

All done!  If you've completed all of the above steps, your MariaDB
installation should now be secure.

Thanks for using MariaDB!
[root@localhost ~]#
```

图 12-49　MariaDB 安全配置过程

步骤 7：使用 yum-utils 工具提供的 yum-config-manager 命令启用 PHP 7.4 Remi 仓库。

```
[root@localhost ~]# yum install yum-utils
[root@localhost ~]# yum-config-manager --enable remi-php74
```

步骤 8：安装 PHP 7.4 及常见的 PHP 扩展模块。

```
[root@localhost ~]# yum install php php-common php-mysqlnd php-opcache php-mcrypt php-mbstring php-cli php-gd php-xml php-curl php-pdo php-json php-bz2 php-intl
```

步骤 9：查看 PHP 版本并重新启动 Apache 服务，以启用 PHP 及其扩展模块，命令如下。

```
[root@localhost ~]# php -v
[root@localhost ~]# systemctl restart httpd
```

安装结果如图 12-50 所示。

```
[root@localhost ~]# php -v
PHP 7.4.28 (cli) (built: Feb 15 2022 13:23:10) ( NTS )
Copyright (c) The PHP Group
Zend Engine v3.4.0, Copyright (c) Zend Technologies
    with Zend OPcache v7.4.28, Copyright (c), by Zend Technologies
[root@localhost ~]# systemctl restart httpd
[root@localhost ~]#
```

图 12-50　PHP 7.4 安装成功

子任务 2　为 WordPress 创建 MariaDB 数据库

在 CentOS 7 服务器上安装 LAMP 环境后，需要创建一个数据库，WordPress 将使用该数据库创建 CMS 所需的数据表。

步骤 1：以 root 用户身份登录 MariaDB，并根据提示输入子任务 1 中步骤 5 所设置的 root 密码，命令如下。

```
[root@localhost ~]# mysql -u root -p
```

步骤 2：进入 MariaDB 终端，创建一个新的数据库 wordpress，命令如下。

```
MariaDB [(none)]> CREATE DATABASE wordpress;
```

步骤 3：创建一个新的数据库用户并为其设置密码，命令如下。

```
MariaDB [(none)]> CREATE USER 'wordpressuser'@'localhost' IDENTIFIED BY '123456Aa';
```

步骤 4：向新用户 wordpressuser 授予数据库 wordpress 的所有权限，命令如下。

```
MariaDB [(none)]> GRANT ALL PRIVILEGES ON wordpress.* TO 'wordpressuser'@'localhost';
```

步骤 5：刷新权限，使权限更改立即生效，命令如下。

```
MariaDB [(none)]> FLUSH PRIVILEGES;
```

步骤 6：完成后，退出 MariaDB 终端，命令如下。

```
MariaDB [(none)]> EXIT
```

创建 MariaDB 数据库及用户的过程如图 12-51 所示。

```
[root@localhost ~]# mysql -u root -p
Enter password:
Welcome to the MariaDB monitor.  Commands end with ; or \g.
Your MariaDB connection id is 7
Server version: 5.5.68-MariaDB MariaDB Server

Copyright (c) 2000, 2018, Oracle, MariaDB Corporation Ab and others.

Type 'help;' or '\h' for help. Type '\c' to clear the current input statement.

MariaDB [(none)]> CREATE DATABASE wordpress;
Query OK, 1 row affected (0.00 sec)

MariaDB [(none)]> CREATE USER 'wordpressuser'@'localhost' IDENTIFIED BY '123456Aa';
Query OK, 0 rows affected (0.00 sec)

MariaDB [(none)]> GRANT ALL PRIVILEGES ON wordpress.* TO 'wordpressuser'@'localhost';
Query OK, 0 rows affected (0.00 sec)

MariaDB [(none)]> FLUSH PRIVILEGES;
Query OK, 0 rows affected (0.00 sec)

MariaDB [(none)]> EXIT
Bye
[root@localhost ~]#
```

图 12-51　创建 MariaDB 数据库及用户的过程

子任务 3　下载并配置 WordPress

目前已经完成了 LAMP 环境的搭建和 MariaDB 数据库的创建，接下来需要下载并配置 WordPress。由于 CentOS 7 的官方软件包仓库中没有 WordPress，因此需要从 WordPress 的官方网站中下载 WordPress 的最新版本，并对其进行配置。

步骤 1：使用 wget 命令（如果当前系统还没有 wget 命令，则需要先进行安装）下载最新版本的 WordPress 安装包，命令如下。

```
[root@localhost ~]# yum install -y wget
[root@localhost ~]# cd /tmp && wget http://wordpress.org/latest.tar.gz
```

步骤 2：将下载的压缩文件解压缩到 Web 服务器的文档根目录/var/www/html 中，命令如下。

```
[root@localhost tmp]# tar -zxvf latest.tar.gz -C /var/www/html
```

解压缩后/var/www/html 中会出现一个新目录 wordpress，如图 12-52 所示。

```
wordpress/wp-admin/widgets.php
wordpress/wp-admin/setup-config.php
wordpress/wp-admin/install.php
wordpress/wp-admin/admin-header.php
wordpress/wp-admin/post-new.php
wordpress/wp-admin/themes.php
wordpress/wp-admin/options-reading.php
wordpress/wp-trackback.php
wordpress/wp-comments-post.php
[root@localhost tmp]# ls /var/www/html/
wordpress
[root@localhost tmp]#
```

图 12-52　解压缩后出现的新目录 wordpress

步骤 3：将步骤 2 解压缩出来的 wordpress 目录及其内容的所有者和组群更改为 apache（为 wordpress 目录及其内容分配正确的所有权和权限将提高网站的安全性），命令如下。

```
[root@localhost tmp]# chown -Rf apache:apache /var/www/html/wordpress/
```

修改完成后，查看 wordpress 目录的所有者和组群，如图 12-53 所示。

```
[root@localhost tmp]# ls /var/www/html/
wordpress
[root@localhost tmp]# chown -Rf apache:apache /var/www/html/wordpress/
[root@localhost tmp]# ls -al /var/www/html/
total 4
drwxr-xr-x. 3 root   root     23 Apr  5  2022 .
drwxr-xr-x. 4 root   root     33 Apr  4  2022 ..
drwxrwxr-x. 5 apache apache 4096 Apr  8  2022 wordpress
[root@localhost tmp]#
```

图 12-53　wordpress 目录的所有者和组群

子任务 4　为 WordPress 创建 Apache 虚拟主机

步骤 1：创建虚拟主机配置文件。首先，进入/etc/httpd/conf.d 目录，在其中创建配置文件 wordpresstest.com.conf，并添加虚拟主机配置命令，然后重启 Apache 服务，命令如下。

```
[root@localhost ~]# cd /etc/httpd/conf.d
[root@localhost conf.d]# vi wordpresstest.com.conf
[root@localhost ~]# systemctl restart httpd
```

虚拟主机配置文件内容如图 12-54 所示。

```
[root@localhost ~]# vi /etc/httpd/conf.d/wordpresstest.com.conf
<VirtualHost *:80>
    ServerName wordpresstest.com
    ServerAlias www.wordpresstest.com
    ServerAdmin waterspringman@gmail.com
    DocumentRoot /var/www/html/wordpress

    <Directory /var/www/html/wordpress>
        Options FollowSymLinks
        AllowOverride All
        Require all granted
    </Directory>

    ErrorLog /var/log/httpd/wordpresstest.com-error.log
    CustomLog /var/log/httpd/wordpresstest.com-access.log combined
</VirtualHost>
~
```

图 12-54　虚拟主机配置文件内容

步骤 2：以管理员权限编辑物理机的系统 hosts 文件 C:\Windows\System32\drivers\etc\hosts（因为本任务要使用物理机中的浏览器进行测试，如果使用 CentOS 系统中的浏览器进行测试，则需要编辑/etc/hosts 文件），在该文件中添加域名映射，如图 12-55 所示。

```
1  # Copyright (c) 1993-2009 Microsoft Corp.
2  #
3  # This is a sample HOSTS file used by Microsoft TCP/IP for Windows.
4  #
5  # This file contains the mappings of IP addresses to host names. Each
6  # entry should be kept on an individual line. The IP address should
7  # be placed in the first column followed by the corresponding host name.
8  # The IP address and the host name should be separated by at least one
9  # space.
10 #
11 # Additionally, comments (such as these) may be inserted on individual
12 # lines or following the machine name denoted by a '#' symbol.
13 #
14 # For example:
15 #
16 #      102.54.94.97     rhino.acme.com          # source server
17 #       38.25.63.10     x.acme.com              # x client host
18
19 # localhost name resolution is handled within DNS itself.
20 #   127.0.0.1       localhost
21 #   ::1             localhost
22
23 192.168.1.7     www.wordpresstest.com
```

图 12-55　在 hosts 文件中添加域名映射

子任务 5　完成 WordPress 安装

步骤 1：目前，已经下载并配置好 WordPress，同时 Apache 服务器也已经配置好，这时可以通过 Web 界面来完成 WordPress 的安装。打开浏览器，输入域名“www.wordpresstest.com”，将弹出如图 12-56 所示的安装页面。

步骤 2：选择要使用的语言，并单击“Continue”按钮，将弹出如图 12-57 所示的安装提示页面。

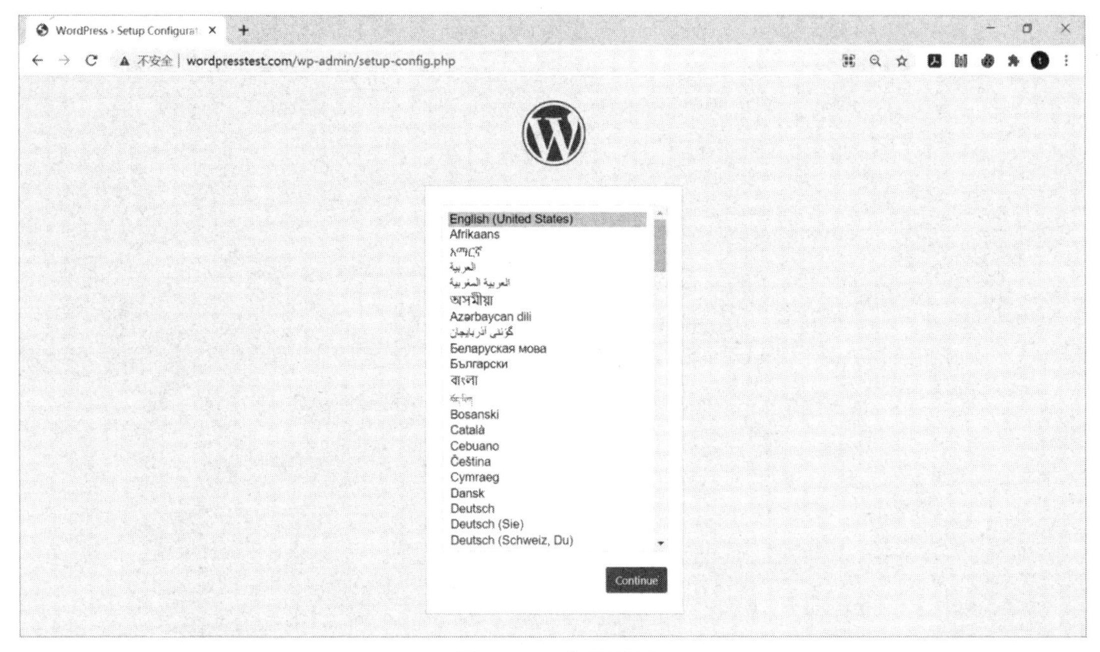

图 12-56　安装页面

图 12-57　安装提示页面

步骤 3：单击“现在就开始！”按钮，弹出配置数据库连接信息页面。根据本页面的提示，安装向导要求输入数据库连接详细信息，即输入之前创建的 MariaDB 数据库和用户的详细信息，如图 12-58 所示。

步骤 4：单击“提交”按钮，弹出创建配置文件提示页面。根据本页面的提示，需要手动创建一个名为 wp-config.php 的文件，并将页面中生成的配置代码粘贴到该文件中，命令如下。

```
[root@localhost ~]# vi /var/www/html/wordpress/wp-config.php
```

创建配置文件提示页面如图 12-59 所示。

WordPress › 安装配置文件
不安全 | wordpresstest.com/wp-admin/setup-config.php?step=1&language=zh_CN
请在下方填写您的数据库连接信息。如果您不确定，请联系您的主机提供商。
数据库名 wordpress 希望将WordPress安装到的数据库名称。
用户名 wordpressuser 您的数据库用户名。
密码 123456Aa 您的数据库密码。
数据库主机 localhost 如果localhost不能用，您通常可以从主机提供商处得到正确的信息。
表前缀 wp_ 如果您希望在同一个数据库安装多个WordPress，请修改前缀。
提交

图 12-58 输入数据库连接详细信息

图 12-59 创建配置文件提示页面

步骤 5：单击“运行安装程序”按钮，弹出设置登录信息页面。根据本页面的提示，需要输入 WordPress 站点的名称并设置登录用户名和密码，安装程序将自动生成一个强密码，用户也可以自行设置密码，并输入电子邮箱地址。设置登录信息页面如图 12-60 所示。

步骤 6：单击“安装 WordPress”按钮，弹出安装结果提示页面。根据本页面的提示，WordPress 已经安装成功。安装结果提示页面如图 12-61 所示。

步骤 7：单击“登录”按钮，弹出登录页面。在登录页面中，输入刚才创建的用户名和密码，单击“登录”按钮，将重定向到 WordPress 管理面板，分别如图 12-62 和图 12-63 所示。

图 12-60　设置登录信息页面

图 12-61　安装结果提示页面

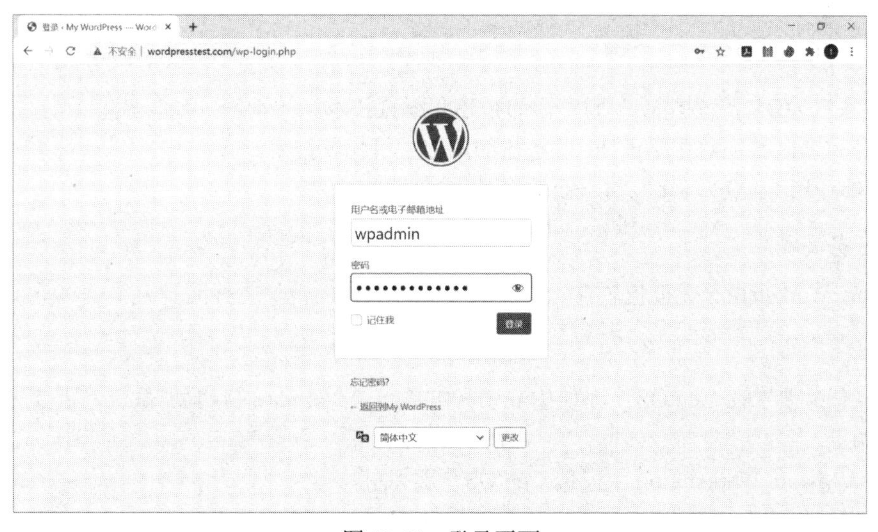

图 12-62　登录页面

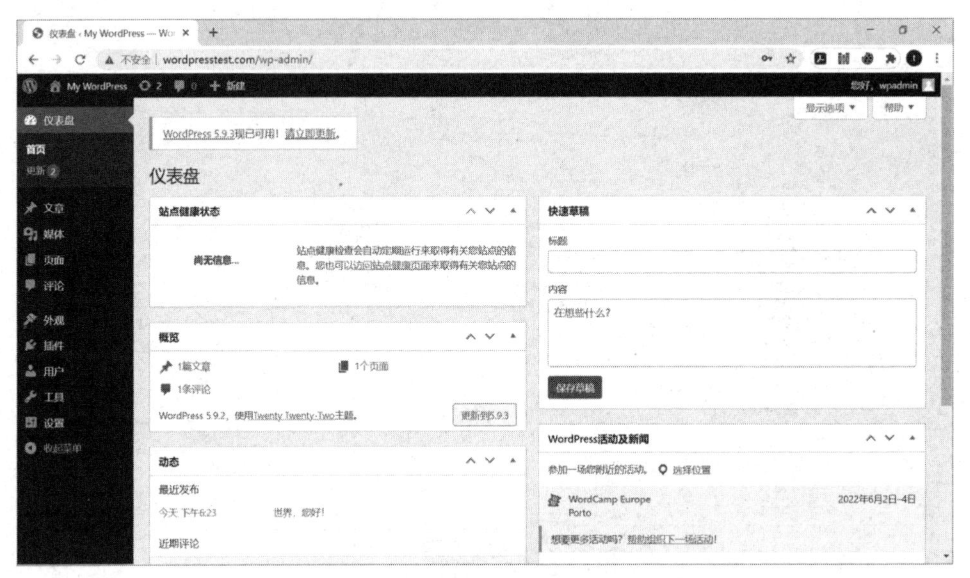

图 12-63　WordPress 管理面板

项目验收

至此，使用 LAMP 环境搭建 WordPress 的任务已经全部完成，任务 12.6 在综合运用本项目前面 5 个任务（任务 12.1～12.5）所涉及知识和技术的基础上，通过依次完成搭建 LAMP 环境、为 WordPress 创建 MariaDB 数据库等 5 个工作任务，介绍并实现了在 CentOS 系统中部署一个 WordPress 网站的具体流程。

由于本任务只是作为一个教学项目进行介绍，因此与实际生产环境中的网站搭建和部署流程存在一定的差别。在实际生产环境中面对建站需求时，用户可以充分利用目前各大云服务提供商（如华为云、阿里云、腾讯云）所提供的域名注册、云服务器等功能快速、安全地建立和部署 Web 应用程序。

任务 12.7　实操任务

实操任务目的

1．熟悉 CentOS 系统中 Web 服务器的搭建和配置技术。

2．掌握 CentOS 系统中 Apache 服务器的虚拟主机配置技术。

3．能够使用 LAMP 环境部署一个简单的 Web 站点。

实操任务环境

VMware Workstation 虚拟机软件，CentOS 7 系统（ISO 镜像文件）。

实操任务内容

本实操任务要求在 CentOS 7 系统中安装和配置一个 Joomla 内容管理系统，需要完成的具体工作任务如下。

1．在 VMware Workstation 中安装 CentOS 7 虚拟机。

2．在安装好的 CentOS 7 虚拟机中搭建 LAMP 环境。

3．下载最新版本的 Joomla 安装包，并对其进行基本设置。
4．为 Joomla 站点配置 Apache 虚拟主机。
5．为 Joomla 站点创建所需的数据库和用户信息。
6．访问 Joomla 站点并对其进行安装。

任务 12.8　进阶习题

一、选择题

1．在下列选项中，（　　）是 Apache 服务的主配置文件。

A．http.conf　　B．httpd.conf
C．apache.conf　　D．apache.cfg

2．关于 Apache 的说法中正确的是（　　）。

A．Apache 的主要特点是跨平台、不开放源码
B．Apache 默认服务端口是 8080
C．用户可以根据需求自定义 Apache 的主目录
D．在 Apache 配置文件中，DirectoryIndex 可以用来指定网站根目录

3．使用 Apache 配置文件中的参数 DocumentRoot 配置服务器文档存放路径时，正确的语法是（　　）。

A．DocumentRoot = "/var/www/html/testweb"
B．DocumentRoot "/var/www/html/testweb"
C．DocumentRoot /var/www/html/testweb;
D．DocumentRoot = /var/www/html/testweb;

4．在默认安装情况下，可以验证配置文件 httpd.conf 中没有配置语法错误的命令是（　　）。

A．/usr/sbin/apache -t　　B．/usr/sbin/apache -t
C．/usr/sbin/http -t　　D．/usr/sbin/httpd -t

5．关于 HTTP 常见响应代码，下列选项中描述错误的是（　　）。

A．200-成功 HTTP 请求的标准 HTTP 响应
B．503-网络问题导致请求不可达
C．403-尝试访问没有权限访问的内容
D．404-请求的页面在服务器上找不到，或者正在尝试访问不存在的内容

二、简答题

1．简单描述 Apache 虚拟主机的作用。
2．从安全角度描述如何保护 Apache Web Server 上托管的网站。